普通高等院校机电工程类规划教材

动力学系统建模、仿真与控制

杨义勇　编著

清华大学出版社
北京

内容简介

动力学系统建模、仿真与控制在机械、自动化、航空航天、交通、土木、建筑、地质、资源与环境等众多工程技术领域均有重要的应用。本书系统介绍相关的基本原理、方法及其应用，全面反映国内外的理论成果和工程应用最新进展，是一部系统和全面的动力学建模方面的著作和教材。本书共10章，内容涉及概论、单自由度系统动力学模型方程、多自由度系统动力学模型、机器人系统动力学模型及控制、行走式机械系统动力学模型、转子系统动力学模型、变质量系统与航天器动力学建模、动力学系统控制、动力学系统仿真、动力学测试与信号处理等内容。

本书注重系统知识、关键技术和技术前沿的讲解，提供了大量图示说明和实例，力求方法简明实用，内容丰富、条理清晰，易于掌握。

本书可作为高等学校工科类研究生、高年级本科生的教材，也可作为相关专业工程技术人员和研究人员的参考书。

图书在版编目(CIP)数据

动力学系统建模、仿真与控制/杨义勇编著. —北京：清华大学出版社，2021.1
普通高等院校机电工程类规划教材
ISBN 978-7-302-56198-9

Ⅰ. ①动… Ⅱ. ①杨… Ⅲ. ①动力学系统－系统建模－高等学校－教材 ②动力学系统－系统仿真－高等学校－教材 Ⅳ. ①TP27

中国版本图书馆CIP数据核字(2020)第143452号

责任编辑：冯　昕
封面设计：傅瑞学
责任校对：刘玉霞
责任印制：丛怀宇

出版发行：清华大学出版社
网　　址：http://www.tup.com.cn，http://www.wqbook.com
地　　址：北京清华大学学研大厦A座　　**邮　　编**：100084
社 总 机：010-62770175　　**邮　　购**：010-62786544
投稿与读者服务：010-62776969，c-service@tup.tsinghua.edu.cn
质量反馈：010-62772015，zhiliang@tup.tsinghua.edu.cn
印 装 者：三河市科茂嘉荣印务有限公司
经　　销：全国新华书店
开　　本：185mm×260mm　　**印　　张**：18.75　　**字　　数**：456千字
版　　次：2021年3月第1版　　**印　　次**：2021年3月第1次印刷
定　　价：65.00元

产品编号：087693-01

前　言

动力现象和动力学问题是普遍存在的。随着科学技术的发展和人们对效率的不断追求，现代装备系统在不断向高速、重载、高效率方向发展，装备系统内部的动力现象越来越明显。由于没有重视动力学问题的有效抑制和解决，各类装备和工程的事故与灾难层出不穷，如飞机机翼的折断、汽轮机叶片的断裂、摩天大楼结构的破坏、大桥因共振而坍塌、高速机床的损毁、航空发动机的振动冲击等，这些都与动力学问题有关。对于动力学系统，应该用动态的思想进行全面的优化设计，这样才能确保或提高动力学系统性能。

系统梳理、剖析动力学系统的建模、仿真与控制是动力学研究中最为关键的任务，也是培养这方面高层次、创新型研究人才必然要面临的任务。无论是地面、深空、深海、深地等各类装备系统都需要做好动力学问题的深入研究和理论准备。在科研、工程技术和高等学校等各个方面开展动力学系统的建模、仿真与控制的教学和研究工作，对提升我国在这些方面的创新能力、超越世界先进装备技术水平，具有重大的意义。

作者在20世纪八九十年代，较为系统地涉猎或参加了旋转机械系统（如电线电缆机械、管绞机）、齿轮传动系统、空中缆索运输系统、高速数控加工系统、高速电机系统、起重及拖曳系统等的设计、分析研究，进入21世纪，继续关注或开展拟人机器人、行走式机械系统、变质量系统、轨道机车系统、土木建筑振动控制、动力学测试与信号处理、动力学系统控制、地质工程装备、航天科技装备系统等相关研究，指导学生或研究团队结合国家重大项目或工程实际等在动力学系统建模、仿真和控制方面做了大量认真、细致的工作。在上述理论与实践基础上，结合近20年来编写的相关讲义教材，包括主讲机械系统动力学、动力学建模与控制等学位课，思考相关的理论、方法和实现路径，于是就有了编写本书的基本条件。

众所周知，从15世纪中叶到18世纪，近代物理学等学科的发展为动力学研究奠定了很好的基础，牛顿、欧拉、达朗贝尔和拉格朗日等人做出了非常重要的工作。现代科学技术的信息论、控制论和系统论的研究成果，对动力学的发展产生了极其深刻的影响，特别是计算机技术的应用为动力学分析和设计提供了有效的计算仿真手段，数学方法的运用显得更为重要，在这种情况下，开展动力学系统建模、仿真与控制的原创工作，不能仅仅满足于购买或运用外国的软件，应该在物理模型的建立、模型方程的构建、数值计算及微分方程组求解等方面形成完全自主知识产权的体系方法或软件工具，这样才能不断提高我国的自主创新能力和水平，为把我国建设成为创新型国家打好基础。

本书突出动力学系统建模的理论体系的阐述，实现对多体系统、复杂系统较为全面的抽象、概括和有效的模型方程描述，结合数学、力学、自动控制、航空航天、汽车、机器人、地质工程装备、土木、建筑、资源与环境、信号处理等相关研究成果，通过大量实例，将建模过程和提炼后的优化模型较为简洁、有针对性地呈现出来。

全书内容可分为五个部分。

第一部分，是动力学系统研究的基础。包含第1章概论，重点是动力学系统分析基本原理、基本概念及其研究过程，对动力学系统研究的特点、重要意义等进行阐述。

第二部分，是单自由度与多自由度系统的动力学建模。包含第 2 章单自由度系统动力学模型方程，第 3 章多自由度系统动力学模型。重点是平面系统动力学模型、振动系统的固有频率与主振型、系统振动方程的解耦、动力学响应求解等。

第三部分，是各类动力学系统模型建立。包含第 4 章机器人系统动力学模型及控制，第 5 章行走式机械系统动力学模型，第 6 章转子系统动力学模型，第 7 章变质量系统与航天器动力学建模。重点是各类系统的建模过程、常用方程、综合实例及分析。

第四部分，是动力学系统控制及仿真。包含第 8 章动力学系统控制，第 9 章动力学系统仿真。重点是动力吸振器设计及建模、振动的主动控制、非线性振动系统解析，以及动力学仿真分析。

第五部分，是动力学测试与信号处理。包含第 10 章动力学测试与信号处理。重点是动力学测试激励、测试装置及平台、信号处理与测试过程分析。

在编写过程中，注重动力学建模系统知识、关键技术和技术前沿的讲解，提供大量图示说明和实例，力求方法简明实用、易于掌握。按照工科专业和高校的教学实际，本书既可作为高等学校工科类研究生、本科生的教材，也可作为相关专业工程技术人员和研究人员的参考书。

本书各章后面附有思考题。这些题目主要是为了引导学习者复习基本理论、方法，提升建模能力或开展实际工程设计。在学习或研究中，如能与具体的系统装置或工程实际相结合，则可以实现理论与实践的密切结合，逐步提升学习者解决实际问题的能力。

作者在编写过程中，开展了大量的工程实践和调研工作，收集、运用部分科研和教学研究资料，得到许多专家、工程技术人员及同事们、学生们的大力支持和帮助，同时参考了大量论文、专著、教材以及相关网页文献。在此一并表示衷心感谢。

由于作者水平有限，加之时间仓促，书中难免存在不妥或者错误之处，敬请读者批评、指正！

作　者

2020 年 12 月于北京

目 录

第1章 概　　论

1.1 动力学系统及模型

1.1.1 动力学系统

动力学是研究物体运动的变化与作用于物体上的载荷之间相互关系的学说，它主要描述物体运动的变化与引起运动变化的诸力之间的关系。可变形体、运动物体、机器装备及其零部件，以及人体等，都属于动力学研究范畴。可变形体及运动物体可看作是诸多部分或单元构成，是一个系统。因此，动力学是研究系统状态变化规律的学科。

“系统”是指由各个部分组成的相互关联的整体。一般地，系统的含义非常广泛，大至宇宙，小至质点运动，具体对象可能是固体的、流体的或流固耦合的，也可能是机电耦合的系统。也就是说，系统可大可小，主要是根据研究对象的不同。例如，机械系统可因所研究的任务称为单一机构（由构件经运动副连接组成的机构）、某个机器（由原动机、传动机构和执行机构以及控制装置组成）。从理论上分析，系统可以理解为通过物理边界或者概念边界从其他事物（系统环境）中分离出来的一个实体。例如，一个人体可看作系统，人体受到身体所处环境的影响并与之相互交换能量（如热能）和信息，这种情况下边界是物理的或空间上的。

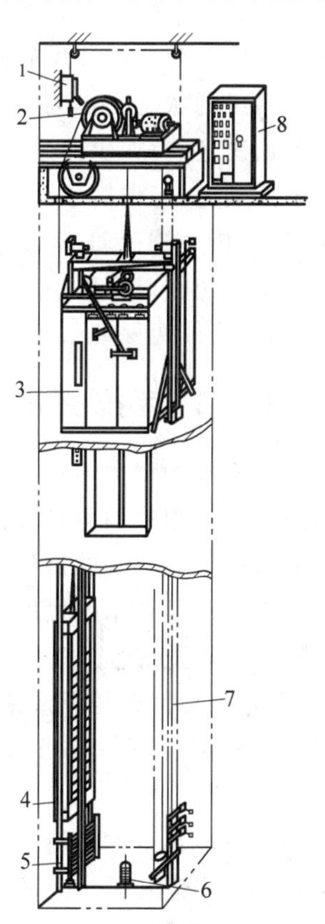

图 1-1　电梯系统及其组成

1—限位开关；2—曳引机；3—轿厢；4—对重装置；5—对重导轨；6—缓冲装置；7—轿厢导轨；8—控制箱

现代工程装备往往含有一些机构，包括传动和执行部分。它们的质量大或转动惯量大，在运行过程中，动力学问题突出或者动力学设计很重要。图 1-1 为电梯的主要部件示意图。该类电梯包括限位开关 1、曳引机 2、轿厢 3 和对重装置 4、对重导轨 5、缓冲装置 6、轿厢导轨 7、控制箱 8，以及导向系统、安全防护系统等。曳引机可分为电动机、制动器、减速器、曳引轮等部件。对于曳引系统采用简易计算公式或静态计算曳引机驱动转矩和功率会带来误差，需要用到系统动力学理论，考虑曳引机各旋转件的转动惯量，建立曳引机等效动力学模型，并按照预定轿厢速度或运行规律进行动力学仿真分析，得出曳引机所需驱动力矩和功率变化曲线，最终确定曳引机的额定功率大小，从而为曳引机驱动转矩及功率的精确计算提供科学依据。另外，电梯在运行、启动、停车等状态下，动力学特性和动态载荷均呈现明显不同，必须进行动载计算和动态控制设计。这些都是动力学系统建模设计及控制所要关注的问题。

另外，在大量的工程建设装备（如挖掘机械、铲土运输机械、起重运输机械、桩工机械、压实机械、公路路面机械和铁路线路机械、凿岩机械和风动机械、钢筋混凝土机械等）中，各个组成子系统都可能包含较为大型的动力装置、传动装置、工作装置等，在工作过程或启停瞬间，动力学问题十分突出。

由于系统与周围"环境"之间会有相互作用。在动力学领域，将外界激励称为输入，一般是指系统受到的外来影响和干扰，将系统对外界激励的反应称为响应或输出。不同的激励往往会有对应的响应出现，如驾驶员操作汽车时，有加大油门、转动方向盘和刹车等激励方式，相应的响应有汽车加速、汽车转向和制动等；同时，路面不平也会对汽车产生激励，汽车的响应则是上下颠簸或振动，这就说明，系统有其固有属性，我们可以通过建模分析，找到输入和输出之间的某种特定关系或传递函数。但是，寻找特定关系往往是十分复杂的，因为系统内部的网状结构映射到各组成部分是一门技术性很强的工作，分析问题时，要从整个系统的运行或动态工况出发，而不是在组成部分的静态层面上考虑问题，必须将动力学行为作为整体来考虑，即动力学的系统建模和总体方案设计十分重要。

描述系统状态的方法和参数多种多样。例如，可用运动参数（位移、速度、加速度）、构件受力参数或功率参数（输出功率、效率）来描述；有些电系统可用输出的电流、电压来描述；化学反应系统可用其反应速度、反应生成物的质与量来描述。

系统的状态变化也遵循一定的规律。因为系统的状态是由系统固有的特征参数和外界条件所决定的，如机器系统的运动状态、受力状态与其几何参数、结构设计、构件的质量（惯量）、原动力、工作对象以及外界条件密切相关。一般的运动学分析是以主动件的位置为自变量，分析系统运动，运动学设计可从几何概念上提供实现这种运动的可能性；动力学分析结果是系统在时间域中的状态，因此能否真正实现预期的运动或在运行过程中会发生什么问题，以及能否保证系统正常工作等都有赖于动力学分析与设计。

1.1.2　系统模型

对实际的动力学系统研究中，核心是对系统模型的认识。系统模型是通过简化和抽象得到的一种用来预测系统行为的结构。可以说建模（modeling）就是把系统的本质信息减缩成有用的描述方式的过程，这种描述方式称之为系统的模型（model）。

随着科学技术的发展，建立的模型有多种形式，如下所述。

（1）经验（直觉）模型。依靠人对于系统的直观感觉或实践经验，如发电系统的运行工况，用一探棒触及轴承座来判断系统的运行状态，凭借经验提取系统的本质信息，这种经验模型的应用，其实是一个专家系统在工作。

（2）图表模型。如将发电系统轴承座的振动有效值随时间的变化记录并绘制图表，用来描述发电系统的运行状态。

（3）试验模型。这是一种物理形式的模型，直接由试验所得到的数据来描述系统的特征，可以将真实的结构按相似准则做成实验室试验的模型，也可以是结构在线试验。

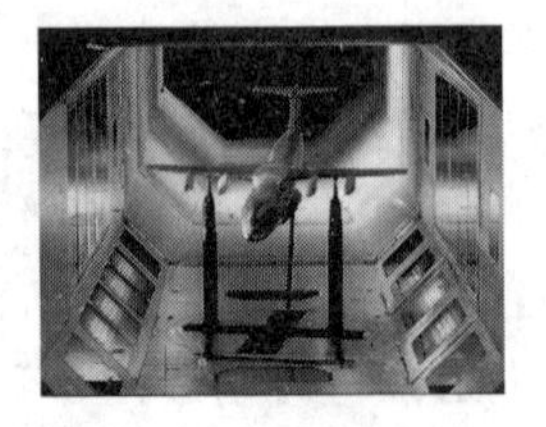
图 1-2　测试实验模型

在工程中，有些缩放模型曾得到广泛使用。例如，飞机风洞模型（见图 1-2）、实验水池中的船体模型、城市工程中的建筑模型、光弹性应力分析中金属部件的塑料模型，以及电路设计中的试验板模型。由于模型和实际系统的差异，这些模型只能体现真实系统的部分特性。例如，在飞机风洞模型中，简化了飞机内部的色彩、座位布局等，做了如下的假设：真实飞机中的某些因素对飞机的空气动力学并不重要，系统模型中只包含对真实系统当前研究内容有重要影响的因素。

(4) 数学模型。这是用数学形式来反映实际系统的特性，例如，发电机转子的振动可用二阶线性常微分方程组描述，机器人手臂的运动可用非线性偏微分方程描述，某个航天结构的振动可用有限元计算模型描述等。

数学模型与物理模型相比，可能更为抽象或一般，它可以用来预测系统在特定输入下的某种响应等。另外，伴随计算机技术的发展，数学模型和试验模型综合，计算机辅助试验(computer aided test，CAT)和计算机-试验辅助综合建模在不少领域得到研究、开发。

由于系统的动力学模型是根据系统本身的结构和进行动力学研究的目的而确定的。系统的组成不同，则动力学模型也不同。同一种系统用于不同目的的分析，模型也可能不同。所以动力学模型的复杂程度也随上述两方面因素而异，从最简单的单质量系统到包含几十甚至上千质量和参数的系统。一个系统往往是由不同性质的元件组成的。在建立系统模型时，首先要对这些元件进行力学简化。需要特别注意，由于这种简化过程的存在，事实上没有任何复杂系统可以被完全精确地建模，任何一个可靠系统的设计，设计人员都必须要经历建立各种复杂程度模型的过程，以此来寻找解决问题的最简化模型。

1.1.3 动态分析、系统辨识

一般地，在研究一个系统的动力学问题时，总是给系统施加一个输入信号，观察和检测其输出信号，来辨明系统的特性。在此将系统输入信号称为激励，把系统在激励作用下的动态行为即输出信号称为响应。这里的输入信号和输出信号，是在系统之间连接通道中“流动”着的物理变量，它是一个“动态”量。图1-3为一个车辆传动系统。

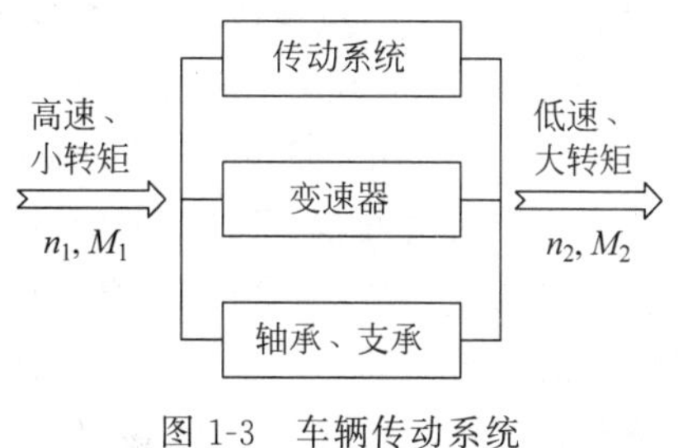

图1-3 车辆传动系统

M_1 是动力源(发动机)输入给传动系统的转矩，M_2 是经过系统后输出给执行系统驱动车轮的输出转矩。输入转矩 M_1 较小，而输出转矩 M_2 较大，故转矩 M 经过传动系统后由小变大，是一个动态量，转矩 M 为信号。由于发动机输入转速 n_1 较高，而经过传动系统后输出给车轮转速 n_2 较低，是一个动态量，转速 n 也是一个信号。

由此可见，动力学研究往往关注激励、系统、响应三者关系的问题。

(1) 已知激励和系统求响应。称为系统动力响应分析，又称动态分析。主要任务是计算和校核系统或结构的强度、刚度、允许的振动能量水平。动力响应包括位移、速度、加速度、应力和应变等。上述工作也属于正向动力学求解。

(2) 已知激励和响应，求系统。称为系统辨识，即求系统的数学模型及其结构参数。主要是获得系统的物理参数(如质量、刚度及阻尼等)，以便了解系统的固有特性(如固有频率、主振型等)。这类问题的研究需要辅以测试、试验等技术手段。

(3) 已知系统和响应，求激励。如飞机在飞行过程中，通过检测飞行的动态响应，来预测飞机处于一种什么样的随机激励环境之中。再如，通过实测记录车辆的振动或产品的振动，分析求解激励，了解运输过程的振动环境，以及对产品产生怎样的激励，为减振包装提供依据，避免产品在运输过程当中的损坏。这些工作也称为环境预测。

系统的激励信号可分成为确定性和随机性两大类。确定性激励（信号）特性，系统的激励是时间的确定性函数，如正弦与余弦函数激励、脉冲函数激励等。如果系统的质量、弹性和阻尼以及激励都是确定性的，则系统可用确定性的微分方程来表示，当初始条件已知时，就可求出系统之后的运动状态，这种情况称为确定性现象。随机性激励（信号）特性，系统的激励是时间的非确定性函数，不能用解析式或表达式给出，但具有一定的统计规律，必须用随机过程来表示。所对应的微分方程为随机微分方程，不能实际表示出来。例如，汽车在道路上行驶时，路面高低凹凸不平给予汽车的激励，就可看成是随机的。

另外，在动力学研究中，振动是普遍存在的重要问题，有许多因素可能引起振动，包括惯性力的不平衡、外载变化以及系统参数变化等。消除振动的方法可以用平衡的方法、改进机械本身结构或用主动控制的方法等。要确定系统的固有频率，预防共振的发生，计算系统的动力响应，以确定机械或结构受到的动载荷或振动的能量水平，还要研究平衡、隔振和消振方法，进行振动诊断，分析事故产生原因及有效地加以控制。

1.1.4　系统的自由度与广义坐标

1. 自由度

自由度(degree of freedom)是决定物体位置所需要的最少的独立坐标数。通常，对于空间质点，决定其位置需要 3 个独立坐标，其自由度为 3，一个刚体在空间运动需要 3 个平动、3 个转动，共 6 个独立坐标，其自由度为 6；对于像弹性体、塑性体、流体等变形连续体，它们由无限多个质点组成，决定其运动位置需有无限多个坐标，故其自由度数为无限多。对于一个机构系统，其具有确定运动时所必须给定的独立运动参数的数目，称为机构自由度(degree of freedom of mechanism)，其数目常以 F 表示。机构自由度又有平面机构自由度和空间机构自由度，均可以用公式进行准确计算，得出自由度数。

在机构设计中，为了使机构的位置得以确定，必须确定机构自由度，也即给定独立的广义坐标的数目。如果一个构件组合体的自由度 $F>0$，就可以成为一个机构，即表明各构件间可有相对运动；如果 $F=0$，则它将是一个结构(structure)，即已退化为一个构件。

2. 约束条件

与自由度或广义坐标对应的是约束的概念。物体运动时，会受到运动条件的限制。使物体的位置或速度受到限制的条件称为约束条件(constrained condition)。例如，常见的单摆系统，其受到固定铰支点约束只能绕支点做圆弧运动等。

在动力学中，非自由质点系就是质点系中各质点的运动受到某种限制。约束就是对质点系中各质点运动的限制。约束条件的数学表达式称为约束方程(constraint equation)。相应地，限制质点系中各质点位置的约束称为几何约束。限制质点系中各质点速度的约束称为运动约束。

约束还可以详细分类，如定常约束（约束条件不随时间而改变的约束，steady constraint）、非定常约束（约束条件随时间而改变的约束，unsteady constraint），以及双面约束、单面约束、完整约束、非完整约束等。系统受到约束条件时的自由度数，等于该系统无约束时的自由度数减去约束条件后所得的差，例如，对于由 n 个质量组成的系统，如有 r 个约束条件，则其

自由度数为 $N=3n-r$。

3. 广义坐标

广义坐标(generalized coordinates)是指能完整地表示系统运动的坐标。广义坐标是独立的坐标,通常广义坐标数等于自由度数。例如,单摆可看作是一个质点的运动,它又有两个约束条件,故其自由度数为 $N=3-2=1$,可用一个广义坐标来表示。如图1-4所示双摆,它只能在平面(xOy)内摆动,因此 $z_1=0$,$z_2=0$,杆长 l_1、l_2 不变,杆端的质量分别为 m_1、m_2,在不考虑杆自重情况下可看作两个质点的运动,其约束条件有4个:

$$z_1=0 \text{ 和 } x_1^2+y_1^2=l_1^2;\quad z_2=0 \text{ 和 } x_2^2+y_2^2=l_2^2$$

故自由度数为 $N=2\times3-4=2$,因此,可用两个广义坐标(φ_1、φ_2)表示。

1.1.5 广义速度、广义加速度

在图1-5所示的曲柄滑块机构中,系统是由曲柄 OA、连杆 AB 及滑块三个刚体组成的受约束系统,描述该系统的位形只需一个曲柄 OA 相对水平轴的转角(可定义为角位移)就可以了,即只要确定特定的转角值,系统的位形就完全确定了。

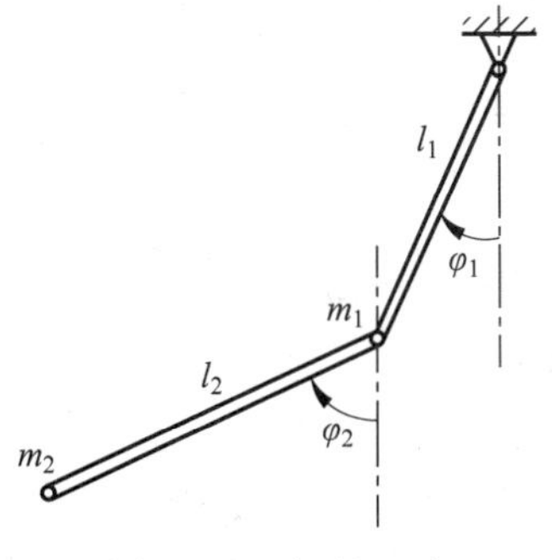

图1-4 双摆的运动

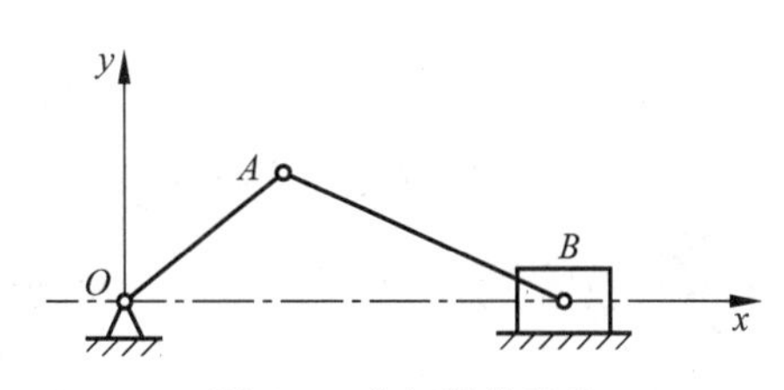

图1-5 曲柄滑块机构

广义坐标确定了质点系的位形,所以质点系中各质点的矢径 $\boldsymbol{r}_i$ 可以用广义坐标唯一确定。进一步推广到三维点,即按照质点系动力学分析,广义坐标(q_k)对时间 t 的导数为广义速度。系统质点的速度矢量可根据下式求得,即

$$\boldsymbol{v}_i=\dot{\boldsymbol{r}}_i=\sum_{k=1}^{s}\frac{\partial \boldsymbol{r}_i}{\partial q_k}\dot{q}_k+\frac{\partial \boldsymbol{r}_i}{\partial t} \tag{1-1}$$

或者写成直角坐标形式:

$$\begin{cases}\dot{x}_i=\sum_{k=1}^{s}\dfrac{\partial x_i}{\partial q_k}\dot{q}_k+\dfrac{\partial x_i}{\partial t}\\ \dot{y}_i=\sum_{k=1}^{s}\dfrac{\partial y_i}{\partial q_k}\dot{q}_k+\dfrac{\partial y_i}{\partial t}\\ \dot{z}_i=\sum_{k=1}^{s}\dfrac{\partial z_i}{\partial q_k}\dot{q}_k+\dfrac{\partial z_i}{\partial t}\end{cases} \tag{1-2}$$

在稳定约束下,速度矢量将是广义速度的线性齐次式(因矢径 $\boldsymbol{r}_i$ 与时间参数 t 无关)。

$$\boldsymbol{v}_i=\sum_{k=1}^{s}\frac{\partial \boldsymbol{r}_i}{\partial q_k}\dot{q}_k \tag{1-3}$$

或写成直角坐标形式：

$$\begin{cases} \dot{x}_i = \sum_{k=1}^{s} \frac{\partial x_i}{\partial q_k} \dot{q}_k \\ \dot{y}_i = \sum_{k=1}^{s} \frac{\partial y_i}{\partial q_k} \dot{q}_k \\ \dot{z}_i = \sum_{k=1}^{s} \frac{\partial z_i}{\partial q_k} \dot{q}_k \end{cases} \tag{1-4}$$

由式(1-3)和式(1-4)可见，任一点的速度是其广义速度的线性函数。广义坐标对时间 t 的两次导数称为广义加速变。系统中点的加速度写成：

$$\boldsymbol{a}_i = \dot{\boldsymbol{v}}_i = \sum_{k=1}^{s} \frac{\partial \boldsymbol{r}_i}{\partial q_k} \ddot{q}_k + \sum_{l=1}^{s} \sum_{k=1}^{s} \frac{\partial^2 \boldsymbol{r}_i}{\partial q_l \partial q_k} \dot{q}_l \dot{q}_k + 2\sum_{k=1}^{s} \frac{\partial^2 \boldsymbol{r}_i}{\partial q_k \partial t} \dot{q}_k + \frac{\partial^2 \boldsymbol{r}_i}{\partial t^2} \tag{1-5}$$

或写成直角坐标形式：

$$\begin{cases} \ddot{x}_i = \sum_{k=1}^{s} \frac{\partial x_i}{\partial q_k} \ddot{q}_k + \sum_{l=1}^{s} \sum_{k=1}^{s} \frac{\partial^2 x_i}{\partial q_l \partial q_k} \dot{q}_l \dot{q}_k + 2\sum_{k=1}^{s} \frac{\partial^2 x_i}{\partial q_k \partial t} \dot{q}_k + \frac{\partial^2 x_i}{\partial t^2} \\ \ddot{y}_i = \sum_{k=1}^{s} \frac{\partial y_i}{\partial q_k} \ddot{q}_k + \sum_{l=1}^{s} \sum_{k=1}^{s} \frac{\partial^2 y_i}{\partial q_l \partial q_k} \dot{q}_l \dot{q}_k + 2\sum_{k=1}^{s} \frac{\partial^2 y_i}{\partial q_k \partial t} \dot{q}_k + \frac{\partial^2 y_i}{\partial t^2} \\ \ddot{z}_i = \sum_{k=1}^{s} \frac{\partial z_i}{\partial q_k} \ddot{q}_k + \sum_{l=1}^{s} \sum_{k=1}^{s} \frac{\partial^2 z_i}{\partial q_l \partial q_k} \dot{q}_l \dot{q}_k + 2\sum_{k=1}^{s} \frac{\partial^2 z_i}{\partial q_k \partial t} \dot{q}_k + \frac{\partial^2 z_i}{\partial t^2} \end{cases} \tag{1-6}$$

如果约束是稳定的，则在上两式中对 t 的偏导数项消失。

1.1.6 系统的功和能

若以 $\boldsymbol{r}$ 表示一个质点的位置矢量，对于质量为 m 的质点施加力 $\boldsymbol{F}$，使之移动 $\mathrm{d}r$ 距离，这时矢量的标量积称为力所做的功。图 1-6 所示是力 $\boldsymbol{F}$ 将质点从 A 移到 B，力 $\boldsymbol{F}$ 所做的功可表示为

$$W = \int_A^B \boldsymbol{F} \cdot \mathrm{d}\boldsymbol{r} \tag{1-7}$$

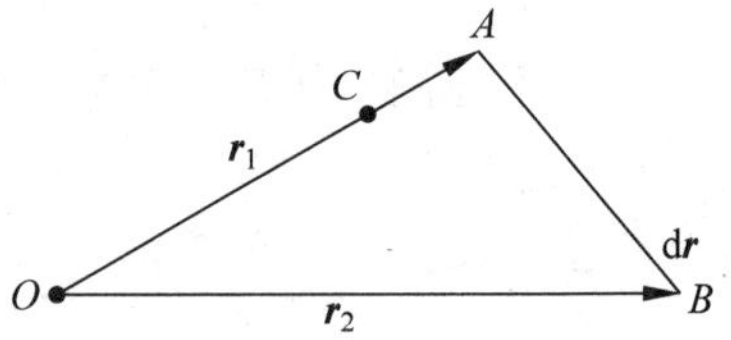

若设质点的速度为 x，则

$$T = \frac{1}{2} m \dot{x}^2 \tag{1-8}$$

称为系统的动能。

图 1-6　质点的移动

把质点从任意点 C 移到选定的基准点 O 时系统力所做的功定义为势能。

$$U = \int_C^O \boldsymbol{F} \cdot \mathrm{d}\boldsymbol{r} \tag{1-9}$$

动能和势能统称为物体的机械能。另外，若力所做的功仅取决于该质点的位置，而与质点的路程无关，这种力称为保守力(conservative force)，如弹簧力、万有引力、重力、电磁力等都是保守力，仅由保守力组成的系统称为保守系统。在保守系统中，动能和势能之和是常量，称为机械能守恒定律。机械系统中有能量损失的力称为非保守力，如阻尼力、摩擦力等都是非保守力。

1.2　系统的动态特性与简化

1.2.1　线性系统、非线性系统

按照数学模型是否线性，可分成为线性系统与非线性系统。所谓线性系统是指能用线性微分方程所表示的系统。例如，当系统质量不随运动参数而变化，并且系统弹性力和阻尼力可以简化为线性时，可用线性方程来表示，如：

$$m\ddot{x}+c\dot{x}+kx=0 \tag{1-10}$$

是二阶齐次线性方程。凡不能简化为线性系统的动力学系统都称为非线性系统，如：

$$m\ddot{x}+c\dot{x}+k(x+x^3)=0 \tag{1-11}$$

线性系统能够满足叠加原理。对于同时作用于系统的两个不同的输入，所产生的输出是这两个输入单独作用于系统所产生的输出之和。根据系统是否满足叠加原理可推断该系统是否是线性系统。但在工程实际中，严格的线性系统是不存在的。只有在小位移或小变形的情况下才可简化为线性系统，否则将成为非线性系统。例如图1-7所示的单摆系统。

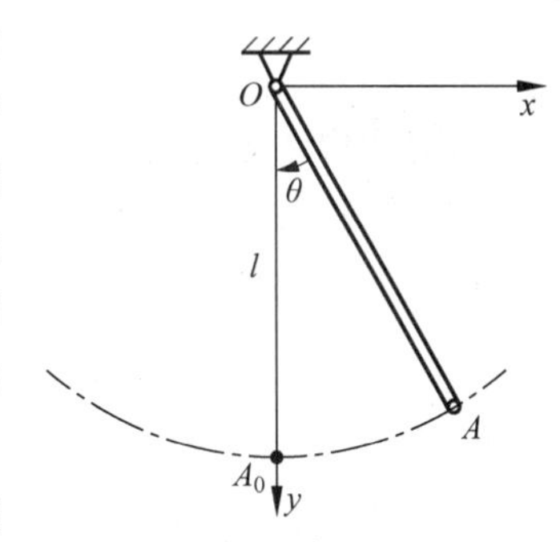

图1-7　单摆系统

对于质量为 m、长度为 l 的单摆系统，设摆角为 θ，其运动微分方程可写为

$$ml^2\ddot{\theta}=-mgl\sin\theta \tag{1-12}$$

即

$$\ddot{\theta}+\frac{g}{l}\sin\theta=0 \tag{1-13}$$

式(1-13)是非线性方程。在 $\sin\theta$ 作级数近似时，有

$$\sin\theta=\theta-\frac{\theta^3}{3!}+\frac{\theta^5}{5!}-\frac{\theta^7}{7!}+\cdots \tag{1-14}$$

代入式(1-13)，则

$$\ddot{\theta}+\frac{g}{l}\left(\theta-\frac{\theta^3}{3!}+\frac{\theta^5}{5!}-\frac{\theta^7}{7!}+\cdots\right)=0 \tag{1-15}$$

而当摆动微小时，即 $|\theta|\ll 1$ 时，$\sin\theta\approx\theta$，方程变为如下线性方程

$$\ddot{\theta}+\frac{g}{l}\theta=0 \tag{1-16}$$

这是非线性方程的线性化处理。

系统中的构件都具有一定的弹性和质量，而当组成系统的各构件弹性变形很小时，可视为刚体，只考虑构件的质量；而当弹性变形不能忽略时，就必须加以考虑。另外可以将具有集中参数元件所组成的系统称为离散系统；将由分布参数元件组成的系统称为连续系统。这里的参数元件是指系统的质量、系统的弹簧或系统的阻尼器等。

对于简支梁系统，当研究梁在垂直平面内的振动时，若只考虑梁作为一个整体而振动且简化点取在梁的中点处时，则梁有总体质量和纵向方向的变形，可简化为具有质量和刚度集

中参数元件的系统，即用离散系统来研究和分析。而要研究每点的振动特性时，由于梁具有分布的空间质量和每点都有不同的变形，可作为连续系统模型来处理。

按照自由度数来分，连续系统弹性体振动，它是一个无限多自由度的振动系统，与之相对应的还有单自由度系统、有限多自由度系统。

系统的动态特性分析很重要，对于振动规律，有周期性振动、非周期振动。按对系统的激励类型分类，有自由振动(在初始干扰下产生的振动)、强迫振动(在外力作用下的振动)、自激振动(在系统的输入和输出之间具有反馈特性，并有能源补充而产生的振动)。

1.2.2　系统的元件简化

系统动力学模型的建立要根据系统本身的结构和进行动力学研究的目的而确定。同一种系统结构用于不同目的的分析，模型也可能不同。这也会导致动力学模型的复杂程度往往差异很大。建立模型的重要工作是做一些合理的简化处理。

1. 刚性构件的简化

刚性构件在系统中可能作移动、绕固定轴转动或一般运动(既有转动，又有移动)，可分别简化成图 1-8 所示模型。

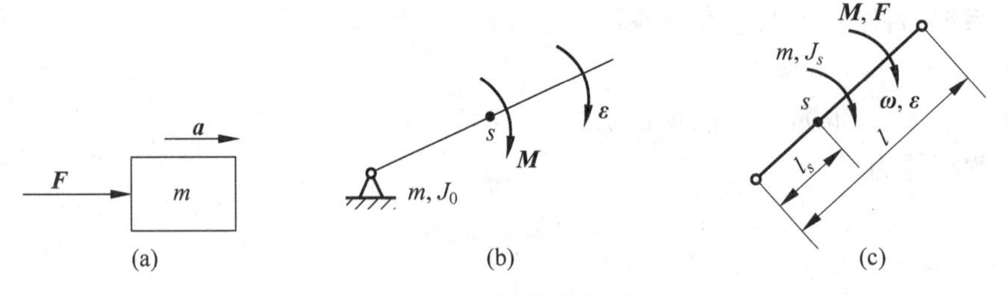

图 1-8　刚性构件模型

图 1-8(a)中：m 为集中质量；$\boldsymbol{F}$ 为作用于其上的外力；$\boldsymbol{a}$ 为在外力作用下，质量的运动状态发生变化产生的加速度。图 1-8(b)中：s 为绕固定轴旋转构件的质心；$\boldsymbol{M}$ 为作用其上的外力矩；$\boldsymbol{\varepsilon}$ 为转动的角加速度；J_0 为转动惯量。图 1-8(c)中：J_s 为转动惯量，l 为构件长度，s 为质心位置，ω 为构件角速度。

2. 弹性元件

弹性元件的模型简化，主要是处理弹性元件的质量及刚度的分布。

(1) 弹性元件的简化。对于系统中常见的弹簧之类的元件，由于其质量与其他构件相比很小，可视为无质量的弹性元件(见图 1-9(a))。弹簧力与位移有线性关系或非线性关系性质的表达方式，可根据材料或弹簧结构确定。在扭转振动中，扭转振动产生的广义力为扭矩，广义位移为角位移。如果弹性元件质量较大，或者弹簧是系统的传动或执行元件，可把质量和弹性均看成连续的系统。在工程实际中，元件的形状或连接状态比较复杂，需要导出函数，有时要结合测试试验数据。

(2) 对于弹性轴类(见图 1-9(b))，简化成多个集中质量(见图 1-9(c)、(d))，即将连续的弹性元件简化成为离散集中质量系统。这些质量之间以无质量的弹性段相连接。一般说来离散数目多，精确度就高，但太多的离散质量有可能由于计算的舍入误差而降低精度。同时也要考虑，动力学方程易于求解。

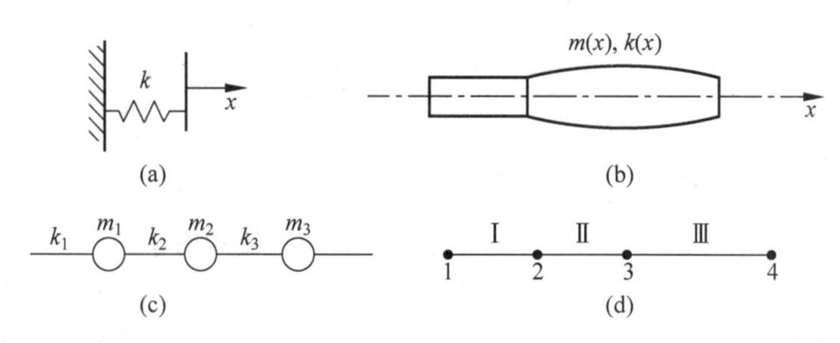

图 1-9　弹性元件模型

3. 有限元模型

有限元的方法是处理连续系统的有效手段。随着计算机的普遍应用,可用它来分析各种不同的系统,如流体、温度场,甚至人体组织结构的分析。这种方法的基本思想是将一连续系统,分成若干单元,各单元通过节点相联结。在单元内部仍是一个连续体。单元内各点状态之间的关系用函数来表示。这样既把系统看成了连续系统,又可降低系统的自由度。

另外,对于阻尼的处理可分为黏滞阻尼、干摩擦阻尼、固体阻尼,其特征均是在系统运动中产生能量消耗。存在于弹性元件材料内部的阻尼是由于材料的黏性引起的,属于固体阻尼或内阻尼。材料的化学成分、应力的形式与大小、应力变化的频率以及温度都影响固体阻尼。

在建立系统的模型时,同一个构件可能有不同的处理方法。要根据组成元件的性质、系统运行的速度和所要解决的问题确定采用哪一种模型。例如,离心机、鼓风机等旋转机械,当它的运行速度不高,且轴间跨距不大时,可简化成刚性系统。当轴的长度比直径大得多,且运行速度较高时,轴的横向变形不可忽略,则可简化成离散质量系统。在需要研究轴承特性对系统的影响时,则应将轴承的力学特性引入动力学模型,如图 1-10 所示。

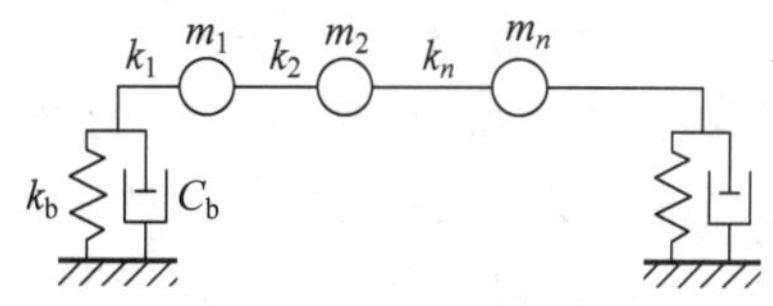

图 1-10　含弹性支承模型

如果整个机械安装在比较软的基础上,或要考虑基础对机械运行状态的影响时,还可建立如图 1-11 所示的动力学模型。

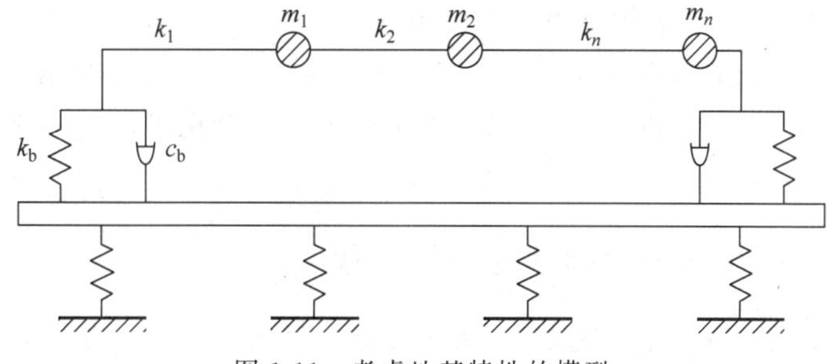

图 1-11　考虑地基特性的模型

总之,在满足要求的条件下,应尽可能将其模型简单化,以便于研究、分析计算。

1.3 系统动力学研究方法与过程

1.3.1 动力学方程及解法求解

从15世纪中叶到18世纪，近代物理学等的发展为机械动力学研究奠定了很好的基础，如牛顿(1643—1727)、欧拉(1707—1783)、达朗贝尔(1717—1783)和拉格朗日(1736—1813)等人做出了非常重要的工作。现代科学技术的全面进步推动动力学研究的工程应用，特别是信息论、控制论和系统论的研究成果，对动力学的发展产生极其深刻的影响，20世纪60年代以来，计算机技术的应用为动力学分析和设计提供有效的计算仿真等手段，另外，数学方法的成果运用也十分重要，如数值计算方法、矩阵特征值问题的求解方法和微分方程组的数值积分求解方法等极大地提高了多自由度动力学问题的求解能力。

1.3.2 动力振动模式及描述

振动是在一定条件下，振动体在其平衡位置附近所作的往复性机械运动。简单的振动如简谐振动，其振动量(振动的位移、振动速度和振动加速度)是时间的正弦或余弦函数。简谐振动是周期振动中简单且基本的振动形式，是分析和处理较为复杂的振动信号的基础。简谐振动常用三角函数、旋转矢量和复数表示法。在振动的数学表达式中，包含的关键参数有振幅(表示物体离开平衡位置的最大距离)、频率(表示单位时间的振动次数，其每秒振动次数称为赫兹，单位时间振动的弧度称为角频率或圆频率)、相位角(表示振动物体的初始位置等)。通过振动方程可以绘制出振动响应时间关系图，分析运动周期(从某一瞬时运动状态起再回复到该状态所经过的时间)和位移等参数变化情况。对简谐振动，对位移求一阶、二阶导数即得简谐振动的速度和加速度表达式。一般地，若位移是简谐函数，则速度、加速度也是简谐函数。速度的相位比位移超前$\pi/2$，加速度比位移超前π。加速度与位移的关系表明，简谐振动的加速度与位移恒成正比，但方向相反，加速度始终指向平衡位置。

实际问题中更多的是非简谐振动，它可看作是一系列简谐振动的函数之和。根据傅里叶级数理论，需要满足以下条件：

(1) 函数在一个周期内连续或者只有有限个间断点，而且在间断点上函数的左右极限存在；

(2) 在一个周期内只有有限个极大或极小值。

任何一个周期函数可以展开为一系列简谐函数级数之和。这个级数系列称为傅里叶级数。此分析方法称为谐波分析法，在振动理论中应用谐波分析可以把一个周期振动分解为一系列简谐振动的叠加。

1.3.3 解决系统动力学问题的一般过程

解决动力学问题要有理论研究方法，将研究对象简化为数学或物理模型，再对模型进行分析研究，从而得出具有普遍性的结论，并且要有实验研究方法相结合，作为以后分析和改进实际机械的依据。实验研究方法是在一定的工作条件(工况)下，用特定的仪器对样机、机器或缩尺模型进行测量，利用测量结果分析机器设计时采用的假设和方案是否合理，找出机器中的薄弱环节和设计上不合理的地方，作为改进机械结构的依据。一般来说，解决机械动力学问题一般包括以下过程：

(1) 根据机械系统的组成和所需解决的问题，建立系统的力学模型；

(2) 运用力学原理和方法建立系统的动力学方程，即系统的数学模型；

(3) 运用数学方法和工具求解动力学方程，并可仿真分析。

(4) 用实验装置或数字仿真方法检验所得结果，分析结果的合理性以证实模型的正确性。

1.3.4 动力学系统建模及控制的重大意义

首先，动力现象和动力学问题普遍存在。

随着科学技术的发展和对效率的不断追求，现代装备系统在不断向高速化、精确化方向发展，装备系统内部的动力现象越来越明显。动力学振动现象一直伴随着人们的生活与劳动，给一些工程问题带来困扰、灾难，如飞机机翼因颤振而折断、汽轮机叶片振动疲劳断裂而飞出、导弹因振动而降低命中率、摩天大楼的振幅常达数米导致大楼结构的疲劳与破坏、大桥因共振而坍塌。机床在加工制造时由于偶然的冲击、振动而影响到制造产品的精度和表面质量。航空发动机转速每分钟上千转，甚至达到上万转，离心力、振动冲击等动载荷很大，动力学问题突出。

许多设备(如压缩机、工程机械等)的振动与噪声也困扰着人们生活。因此，必须用动态的思想进行全面的优化设计。现在有许多人喜爱驾车到山野之处进行探险之旅，要求车辆等速度加快，但其行驶路面条件差，工作环境恶劣，动力学性能要求更高，设备在运行过程中，特别是在启动、制动和路面不平时会产生更为明显的颠簸或振动，这种颠簸或振动就是典型的动力现象。在工程建设中，挖掘机、装载机等工程机械，工作时会产生较为明显的振动，研究动力学问题来降低动载荷、改善系统内部结构等都有着十分重要的意义。另外，航天器是实现人类飞天梦想的必备工具，其动力学性能一直是十分重要的课题，无论是深空、深海、深地的探测都需要做好动力现象的深入研究和基础理论准备。

其次，动力学系统的建模及控制具有十分重要的作用。

动力学系统建模及其控制重点针对以下问题。

(1) 分析确定动力现象的存在对系统产生的各种危害；

(2) 动载荷或冲击载荷对机器或系统性能和使用寿命的影响；

(3) 动力冲击对加工精度和加工质量的影响；

(4) 冲击振动对环境及人身安全的影响，大量噪声会对人体造成负面影响，降低人的工作效率；

(5) 共振、颤动或颠簸等对机器或人体的损坏，如飞机故障、汽车制动失灵等。

为了完成上述任务，要研究克服动力现象所带来的负面影响，同时要对动力现象进行有效利用、控制，要做好以下几个方面的关键问题研究。

(1) 动力学系统建模的理论体系研究。要展开对多体系统、复杂系统较为全面的抽象、概括和有效的描述方法研究，结合先进制造技术、航空航天工业、汽车、机器人、仿生机械等科学技术相关的研究成果，提炼研究系统最优模型形式和建立流程。

(2) 动态运动或振动分析与动载荷计算。传统设计方法中，对系统运动分析与载荷计算是建立在刚性假定的基础上，按照静力学或刚体动力学方法进行的分析设计，动力学设计要考虑到系统构件的弹性等来分析振动载荷。

(3) 随着设备性能的高速重载化和结构、材质的轻型化，导致现代装备的固有频率下降，而激振频率上升。因此，机器的运转速度进入或接近机械的“共振区”可能性增大，强烈的共振会破坏系统的正常运转，必须加强对高速装置共振验算，开展防止共振的设计。

(4) 动力学测试与分析技术。结合计算机与现代测试技术开展状态监测、故障诊断、模态分析与动态模拟，为减振、隔振技术仿真和动力学控制设计提供必需的理论基础与方法。对于确定性系统有较为规律的激励，建模分析较为成熟。而对于汽车、工程机械、舰船等，则受到的外界激励往往是随机激励，需要根据载荷谱来进行分析。因此对于这类系统的整体结构设计(如悬架设计、座椅设计)以及隔振与减振设计等方面引入随机振动理论，是重要的课题。

(5) 系统动力学分析与设计、仿真。按照系统的观点，剖析各个子系统的特点和耦合原理，在动力学领域内开展动态优化设计方法研究，将静强度设计问题，提升到从结构动力特征出发，得出优化的静、动态性能的目标，使得每一个结构和系统整体具有预定的动力特性，大大改进现有系统的性能和使用寿命。例如，动力学分析中，模态分析将某种实际结构简化成动力学模型，简化系统的数学运算，通过实验测得实际响应来寻求相应的模型或调整预想的模型参数，使其成为实际结构的最佳描述，进行响应计算，这种模态模型描述方法和模态参数识别方法都要加以深入研究，在此基础上，可开展结构动力学修改等相关工作，如找到改变质量、刚度和阻尼引起模态频率、阻尼变化最敏感点的位置、最敏感参数(灵敏度分析)、通过改变一些点的质量、刚度和阻尼，对结构进行动力修改，计算出新的模态频率、阻尼和振型等。计算机模型、动态模拟等是在计算机上显示机械在各种参数与条件下的动态性能，从而实现在设计阶段预测与控制机械的动态特性，进而取代样机的中间试验，降低机器的成本与试制周期。如何把振动理论与疲劳强度理论结合起来，建模分析，并结合测试技术理论、故障诊断理论是一个有着广阔前景的学术领域。

(6) 系统动力学的控制和利用。对于系统的被动控制方面，要根据动力响应的结果或问题，对系统采取修改或优化措施。更为重要的是进行主动的寻优控制控制，以实现总振能最小目标，开展智能控制或技术装置研发。要善于利用振动有利的特性，不断提升各种动力装置，如振动压路机、振动输送机、振动筛、振动球磨机、振动锤、振动夯实等的效能，或利用动力进行振动高精度切削，测试系统振动信息开展系统故障诊断，利用各种振动信号实现对机械运动状态、结构可靠性乃至人体健康状态的监测与诊断。利用振动原理研发更高级的乐器等。解决动力学问题，实现现代装备日益向高效率、高速度、高精度、高承载能力及自动化方向发展，而工程结构却又向着轻型、精密的方向发展。

总之，动力学系统的建模及控制具有十分重大的理论意义和应用价值，这是揭示事物动态过程现象的本质和机理，对于产生新的系统稳定性分析方法、工程力学(动力学、运动学)、故障诊断、动态问题综合治理方法等均具有重要意义。

思　考　题

1.1　在分析系统动态特性时，如何进行简化？

1.2　系统动力学研究方法与过程如何？

1.3　试列举工程实际中几个动力学问题的实例。

第 2 章　单自由度系统动力学模型方程

系统的动力学方程，是建立系统的输入、系统的参数与系统的状态三者之间关系的数学表达式。它们是根据系统的物理模型、力学简化模型等，应用力学方程或原理建立的，通常是微分方程，也可称为运动微分方程或运动方程。常用于建立动力学方程的力学原理有动力学普遍方程、达朗贝尔原理、牛顿第二定律、拉格朗日方程、凯恩方程等。基于这些原理还有一些常用的建立系统动力学方程的方法，如影响系数法、传递矩阵法等。

2.1　动力学普遍方程

2.1.1　非自由质点系动力学普遍方程及解法

动力学普遍方程亦称作达朗贝尔-拉格朗日原理，是分析力学中推导各种动力学方程的基础，拉格朗日方程就是由动力学普遍方程导出的。

对于一个质点系，运用虚位移原理可以给出质点系处于静平衡位置时，作用于系统上主动力或主动力之间的关系。如图 2-1 所示曲柄滑块平面机构，已知曲柄、连杆的长度分别为 r、l，以及作用在滑块 B 上主动力 $\boldsymbol{F}$，当曲柄 OA 处于水平位置时，如要保证机构平衡，在不计自重和摩擦的情况下，需确定作用于曲柄 OA 的力偶 $\boldsymbol{M}$ 的大小。

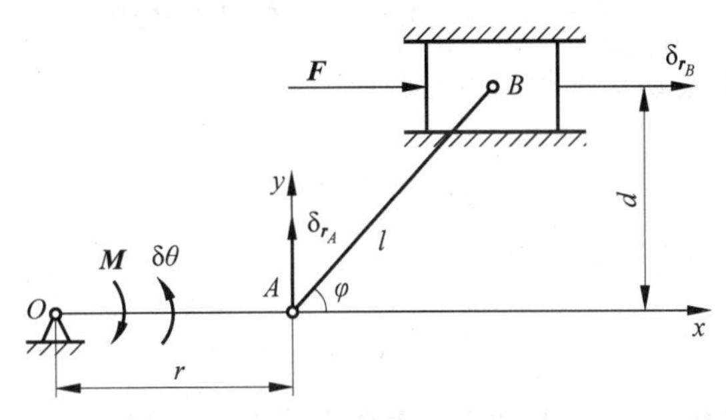

图 2-1　曲柄滑块平面机构(静平衡)

这是一个单自由度系统，选取曲柄转角 θ 为广义坐标。机构在图示位置平衡，设 A、B 点的虚位移分别为 $\delta \boldsymbol{r}_A$、$\delta \boldsymbol{r}_B$，两者之间的关系：

$$\delta \boldsymbol{r}_B \cos\varphi = \delta \boldsymbol{r}_A \sin\varphi$$

即

$$\delta r_B = \delta r_A \tan\varphi = \frac{rd\,\delta\theta}{\sqrt{l^2 - d^2}} \tag{2-1}$$

由虚位移原理可知，具有双面、完整、定常、理想约束的静止的质点系，在给定位置保持平衡的充分必要条件是：该质点系所有主动力在系统的任意一组虚位移上所做的虚功之和等于零。写成表达式为

$$M\delta\theta - F\delta r_B = 0 \tag{2-2}$$

代入虚位移之间的关系式，得

$$\left(M - \frac{Frd}{\sqrt{l^2 - d^2}}\right)\delta\theta = 0 \tag{2-3}$$

因为 $\delta\theta$ 是任意的，若上式成立，一定有

$$M = \frac{Frd}{\sqrt{l^2 - d^2}} \tag{2-4}$$

由此，可以确定系统平衡时所需的力偶 $\boldsymbol{M}$ 的大小。

虚位移原理可解决任意质点系的静力平衡问题。但是，若要实现曲柄连杆机构系统中 OA 杆作匀角速转动，可用什么方法来求图 2-1 所示机构的力偶 $\boldsymbol{M}$ 的大小呢？而这正是动力学普遍方程将要解决的问题。

设质点系由 n 个质点组成，其中第 i 个质点的质量为 m_i，作用在其上的有主动力 $\boldsymbol{F}_i$、约束力 $\boldsymbol{F}_{\mathrm{N}i}$。首先利用达朗贝尔原理将动力学问题转化为静力学问题；为此，对每个质点施加惯性力 $\boldsymbol{F}_{\mathrm{I}i}$，质点系处于平衡，应用达朗贝尔原理有

$$\boldsymbol{F}_i + \boldsymbol{F}_{\mathrm{N}i} + \boldsymbol{F}_{\mathrm{I}i} = \boldsymbol{0}, \quad i = 1,2,\cdots,n \tag{2-5}$$

当质点系受到理想、双面约束时，可以利用虚位移原理求解静力学问题。给质点系一组虚位移，将上式两边点乘该质点的虚位移，有

$$(\boldsymbol{F}_i + \boldsymbol{F}_{\mathrm{N}i} + \boldsymbol{F}_{\mathrm{I}i}) \cdot \delta\boldsymbol{r}_i = 0, \quad i = 1,2,\cdots,n \tag{2-6}$$

应用虚位移原理：

$$\delta' W = \sum_{i=1}^{n} (\boldsymbol{F}_i + \boldsymbol{F}_{\mathrm{N}i} + \boldsymbol{F}_{\mathrm{I}i}) \cdot \delta\boldsymbol{r}_i = 0 \tag{2-7}$$

若质点系所受的约束均为理想约束，则有

$$\sum_{i=1}^{n} \boldsymbol{F}_{\mathrm{N}i} \cdot \delta\boldsymbol{r}_i = 0 \tag{2-8}$$

由此得动力学普遍方程：

$$\sum_{i=1}^{n} (\boldsymbol{F}_i + \boldsymbol{F}_{\mathrm{I}i}) \cdot \delta\boldsymbol{r}_i = 0 \tag{2-9}$$

由此可见，具有理想、双面约束的非自由质点系在任一瞬时(或者在运动过程中)，作用于其上的主动力和惯性力在质点系的任何虚位移上所做的虚功之和为零。式(2-9)给出的动力学普遍方程亦称作拉格朗日形式的达朗贝尔原理。它建立了非自由质点系动力学的普遍规律。可将动力学普遍方程在直角坐标系下表示，有下式：

$$\boldsymbol{F}_i = F_{ix}\boldsymbol{i} + F_{iy}\boldsymbol{j} + F_{iz}\boldsymbol{k}$$

$$\boldsymbol{F}_{\mathrm{I}i} = -m_i\ddot{x}_i\boldsymbol{i} - m_i\ddot{y}_i\boldsymbol{j} - m_i\ddot{z}_i\boldsymbol{k}$$

$$\delta\boldsymbol{r}_i = \delta x_i\boldsymbol{i} + \delta y_i\boldsymbol{j} + \delta z_i\boldsymbol{k}$$

所以有

$$\sum_{i=1}^{n} (F_{ix} - m_i a_{ix})\delta x_i + \sum_{i=1}^{n} (F_{iy} - m_i a_{iy})\delta y_i + \sum_{i=1}^{n} (F_{iz} - m_i a_{iz})\delta z_i = 0 \tag{2-10}$$

在利用动力学普遍方程求解问题时，首先判别系统是否具有理想约束，将做功的约束力

归为主动力，分析各质点的加速度。并重点做好以下步骤：

(1) 对各质点施加惯性力，对刚体上的惯性力系进行简化；

(2) 给质点系以恰当的虚位移，计算主动力及惯性力的虚功；

(3) 依据动力学普遍方程，由已知量求得未知量。

2.1.2　动力学普遍方程应用举例

1. 滑轮提升机构的加速度分析

如图 2-2 所示的滑轮提升机构，主要有鼓轮 1、滑车 2、平台 3，以及缆绳组成。缆绳的一端绕在鼓轮 1 上，绕过忽略质量的滑车 2，并固定在平台 3 上。鼓轮 1 的半径为 r、质量为 m、电动机的力偶矩为 $\boldsymbol{M}$，平台 3 的质量为 m_1，确定平台上升的加速度 $\boldsymbol{a}$ 表达式。

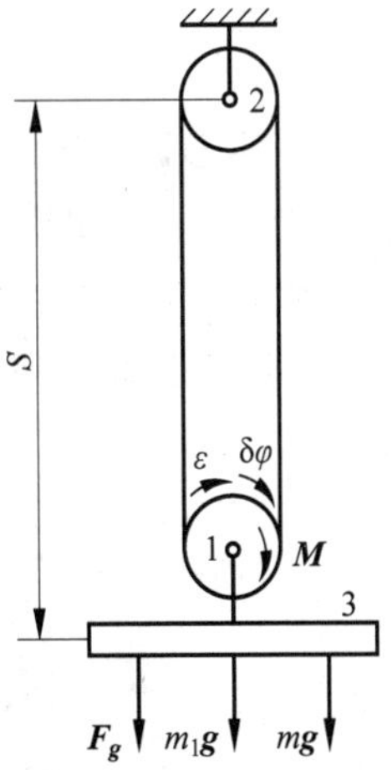

图 2-2　滑轮提升机构

1—鼓轮；2—滑车；3—平台

该系统为单自由度系统，所受的约束都是理想的。首先，选定广义坐标，广义坐标选鼓轮的转角 φ。其次是进行主动力分析，系统所受的主动力有：重力 $m\boldsymbol{g}$，$m_1\boldsymbol{g}$，力偶矩 $\boldsymbol{M}$。再进行惯性力及力矩分析，分别为

$$\boldsymbol{F}_g=-(m_1+m)\boldsymbol{a}$$

$$\boldsymbol{M}_g=\boldsymbol{J}_{\boldsymbol{\varepsilon}}=\frac{1}{2}mr^2\boldsymbol{\varepsilon} \tag{2-11}$$

式中，$\boldsymbol{\varepsilon}$ 为鼓轮 1 的角加速度。

如图所示，给系统以虚位移：设鼓轮顺时针转动有 $\delta\varphi$，则平台的虚位移为 δS。因系统的约束方程为

$$2S+C=L \tag{2-12}$$

其中，S 为鼓轮 1 和滑车 2 的中心距，L 为绳长，C 为常量。

按照虚位移与泛函数变分之间的关系(关于变分的概念可参考文献[8])对上式，变分得

$$2\delta S=\delta L \tag{2-13}$$

而

$$\delta L=r\delta\varphi \tag{2-14}$$

于是得

$$\delta S=\frac{1}{2}\delta L=\frac{1}{2}r\delta\varphi \tag{2-15}$$

根据动力学普遍方程

$$\sum_{i=1}^{n}(\boldsymbol{F}_i-m_i\boldsymbol{a}_i)\cdot\delta\boldsymbol{r}_i=0 \tag{2-16}$$

则

$$(M-M_g)\delta\varphi-(mg+m_1g+F_g)\delta S=0 \tag{2-17}$$

即

$$\left(M-\frac{1}{2}mr^2\varepsilon\right)\delta\varphi-(m+m_1)(g+a)\frac{1}{2}r\delta\varphi=0 \tag{2-18}$$

由约束方程求导得

$$2\ddot{S}=\ddot{L},\quad 其中\ddot{S}=a,\quad \ddot{L}=r\varepsilon$$

故

$$2a=r\varepsilon$$

即

$$\varepsilon=\frac{2a}{r} \tag{2-19}$$

因为 $\delta\varphi\neq 0$,将式(2-19)代入式(2-18),解得

$$a=\frac{2M/r-(m+m_1)g}{3m+m_1}=\frac{2M-(m+m_1)gr}{(3m+m_1)r} \tag{2-20}$$

2. 离心调速器的角速度分析

离心调速器由质量均为 m_1 的两球 A,B 及质量为 m_2 的重锤 C 用杆系连接而成,如图 2-3(a)所示。忽略杆重,各杆件的长度均为 l。已知系统绕铅垂轴的旋转角速度为 ω。需确定角速度 ω 与夹角 α 的关系(不考虑摩擦力影响)。

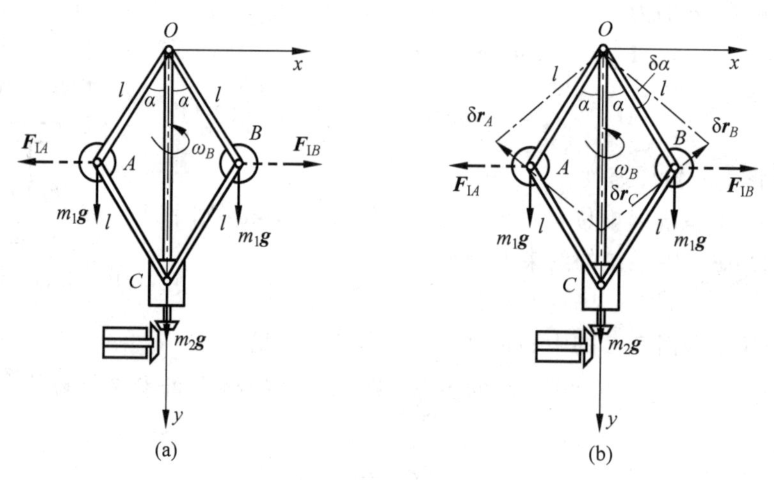

图 2-3　离心调速系统

由于不考虑摩擦力,系统为理想约束系统;系统具有一个自由度。取广义坐标 α。

(1) 分析运动、施加惯性力:球 A、B 绕 y 轴等速转动;重锤静止不动。球 A、B 的惯性力为

$$\boldsymbol{F}_{\mathrm{I}A}=\boldsymbol{F}_{\mathrm{I}B}=m_1 l\sin\alpha\boldsymbol{\omega}^2 \tag{2-21}$$

(2) 令系统有一虚位移 $\delta\alpha$ 。A、B、C 三处的虚位移分别为 $\delta\boldsymbol{r}_A$、$\delta\boldsymbol{r}_B$、$\delta\boldsymbol{r}_C$,如图 2-3(b)所示。

(3) 应用动力学普遍方程,得

$$-F_{\mathrm{I}A}\cdot\delta x_A+F_{\mathrm{I}B}\cdot\delta x_B+m_1g\cdot\delta y_A+m_1g\cdot\delta y_B+m_2g\cdot\delta y_C=0 \tag{2-22}$$

根据几何关系,有

$$x_A=-l\sin\alpha,\quad y_A=l\cos\alpha$$

$$x_B=l\sin\alpha,\quad y_B=l\cos\alpha$$

$$y_C = 2l\cos\alpha$$

坐标的变分为

$$\delta x_A = -l\cos\alpha\,\delta\alpha,\quad \delta y_A = -l\sin\alpha\,\delta\alpha$$

$$\delta x_B = l\cos\alpha\,\delta\alpha,\quad \delta y_B = -l\sin\alpha\,\delta\alpha$$

$$\delta y_C = -2l\sin\alpha\,\delta\alpha$$

将上述坐标的变分代入动力学普遍方程，得

$$2m_1 l\sin\alpha\omega^2 l\cos\alpha\,\delta\alpha - 2m_1 gl\sin\alpha\,\delta\alpha - 2m_2 gl\sin\alpha\,\delta\alpha = 0 \tag{2-23}$$

求解上面的方程，可得角速度 ω 与夹角 α 的关系为

$$\omega^2 = \frac{(m_1 + m_2)g}{m_1 l\cos\alpha} \tag{2-24}$$

将动力学普遍方程应用于求解动力学问题，已知主动力可求系统的运动规律。

应用动力学普遍方程求解系统运动规律时，需要分析运动、在系统上施加惯性力。其中正确分析主动力和惯性力作用点的虚位移，并正确计算相应的虚功较为关键。由于动力学普遍方程中不包含约束力，因此，不需要解除约束，也不需要将系统拆开，有其优越性。

2.2　拉格朗日方程

2.2.1　完整理想约束系统的拉格朗日方程式

具有完整理想约束的有 N 个广义坐标的机构，其拉格朗日方程形式为

$$\frac{\mathrm{d}}{\mathrm{d}t}\left(\frac{\partial E}{\partial \dot{q}_r}\right) - \frac{\partial E}{\partial q_r} + \frac{\partial U}{\partial q_r} = Q_r,\quad r = 1,2,\cdots,N \tag{2-25}$$

式中，q_r 为第 r 个广义坐标；E 为系统动能；U 为系统的势能；Q_r 为对第 r 个广义坐标的广义力。

在分析力学中，质点系的位形与运动也都用彼此独立的广义坐标描述，此处第 j 个广义坐标，记为 q_j，而动力学普遍方程中的 δr_i，彼此均不独立，故此应将坐标变换为广义坐标，即可得到第二类拉格朗日方程。设具有完整理想约束的非自由质点系的自由度为 k，系统的广义坐标记为 $q_1, q_2, \cdots, q_k$，动力学普遍方程：

$$\sum_{i=1}^{n}(\boldsymbol{F}_i - m_i\boldsymbol{a}_i)\cdot\delta\boldsymbol{r}_i = \boldsymbol{0} \tag{2-26}$$

等价于：

$$\sum_{j=1}^{k}\left[\frac{\mathrm{d}}{\mathrm{d}t}\left(\frac{\partial T}{\partial \dot{q}_j}\right) - \frac{\partial T}{\partial q_j} - Q_j\right]\delta q_j = 0 \tag{2-27}$$

式中，系统的动能记为 T，可表示成：

$$T = T(q_1, q_2, \cdots, q_k, \dot{q}_1, \dot{q}_2, \cdots, \dot{q}_k, t) \tag{2-28}$$

Q_j 为对应于广义坐标 q_j 的广义力，且

$$\sum_{j=1}^{k} Q_j\,\delta q_j = \sum_{i=1}^{n}\delta' W(\boldsymbol{F}_i) \tag{2-29}$$

因为 $\delta q_j (j = 1, 2, \cdots, k)$ 彼此独立，可得

$$\frac{\mathrm{d}}{\mathrm{d}t}\left(\frac{\partial T}{\partial \dot{q}_j}\right)-\frac{\partial T}{\partial q_j}=Q_j\,,\quad j=1,2,\cdots,k \tag{2-30}$$

式(2-30)也称为第二类拉格朗日方程。

2.2.2 拉格朗日方程求解步骤

已知图 2-4 所示的齿轮平面运动机构。均质系杆 OA 可绕其固定端 O 转动，均质小齿轮 A 沿半径为 R 的固定大齿轮作纯滚动。设均质小齿轮的半径为 r、质量为 m_2。当系杆受力偶 $\boldsymbol{M}$ 的作用时，试建立系杆 OA 的运动方程。

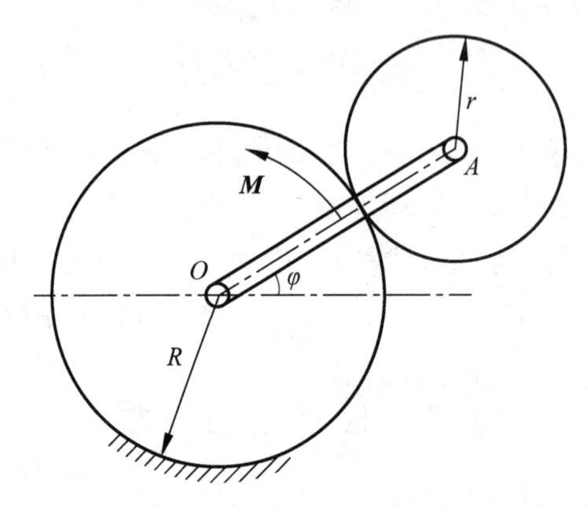

图 2-4 齿轮平面运动机构

设均质系杆质量为 m_1，系统具有一个自由度，小齿轮 A 作平面运动，系杆 OA 作定轴转动；取系杆的转角 φ 为其广义坐标。

先计算系统的动能：

$$T=\frac{1}{2}J_O\dot{\varphi}^2+\frac{1}{2}m_2v_A^2+\frac{1}{2}J_A\dot{\varphi}_A^2=\frac{1}{12}(2m_1+9m_2)(R+r)^2\dot{\varphi}^2 \tag{2-31}$$

其中

$$v_A=(R+r)\dot{\varphi}\,,\quad \dot{\varphi}_A=\frac{v_A}{r}=\frac{R+r}{r}\dot{\varphi}$$

计算广义力：

$$Q_\varphi=\frac{\sum \delta' W}{\delta\varphi}=\frac{M\delta\varphi}{\delta\varphi}=M \tag{2-32}$$

应用拉格朗日方程

$$\frac{\mathrm{d}}{\mathrm{d}t}\left(\frac{\partial T}{\partial \dot{\varphi}}\right)-\frac{\partial T}{\partial \varphi}=Q_\varphi \tag{2-33}$$

得到

$$\frac{1}{6}(2m_1+9m_2)(R+r)^2\ddot{\varphi}=M \tag{2-34}$$

由此求得系杆 OA 的角加速度：

$$\ddot{\varphi}=\frac{6M}{(2m_1+9m_2)(R+r)^2} \tag{2-35}$$

将上式积分得

$$\varphi=\frac{3M}{(2m_1+9m_2)(R+r)^2}t^2+\dot{\varphi}_0 t+\varphi_0 \tag{2-36}$$

拉格朗日方程适用于具有双面、理想、完整的约束系统。拉格朗日方程中不出现约束力,直接建立主动力与运动之间的关系。如果需要求某约束的约束力,需将该约束解除,代之以相应的约束力,并将其视为主动力。拉格朗日方程为动力学建模、求解提供一个规范的方法。其解题步骤主要如下:

(1) 首先要确定系统的自由度,选取恰当的广义坐标;

(2) 用广义速度和广义坐标表示系统的动能和势能;

(3) 给出系统的拉格朗日函数;

(4) 计算系统的广义力;

(5) 将动能或拉格朗日函数、广义力代入拉格朗日方程,进行求解。

可以看到,利用拉格朗日方程(简称为拉氏方程)能方便地找出某一完整力学系统的运动微分方程。不仅如此,它在工程和物理中还有更为广泛的应用。与用牛顿第二定律求解动力学问题相比,用拉氏方程求解多约束系统动力学问题具有优越性。同样地,拉氏方程能求解动约束反力的步骤如下:

(1) 取整个系统为研究对象,根据主动力用拉氏方程求出系统的运动微分方程。

(2) 解除待求反力的约束,代以约束反力,并视为主动力。再对新系统应用拉氏方程,从而得到含有约束反力的运动微分方程。需要注意的是:解除约束而得到增加了自由度的新系统后,当选取新的广义坐标时,必须包含解除约束前系统的广义坐标。

(3) 运动微分方程与约束方程联立,解出约束反力。

如图 2-5 所示的滚动圆盘,杆件 AB 的上端沿着光滑的墙壁下滑,杆长为 $2l$,质量为 m_1,圆盘沿水平面滚而不滑,质量为 m_2,半径为 r。如何求杆端 A 处的反力(忽略轴承处摩擦及滚动摩擦)。

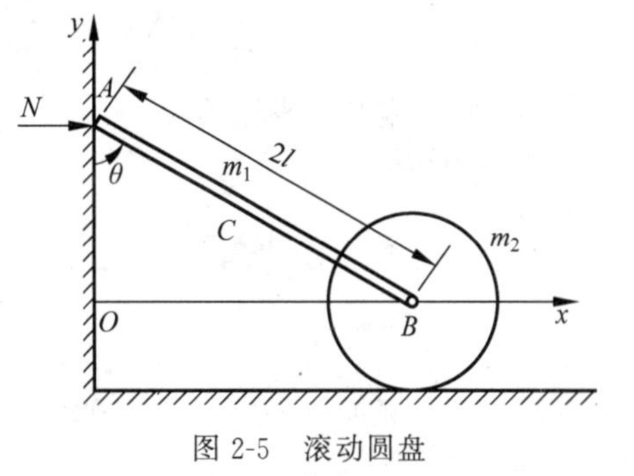

图 2-5　滚动圆盘

本系统具有一个自由度,可选 θ 为广义坐标。C 为杆件 AB 的中点,首先有坐标变换方程为

$$\begin{cases}x_C=l\sin\theta\\ y_C=l\cos\theta\\ x_B=2l\sin\theta\end{cases}$$

计算系统动能,为

$$\begin{aligned}T&=\frac{1}{2}m_1(\dot{x}_C^2+\dot{y}_C^2)+\frac{1}{2}J_C\omega_1^2+\frac{1}{2}m_2\dot{x}_B^2+\frac{1}{2}J_B\omega_2^2\\&=\frac{1}{2}m_1[(l\dot{\theta}\cos\theta)^2+(-l\dot{\theta}\sin\theta)^2]+\frac{1}{2}\left(\frac{1}{3}m_1l^2\right)\cdot\left(\frac{\dot{x}_B}{2l\cos\theta}\right)^2+\\&\quad\frac{1}{2}m_2(2l\dot{\theta}\cos\theta)^2+\frac{1}{2}J_B\left(\frac{\dot{x}_B}{r}\right)^2\end{aligned}$$

$$=\frac{2}{3}m_1l^2\dot{\theta}^2+2\left(m_2+\frac{J_B}{r^2}\right)l^2\dot{\theta}^2\cos^2\theta \tag{2-37}$$

根据定义求广义力为

$$Q_\theta=-m_1g\ \frac{\partial y_C}{\partial\theta}=m_1gl\sin\theta \tag{2-38}$$

代入拉氏方程，整理得

$$\left[\frac{4}{3}m_1+4\left(m_2+\frac{J_B}{r^2}\right)\cos^2\theta\right]l^2\ddot{\theta}-2\left(m_2+\frac{J_B}{r^2}\right)l^2\dot{\theta}^2\sin2\theta-m_1gl\sin\theta=0 \tag{2-39}$$

其次，解除 A 处约束，代之以反力 N，此时系统增加了一个自由度。可选 θ, x_B^2 为新的一组广义坐标。

$$x_C=x_B-l\sin\theta,\quad y_C=l\cos\theta,$$
$$x_A=x_B-2l\sin\theta$$

系统的动能为

$$\begin{aligned}T&=\frac{1}{2}m_1(\dot{x}_C^2+\dot{y}_C^2)+\frac{1}{2}J_C\omega_1^2+\frac{1}{2}m_2\dot{x}_B^2+\frac{1}{2}J_B\omega_2^2\\&=\frac{1}{2}m_1[(\dot{x}_B-l\dot{\theta}\cos\theta)^2+(-l\dot{\theta}\sin\theta)^2]+\\&\quad\frac{1}{6}m_1l^2\dot{\theta}^2+\frac{1}{2}m_2\dot{x}_B^2+\frac{1}{2}J_B\ \frac{\dot{x}_B^2}{r^2}\\&=\frac{1}{2}\left(m_1+m_2+\frac{J_B}{r^2}\right)\dot{x}_B^2+\frac{2}{3}m_1l^2\dot{\theta}^2-m_1l\dot{\theta}\dot{x}_B\cos\theta\end{aligned} \tag{2-40}$$

用求虚功的方法求广义力：

令 $\delta\theta\neq0, \delta x_B=0$

$$\begin{aligned}Q_\theta&=\frac{1}{\delta\theta}[N\delta x_A-m_1g\delta y_C-m_2g\delta y_B]\\&=\frac{1}{\delta\theta}[N(-2l\cos\theta\delta\theta-m_1g(-l\sin\theta\delta\theta))]\\&=-2Nl\cos\theta+m_1gl\sin\theta\end{aligned} \tag{2-41}$$

令

$$\begin{aligned}&\delta\theta=0,\quad \delta x_B\neq0\\&Q_x=\frac{1}{\delta x_B}[N\delta x_A-m_1g\delta y_C-m_2g\delta y_B]\\&\quad=\frac{1}{\delta x_B}[N\delta x_B]\\&\quad=N\end{aligned} \tag{2-42}$$

代入拉氏方程得

$$\frac{4}{3}m_1l^2\ddot{\theta}-m_1l^2\ddot{x}_B\cos\theta=-2Nl\cos\theta+m_1gl\sin\theta$$

$$\left(m_1+m_2+\frac{J_B}{r^2}\right)\ddot{x}_B-m_1l\ddot{\theta}\cos\theta+m_1l\dot{\theta}^2\sin\theta=N \tag{2-43}$$

由约束方程

$$x_B = 2l\sin\theta, \quad \ddot{x}_B = 2l\ddot{\theta}\cos\theta - 2l\dot{\theta}^2\sin\theta$$

将其代入广义力公式得

$$\begin{aligned} N &= \left(m_1 + m_2 + \frac{J_B}{r^2}\right)(2l\ddot{\theta}\cos\theta - 2l\dot{\theta}^2\sin\theta) - m_1 l\ddot{\theta}\cos\theta + m_1 l\dot{\theta}^2\sin\theta \\ &= \left(m_1 + 2m_2 + \frac{2J_B}{r^2}\right)(l\ddot{\theta}\cos\theta - l\dot{\theta}^2\sin\theta) \end{aligned} \tag{2-44}$$

上式中的 θ 由求解微分方程给出。

2.3 单自由度系统动力学方程

2.3.1 单自由度机构系统动力学参数特征

在描述一机械系统的运动状态时，可以把各构件分开来考虑，但是多杆机构（如四杆机构）的每一个构件的运动可用质心在直角坐标中的位置和构件转角来描述。基于这种描述方法，可以按构件分别建立它们的动力学方程。然而由于各构件之间的约束反力将包含在方程中，当构件数量多时这种方法显得十分烦琐。对于单自由度系统机构常采用拉格朗日方程来建立方程。

图2-6所示为单自由度系统的四杆机构。各构件运动均由主动件1的运动来确定，所以可把四杆机构中曲柄转角 φ_1 定义为广义坐标 q_1，应用拉格朗日方程来建立系统动力学方程。

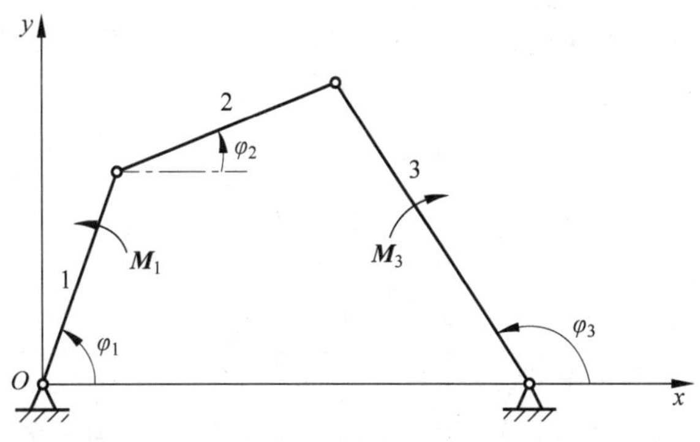

图2-6 单自由度系统机构

由于这是单自由度系统，拉格朗日方程只有一个，写为

$$\frac{\mathrm{d}}{\mathrm{d}t}\left(\frac{\partial E}{\partial \dot{q}_1}\right) - \frac{\partial E}{\partial q_1} + \frac{\partial U}{\partial q_1} = M_1 \tag{2-45}$$

2.3.2 单自由度系统动力学方程的一般形式

以图2-6所示的单自由度系统机构动力学模型建立，可重点开展以下工作，即计算系统的动能、广义力矩计算、构建动力学方程。

1. 系统的动能

设系统中有 m 个活动构件(四杆机构的活动构件为 3),系统的总动能为

$$E=\frac{1}{2}\sum_{i=1}^{m}[m_i(\dot{x}_i^2+\dot{y}_i^2)+J_i\dot{\varphi}_i^2] \tag{2-46}$$

式中,m_i 为第 i 个构件的质量;J_i 为该构件绕质心的转动惯量;x_i,y_i 分别为第 i 个构件质心的坐标;φ_i 为该构件的转角。它们都是广义坐标 q_1 的函数,即

$$\begin{cases}x_i=x_i(q_1)\\ y_i=y_i(q_1)\\ \varphi_i=\varphi_i(q_1)\end{cases} \tag{2-47}$$

所以有

$$\begin{cases}\dot{x}_i=\dfrac{\mathrm{d}x_i(q_1)}{\mathrm{d}q_1}\dot{q}_1\\ \dot{y}_i=\dfrac{\mathrm{d}y_i(q_1)}{\mathrm{d}q_1}\dot{q}_1\\ \dot{\varphi}_i=\dfrac{\mathrm{d}\varphi_i(q_1)}{\mathrm{d}q_1}\dot{q}_1\end{cases} \tag{2-48}$$

由上式可得

$$\frac{\mathrm{d}x_i(q_1)}{\mathrm{d}q_1}=\frac{\dot{x}_i}{\dot{q}_1},\quad \frac{\mathrm{d}y_i(q_1)}{\mathrm{d}q_1}=\frac{\dot{y}_i}{\dot{q}_1},\quad \frac{\mathrm{d}\varphi_i(q_1)}{\mathrm{d}q_1}=\frac{\dot{\varphi}_i}{\dot{q}_1}$$

上述式子的$\dfrac{\mathrm{d}x_i(q_1)}{\mathrm{d}q_1}$,$\dfrac{\mathrm{d}y_i(q_1)}{\mathrm{d}q_1}$和$\dfrac{\mathrm{d}\varphi_i(q_1)}{\mathrm{d}q_1}$在机构学中称为类速度。如果定义 $\dot{q}_1$ 为广义速度,则由式(2-48)可知类速度也等于速度对广义速度的一阶导数,即

$$\begin{cases}\dfrac{\mathrm{d}\dot{x}_i}{\mathrm{d}\dot{q}_1}=\dfrac{\mathrm{d}x_i(q_1)}{\mathrm{d}q_1}\\ \dfrac{\mathrm{d}\dot{y}_i}{\mathrm{d}\dot{q}_1}=\dfrac{\mathrm{d}y_i(q_1)}{\mathrm{d}q_1}\\ \dfrac{\mathrm{d}\dot{\varphi}_i}{\mathrm{d}\dot{q}_1}=\dfrac{\mathrm{d}\varphi_i(q_1)}{\mathrm{d}q_1}\end{cases} \tag{2-49}$$

在以下的讨论中,为了表达方便,用 u_{ki} 表示类速度,i 为构件编号,k 表示 x、y 或 φ。用类速度表示的动能为

$$E=\frac{\dot{q}_1^2}{2}\sum_{i=1}^{m}(m_iu_{xi}^2+m_iu_{yi}^2+J_iu_{\varphi i}^2) \tag{2-50}$$

令

$$J_{\mathrm{e}1}=\sum_{i=1}^{m}(m_iu_{xi}^2+m_iu_{yi}^2+J_iu_{\varphi i}^2)$$

则

$$E=\frac{1}{2}J_{\mathrm{e}1}\dot{q}_1^2$$

将 J_{e1} 称为等效转动惯量。对于单自由度系统，由于类速度与 $\dot{q}_1$ 的绝对值无关，它们可以由运动学分析结果得出，因此 J_{e1} 可以在动力学分析前确定。

2. 广义力矩的计算

当广义坐标为 φ_1 时，广义力矩为 M_1。若在机构上作用有 P 个外力和 L 个外力矩，则有

$$M_1\dot{q}_1=\sum_{p=1}^{P}(F_{xp}v_{xp}+F_{yp}v_{yp})+\sum_{l=1}^{L}M_l\omega_l$$

$$M_1=\sum_{p=1}^{P}(F_{xp}u_{xp}+F_{yp}u_{yp})+\sum_{l=1}^{L}M_l u_{\varphi l} \tag{2-51}$$

式中 v_{xp}，v_{yp} 为着力点速度在 x，y 方向的分量；F_{xp}、F_{yp} 为作用外力在 x，y 方向的分量；ω_l 为外力矩 M_l 作用于构件的角速度；u_{xp}、u_{yp}、$u_{\varphi l}$ 表示相应的类速度。

3. 动力学方程

在不考虑系统势能变化的情况下，可求单自由度系统的动力学方程。由

$$\frac{\partial E}{\partial\dot{q}_1}=J_{e1}\dot{q}_1$$

$$\frac{\mathrm{d}}{\mathrm{d}t}(J_{e1}\dot{q}_1)=J_{e1}\frac{\mathrm{d}\dot{q}_1}{\mathrm{d}t}+\dot{q}\frac{\mathrm{d}J_{e1}}{\mathrm{d}q_1}\frac{\mathrm{d}q_1}{\mathrm{d}t}=J_{e1}\frac{\mathrm{d}\dot{q}_1}{\mathrm{d}t}+\dot{q}_1^2\frac{\mathrm{d}J_{e1}}{\mathrm{d}q_1}$$

$$\frac{\partial E}{\partial q_1}=\frac{1}{2}\dot{q}_1^2\frac{\mathrm{d}J_{e1}}{\mathrm{d}q_1}$$

所以有

$$J_{e1}\frac{\mathrm{d}\dot{q}_1}{\mathrm{d}t}+\frac{1}{2}\dot{q}_1^2\frac{\mathrm{d}J_{e1}}{\mathrm{d}q_1}=M_1 \tag{2-52}$$

这就是单自由度系统的动力学微分方程。由于单自由度系统只有一个广义坐标，在书写时可省略下标“1”，于是有

$$\begin{cases}\dfrac{\mathrm{d}\dot{q}}{\mathrm{d}t}=\dfrac{1}{J_e}\left(M-\dfrac{1}{2}\dot{q}^2\dfrac{\mathrm{d}J_e}{\mathrm{d}q}\right)\\[2ex]\dfrac{\mathrm{d}q}{\mathrm{d}t}=\dot{q}\end{cases} \tag{2-53}$$

即

$$\begin{cases}\dfrac{\mathrm{d}\dot{q}}{\mathrm{d}\varphi}=\dfrac{1}{J_e\dot{q}}\left(M-\dfrac{1}{2}\dot{q}^2\dfrac{\mathrm{d}J_e}{\mathrm{d}q}\right)\\[2ex]\dfrac{\mathrm{d}q}{\mathrm{d}t}=\dot{q}\end{cases} \tag{2-54}$$

式(2-54)可以看成单自由度系统动力学微分方程的一般形式。

2.4　单自由度系统自由振动

2.4.1　振动

按照数学分析方法描述，振动是指系统的某些物理量(位移 $\boldsymbol{x}$、速度 $\boldsymbol{v}$ 或加速度 $\boldsymbol{a}$)在某

个数值附近随时间 t 的变化关系，如图 2-7 所示为周期运动振动曲线。

设某个实际机器和结构物可简化为由若干个“无质量”的弹簧和“无弹性”的质量所组成的模型，该模型称为弹簧质量系统。系统在相等的时间间隔 T 内作往复交变运动。往复一次所需的时间间隔 T 称为周期，周期振动可用时间的周期函数表示为

$$x(t)=x(t\pm T) \tag{2-55}$$

除了周期性振动，还有非周期性振动。如图 2-8 所示为非周期运动振动曲线。这是某旋转机械超载过程中产生的振动，没有一定的周期性，但仍为时间的确定性函数，称为非周期振动。

进一步观察，可以发现，有许多系统的振动更为复杂，例如，某些车辆行驶时或工程机械工作时的振动，不能以确定的函数形式表示出来，也无法预知在未来任一个指定瞬时的振动物理量大小，运动不是时间的确定性函数，称为随机振动。随机振动可用数理统计方法进行分析。图 2-9 为随机运动振动曲线。

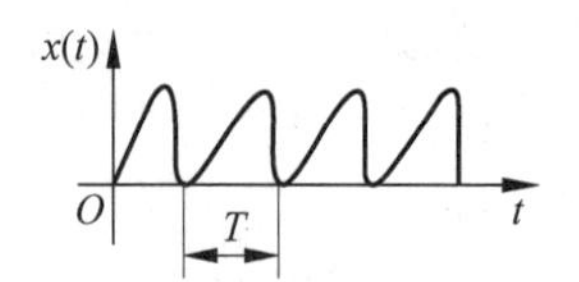

图 2-7　周期运动振动曲线

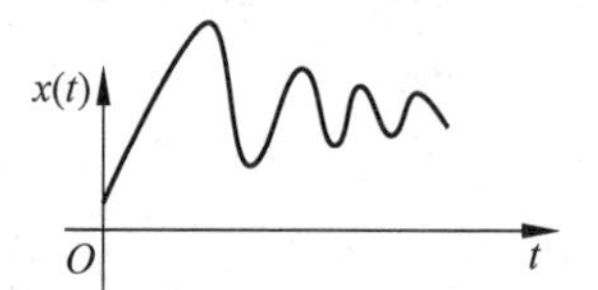

图 2-8　非周期运动振动曲线

总之，振动是在一定条件下，振动体（机器或结构物）在其平衡位置附近所作的往复性机械运动。振动的类型按系统的输入（激励）来分，可分为自由振动、强迫振动、自激振动。自由振动是系统受初始干扰（初位移或初速度）或原有外激励取消后产生的振动。

2.4.2　无阻尼系统的自由振动

系统在受初始干扰后自由振动，仅在恢复力作用下，在其平衡位置附近作振动。恢复力是指使物体回到平衡位置的力。对于无阻尼系统自由振动微分方程的建立过程，以图 2-10 所示自由振动系统（弹簧质量系统）为例，设振动体的质量为 m，弹簧常数为 k。坐标原点取为静平衡位置。

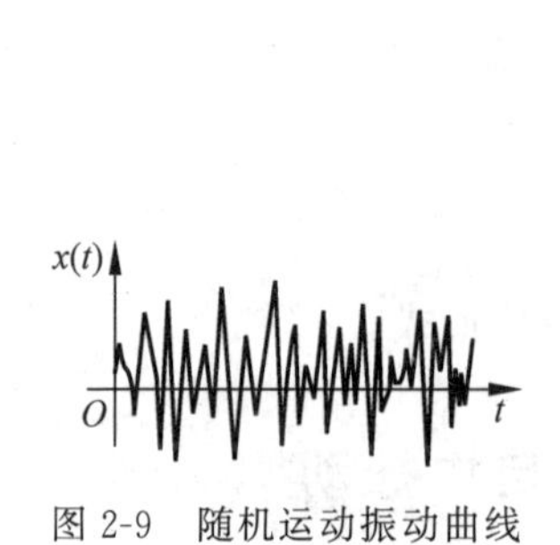

图 2-9　随机运动振动曲线

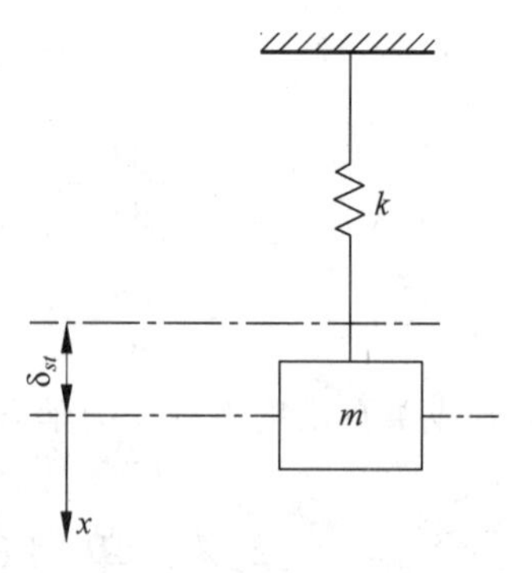

图 2-10　自由振动系统

图 2-10 中，δ_{st} 为重力作用下而引起的弹簧静变形。弹簧力与变形满足胡克定律。在任意时刻，对物体 m 在 x 位置时有

$$m\ddot{x}=mg-k(\delta_{st}+x)=mg-k\delta_{st}-kx \tag{2-56}$$

因为 $k\delta_{st}=mg$，则

$$m\ddot{x}+kx=0 \tag{2-57}$$

设 $\omega_n=\sqrt{\frac{k}{m}}$，则

$$\ddot{x}+\omega_n^2x=0 \tag{2-58}$$

式(2-58)是二阶常系数线性齐次微分方程，为单自由度无阻尼的自由振动的标准方程。方程式中并未出现重力及由重力所引起的弹簧的静变形，可见重力只改变坐标原点的位置，并不影响到静平衡位置附近的振动规律。按微分方程的求解方法，设方程的特解为

$$x=e^{\lambda t}$$

代入方程(2-58)后，通过变换得到解

$$\begin{cases}x=C_1\cos\omega_nt+C_2\sin\omega_nt=A\sin(\omega_nt+\varphi)\\A=\sqrt{C_1^2+C_2^2}\\\varphi=\arctan\left(\dfrac{C_1}{C_2}\right)\end{cases} \tag{2-59}$$

式中，C_1 和 C_2 是待定常数，由系统的初始条件来决定。

初始条件：

$$t=0;\quad x=x_0;\quad \dot{x}=\dot{x}_0$$

则代入式(2-59)得

$$C_1=x_0,\quad C_2=\dot{x}_0/\omega_n$$

即得

$$\begin{cases}x=x_0\cos\omega_nt+\dfrac{\dot{x}_0}{\omega_n}\sin\omega_nt\\A=\sqrt{x_0^2+\left(\dfrac{\dot{x}_0}{\omega_n}\right)^2}\\\varphi=\arctan\left(\dfrac{x_0\omega_n}{\dot{x}_0}\right)\end{cases}$$

式中，A 为系统的振幅；φ 为振动的初相位；ω_n 为固有圆频率。

可见，自由振动也是简谐振动，系统振动的振幅和初相位完全由系统的初始条件决定。而系统振动的固有圆频率是由系统本身的物理结构特性(m，k)决定，与系统的初始条件无关。

需要说明的是，可运用能量法建立方程。以下用一个例子来说明单自由度系统运动方程建立与固有频率的计算。如图2-11所示的单自由度系统，弹簧刚度为 k_1 和 k_2，滑轮轮盘1和圆柱体2的转动惯量分别为 J_1 和 J_2，系统中小车的质量为 m_0，圆柱体的质量为 m_2，圆柱体及轮盘尺寸如图所示。考虑来建立系统运动微分方程及其固有频率。

首先，将小车 m_0 移动的坐标 x 作为系统的广义坐标，有

$$x=r_2\varphi_2=r_1\varphi_1 \tag{2-60}$$

此处的单自由度系统自由振动忽略阻尼，作用在系统上的力都是保守力，系统没有能量损失。按照机械能守恒定律，在系统的整个振动过程中，任一瞬时机械能应保持不变。

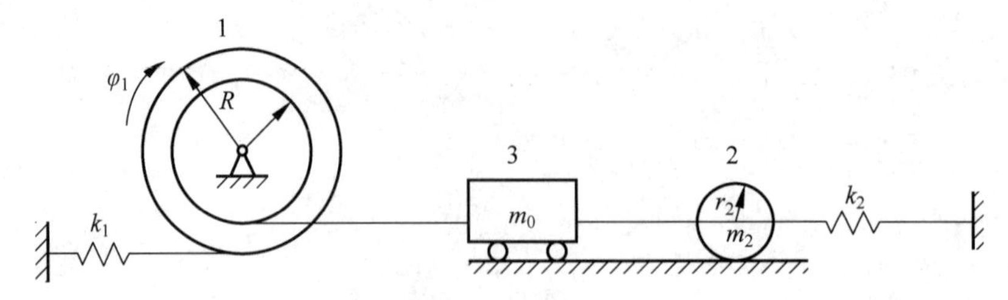

图 2-11　滑轮-小车-滚轮-弹簧系统

$$T+V=常数$$

先求系统的动能：

$$\begin{aligned}T&=\frac{1}{2}J_1\dot{\varphi}_1^2+\frac{1}{2}m_0\dot{x}^2+\frac{1}{2}J_2\dot{\varphi}_2^2+\frac{1}{2}m_2\dot{x}^2\\&=\frac{1}{2}J_1\left(\frac{\dot{x}}{r_1}\right)^2+\frac{1}{2}m_0\dot{x}^2+\frac{1}{2}m_2\dot{x}^2+\frac{1}{2}J_2\left(\frac{\dot{x}}{r_2}\right)^2\\&=\frac{1}{2}(J_1/r_1^2+m_0+m_2+J_2/r_2^2)\dot{x}^2\end{aligned}$$

求系统的势能：

$$V=\frac{1}{2}k_1(R\varphi_1)^2+\frac{1}{2}k_2x^2=\frac{1}{2}[k_1R^2/r_1^2+k_2]x^2$$

用能量法建立方程，由于

$$\frac{\mathrm{d}(T+V)}{\mathrm{d}t}=0$$

得到：

$$(m_0+m_2+J_1/r_1^2+J_2/r_2^2)\ddot{x}+(k_2+k_1R^2/r_1^2)x=0$$

写成：

$$m_\mathrm{e}\ddot{x}+k_\mathrm{e}x=0 \tag{2-61}$$

振动固有频率为

$$\omega_\mathrm{n}=\sqrt{\frac{k_\mathrm{e}}{m_\mathrm{e}}}=\sqrt{\frac{k_2+k_1R^2/r_1^2}{m_0+m_2+J_1/r_1^2+J_2/r_2^2}} \tag{2-62}$$

要注意所求的方程是在微小振动的情况下得到的。这类问题在工程实际中较多且较为重要，如图 2-12 所示的圆柱体在圆柱面内滚动问题，设质量为 m、半径为 r 的均质圆柱体在半径为 R 的圆柱面内作无滑动滚动，试推导圆柱体绕最低点 A_0 作微小振动的微分方程。

首先要做好运动分析，圆柱体作平面运动，可视为随质心 C 的平动和绕质心 C 的转动，定义 φ 为圆柱体绕质心转动的转角。取广义坐标为 θ，则：

$$v_C=(R-r)\dot{\theta}=\dot{\varphi}r \tag{2-63}$$

所以，在任一瞬时圆柱体的动能为

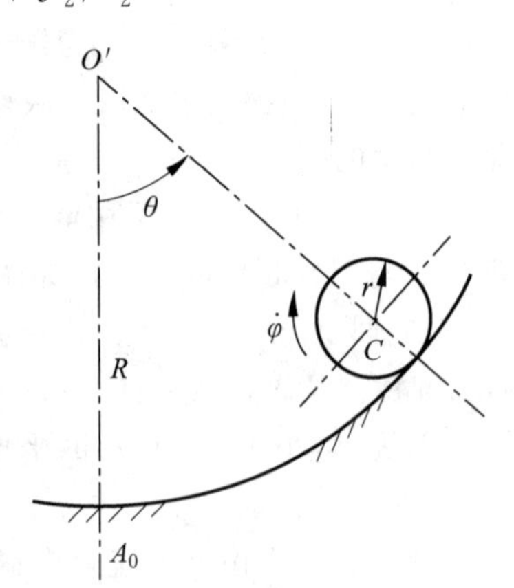

图 2-12　圆柱体在圆柱面内滚动

$$T=\frac{1}{2}mv_C^2+\frac{1}{2}I_C\dot{\varphi}^2=\frac{3}{4}m(R-r)^2\dot{\theta}^2 \tag{2-64}$$

I_C 为圆柱体的转动惯量。

圆柱体势能只有重力势能，相对于最低位置的势能为

$$V=mg(R-r)(1-\cos\theta) \tag{2-65}$$

由于机械能守恒，即 $T+V=$常量，所以其导数为零。即

$$\frac{\mathrm{d}}{\mathrm{d}t}\left[\frac{3}{4}m(R-r)^2\dot{\theta}^2+mg(R-r)(1-\cos\theta)\right]=0 \tag{2-66}$$

得到

$$\left[\frac{3}{2}m(R-r)^2\ddot{\theta}+mg(R-r)\sin\theta\right]\dot{\theta}=0 \tag{2-67}$$

对于微小振动 $\sin\theta\approx\theta$，则有

$$\ddot{\theta}+\frac{2g}{3(R-r)}\theta=0 \tag{2-68}$$

上式为系统的振动微分方程。按照固有频率的计算公式，有

$$\omega_{\mathrm{n}}=\sqrt{\frac{2g}{3(R-r)}} \tag{2-69}$$

从上面的分析来看，建立单自由度振动微分方程的方法有多种，其中拉格朗日方程法、能量法、牛顿第二定律法、定轴转动方程法等均有很好的工程应用。

2.4.3　有阻尼系统自由振动

在实际系统中，往往有阻尼存在，会消耗系统的能量，使振动逐渐衰减、最终停止，有阻尼的自由振动也称为衰减振动。阻尼的形式多种多样，如两物体之间的摩擦力、物体在气体或液体等介质中运动时的阻力等。下面通过黏性阻尼来讨论有阻尼的系统衰减振动的特性。

如图 2-13 所示的系统，设阻尼 c 是黏性阻尼。取初始静止位置为原点。对质量块进行受力分析。

可列出运动微分方程如下：

$$m\ddot{x}=-kx-c\dot{x} \tag{2-70}$$

即

$$m\ddot{x}+c\dot{x}+kx=0 \tag{2-71}$$

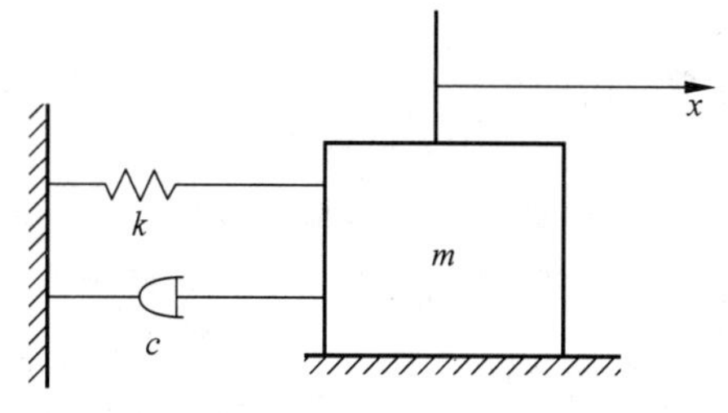

图 2-13　有阻尼的系统衰减振动

写成

$$\ddot{x}+\frac{c}{m}\dot{x}+\frac{k}{m}x=0 \tag{2-72}$$

设其解为 $x=A\mathrm{e}^{st}$，代入方程式得

$$(ms^2+cs+k)A\mathrm{e}^{st}=0 \tag{2-73}$$

要使上式在任意时刻 t 都成立，则

$$ms^2+cs+k=0 \tag{2-74}$$

解得

$$s_{1,2}=-\frac{c}{2m}\pm\sqrt{\left(\frac{c}{2m}\right)^2-\frac{k}{m}} \tag{2-75}$$

则，其方程的通解为

$$\begin{aligned}x&=A_1\mathrm{e}^{s_1t}+A_2\mathrm{e}^{s_2t}\\&=\mathrm{e}^{-\frac{c}{2m}t}\left[A_1\mathrm{e}^{\sqrt{\left(\frac{c}{2m}\right)^2-\frac{k}{m}}t}+A_2\mathrm{e}^{-\sqrt{\left(\frac{c}{2m}\right)^2-\frac{k}{m}}t}\right]\end{aligned} \tag{2-76}$$

$\mathrm{e}^{-\frac{c}{2m}t}$ 是时间 t 的衰减函数，讨论括号内的两种情况：

(1) 当$\left(\frac{c}{2m}\right)^2>\frac{k}{m}$时，其解是指数形式，为实数，不可能产生振动。

(2) 当$\left(\frac{c}{2m}\right)^2<\frac{k}{m}$时，指数变成虚数：$\pm\mathrm{i}\sqrt{\frac{k}{m}-\left(\frac{c}{2m}\right)^2}$，按欧拉公式 $\mathrm{e}^{\mathrm{i}\theta}=\cos\theta+\mathrm{i}\sin\theta$，写出：

$$\mathrm{e}^{\pm\mathrm{i}\sqrt{\frac{k}{m}-\left(\frac{c}{2m}\right)^2}}=\cos\sqrt{\frac{k}{m}-\left(\frac{c}{2m}\right)^2}\pm\mathrm{i}\sin\sqrt{\frac{k}{m}-\left(\frac{c}{2m}\right)^2}$$

可见简谐函数是振动的解。

当$\left(\frac{c}{2m}\right)^2=\frac{k}{m}$，即 $c^2=4mk$，$c=2\sqrt{mk}$ 时是临界状态。

用 c_c 表示临界阻尼系数：$c_\mathrm{c}=2\sqrt{mk}=2m\omega_\mathrm{n}$。

令 $\zeta=\frac{c}{c_\mathrm{c}}$，这就是阻尼比：

(1) $\zeta>1$ 是表示大阻尼状态；

(2) $\zeta=1$ 时表示临界阻尼状态；

(3) $\zeta<1$ 时表示小阻尼状态。

对于大阻尼(高阻尼)情况，$\sqrt{\zeta^2-1}$ 是实数，通解为

$$x=\mathrm{e}^{-\zeta\omega_\mathrm{n}t}\left(A_1\mathrm{e}^{\omega_\mathrm{n}\sqrt{\zeta^2-1}t}+A_2\mathrm{e}^{-\omega_\mathrm{n}\sqrt{\zeta^2-1}t}\right) \tag{2-77}$$

随着时间的增加，运动消失，振动衰减至停止，如图 2-14 所示。其中，可令 $\omega_\mathrm{d}=\omega_\mathrm{n}\sqrt{1-\xi^2}$ 称为有阻尼时固有圆频率。

同样地，对于临界阻尼状态、小阻尼(低阻尼)状态均可以写出方程的解，得出它们的振动特性曲线，如图 2-15、图 2-16 所示。

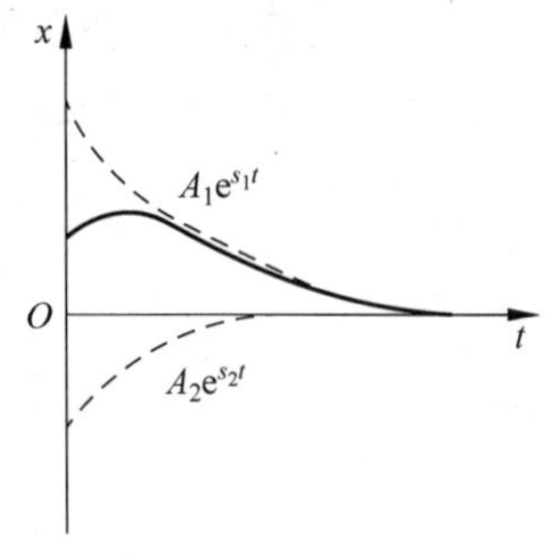

图 2-14　大阻尼(高阻尼)的系统振动

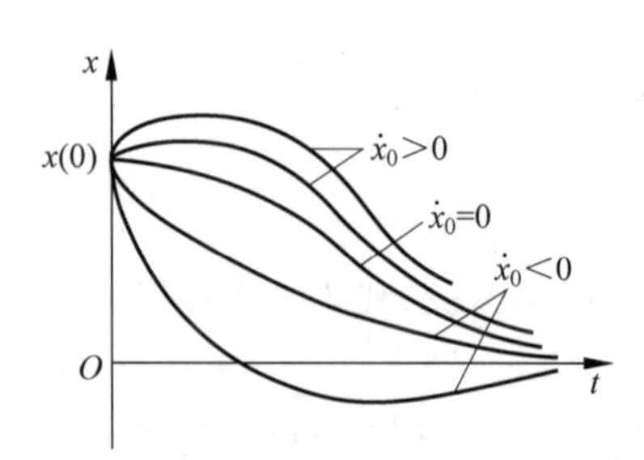

图 2-15　临界阻尼的系统振动

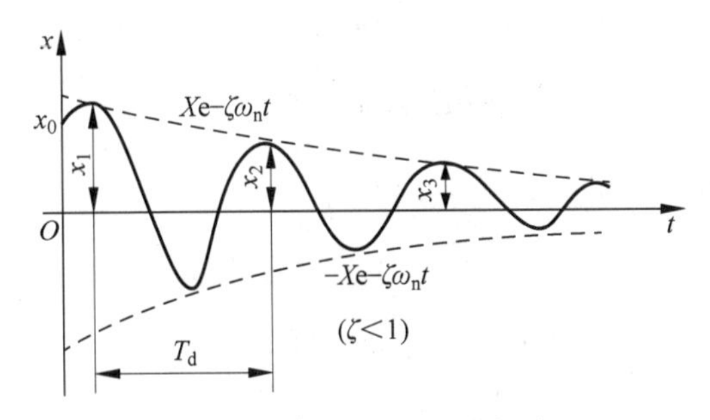

图 2-16　小阻尼的系统振动

可见，对于临界阻尼的系统振动，方程表示的运动仍然是按指数衰减的非周期运动；小阻尼的系统振动，振幅按衰减指数曲线减小的周期振动。

2.4.4　单自由度系统的强迫振动

系统在持续性的外激励作用下所产生的振动称为强迫振动。由于外激励对于系统做功，用于补偿消耗在阻尼上的耗散能量，所以系统将继续地振动下去。

如图 2-17 所示的系统，m 受到如下简谐力的激励为

$$F(t)=F_0\sin\omega t \tag{2-78}$$

式中，ω 为作用激励的频率。取平衡位置作为坐标原点，取向下为 x 轴，m 受力分析，则有

$$m\ddot{x}=F(t)-kx-c\dot{x} \tag{2-79}$$

即

$$m\ddot{x}+c\dot{x}+kx=F(t)=F_0\sin\omega t \tag{2-80}$$

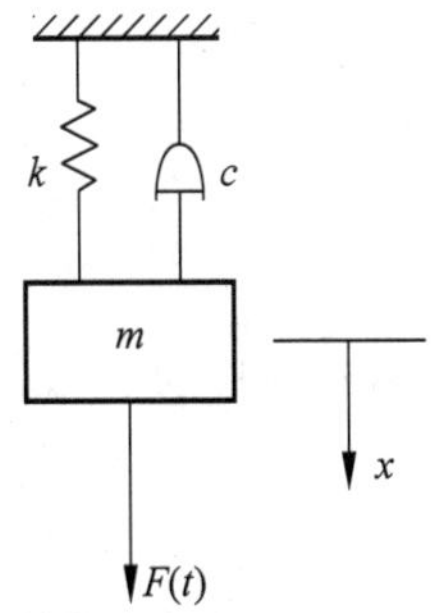

图 2-17　强迫振动系统模型

这是一个二阶常系数非齐次线性微分方程。按振动理论，其方程的解由两部分组成，即

$$x(t)=x_1(t)+x_2(t) \tag{2-81}$$

（1）齐次方程通解 $x_1(t)$。

$$x_1(t)=\mathrm{e}^{-\zeta\omega_n t}(C_1\cos\omega_d t+C_2\sin\omega_d t) \tag{2-82}$$

是瞬态响应，随着时间的增加，逐渐衰减到 0。

（2）非齐次方程的特解 x_2。它反映系统存在是一种持续的等幅振动，属于稳态响应(其频率与激励力的频率相同)。设 $x_2=X\sin(\omega t-\varphi)$，所以

$$\dot{x}_2=X\omega\cos(\omega t-\varphi)=X\omega\sin\left[\frac{\pi}{2}+\omega t-\varphi\right] \tag{2-83}$$

有

$$\ddot{x}=X\omega^2\cos\left[\frac{\pi}{2}+\omega t-\varphi\right]=X\omega^2\sin[\pi+\omega t-\varphi] \tag{2-84}$$

由

$$\begin{aligned}F_0\sin\omega t&=F_0\sin[(\omega t-\varphi)+\varphi]\\&=F_0\sin(\omega t-\varphi)\cos\varphi+F_0\cos(\omega t-\varphi)\sin\varphi\end{aligned}$$

代入上式按照正弦余弦系数相等得

$$\begin{cases} X(\omega_n^2-\omega^2)m-F_0\cos\varphi=0 \\ Xc\omega-F_0\sin\varphi=0 \end{cases} \tag{2-85}$$

求得

$$X=\frac{F_0}{(k-m\omega^2)^2+(c\omega)^2} \tag{2-86}$$

$$\varphi=\arctan\left[\frac{c\omega}{k-m\omega^2}\right] \tag{2-87}$$

所以用 $\omega_n=\sqrt{\frac{k}{m}}$，$c_c=2m\omega_n$，阻尼比 $\zeta=\frac{c}{c_c}$，并令 $\lambda=\frac{\omega}{\omega_n}$ 为频率比，代入得 $X=\frac{F_0/k}{\sqrt{(1-\lambda^2)^2+(2\zeta\lambda)^2}}$，$F_0/F$ 称为静力位移，用 X_0 来表示，它是指将动力幅值 F_0 按静力作用于弹簧上所产生的位移。

$\frac{X}{X_0}$ 称为动力放大系数，用 β 表示

$$\beta=\frac{X}{X_0}=\frac{1}{\sqrt{(1-\lambda^2)^2+(2\zeta\lambda)^2}} \tag{2-88}$$

$$\varphi=\arctan\left(\frac{2\zeta\lambda}{1-\lambda^2}\right) \tag{2-89}$$

那么强迫振动的稳态解为

$$x_2(t)=\frac{X_0}{\sqrt{(1-\lambda^2)^2+(2\zeta\lambda)^2}}\sin(\omega t-\varphi) \tag{2-90}$$

由此可以得到方程的通解为

$$x(t)=e^{-\zeta\omega_n t}[C_1\cos\omega_d t+C_2\sin\omega_d t]+\frac{X_0}{\sqrt{(1-\lambda^2)^2+(2\zeta\lambda)^2}}\sin(\omega t-\varphi) \tag{2-91}$$

事实上，在简谐激振力作用下，强迫振动是简谐振动，振动的频率与激振力的频率相同。强迫振动稳态振幅和相位角都只取决于系统本身的物理特性与初始条件无关。初始条件只影响系统的瞬态振动。

在工程实际中，若外激励作用下其振幅超过允许的限度构件会产生过大的交变应力从而导致疲劳破坏，或者会影响机器或仪表的精度。需要将振幅控制在一定范围内。分析此类振动系统，注意采用频率比与动力放大系数之间关系曲线（幅频特性曲线）、频率比与相位角之间关系曲线（相频特性曲线）来表述、分析。

如图 2-18 所示的安装在简支梁上的电动机系统，由于转子偏心而引起系统振动，试建立其振动系统动力学模型。

图 2-19 为电动机振动系统的简化模型。设系统总质量为 M，转子偏心质量为 m，偏心距为 e，转子角速度为 ω。产生的离心惯性力：

$$F_0=me\omega^2$$

垂直方向的分力为

$$F=F_0\sin\omega t=me\omega^2\sin\omega t$$

这是单自由度的上下运动。取广义坐标为 x。建立运动微分方程：

$$M\ddot{x}+c\dot{x}+kx=me\omega^{2}\sin\omega t \tag{2-92}$$

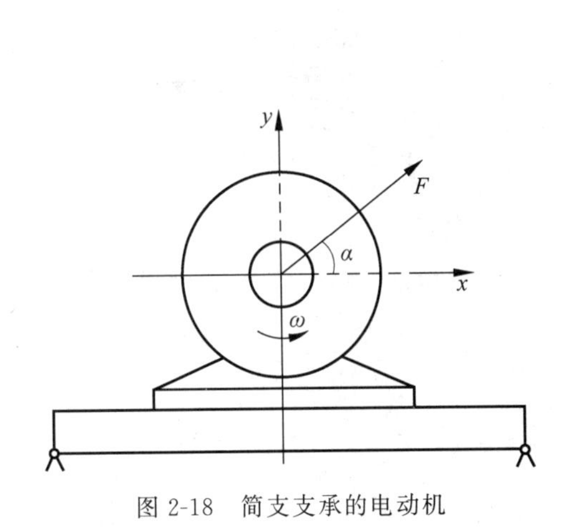

图 2-18 简支支承的电动机

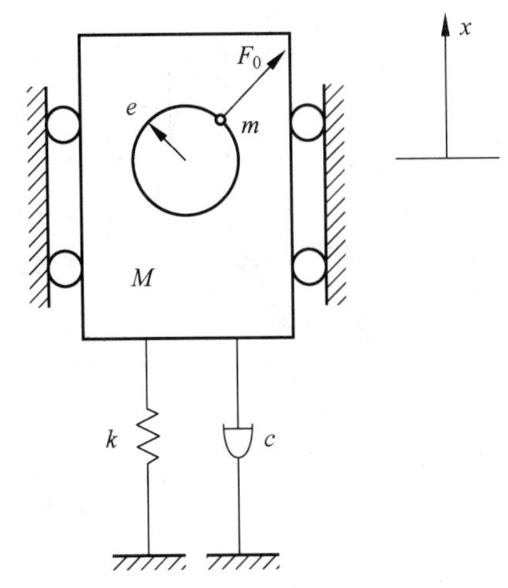

图 2-19 电动机振动系统简化

由于其瞬态解是自由振动而衰减掉了,故重点考虑强迫振动的稳态解。

设稳态解为

$$x=X\sin(\omega t-\varphi) \tag{2-93}$$

代入微分方程得

$$X=\frac{me\omega^{2}}{(k-M\omega^{2})^{2}+(c\omega)^{2}}=\frac{me}{M}\frac{(\omega/\omega_{\mathrm{n}})^{2}}{\sqrt{[1-(\omega/\omega_{\mathrm{n}})^{2}]^{2}+\left[2\zeta\left(\frac{\omega}{\omega_{\mathrm{n}}}\right)^{2}\right]}}$$

$$=\frac{me}{M}\frac{\lambda^{2}}{\sqrt{(1-\lambda^{2})^{2}+(2\zeta\lambda)^{2}}} \tag{2-94}$$

$$\varphi=\arctan\left(\frac{2\zeta\lambda}{1-\lambda^{2}}\right) \tag{2-95}$$

与简谐激励下的响应不同,此处 X 与转子角速度 ω^2 成正比,转速越高振幅越大。定义其放大系数为

$$\beta=\frac{\lambda^{2}}{\sqrt{(1-\lambda^{2})^{2}+(2\zeta\lambda)^{2}}} \tag{2-96}$$

$$X=\frac{me}{M}\beta \tag{2-97}$$

其幅频曲线和相频曲线分别如图 2-20 所示。

对于旋转机械如发动机、电动机、水泵、离心压缩机以及通风机等,由于制造中的误差等,导致偏心不平衡质量而引起强迫振动较为普遍。研究此强迫振动的特性十分必要。

另外,在工程实际中,对支承强迫振动也需要加以研究。总的来说,外激励力所引起强迫振动较易于理解。但外激励位移也会使系统发生强迫振动。例如,地震引起物体的运动,周围机器的振源造成地面的运动而引起仪器仪表的振动,汽车行驶在凹凸不平的路面上时产生车体本身的振动等。

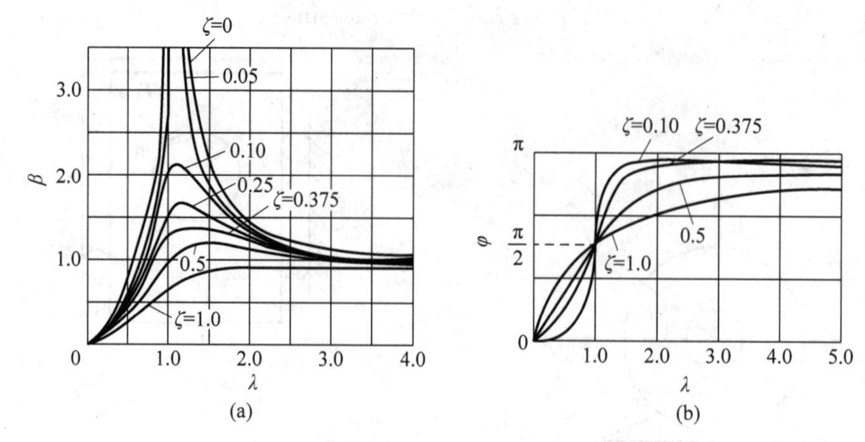

图 2-20　电动机振动系统的特性曲线

(a) 幅频曲线；(b) 相频曲线

2.5　不同激励下系统响应计算

2.5.1　任意周期激励时的响应

机器实际受到的交变载荷不一定是简谐激励，可能是某种其他交变载荷、周期函数载荷。对于周期函数可用下面统一形式表示。

$$F(t)=F(t\pm nT),\quad n=1,2,\cdots,\infty$$

另外，对于任意周期函数，可用傅里叶级数分解为一系列不同频率的谐波函数：

$$F(t)=\frac{a_0}{2}+\sum_{n=1}^{\infty}[a_n\cos(n\omega_1 t)+b_n\sin(n\omega_1 t)] \tag{2-98}$$

式中：$a_0=\frac{2}{T}\int_0^T F(t)\mathrm{d}t$；$a_n=\frac{2}{T}\int_0^T F(t)\cos(n\omega_1 t)\mathrm{d}t$；$b_n=\frac{2}{T}\int_0^T F(t)\sin(n\omega_1 t)\mathrm{d}t$；$T$ 为周期；ω_1 为系统的一阶固有频率(基频)，$\omega_1=\frac{2\pi}{T}$。

求周期函数响应的方法是分别对各个不同频率的简谐激励求响应，根据线性系统叠加原理，将各个响应叠加起来，得到系统的响应。

$$x_{\mathrm{p}}(t)=\frac{a_0}{2k}+\sum_{n=1}^{\infty}\left\{\frac{a_n\cos(n\omega_1 t-\varphi_n)+b_n\sin(n\omega_1 t-\varphi_n)}{k\sqrt{\left[1-\left(\frac{n\omega_1}{\omega_{\mathrm{n}}}\right)^2\right]^2+\left(2\zeta\frac{n\omega_1}{\omega_{\mathrm{n}}}\right)^2}}\right\} \tag{2-99}$$

式中：$\varphi=\cot\frac{2\zeta\left(\frac{n\omega_1}{\omega_{\mathrm{n}}}\right)}{1-\left(\frac{n\omega_1}{\omega_{\mathrm{n}}}\right)^2}$。

2.5.2　阶跃激励的响应

对于运动方程：

$$m\ddot{x} + c\dot{x} + kx - F(t) \tag{2-100}$$

其中，$F(t)=\begin{cases}0, & t<0; \\ F_0, & t\geqslant 0。\end{cases}$

这相当于机械带载启动的情况。用待定系数法，设：$x_p(t)=C$，得稳态响应为

$$x_p(t)=\frac{F_0}{k}$$

系统的总响应为

$$x(t)=x_C(t)+x_p(t)=\mathrm{e}^{-\zeta\omega_n t}(A\cos\omega_d t+B\sin\omega_d t)+\frac{F_0}{k} \tag{2-101}$$

由初始条件：$t=0, x_0=0, \dot{x}=0$，得

$$A=-\frac{F_0}{k},\quad B=\frac{\zeta}{\sqrt{1-\zeta^2}}\frac{F_0}{k}$$

可得系统的响应为

$$x(t)=\frac{F_0}{k}\mathrm{e}^{-\zeta\omega_n t}\left[1-\left(\cos\omega_d t+\frac{\zeta}{\sqrt{1-\zeta^2}}\sin\omega_d t\right)\right] \tag{2-102}$$

对于无阻尼系统：

$$x(t)=\frac{F_0}{k}(1-\cos\omega_n t)$$

得到：$x_{max}=2x_0$，即阶跃激励时响应的最大位移是静位移的两倍。由 $F_{max}=kx_{max}$ 得到系统的最大内力也是系统静力的两倍。阶跃激励时的响应在判断控制系统特性的好坏及控制飞机、车辆操纵稳定性等工程实际中相当有用。可知，当机械受阶跃激励时，看起来像受到常力作用，若按常力作用计算，实际强度不满足。系统的最大内力是静止时的两倍 $F_{max}=2F_0$，因此按静力计算时机械不安全。

2.5.3　指数衰减载荷的响应

对于运动方程：

$$m\ddot{x}+c\dot{x}+kx=F(t)$$

其中，$F(t)=\begin{cases}0, & t<0; \\ F_0\mathrm{e}^{-\beta t}, & t\geqslant 0。\end{cases}$

这相当于机械平稳制动情况。用待定系数法，设 $x_p(t)=C\mathrm{e}^{-\beta t}$，代入微分方程式，得

$$x_p(t)=\frac{F_0\mathrm{e}^{-\beta t}}{ma^2-ca+k}$$

从而得系统总的响应为

$$\begin{aligned} x(t)&=x_C(t)+x_p(t) \\ &=\mathrm{e}^{-\zeta\omega_n t}(A\cos\omega_d t+B\sin\omega_d t)+\frac{F_0\mathrm{e}^{-\beta t}}{ma^2-ca+k} \end{aligned} \tag{2-103}$$

在初始条件 $x_0=0, \dot{x}_0=0$ 下的响应为

$$x(t)=\frac{F_0}{ma^2-ca+k}\left[\left(\frac{a-\zeta\omega_n}{\omega_d}\sin\omega_d t-\cos\omega_d t\right)e^{-\zeta\omega_n t}+e^{-\beta t}\right] \tag{2-104}$$

对于无阻尼系统：

$$x(t)=\frac{F_0}{ma^2+k}\left(\frac{a}{\omega_n}\sin\omega_d t-\cos\omega_d t+e^{-\beta t}\right) \tag{2-105}$$

机械制动时，比较平缓制动可看作是指数衰减载荷。即使是比较平缓的制动，最大制动力也大于静制动力。实际激励函数可能是更为复杂的函数，但它们可以看作是这些函数的叠加。前面所述是用待定系数法来求解的，实际计算中，还常用参数变易法、拉普拉斯变换法、卷积分、传递矩阵法求响应。

2.5.4 用拉普拉斯变换法求响应

拉普拉斯变换，简称拉氏变换，它的微分性质为

$$L[f(t)]=F(s)$$

则

$$L[f'(t)]=sF(s)-f(0)$$

推论：若

$$L[f(t)]=F(s)$$

则

$$L[f^{(n)}(t)]=s^nF(s)-s^{n-1}f(0)-s^{n-2}f'(0)-\cdots-f^{(n-1)}(0)$$

对于强迫振动运动方程：

$$m\ddot{x}+c\dot{x}+kx=F(t) \tag{2-106}$$

进行拉氏变换：

$$m[s^2X(s)-sx(0)-x'(0)]+c[sX(s)-x(0)]+kX(s)=F(s)$$

$$X(s)=[F(s)+(ms+c)x(0)+mx'(0)]/(ms^2+cs+k)$$

$$x(t)=L^{-1}[X(s)]$$

以下用一个例子说明求解方法。例如，要在初始条件 $x(0)$、$\dot{x}(0)$ 下求解振动方程 $\ddot{x}+x=\sin 2t$。

首先，对方程进行拉氏变换得到

$$[s^2X(s)-sx(0)-\dot{x}(0)]+X(s)=\frac{-2}{s^2+4}$$

整理得到

$$X(s)=\frac{s}{s^2+1}x(0)+\frac{1}{s^2+1}\dot{x}(0)+\frac{2}{3}\left(\frac{1}{s^2+1}-\frac{1}{s^2+4}\right)$$

进行拉氏逆变换：

$$x(t)=x(0)\cos t+\dot{x}(0)\sin t+\frac{2}{3}\sin t-\frac{1}{3}\sin 2t$$

式中利用拉氏变换公式：$L(\sin at)=\dfrac{-a}{s^2+a^2}$。

2.5.5 任意激励下的响应

实际工作中机械受到的激励可能是各种各样的，除了正弦、复杂周期、常力、缓慢加载、减载及冲击等激励外，还有可能是任意形式的激励函数，有的可能无法用明确的式子表示，对于这样的激励形式，可以分解成多个脉冲力来考虑。

设：$F(t)$为任意激励函数，分成许多个脉冲力。在 $t=\tau$ 处，$d\tau$ 部分的冲量 $F(\tau)d\tau$ 就相当于一个 δ 脉冲函数。

$$\delta(t-\tau)=F(\tau)d\tau \tag{2-107}$$

利用单自由度单位脉冲响应公式，产生的响应为

$$dx_p(t)=F(\tau)d\tau h(t-\tau) \tag{2-108}$$

应用叠加原理，任意激励下的响应

$$x_p(t)=\int_0^t h(t-\tau)F(\tau)d\tau=\frac{1}{m\omega_d}\int_0^t F(\tau)e^{-\zeta\omega_n(t-\tau)}\sin[\omega_d(t-\tau)]d\tau \tag{2-109}$$

得到系统的总响应为

$$\begin{aligned}x(t)&=x_C(t)+x_p(t)\\&=e^{-\zeta p_n t}(A\cos p_d t+B\sin p_d t)+\frac{1}{m\omega_d}\int_0^t F(\tau)e^{-\zeta\omega_n(t-\tau)}\sin[\omega_d(t-\tau)]d\tau\end{aligned} \tag{2-110}$$

对于任意激励的单自由度系统，可用上式求其响应。因此，单自由度系统一般由两部分组成：一部分是自由振动的通解，它在任何单自由度中都是相同的，另一部分是强迫振动的特解，它随激励的不同而变。

2.5.6 简谐激励下的响应的一般形式

以某个单自由度系统的强迫振动为例。设其受到简谐激励 $F=F_0\cos\omega t$ 的作用，则系统的运动微分方程为

$$m\ddot{x}+c\dot{x}+kx=F_0\cos\omega t \tag{2-111}$$

上述非齐次方程的解为 $x=x_1+x_2$。其中 x_1 为相应的齐次方程的通解，称为瞬态响应，而 x_2 为非齐次方程的一个特解，称为强迫振动下的稳态响应。因此，单自由度系统在简谐激励下的响应可写为

$$\begin{aligned}x&=x_1+x_2\\&=e^{-\zeta\omega_n t}(C_1\cos\omega_d t+C_2\sin\omega_d t)+A\cos(\omega t-\varphi)\end{aligned} \tag{2-112}$$

上式中的待定系数 C_1、C_2 由初始条件确定，经过运算得

$$\begin{aligned}x=&\underbrace{e^{-\zeta\omega_n t}\left(x_0\cos\omega_d t+\frac{\dot{x}_0+\zeta\omega_n x_0}{\omega_d}\sin\omega_d t\right)}_{\text{(自由振动，瞬态响应)}}-\\&\underbrace{Ae^{-\zeta\omega_n t}\left[\cos\varphi\cos\omega_d t+\frac{\omega_n}{\omega_d}(\zeta\cos\varphi+\lambda\sin\varphi)\sin\omega_d t\right]}_{\text{(自由伴随振动，瞬态响应)}}+\underbrace{A\cos(\omega t-\varphi)}_{\text{(强迫振动，稳态响应)}}\end{aligned} \tag{2-113}$$

综上所述，简谐激励下的单自由度系统的响应由初始条件引起的自由振动、伴随强迫振动发生的自由振动以及等幅的稳态强迫振动三部分组成。前两部分由于阻尼的存在，是逐渐衰减的瞬态振动，称为瞬态响应，第三部分是与激励同频率、同时存在的简谐振动，称为稳态响应。瞬态响应只存在于振动的初始阶段，该阶段称为过渡阶段。当激励频率与系统的固有频率很接近时，将发生共振现象。

单自由度系统的强迫振动是指系统受到随时间变化的激励力或激励位移(速度)下发生的振动。持续随时间变化的激励主要来源于：持续的外界激励力、持续的外界位移激励。机器工作过程中，系统本身内部零件相互运动产生持续的作用力，如气缸中气压的变化和曲柄连杆机构运动可能引起发动机振动，齿轮啮合刚度变化引起的振动，零件偏心引起的振动等。

工程中，简谐振动并不多见，但它比较简单，它揭示的一些规律和特性具有普遍的意义，是分析和研究更一般、更复杂振动的基础。

思 考 题

2.1　试述非自由质点系动力学普遍方程及解法。

2.2　写出完整理想约束系统的拉格朗日方程式。运用拉格朗日方程进行动力学求解有哪些步骤?

2.3　以单自由度四杆机构系统为例，分析动力学模型方程的建立过程。

2.4　如何建立单自由度系统的振动模型? 如何求解不同激励下的系统响应?

第 3 章　多自由度系统动力学模型

单自由度系统是在任意时刻只要一个广义坐标即可完全确定其位置的系统。在工程实际中，除了单自由度系统外，还有大量的多自由度系统，如工业机器人、差动轮系、用离合器连接的传动系统、复杂转子系统等，这类系统是在任意时刻需要两个或更多的广义坐标才能完全确定其位置的系统。它们的建模方法与单自由度系统的相比，有相同的地方，但更为复杂。

3.1　多自由度平面闭链系统动力学模型

3.1.1　平面闭链机构动力学微分方程的一般形式

图 3-1 为一个多自由度闭链机构。即各个构件间有几何约束的多自由度平面闭链机构，它由 m 个活动构件和 1 个固定件（机架）组成。其自由度为 $n=m-2$ 个，取广义坐标 $q_1,q_2,\cdots,q_n$。第 j 个构件的位置质心坐标 x_j,y_j 和角位移 φ_j 均可表示为广义坐标的函数，此处，$j=1,2,\cdots,m$。

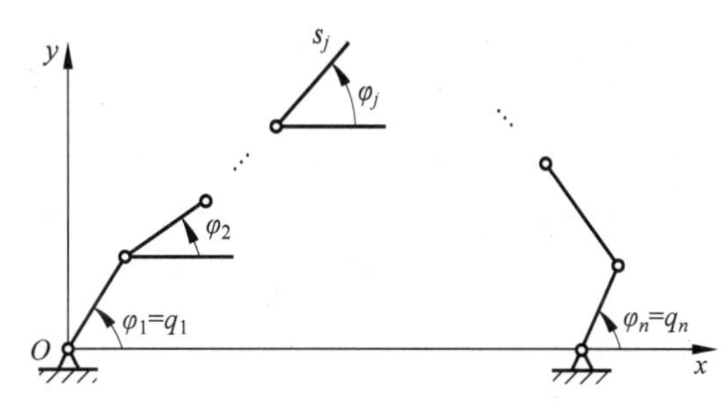

图 3-1　多自由度闭链机构

可考虑采用拉格朗日方法来建立系统方程，主要步骤如下：

1. 求系统的动能

由图 3-1 可知，各点的位置有

$$\begin{cases} x_j=x_j(q_1,q_2,\cdots,q_n) \\ y_j=y_j(q_1,q_2,\cdots,q_n) \\ \varphi_j=\varphi_j(q_1,q_2,\cdots,q_n) \end{cases} \tag{3-1}$$

用偏类速度表示的第 j 个构件质心的速度和角速度为

$$\begin{cases} \dot{x}_j=\dfrac{\partial x_j}{\partial q_1}\dot{q}_1+\dfrac{\partial x_j}{\partial q_2}\dot{q}_2+\cdots+\dfrac{\partial x_j}{\partial q_n}\dot{q}_n \\ \dot{y}_j=\dfrac{\partial y_j}{\partial q_1}\dot{q}_1+\dfrac{\partial y_j}{\partial q_2}\dot{q}_2+\cdots+\dfrac{\partial y_j}{\partial q_n}\dot{q}_n \\ \dot{\varphi}_j=\dfrac{\partial \varphi_j}{\partial q_1}\dot{q}_1+\dfrac{\partial \varphi_j}{\partial q_2}\dot{q}_2+\cdots+\dfrac{\partial \varphi_j}{\partial q_n}\dot{q}_n \end{cases} \tag{3-2}$$

其动能为

$$E_j = \frac{1}{2}m_j(\dot{x}_j^2 + \dot{y}_j^2) + \frac{1}{2}J_j\dot{\varphi}_j^2 \tag{3-3}$$

在此我们定义$\frac{\partial x_j}{\partial q_1},\frac{\partial x_j}{\partial q_2},\cdots,\frac{\partial y_j}{\partial q_1},\frac{\partial y_j}{\partial q_2},\cdots,\frac{\partial \varphi_j}{\partial q_1},\frac{\partial \varphi_j}{\partial q_2},\cdots$为偏类速度，用 $u_{kj}^{(i)}$ 来表示($i=1,2,\cdots,n$；$j=1,2,\cdots,m$；$k=x,y,\varphi$)。$u_{kj}^{(i)}$ 表示第 j 个构件对第 i 个广义坐标的偏类速度，k 表示 x、y、φ，与单自由度系统分析类似，偏类速度(偏速率)等于速度对广义速度的偏微分，即

$$\begin{cases} \dfrac{\partial \dot{x}_j}{\partial \dot{q}_i} = \dfrac{\partial x_j}{\partial q_i} \\ \dfrac{\partial \dot{y}_j}{\partial \dot{q}_i} = \dfrac{\partial y_j}{\partial q_i} \\ \dfrac{\partial \dot{\varphi}_j}{\partial \dot{q}_i} = \dfrac{\partial \varphi_j}{\partial q_i} \end{cases} \tag{3-4}$$

用偏类速度表示的系统动能表达式为

$$E = \frac{1}{2}\sum_{j=1}^{m}\left\{m_j\left(\sum_{i=1}^{m}(u_{xj}^{(i)}\dot{q}_i)^2 + \sum_{i=1}^{m}(u_{yj}^{(i)}\dot{q}_i)^2 + J_j\sum_{i=1}^{m}(u_{\varphi j}^{(i)}\dot{q}_i)^2\right\}\right. \tag{3-5}$$

2. 广义力的表达式

如果在机构上作用有 P 个外力和 L 个外力矩，它们的瞬时功率为

$$N = \sum_{p=1}^{P}(F_{xp}\dot{x}_p + F_{yp}\dot{y}_p) + \sum_{l=1}^{L}M_l\dot{\varphi}_l \tag{3-6}$$

式中 x_p，y_p 为第 p 个力着力点的坐标；F_{xp}，F_{yp} 为外力在 x，y 方向的分量；$\dot{\varphi}_l$ 为第 l 个力矩作用于构件的角速度。和构件的质心一样，各着力点也有对广义坐标的偏类速度 $u_{kp}^{(i)}$($i=1,2,\cdots,n$；$p=1,2,\cdots,P$ 或 $1,2,\cdots,L$；$k=x,y,\varphi$)，用它们来表达瞬时功率时，有

$$\begin{aligned} N = &\sum_{p=1}^{P}F_{xp}(u_{xp}^{(1)}\dot{q}_1 + u_{xp}^{(2)}\dot{q}_2 + \cdots + u_{xp}^{(n)}\dot{q}_n) + \\ &\sum_{p=1}^{P}F_{yp}(u_{yp}^{(1)}\dot{q}_1 + u_{yp}^{(2)}\dot{q}_2 + \cdots + u_{yp}^{(n)}\dot{q}_n) + \\ &\sum_{l=1}^{L}M_l(u_{\varphi l}^{(1)}\dot{q}_1 + u_{\varphi l}^{(2)}\dot{q}_2 + \cdots + u_{\varphi l}^{(n)}\dot{q}_n) \\ = &\left[\sum_{p=1}^{P}(F_{xp}u_{xp}^{(1)} + F_{yp}u_{yp}^{(1)}) + \sum_{l=1}^{L}M_l u_{\varphi l}^{(1)}\right]\dot{q}_1 + \\ &\left[\sum_{p=1}^{P}(F_{xp}u_{xp}^{(2)} + F_{yp}^{(2)}u_{yp}^{(2)}) + \sum_{l=1}^{L}M_l u_{\varphi l}^{(2)}\right]\dot{q}_2 + \cdots + \\ &\left[\sum_{p=1}^{P}(F_{xp}u_{xp}^{(n)} + F_{yp}u_{yp}^{(n)}) + \sum_{l=1}^{L}M_l u_{\varphi l}^{(n)}\right]\dot{q}_n \\ = &Q_1\dot{q}_1 + Q_2\dot{q}_2 + \cdots + Q_n\dot{q}_n \end{aligned}$$

对坐标 i 的广义力

$$Q_i=\sum_{p=1}^{P}(F_{xp}u_{xp}^{(i)}+F_{yp}u_{yp}^{(i)})+\sum_{l=1}^{L}M_l u_{\varphi l}^{(i)},\quad i=1,2,\cdots,n \tag{3-7}$$

式(3-7)也可写成矩阵形式。设

$$\boldsymbol{Q}=[Q_1,Q_2,\cdots,Q_n]^{\mathrm{T}}$$

$$\boldsymbol{U}_x=\begin{bmatrix} u_{x1}^{(1)} & u_{x2}^{(1)} & \cdots & u_{xp}^{(1)} \\ u_{x1}^{(2)} & u_{x2}^{(2)} & \cdots & u_{xp}^{(2)} \\ \vdots & \vdots & & \vdots \\ u_{x1}^{(n)} & u_{x2}^{(n)} & \cdots & u_{xp}^{(n)} \end{bmatrix},\quad \boldsymbol{F}_x=[F_{x1},F_{x2},\cdots,F_{xp}]^{\mathrm{T}}$$

$$\boldsymbol{U}_y=\begin{bmatrix} u_{y1}^{(1)} & u_{y2}^{(1)} & \cdots & u_{yp}^{(1)} \\ u_{y1}^{(2)} & u_{y2}^{(2)} & \cdots & u_{yp}^{(2)} \\ \vdots & \vdots & & \vdots \\ u_{y1}^{(n)} & u_{y2}^{(n)} & \cdots & u_{yp}^{(n)} \end{bmatrix},\quad \boldsymbol{F}_y=[F_{y1},F_{y2},\cdots,F_{yp}]^{\mathrm{T}}$$

$$\boldsymbol{U}_\varphi=\begin{bmatrix} u_{\varphi 1}^{(1)} & u_{\varphi 2}^{(1)} & \cdots & u_{\varphi l}^{(1)} \\ u_{\varphi 1}^{(2)} & u_{\varphi 2}^{(2)} & \cdots & u_{\varphi l}^{(2)} \\ \vdots & \vdots & & \vdots \\ u_{\varphi 1}^{(n)} & u_{\varphi 2}^{(n)} & \cdots & u_{\varphi l}^{(n)} \end{bmatrix},\quad \boldsymbol{M}=[M_1,M_2,\cdots,M_l]^{\mathrm{T}}$$

则广义力为

$$\boldsymbol{Q}=\boldsymbol{U}_x\boldsymbol{F}_x+\boldsymbol{U}_y\boldsymbol{F}_y+\boldsymbol{U}_\varphi\boldsymbol{M} \tag{3-8}$$

将式(3-5)、式(3-7)代入拉格朗日方程，即可得到系统的动力学方程。即具有完整理想约束的有 N 个广义坐标系统的拉格朗日方程的形式是

$$\frac{\mathrm{d}}{\mathrm{d}t}\left(\frac{\partial E}{\partial \dot{q}_r}\right)-\frac{\partial E}{\partial q_r}+\frac{\partial U}{\partial q_r}=Q_r,\quad r=1,2,\cdots,N \tag{3-9}$$

式中，q_r 为第 r 个广义坐标；E 为系统动能；U 为系统势能；Q_r 为对第 r 个广义坐标的广义力。

对于 N 个自由度的系统有 N 个广义坐标，也相应地有 N 个方程。系统的独立运动方程数与自由度数相同。式(3-9)也可表示为一般形式

$$\frac{\mathrm{d}}{\mathrm{d}t}\left[\frac{\partial E}{\partial \dot{q}_r}\right]-\left[\frac{\partial E}{\partial q_r}\right]+\left[\frac{\partial U}{\partial q_r}\right]=[Q_r],\quad r=1,2,\cdots,N \tag{3-10}$$

3.1.2　二自由度平面闭链机构的动力学方程

以下以一个实例来分析平面闭链机构建模关键步骤。如图3-2所示的二自由度五杆机构，该机构在机器人设计中常用来作为柔顺机构，避开障碍物等。

下面用上面所述的多自由度系统的方法来建立它的动力学方程。在此将广义坐标选择在绕固定轴转动的构件1、4上，$q_1=\varphi_1$，$q_2=\varphi_2$，则其他构件的运动都可表达为 q_1、q_2 的函数。设各构件质心的坐标为 x_i、y_i，转角为 φ_i，则有

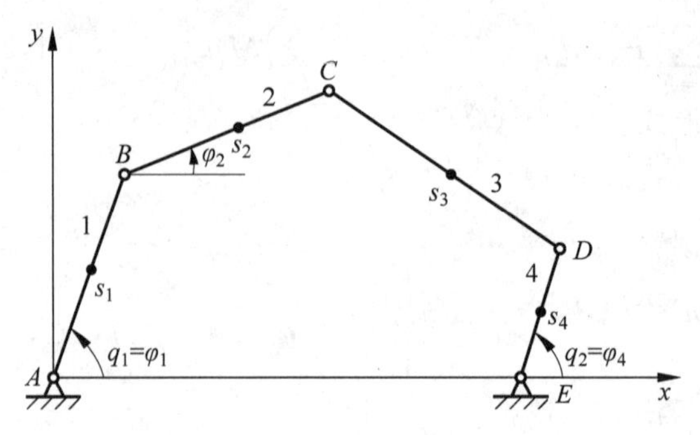

图 3-2　五杆机构

$$\begin{cases} x_i = x_i(q_1, q_2) \\ y_i = y_i(q_1, q_2) \\ \varphi_i = \varphi_i(q_1, q_2) \end{cases}$$

相应的速度为

$$\begin{cases} \dot{x}_i = \dfrac{\partial x_i}{\partial q_1}\dot{q}_1 + \dfrac{\partial x_i}{\partial q_2}\dot{q}_2 = u_{xi}^{(1)}\dot{q}_1 + u_{xi}^{(2)}\dot{q}_2 \\ \dot{y}_i = \dfrac{\partial y_i}{\partial q_1}\dot{q}_1 + \dfrac{\partial y_i}{\partial q_2}\dot{q}_2 = u_{yi}^{(1)}\dot{q}_1 + u_{yi}^{(2)}\dot{q}_2 \\ \dot{\varphi}_i = \dfrac{\partial \varphi_i}{\partial q_1}\dot{q}_1 + \dfrac{\partial \varphi_i}{\partial q_2}\dot{q}_2 = u_{\varphi i}^{(1)}\dot{q}_1 + u_{\varphi i}^{(2)}\dot{q}_2 \end{cases} \tag{3-11}$$

式中，$u_{ki}^{(1)}$，$u_{ki}^{(2)}$（$i=1,2,3,4$；$k=x,y,\varphi$）就是第 i 个构件对广义坐 q_1，q_2 的偏类速度。可通过机构运动分析等，解出 $\dot{\varphi}_2$，$\dot{\varphi}_3$ 为

$$\begin{cases} \dot{\varphi}_2 = u_{\varphi 2}^{(1)}\dot{q}_1 + u_{\varphi 2}^{(2)}\dot{q}_2 \\ \dot{\varphi}_3 = u_{\varphi 3}^{(1)}\dot{q}_1 + u_{\varphi 3}^{(2)}\dot{q}_2 \end{cases} \tag{3-12}$$

式中偏类速度为

$$\begin{cases} u_{\varphi 2}^{(1)} = -\dfrac{l_1 \sin(q_1 - \varphi_3)}{l_2 \sin(\varphi_2 - \varphi_3)} \\ u_{\varphi 2}^{(2)} = \dfrac{l_4 \sin(q_2 - \varphi_3)}{l_2 \sin(\varphi_2 - \varphi_3)} \\ u_{\varphi 3}^{(1)} = \dfrac{l_1 \sin(q_1 - \varphi_2)}{l_3 \sin(\varphi_2 - \varphi_3)} \\ u_{\varphi 3}^{(2)} = -\dfrac{l_4 \sin(q_2 - \varphi_2)}{l_3 \sin(\varphi_2 - \varphi_3)} \end{cases} \tag{3-13}$$

计算各质点 s_i 的坐标和速度如下：

$$\begin{bmatrix} x_{s1} \\ y_{s1} \end{bmatrix} = l_{s1} \begin{bmatrix} \cos q_1 \\ \sin q_1 \end{bmatrix}$$

$$\begin{bmatrix} x_{s2} \\ y_{s2} \end{bmatrix} = l_1 \begin{bmatrix} \cos q_1 \\ \sin q_1 \end{bmatrix} + l_{s2} \begin{bmatrix} \cos \varphi_2 \\ \sin \varphi_2 \end{bmatrix}$$

$$\begin{bmatrix} x_{s3} \\ y_{s3} \end{bmatrix} = l_5 \begin{bmatrix} 1 \\ 0 \end{bmatrix} + l_4 \begin{bmatrix} \cos q_2 \\ \sin q_2 \end{bmatrix} - l_{s3} \begin{bmatrix} \cos\varphi_3 \\ \sin\varphi_3 \end{bmatrix}$$

$$\begin{bmatrix} x_{s4} \\ y_{s4} \end{bmatrix} = l_5 \begin{bmatrix} 1 \\ 0 \end{bmatrix} + l_{s4} \begin{bmatrix} \cos q_2 \\ \sin q_2 \end{bmatrix}$$

对 t 求导一次得

$$\begin{bmatrix} \dot{x}_{s1} \\ \dot{y}_{s1} \end{bmatrix} = l_{s1} \begin{bmatrix} -\sin q_1 \\ \cos q_1 \end{bmatrix} \dot{q}_1$$

$$\begin{aligned} \begin{bmatrix} \dot{x}_{s2} \\ \dot{y}_{s2} \end{bmatrix} &= l_1 \begin{bmatrix} -\sin q_1 \\ \cos q_1 \end{bmatrix} \dot{q}_1 + l_{s2} \begin{bmatrix} -\sin\varphi_2 \\ \cos\varphi_2 \end{bmatrix} (u_{\varphi 2}^{(1)} \dot{q}_1 + u_{\varphi 2}^{(2)} \dot{q}_2) \\ &= \begin{bmatrix} -l_1 \sin q_1 - l_{s2} u_{\varphi_2}^{(1)} \sin\varphi_2 \\ l_1 \cos q_1 + l_{s2} u_{\varphi 2}^{(1)} \cos\varphi_2 \end{bmatrix} \dot{q}_1 + l_{s2} u_{\varphi_2}^{(2)} \begin{bmatrix} -\sin\varphi_2 \\ \cos\varphi_2 \end{bmatrix} \dot{q}_2 \end{aligned}$$

$$\begin{bmatrix} \dot{x}_{s3} \\ \dot{y}_{s3} \end{bmatrix} = \begin{bmatrix} -l_4 \sin q_2 + l_{s3} u_{\varphi_3}^{(2)} \sin\varphi_3 \\ l_4 \cos q_2 - l_{s3} u_{\varphi_3}^{(2)} \cos\varphi_3 \end{bmatrix} \dot{q}_2 + l_{s3} u_{\varphi 3}^{(1)} \begin{bmatrix} \sin\varphi_3 \\ -\cos\varphi_3 \end{bmatrix} \dot{q}_1$$

$$\begin{bmatrix} \dot{x}_{s4} \\ \dot{y}_{s4} \end{bmatrix} = l_{s4} \begin{bmatrix} -\sin q_2 \\ \cos q_2 \end{bmatrix} \dot{q}_2$$

写成式(3-11)形式，则有

$$\begin{bmatrix} \dot{x}_{si} \\ \dot{y}_{si} \end{bmatrix} = \begin{bmatrix} u_{xi}^{(1)} & u_{xi}^{(2)} \\ u_{yi}^{(1)} & u_{yi}^{(2)} \end{bmatrix} \begin{bmatrix} \dot{q}_1 \\ \dot{q}_2 \end{bmatrix}$$

其中：

$$\begin{cases} u_{x1}^{(1)} = -l_{s1} \sin q_1; & u_{x1}^{(2)} = 0; \\ u_{y1}^{(2)} = l_{s1} \cos q_1; & u_{y1}^{(2)} = 0; \\ u_{x2}^{(1)} = -l_1 \sin q_1 - l_{s2} u_{\varphi 2}^{(1)} \sin\varphi_2; & u_{x2}^{(2)} = -l_{s2} u_{\varphi 2}^{(2)} \sin\varphi_2; \\ u_{y2}^{(1)} = l_1 \cos q_1 + l_{s2} u_{\varphi 2}^{(1)} \cos\varphi_2; & u_{y2}^{(2)} = l_{s2} u_{\varphi 2}^{(2)} \cos\varphi_2; \\ u_{x3}^{(1)} = l_{s3} u_{\varphi_3}^{(1)} \sin\varphi_3; & u_{x3}^{(2)} = -l_4 \sin q_2 + l_{s3} u_{\varphi 3}^{(2)} \sin\varphi_3; \\ u_{y3}^{(1)} = -l_{s3} u_{\varphi 3}^{(1)} \cos\varphi_3; & u_{y3}^{(2)} = l_4 \cos q_2 - l_{s3} u_{\varphi 3}^{(2)} \cos\varphi_3; \\ u_{x4}^{(1)} = 0; & u_{x4}^{(2)} = -l_{s4} \sin q_2; \\ u_{y4}^{(1)} = 0; & u_{y4}^{(2)} = l_{s4} \cos q_2 \end{cases} \tag{3-14}$$

式(3-13)、式(3-14)便是建立动力学方程所需要的所有构件的偏类速度。将它们代入式(3-5)，可得系统的动能为

$$\begin{aligned} E &= \frac{1}{2} \sum_{i=1}^{4} [m_i (\dot{x}_i^2 + \dot{y}_i^2) + J_i \varphi_i^2] \\ &= \frac{1}{2} \sum_{i=1}^{4} \{m_i [(u_{xi}^{(1)} \dot{q}_1 + u_{xi}^{(2)} \dot{q}_2)^2 + (u_{yi}^{(1)} \dot{q}_1 + u_{yi}^{(2)} \dot{q}_2)^2] + J_i (u_{i\varphi}^{(1)} \dot{q}_1 + u_{i\varphi}^{(2)} \dot{q}_2)^2\} \end{aligned}$$

$$
\begin{aligned}
&=\frac{1}{2}\sum_{i=1}^{4}\{m_i[(u_{xi}^{(1)})^2+(u_{yi}^{(1)})^2]+J_i(u_{\varphi i}^{(1)})^2\}\dot{q}_1^2+\sum_{i=1}^{4}[m_i(u_{xi}^{(1)}u_{xi}^{(2)}+u_{yi}^{(1)}u_{yi}^{(2)})+\\
&\quad J_i u_{\varphi i}^{(1)}u_{\varphi i}^{(2)}]\dot{q}_1\dot{q}_2+\frac{1}{2}\sum_{i=1}^{4}\{m_i[(u_{xi}^{(2)})^2+(u_{yi}^{(2)})^2]+J_i(u_{\varphi i}^{(2)})^2\}\dot{q}_2^2\\
&=\frac{1}{2}J_{11}\dot{q}_1^2+\frac{1}{2}J_{22}\dot{q}_2^2+J_{12}\dot{q}_1\dot{q}_2
\end{aligned}
\tag{3-15}
$$

式中

$$
\begin{cases}
J_{11}=\sum_{i=1}^{4}\{m_i[(u_{xi}^{(1)})^2+(u_{yi}^{(1)})^2]+J_i(u_{\varphi i}^{(1)})^2\}\\
J_{22}=\sum_{i=1}^{4}\{m_i[(u_{xi}^{(2)})^2+(u_{yi}^{(2)})^2]+J_i(u_{\varphi i}^{(2)})^2\}\\
J_{12}=\sum_{i=1}^{4}[m_i(u_{xi}^{(1)}u_{xi}^{(2)}+u_{yi}^{(1)}u_{yi}^{(2)})+J_i u_{\varphi i}^{(1)}u_{\varphi i}^{(2)}]
\end{cases}
\tag{3-16}
$$

J_{11}、J_{22}、J_{12} 也称为等效转动惯量。由于它们与偏类速度有关，在一般情况下都是 q_1、q_2 的函数。按照拉格朗日方程，可写出

$$
\frac{\partial E}{\partial \dot{q}_1}=J_{11}\dot{q}_1+J_{12}\dot{q}_2,\quad \frac{\partial E}{\partial \dot{q}_2}=J_{12}\dot{q}_1+J_{22}\dot{q}_2
$$

$$
\frac{\mathrm{d}}{\mathrm{d}t}\left(\frac{\partial E}{\partial \dot{q}_1}\right)=J_{11}\ddot{q}_1+\frac{\partial J_{11}}{\partial q_1}\dot{q}_1^2+\frac{\partial J_{11}}{\partial q_2}\dot{q}_1\dot{q}_2+J_{12}\ddot{q}_2+\frac{\partial J_{12}}{\partial q_1}\dot{q}_1\dot{q}_2+\frac{\partial J_{12}}{\partial q_2}\dot{q}_2^2
$$

$$
\frac{\mathrm{d}}{\mathrm{d}t}\left(\frac{\partial E}{\partial \dot{q}_2}\right)=J_{12}\ddot{q}_1+\frac{\partial J_{12}}{\partial q_1}\dot{q}_1^2+\frac{\partial J_{12}}{\partial q_2}\dot{q}_1\dot{q}_2+J_{22}\dot{q}_2+\frac{\partial J_{22}}{\partial q_1}\dot{q}_1\dot{q}_2+\frac{\partial J_{22}}{\partial q_2}\dot{q}_2^2
$$

$$
\frac{\partial E}{\partial q_1}=\frac{1}{2}\frac{\partial J_{11}}{\partial q_1}\dot{q}_1^2+\frac{1}{2}\frac{\partial J_{22}}{\partial q_1}\dot{q}_2^2+\frac{\partial J_{12}}{\partial q_1}\dot{q}_1\dot{q}_2
$$

$$
\frac{\partial E}{\partial q_2}=\frac{1}{2}\frac{\partial J_{11}}{\partial q_2}\dot{q}_1^2+\frac{1}{2}\frac{\partial J_{22}}{\partial q_2}\dot{q}_2^2+\frac{\partial J_{12}}{\partial q_2}\dot{q}_1\dot{q}_2
$$

得到动力学方程：

$$
\begin{cases}
J_{11}\ddot{q}_1+J_{12}\ddot{q}_2+\frac{1}{2}\frac{\partial J_{11}}{\partial q_1}\dot{q}_1^2+\left(\frac{\partial J_{12}}{\partial q_2}-\frac{1}{2}\frac{\partial J_{22}}{\partial q_1}\right)\dot{q}_2^2+\frac{\partial J_{11}}{\partial q_2}\dot{q}_1\dot{q}_2=Q_1\\
J_{12}\ddot{q}_1+J_{22}\ddot{q}_2+\left(\frac{\partial J_{12}}{\partial q_1}-\frac{1}{2}\frac{\partial J_{11}}{\partial q_2}\right)\dot{q}_1^2+\frac{1}{2}\frac{\partial J_{22}}{\partial q_2}\dot{q}_2^2+\frac{\partial J_{22}}{\partial q_1}\dot{q}_1\dot{q}_2=Q_2
\end{cases}
\tag{3-17}
$$

式中广义力 Q_1、Q_2 可用式(3-7)得到。当有 p 个外力和 l 个外力矩作用时，则有

$$
\begin{cases}
Q_1=\sum_{i=1}^{l}(F_{ix}u_{xi}^{(1)}+F_{iy}u_{yi}^{(1)})+\sum_{i=1}^{l}M_i u_{\varphi i}^{(1)}\\
Q_2=\sum_{i=1}^{p}(F_{ix}u_{xi}^{(2)}+F_{iy}u_{yi}^{(2)})+\sum_{i=1}^{l}M_i u_{\varphi i}^{(2)}
\end{cases}
\tag{3-18}
$$

式(3-17)为二阶非线性微分方程组，它就是所求五杆机构二自由度系统的动力学微分方程。

3.2　传动系统动力学方程

传动系统是处于动力装置和执行机构之间减速或升速的中间装置。一般地，以传递动力为主的传动称为动力传动，以传递运动为主的传动称为运动传动。传动系统通常由传动部分、操纵部分及相应的辅助部分组成，系统组成元件或部件有不少标准件或按照优选数系模块化设计特征。现代装备系统中传动部分由轴系、制动、离合、换向或蓄能元件组成，以实现动力和运动的传递，操纵部分具有启动、离合、制动、调速、换向等机能，会改变动力机或传动系统的工作状态和参数，辅助部分中含有冷却、润滑、防振或除尘等装置，这些都会对动力学参数有影响，需要根据具体情况进行确定。

二自由度传动机构的动力学方程建立，对于一般的多自由度传动机构具有重要的启示作用。以下以差动轮系的动力学方程建立为例来说明。如图3-3所示为二自由度差动轮系简图。设作用在中心轮1、4及系杆 H 上的力矩为 M_1、M_2、M_H。现在来建立系统的动力学方程。机构中 M_1、M_2 和 M_H 可能为各种运动参数(例如 t、ω、φ)的函数。

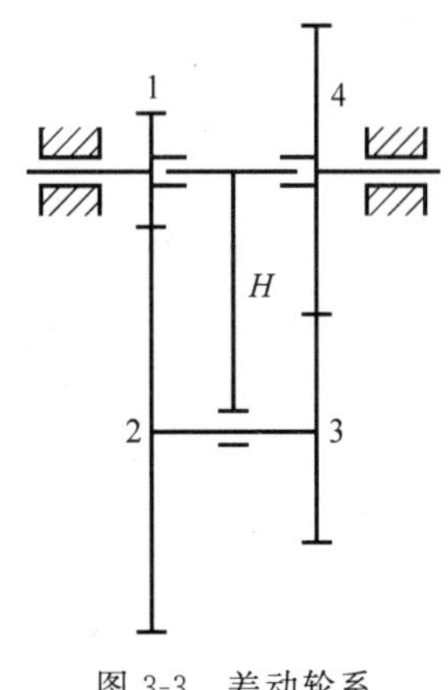

图3-3　差动轮系

设轮1、4对其中心的转动惯量为 J_1、J_4；行星轮2、3为一个构件，其质量为 m，它们绕其心轴的转动惯量为 J_2。系杆对轴 O 的转动惯量为 J_{1H}。设力矩和角速度以图示顺时针方向为正。首先，选取广义坐标

$$q_1=\varphi_1,\quad q_2=\varphi_4$$

则有

$$\dot{q}_1=\dot{\varphi}_1=\omega_1,\quad \dot{q}_2=\dot{\varphi}_4=\omega_4$$

由周转轮系公式，得

$$\frac{\omega_1-\omega_H}{\omega_4-\omega_H}=i_{14}^H=\frac{R_4R_2}{R_1R_3}\tag{3-19}$$

i_{14}^H 为系杆设为固定件时转化机构的速比。故有

$$\omega_H=\frac{R_1R_3}{R_1R_3-R_2R_4}\omega_1-\frac{R_2R_4}{R_1R_3-R_2R_4}\omega_4\tag{3-20}$$

令

$$a=R_1R_3-R_2R_4$$

根据同轴条件有

$$R_1+R_2=R_3+R_4$$

或

$$R_4-R_1=R_2-R_3$$

故

$$a=R_1R_3-R_2R_4=R_1R_3-R_2(R_1+R_2-R_3)=(R_1+R_2)(R_3-R_2)\tag{3-21}$$

系杆 H 的角速度为

$$\omega_H = \frac{R_1 R_3}{a}\omega_1 - \frac{R_2 R_4}{a}\omega_4 \tag{3-22}$$

又

$$\frac{\omega_2 - \omega_H}{\omega_1 - \omega_H} = i_{21}^H = -\frac{R_1}{R_2}$$

i_{21}^H 为轮 1,2 在转化机构中的速比,行星轮角速度为

$$\begin{aligned}\omega_2 &= -\frac{R_1}{R_2}\omega_1 + \frac{R_1 + R_2}{R_2}\omega_H = \frac{R_1 + R_2}{a}(R_1\omega_1 - R_4\omega_4) \\ &= \frac{R_1}{R_3 - R_2}\omega_1 - \frac{R_4}{R_3 - R_2}\omega_4\end{aligned} \tag{3-23}$$

行星轮质心速度为

$$V_{O'} = (R_1 + R_2)\omega_H = (R_1 + R_2)\frac{R_1 R_3}{a}\omega_1 - (R_1 + R_2)\frac{R_2 R_4}{a}\omega_4 \tag{3-24}$$

可写出构件的偏类速度为

$$\begin{cases} u_{H\varphi}^{(1)} = \dfrac{R_1 R_3}{a}, & u_{1\varphi}^{(1)} = 1, \quad u_{4\varphi}^{(2)} = 1 \\ u_{H\varphi}^{(2)} = -\dfrac{R_2 R_4}{a}, & u_{1\varphi}^{(2)} = 0, \quad u_{4\varphi}^{(1)} = 0 \\ u_{2\varphi}^{(1)} = \dfrac{R_1}{R_3 - R_2}, & u_{2v}^{(1)} = \dfrac{R_1 R_3 (R_1 + R_2)}{a} \\ u_{2\varphi}^{(2)} = \dfrac{R_4}{R_3 - R_2}, & u_{2v}^{(2)} = -\dfrac{R_2 R_4 (R_1 + R_2)}{a} \end{cases} \tag{3-25}$$

等效转动惯量计算。由于机构的特殊性,所有的偏类速度均为常数。可以可得出等效转动惯量如下:

$$\begin{cases} J_{11} = J_1 + J_H\left(\dfrac{R_1 R_3}{a}\right)^2 + J_2\left(\dfrac{R_1}{R_3 - R_2}\right)^2 + m\left[\dfrac{R_1 R_3 (R_1 + R_2)}{a}\right]^2 \\ J_{22} = J_4 + J_H\left(\dfrac{-R_2 R_4}{a}\right)^2 + J_2\left(\dfrac{R_4}{R_3 - R_2}\right)^2 + m\left[\dfrac{R_2 R_4 (R_1 + R_2)}{a}\right]^2 \\ J_{12} = -J_H\dfrac{R_1 R_2 R_3 R_4}{a^2} + J_2\dfrac{R_1 R_4}{(R_3 - R_2)^2} - m\dfrac{R_1 R_2 R_3 R_4 (R_1 + R_2)^2}{a^2} \end{cases} \tag{3-26}$$

设作用在中心轮 1、4 及系杆 H 上的力矩为 M_1、M_2、M_H,则系统广义力为

$$\begin{cases} Q_1 = M_1 + M_H\dfrac{R_1 R_3}{a} \\ Q_2 = M_4 - M_H\dfrac{R_2 R_4}{a} \end{cases} \tag{3-27}$$

按照拉格朗日方程法,则可写出系统的动力学方程。在此,因为偏类速度和等效转动惯量均为常数,方程比多自由度平面闭链机构更简洁。二自由度传动机构的动力学方程为

$$\begin{cases} J_{11}\ddot{q}_1 + J_{12}\ddot{q}_2 = Q_1 \\ J_{12}\ddot{q}_1 + J_{22}\ddot{q}_2 = Q_2 \end{cases} \tag{3-28}$$

对于齿轮传动系统的疲劳耐久性能分析等需要高效、精确的模拟齿轮啮合的动力学系统。因此，要精确地建立相应的动力学参数化模型。所建立的模型除了常规的力学建模元素以外，必须包含精确的齿轮啮合力算法，以准确捕捉到齿轮动力学产生的载荷，从而进一步分析齿轮传动系统的不平顺性以及结构耐久性能。

3.3 多自由度平面运动系统微分方程

3.3.1 圆盘与均质杆组成的平面运动系统方程

如图 3-4 所示均质圆盘（质量为 m_1、半径为 r）在水平面作平面运动（纯滚动），圆盘轮心与弹簧（刚度系数为 k）相连，轮心连接的均质杆（长度为 l，质量为 m_2）也作平面运动。分析系统的运动微分方程。

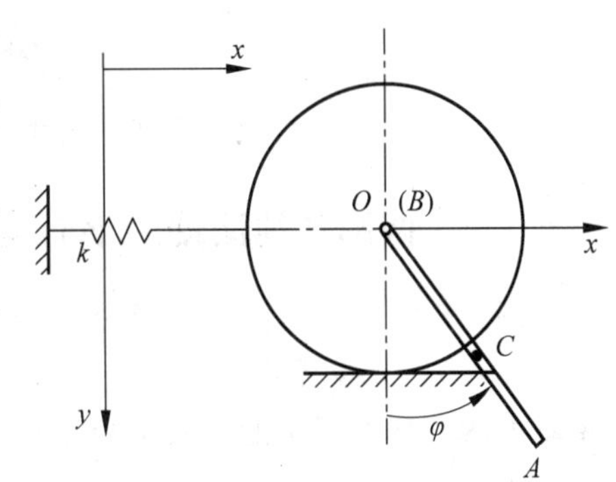

图 3-4　圆盘与均质杆平面运动系统

该系统的约束为完整约束，其主动力为有势力。首先，分析系统的自由度，圆盘质心的平移为 x、杆件的摆角为 φ，可得系统具有两个自由度，广义坐标选择为

$$q=(x,\varphi)$$

将 x 坐标的原点取在弹簧的原长处。按照拉格朗日方程，计算系统的动能：

$$T=\frac{1}{2}m_1\dot{x}^2+\frac{1}{2}J_0\omega_0^2+\frac{1}{2}m_2v_C^2+\frac{1}{2}J_C\dot{\varphi}^2 \tag{3-29}$$

其中 $v_C^2=\dot{x}_C^2+\dot{y}_C^2$，且

$$x_C=x+\frac{l}{2}\sin\varphi,\quad \dot{x}_C=\dot{x}+\frac{l}{2}\dot{\varphi}\cos\varphi$$

$$y_C=\frac{l}{2}\cos\varphi,\quad \dot{y}_C=-\frac{l}{2}\dot{\varphi}\sin\varphi$$

代入动能表达式，得

$$T=\frac{1}{4}(3m_1+2m_2)\dot{x}^2+\frac{1}{6}m_2l^2\dot{\varphi}^2+\frac{1}{2}m_2l\dot{x}\dot{\varphi}\cos\varphi \tag{3-30}$$

系统的势能由弹簧的弹性势能与重力势能所组成，即

$$V=\frac{1}{2}kx^2-\frac{1}{2}m_2gl\cos\varphi \tag{3-31}$$

可得拉格朗日函数为

$$L=T-V=\frac{1}{4}(3m_1+2m_2)\dot{x}^2+\frac{1}{6}m_2l^2\dot{\varphi}^2+\frac{1}{2}m_2l\dot{x}\dot{\varphi}\cos\varphi-\frac{1}{2}kx^2+\frac{1}{2}m_2gl\cos\varphi \tag{3-32}$$

按照拉格朗日方程，建立系统的运动微分方程，即

$$\frac{\mathrm{d}}{\mathrm{d}t}\left(\frac{\partial L}{\partial\dot{q}_k}\right)-\frac{\partial L}{\partial q_k}=0,\quad q_1=x,\quad q_2=\varphi$$

计算各相关的导数，得

$$\frac{\partial L}{\partial \dot{x}}=\frac{1}{2}(3m_1+2m_2)\dot{x}+\frac{1}{2}m_2 l\dot{\varphi}\cos\varphi,\quad \frac{\partial L}{\partial x}=-kx$$

$$\frac{\mathrm{d}}{\mathrm{d}t}\left(\frac{\partial L}{\partial \dot{x}}\right)=\frac{1}{2}(3m_1+2m_2)\ddot{x}+\frac{1}{2}m_2 l\ddot{\varphi}\cos\varphi-\frac{1}{2}m_2 l\dot{\varphi}^2\sin\varphi$$

$$\frac{\partial L}{\partial \dot{\varphi}}=\frac{1}{3}m_2 l^2\dot{\varphi}+\frac{1}{2}m_2 l\dot{x}\cos\varphi,\quad \frac{\partial L}{\partial \varphi}=-\frac{1}{2}m_2 l\dot{x}\dot{\varphi}\sin\varphi-\frac{1}{2}m_2 gl\sin\varphi$$

$$\frac{\mathrm{d}}{\mathrm{d}t}\left(\frac{\partial L}{\partial \dot{\varphi}}\right)=\frac{1}{3}m_2 l^2\ddot{\varphi}+\frac{1}{2}m_2 l\ddot{x}\cos\varphi-\frac{1}{2}m_2 l\dot{x}\dot{\varphi}\sin\varphi$$

由拉格朗日方程，整理后可得系统的运动微分方程

$$(3m_1+2m_2)\ddot{x}+m_2 l\ddot{\varphi}\cos\varphi-m_2 l\dot{\varphi}^2\sin\varphi+2kx=0$$

$$\frac{2}{3}l\ddot{\varphi}+\ddot{x}\cos\varphi+g\sin\varphi=0 \tag{3-33}$$

3.3.2　两圆环纯滚动的平面运动系统方程

如图 3-5 所示，质量为 m、半径为 $3R$ 的均质大圆环在粗糙的水平上纯滚动。另一小圆环质量亦为 m，且半径为 R，并在粗糙的大圆环内壁作纯滚动(不计滚动摩阻)，整个系统处于铅垂面内。建立系统的运动微分方程。

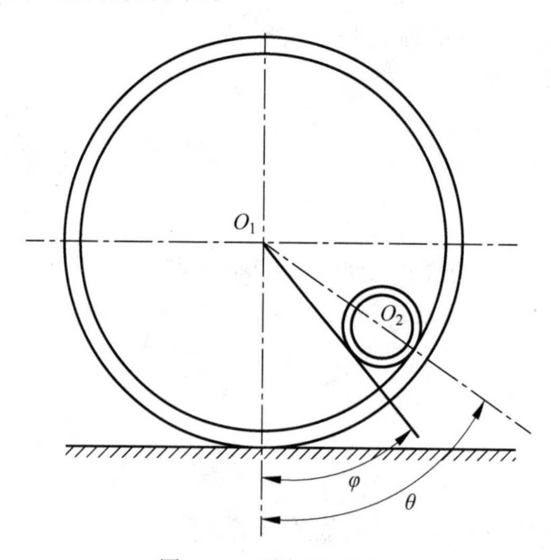

图 3-5　两圆环纯滚动

按照拉格朗日方法，首先分析系统的约束为完整约束，其主动力为有势力。其次，计算系统的动能为

$$T=\frac{1}{2}mv_{O_1}^2+\frac{1}{2}J_{O_1}\omega_{O_1}^2+\frac{1}{2}mv_{O_2}^2+\frac{1}{2}J_{O_2}\omega_{O_2}^2 \tag{3-34}$$

各运动量之间的关系可由运动学公式给出，即

$$v_{O_1}=3R\dot{\varphi},\quad \omega_{O_1}=\dot{\varphi}$$

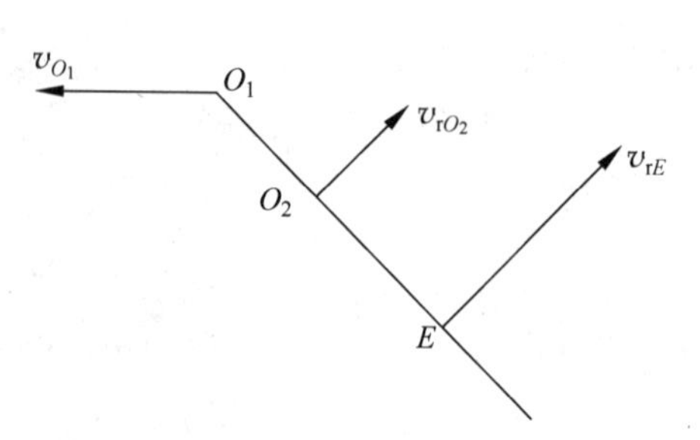

图 3-6　运动学参数分析

随质心 O_1 平动的坐标系 $O_1x_1y_1$ 如图 3-6 所示，

则有

$$v_{rE}=3R\dot{\varphi},\quad v_{rO_2}=2R\dot{\theta};\quad \omega_{O_2}=\frac{v_{rE}-v_{rO_2}}{R}=3\dot{\varphi}-2\dot{\theta}$$

$$v_{O_2}^2=v_{O_1}^2+v_{rO_2}^2-2v_{O_1}v_{rO_2}\cos\theta=9R^2\dot{\varphi}^2+4R^2\dot{\theta}^2-12R^2\dot{\varphi}\dot{\theta}\cos\theta$$

系统的动能可简化为

$$T=18mR^2\dot{\varphi}^2+4mR^2\dot{\theta}^2-6mR^2\dot{\varphi}\dot{\theta}(1+\cos\theta) \tag{3-35}$$

系统的势能为

$$V=-2mgR\cos\theta \tag{3-36}$$

拉格朗日函数为

$$L=T-V=18mR^2\dot{\varphi}^2+4mR^2\dot{\theta}^2-6mR^2\dot{\varphi}\dot{\theta}(1+\cos\theta)+2mgR\cos\theta \tag{3-37}$$

代入拉格朗日方程：

$$\frac{\mathrm{d}}{\mathrm{d}t}\left(\frac{\partial L}{\partial \dot{q}_k}\right)-\frac{\partial L}{\partial q_k}=0,\quad q_1=\varphi,\quad q_2=\theta$$

计算各项相关的导数，得

$$\frac{\partial L}{\partial \dot{\varphi}}=36mR^2\dot{\varphi}-6mR^2\dot{\theta}(1+\cos\theta),\quad \frac{\partial L}{\partial \varphi}=0$$

$$\frac{\mathrm{d}}{\mathrm{d}t}\left(\frac{\partial L}{\partial \dot{\varphi}}\right)=36mR^2\ddot{\varphi}-6mR^2\ddot{\theta}(1+\cos\theta)+6mR^2\dot{\theta}^2\sin\theta$$

$$\frac{\partial L}{\partial \dot{\theta}}=8mR^2\dot{\theta}-6mR^2\dot{\varphi}(1+\cos\theta),\quad \frac{\partial L}{\partial \theta}=6mR^2\dot{\varphi}\dot{\theta}\sin\theta-2mgR\sin\theta$$

$$\frac{\mathrm{d}}{\mathrm{d}t}\left(\frac{\partial L}{\partial \dot{\theta}}\right)=8mR^2\ddot{\theta}-6mR^2\ddot{\varphi}(1+\cos\theta)+6mR^2\dot{\varphi}\dot{\theta}\sin\theta$$

整理得系统的方程为

$$6\ddot{\varphi}-\ddot{\theta}(1+\cos\theta)+\dot{\theta}^2\sin\theta=0$$

$$4\ddot{\theta}-3\ddot{\varphi}(1+\cos\theta)+\frac{g}{R}\sin\theta=0 \tag{3-38}$$

对于应用拉格朗日方程进行此类问题的求解，首先要判断约束性质是否完整、主动力是否有势，以决定采用哪一种形式的拉式方程。其次是要确定系统的自由度，选择合适的广义坐标。之后按照所选择的广义坐标，写出系统的动能、势能，求广义力。最后构造拉格朗日函数，并将相关各项代入拉格朗日方程式。

3.3.3　圆柱体-均质杆的平面运动系统方程

如图 3-7 所示为一均质圆柱体沿水平直线轨道作纯滚动，又一均质刚性杆，长为 $3r$，质量为 m，以光滑铰链与圆柱体之中心连接，圆柱体的质量为 m，试建立系统的振动微分方程。

(1) 分析系统的广义坐标。取偏离系统平衡位置圆柱体质心 A 的水平位移、AB 均质杆的角位移 θ 为广义坐标。令圆柱体质心速度 $v_1=\dot{x}$，绕质心的角速度 $\omega_1=\dot{x}/r$。均质杆的质心速度有如下关系式：

$$v^2 = \dot{x}^2 + \left(\frac{3}{2}r\dot{\theta}\right)^2 + 2\dot{x}\left(\frac{3}{2}r\dot{\theta}\right)\cos\theta$$

绕质心轴转动的角速度：

$$\omega_2 = \dot{\theta}$$

(2) 计算系统的动能。系统的动能有两个部分组成，一部分为随质心移动的动能，另一部分为绕质心轴转动的动能。

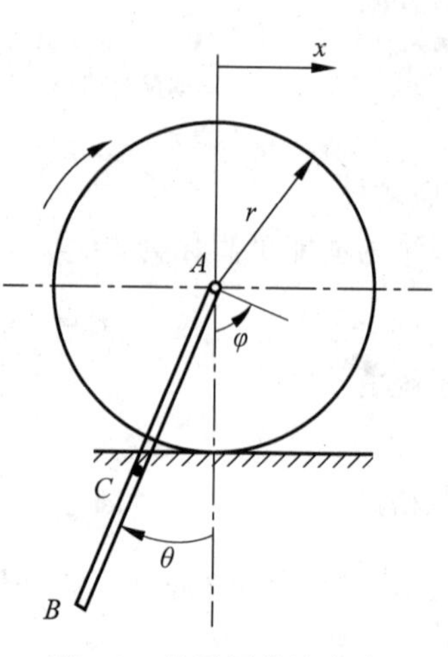

图 3-7　均质圆柱纯滚动

任意时刻 t 的系统的动能：

$$T = \frac{1}{2}m\dot{x}^2 + \frac{1}{2}\left(\frac{1}{2}mr^2\right)\left(\frac{\dot{x}}{r}\right)^2 + \frac{1}{2}m\left[\dot{x}^2 + \left(\frac{3}{2}r\dot{\theta}\right)^2 + 2\dot{x}\left(\frac{3}{2}r\dot{\theta}\right)\cos\theta\right] + \frac{1}{2}\left[\frac{1}{12}m(3r)^2\right]\dot{\theta}^2 \tag{3-39}$$

(3) 设系统平衡位置势能为 0，任意时刻 t 的势能为

$$U = mg\left[\frac{3}{2}r(1-\cos\theta)\right] \tag{3-40}$$

(4) 构造拉氏函数

$$L = T - U = \frac{1}{2}m\dot{x}^2 + \frac{1}{2}\left(\frac{1}{2}mr^2\right)\left(\frac{\dot{x}}{r}\right)^2 + \frac{1}{2}m\left[\dot{x}^2 + \left(\frac{3}{2}r\dot{\theta}\right)^2 + 2\dot{x}\left(\frac{3}{2}r\dot{\theta}\right)\cos\theta\right] + \frac{1}{2}\left[\frac{1}{12}m(3r)^2\right]\dot{\theta}^2 - mg\left[\frac{3}{2}r(1-\cos)\right] \tag{3-41}$$

拉氏方程：

$$\begin{cases} \dfrac{\mathrm{d}}{\mathrm{d}t}\left(\dfrac{\partial L}{\partial \dot{x}}\right) - \dfrac{\partial L}{\partial x} = 0 \\ \dfrac{\mathrm{d}}{\mathrm{d}t}\left(\dfrac{\partial L}{\partial \dot{\theta}}\right) - \dfrac{\partial L}{\partial \theta} = 0 \end{cases} \tag{3-42}$$

即：

$$\begin{cases} 5\ddot{x} + 3r\ddot{\theta}\cos\theta - 3r\dot{\theta}^2\sin\theta = 0 \\ \ddot{x} + 2r\ddot{\theta} + g\sin\theta = 0 \end{cases} \tag{3-43}$$

在微振动时，$\sin\theta \approx \theta$，$\cos\theta \approx 1$，可略去 $3r\dot{\theta}^2\sin\theta$，可得到

$$\begin{cases} 5\ddot{x} + 3r\ddot{\theta} = 0 \\ \ddot{x} + 2r\ddot{\theta} + g\theta = 0 \end{cases} \tag{3-44}$$

3.4　多自由度系统振动方程

3.4.1　二自由度振动系统方程的一般形式

建立多自由度系统的振动方程一般采用牛顿法或达朗贝尔原理，也可采用拉格朗日方程法以及影响系数法。对于如图 3-8 所示的二自由度振动系统，可用分离法将 m_1、m_2 分别作受力分析。由牛顿第二定律，可得

$$\begin{cases} m_1\ddot{x}_1 = \sum(F)_{x_1} \\ m_2\ddot{x}_2 = \sum(F)_{x_2} \end{cases} \tag{3-45}$$

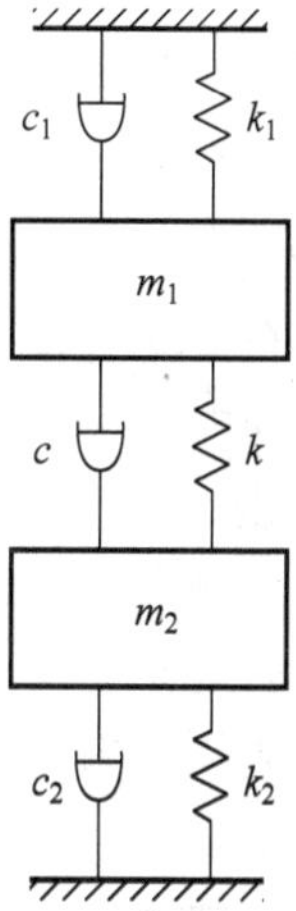

设系统外力为 $F_1(t)$，$F_2(t)$，则

$$\begin{cases} m_1\ddot{x}_1 = F_1(t) - [k_1x_1 + k(\boldsymbol{x}_1 - \boldsymbol{x}_2) + c_1\dot{x}_1 + c(\dot{x}_1 - \dot{x}_2)] \\ m_2\ddot{x}_2 = F_2(t) - [k_2x_2 - k(\boldsymbol{x}_1 - \boldsymbol{x}_2) + c_2\dot{x}_2 - c(\dot{x}_1 - \dot{x}_2)] \end{cases} \tag{3-46}$$

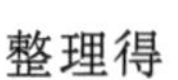

整理得

$$\begin{cases} m_1\ddot{x}_1 + (c_1 + c)\dot{x}_1 - c\dot{x}_2 + (k_1 + k)x_1 - kx_2 = F_1(t) \\ m_2\ddot{x}_2 - c\dot{x}_1 + (c + c_2)\dot{x}_2 - kx_1 + (k + k_2)x_2 = F_2(t) \end{cases} \tag{3-47}$$

图 3-8　振动系统模型

写成矩阵形式：

$$\begin{bmatrix} m_1 & 0 \\ 0 & m_2 \end{bmatrix}\begin{bmatrix} \ddot{x}_1 \\ \ddot{x}_2 \end{bmatrix} + \begin{bmatrix} c + c_1 & -c \\ -c & c + c_2 \end{bmatrix}\begin{bmatrix} \dot{x}_1 \\ \dot{x}_2 \end{bmatrix} + \begin{bmatrix} k + k_1 & -k \\ -k & k + k_2 \end{bmatrix}\begin{bmatrix} x_1 \\ x_2 \end{bmatrix} = \begin{bmatrix} F_1(t) \\ F_2(t) \end{bmatrix} \tag{3-48}$$

可写为

$$\begin{bmatrix} m_{11} & m_{12} \\ m_{21} & m_{22} \end{bmatrix}\begin{bmatrix} \ddot{x}_1 \\ \ddot{x}_2 \end{bmatrix} + \begin{bmatrix} c_{11} & c_{12} \\ c_{21} & c_{22} \end{bmatrix}\begin{bmatrix} \dot{x}_1 \\ \dot{x}_2 \end{bmatrix} + \begin{bmatrix} k_{11} & k_{12} \\ k_{21} & k_{22} \end{bmatrix}\begin{bmatrix} x_1 \\ x_2 \end{bmatrix} = \begin{bmatrix} F_1(t) \\ F_2(t) \end{bmatrix} \tag{3-49}$$

简写为

$$\boldsymbol{M}\ddot{\boldsymbol{x}} + \boldsymbol{C}\dot{\boldsymbol{x}} + \boldsymbol{K}\boldsymbol{x} = \boldsymbol{F}(t) \tag{3-50}$$

式中，$\boldsymbol{M}$ 为质量矩阵；$\boldsymbol{C}$ 为阻尼矩阵；$\boldsymbol{K}$ 为刚度矩阵；$\boldsymbol{x}$ 为广义坐标；$\boldsymbol{F}(t)$为广义力。

3.4.2　多自由度振动微分方程的一般形式

可将二自由度系统振动方程，推广到 n 自由度振动系统，则质量矩阵 $\boldsymbol{M}$、阻尼矩阵 $\boldsymbol{C}$ 和刚度矩阵 $\boldsymbol{K}$ 都为 $n\times n$ 矩阵，运动微分方程为

$$\begin{bmatrix} m_{11} & m_{12} & \cdots & m_{1n} \\ m_{21} & m_{22} & \cdots & m_{2n} \\ \vdots & \vdots & & \vdots \\ m_{n1} & m_{n2} & \cdots & m_{nn} \end{bmatrix}\begin{bmatrix} \ddot{x}_1 \\ \ddot{x}_2 \\ \vdots \\ \ddot{x}_n \end{bmatrix} + \begin{bmatrix} c_{11} & c_{12} & \cdots & c_{1n} \\ c_{21} & c_{22} & \cdots & c_{2n} \\ \vdots & \vdots & & \vdots \\ c_{n1} & c_{n2} & \cdots & c_{nn} \end{bmatrix}\begin{bmatrix} \dot{x}_1 \\ \dot{x}_1 \\ \vdots \\ \dot{x}_n \end{bmatrix} + \begin{bmatrix} k_{11} & k_{12} & \cdots & k_{1n} \\ k_{21} & k_{22} & \cdots & k_{2n} \\ \vdots & \vdots & & \vdots \\ k_{n1} & k_{n2} & \cdots & k_{nn} \end{bmatrix}\begin{bmatrix} x_1 \\ x_2 \\ \vdots \\ x_n \end{bmatrix}$$

$$
=\begin{bmatrix} F_1(t) \\ F_2(t) \\ \vdots \\ F_n(t) \end{bmatrix} \tag{3-51}
$$

同样地，可用方程式(3-50)，即

$$
\boldsymbol{M}\ddot{\boldsymbol{x}}+\boldsymbol{C}\dot{\boldsymbol{x}}+\boldsymbol{K}\boldsymbol{x}=\boldsymbol{F}(t) \tag{3-52}
$$

来描述 n 自由度振动系统。此时，式中，质量矩阵 $\boldsymbol{M}=[m_{ij}]_{n\times n}$，阻尼矩阵 $\boldsymbol{C}=[c_{ij}]_{n\times n}$，刚度矩阵 $\boldsymbol{K}=[k_{ij}]_{n\times n}$，广义坐标 $\boldsymbol{x}=[x_1,x_2,\cdots,x_n]^{\mathrm{T}}$，广义力 $\boldsymbol{F}(t)=[F_1(t),F_2(t),\cdots,F_n(t)]^{\mathrm{T}}$。因此，式(3-51)、式(3-52)是 n 个自由度振动系统的运动方程的一般形式。

在实际工程中，机器和系统结构复杂，如机床、内燃机等，要完整、精确地揭示系统的振动及动力特性，只用单自由度、二自由度理论进行研究分析显得不足。多数振动系统，它的质量、刚度都具有分布特性，这类系统是具有无限多自由度振动系统。需要将其处理为多个集中质量弹簧系统，即抽象为若干个质量、无质量的弹簧组成的系统。多自由度系统分析与计算时复杂一些，一般地，多自由度分析方法有两种：一是振型叠加法，即将系统所有振型叠加起来进行分析；二是模态分析法或坐标变换法，就是将其选取的普通坐标变换成为一组主坐标，使其微分方程解耦，变成一组无关的多个单自由度振动微分方程，按照单自由度系统原理来求解，最后按照叠加原理进行叠加。此外，还可采用直接积分法和数值解法来求解。

现在来看含阻尼的多自由度振动系统的实例分析。如图 3-9 所示的多自由度振动系统，受到外力作用且有阻尼，要建立其振动方程。

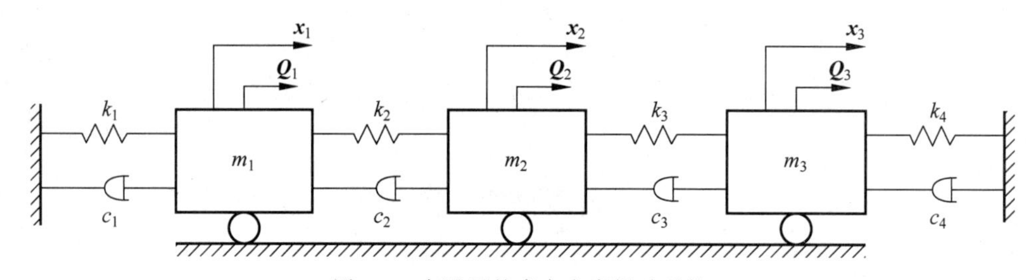

图 3-9　有阻尼的多自由度振动系统

对于这类系统，其为多个质量、弹簧的串联连接方式，可运用隔离体分析法，对每个质量块进行分析、列方程。即

$$
\begin{cases}
m_1\ddot{x}_1=Q_1-k_1x_1-c_1\dot{x}_1+k_2(x_2-x_1)+c_2(\dot{x}_2-\dot{x}_1) \\
m_2\ddot{x}_2=Q_2-k_2(\boldsymbol{x}_2-x_1)-c_2(\dot{x}_2-\dot{x}_1)+k_3(x_3-x_2)+c_3(\dot{x}_3-\dot{x}_2) \\
m_3\ddot{x}_3=Q_3-k_3(\boldsymbol{x}_3-x_2)-c_3(\dot{x}_3-\dot{x}_2)-k_4x_3-c_4\dot{x}_3
\end{cases} \tag{3-53}
$$

写成矩阵形式

$$
\begin{bmatrix} m_1 & 0 & 0 \\ 0 & m_2 & 0 \\ 0 & 0 & m_3 \end{bmatrix}
\begin{bmatrix} \ddot{x}_1 \\ \ddot{x}_2 \\ \ddot{x}_3 \end{bmatrix}+
\begin{bmatrix} c_1+c_2 & -c_2 & 0 \\ -c_2 & c_2+c_3 & -c_3 \\ 0 & -c_3 & c_3+c_4 \end{bmatrix}
\begin{bmatrix} \dot{x}_1 \\ \dot{x}_2 \\ \dot{x}_3 \end{bmatrix}+
$$

$$\begin{bmatrix} k_1+k_2 & -k_2 & 0 \\ -k_2 & k_2+k_3 & -k_3 \\ 0 & -k_3 & k_3+k_4 \end{bmatrix}\begin{bmatrix} x_1 \\ x_2 \\ x_3 \end{bmatrix}=\begin{bmatrix} Q_1 \\ Q_2 \\ Q_3 \end{bmatrix} \tag{3-54}$$

如果广义力为 $\boldsymbol{Q}$，则该多自由度系统振动方程形式，写成

$$\boldsymbol{M}\ddot{\boldsymbol{x}}+\boldsymbol{C}\dot{\boldsymbol{x}}+\boldsymbol{K}\boldsymbol{x}=\boldsymbol{Q} \tag{3-55}$$

需要说明的是，对于较复杂的多自由度系统应用拉氏方程比较简便。一般可采用选取广义坐标、求系统的动能和势能，将其表示为广义坐标、广义速度和时间的函数，然后代入拉氏方程求解。

3.4.3 扭转振动系统微分方程

运用影响系数方法建立振动微分方程，是把一个动力学系统当作一个静力系统来看待，用静力学方法确定出系统所有的刚度影响系数(刚度矩阵中的元素)，借助于这些系数建立系统的运动方程。对于弹簧-质量系统的多自由度系统建立振动微分方程是较为简便的，不必进行隔离体分析列方程，就可以建立运动方程。同样的，用影响系数方法也可建立扭转振动系统微分方程，只需要将作用力 $\boldsymbol{F}$ 改为作用力矩 $\boldsymbol{M}$，其他解题步骤相同。

图 3-10 所示为扭转振动系统，其各段轴的扭转刚度参数为 k_1、k_2、k_3，各个盘的转动惯量设为 I_1、I_2、I_3、I_4。各盘的转角为 $\theta_i(i=1,2,3,4)$。

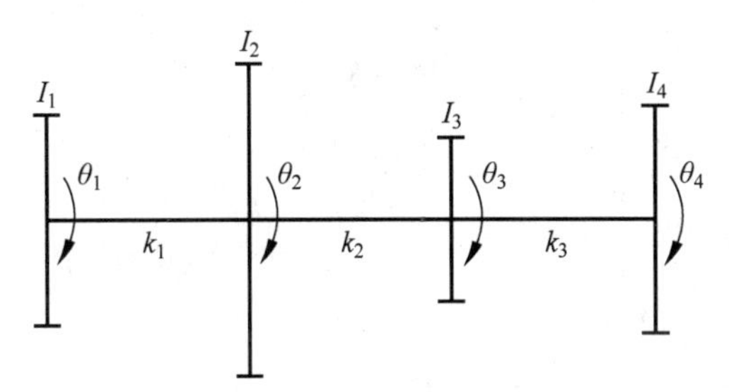

图 3-10　扭转振动系统

按照力学的刚度影响系数法，来建立系统的振动方程，若只考虑盘的转动惯量和轴的扭转刚度等，系统的刚度矩阵为

$$\boldsymbol{K}_\theta=\begin{bmatrix} k_{11} & k_{12} & k_{13} & k_{14} \\ k_{21} & k_{22} & k_{23} & k_{24} \\ k_{31} & k_{32} & k_{33} & k_{34} \\ k_{41} & k_{42} & k_{43} & k_{44} \end{bmatrix}$$

静力分程为

$$\begin{bmatrix} M_1 \\ M_2 \\ M_3 \\ M_4 \end{bmatrix}=\boldsymbol{K}_\theta\begin{bmatrix} \theta_1 \\ \theta_2 \\ \theta_3 \\ \theta_4 \end{bmatrix}$$

根据单位位移法求刚度系数，可按照力学一般方法逐列来求刚度系数，即

(1) 求刚度矩阵的第 1 列元素。使转盘 I_1 发生单位(1rad)转动，而其他盘不动，即

$$\theta_1=1,\quad \theta_2=\theta_3=\theta_4=0$$

则

$$M_1=k_{11}=k_1\times 1=k_1,\quad M_2=-k_1\times 1=-k_1=k_{21},$$
$$M_3=k_{31}=0,\quad M_4=k_{41}=0$$

这样,第1列元素求得。

(2) 求刚度矩阵的第2列元素。使转盘 I_2 发生单位(1rad)转动,而其他盘不动,即

$$\theta_1=0=\theta_3=\theta_4,\quad \theta_2=1$$

则

$$M_1=k_{12}=-k_1\times 1=-k_1,\quad M_2=k_1\times 1+k_2\times 1=k_1+k_2=k_{22},$$
$$M_3=k_{32}=-k_2\times 1=-k_2,\quad M_4=k_{42}=0$$

这样,第2列元素求得。

类似地,可以求得第3、4列元素。可以得到

$$\boldsymbol{K}_\theta=\begin{bmatrix} k_1 & -k_1 & 0 & 0\\ -k_1 & k_1+k_2 & -k_2 & 0\\ 0 & -k_2 & k_2+k_3 & -k_3\\ 0 & 0 & -k_3 & k_3\end{bmatrix}$$

则系统的运动微分方程为

$$\begin{bmatrix} I_1 & 0 & 0 & 0\\ 0 & I_2 & 0 & 0\\ 0 & 0 & I_3 & 0\\ 0 & 0 & 0 & I_4\end{bmatrix}\begin{bmatrix}\ddot\theta_1\\ \ddot\theta_2\\ \ddot\theta_3\\ \ddot\theta_4\end{bmatrix}+\begin{bmatrix} k_1 & -k_1 & 0 & 0\\ -k_1 & k_1+k_2 & -k_2 & 0\\ 0 & -k_2 & k_2+k_3 & -k_3\\ 0 & 0 & -k_3 & k_3\end{bmatrix}\begin{bmatrix}\theta_1\\ \theta_2\\ \theta_3\\ \theta_4\end{bmatrix}=\begin{bmatrix}0\\0\\0\\0\end{bmatrix}\tag{3-56}$$

3.5 多自由度振动系统的固有频率与主振型

3.5.1 固有频率与主振型的求解过程

从物理学概念,当物体做自由振动时,其位移随时间按正弦或余弦规律变化,振动的频率与初始条件无关,而与系统的固有特性有关,称为固有频率。同样外形的系统组成,硬度高的频率高,质量大的频率低。研究固有频率对于分析系统动力学行为或避免发生共振等十分重要。

由系统的结构物理特性决定的参数还有主振型。一般来说,当系统按某一阶固有频率振动时其振幅比也由系统的固有特性来决定,与外界的初始条件无关。这说明了振幅比是常数,即系统在振动过程中各点的相对位置是确定的,由此振幅比所确定的振动形态与固有频率一样,也是系统的固有特性,通常称为主振型或固有振型。

振型是对应于频率而言的,一个固有频率对应于一个振型。按照频率从低到高的排列,依次称为第一阶振型、第二阶振型等,指的是在该固有频率下结构的振动形态,频率越高则振动周期越小。可以在实验中通过用一定的频率对结构进行激振,观测相应点的位移状况,当观测点的位移达到最大时,此时达到共振,频率即为固有频率,有些实际结构的振动形态并不是一个规则的形状,而是各阶振型相叠加的结果。由于振型是指系统自身固有的振动

形式，可用质点在振动时的相对位置即振动曲线来描述。由于多质点体系有多个自由度，故可出现多种振型，同时有多个自振频率。实际的振动形式往往是若干个振型曲线的组合。

如图 3-11 所示的二自由度振动系统，设质量块 m_1、m_2 在光滑的水平面上移动，质量与支撑侧面之间用弹簧联接。定义 x_1 和 x_2 为广义坐标。对于振动过程中质量块进行分析，在任意位置时分别对质量块 m_1 和 m_2 进行隔离体分析，列方程如下：

$$m_1\ddot{x}_1 = k_2(x_2 - x_1) - k_1 x_1$$

$$m_2\ddot{x}_2 = -k_2(x_2 - x_1) - k_3 x_2$$

即

$$\begin{cases} m_1\ddot{x}_1 + (k_1 + k_2)x_1 - k_2 x_2 = 0 \\ m_2\ddot{x}_2 - k_2 x_1 + (k_2 + k_3)x_2 = 0 \end{cases} \tag{3-57}$$

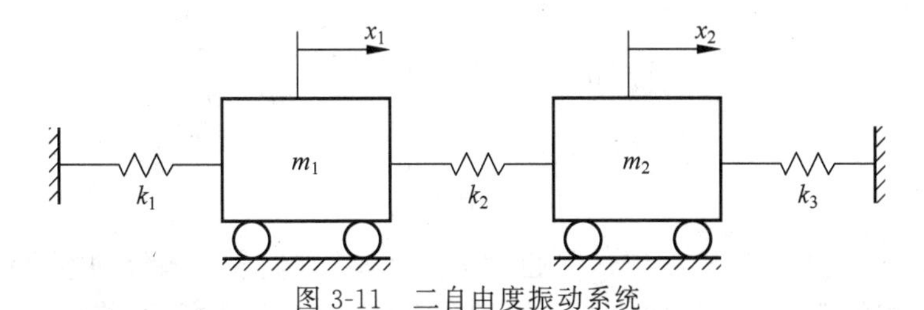

图 3-11　二自由度振动系统

式(3-57)可写成二阶常系数线性齐次微分方程组：

$$\begin{cases} \ddot{x}_1 + a x_1 - b x_2 = 0 \\ \ddot{x}_2 - c x_1 + d x_2 = 0 \end{cases} \tag{3-58}$$

式中，$a = \dfrac{k_1 + k_2}{m_1}$；$b = \dfrac{k_2}{m_1}$；$c = \dfrac{k_2}{m_2}$；$d = \dfrac{k_2 + k_3}{m_2}$。

$$\begin{cases} \ddot{x}_1 + a x_1 - b x_2 = 0 \\ \ddot{x}_2 - c x_1 + d x_2 = 0 \end{cases} \tag{3-59}$$

a、b、c、d 是弹簧刚度和质量的函数，均为正数。而且它们仅由系统的本身结构和特性决定，与系统的初始条件无关。

在第一方程中有 $-bx_2$ 项，在第二方程中有 $-cx_1$ 项，由于这两项的存在使得两组方程耦联起来，称为耦合项。如何将微分方程解耦需加以研究。

设两质量块振动时按同频率和同相位作简谐振动，即令一组解为

$$\begin{cases} x_1 = A_1 \sin(\omega t + \varphi) \\ x_2 = A_2 \sin(\omega t + \varphi) \end{cases}$$

代入方程，得

$$\begin{cases} [(a - \omega^2)A_1 - bA_2]\sin(\omega t + \varphi) = 0 \\ [-cA_1 + (d - \omega^2)A_2]\sin(\omega t + \varphi) = 0 \end{cases} \tag{3-60}$$

要使 x_1 和 x_2 是方程的解，必须满足任何 t 时刻的要求，即

$$\sin(\omega t + \varphi) \neq 0$$

故必有

$$\begin{cases}(a-\omega^2)A_1-bA_2=0\\ -cA_1+(d-\omega^2)A_2=0\end{cases}\tag{3-61}$$

式(3-61)为关于 A_1、A_2 的二元齐次线性代数方程组，具有无穷多组解。

(1) $A_1=A_2=0$，是方程的一组解，这是系统的平衡状态。

(2) 齐次线性代数方程组具有非零解的充分必要条件是方程的系数行列式等于零，即

$$\begin{vmatrix}a-\omega^2 & -b\\ -c & d-\omega^2\end{vmatrix}=0$$

展开得

$$\omega^4-(a+d)\omega^2+(ad-bc)=0\tag{3-62}$$

此方程中唯一地确定了频率 ω 所满足的条件，通常称为频率方程或特征方程。通过求解得两个特征根为

$$\begin{aligned}\omega_{1,2}^2&=\frac{a+d}{2}\pm\sqrt{\left(\frac{a+d}{2}\right)^2-(ad-bc)}\\ &=\frac{a+d}{2}\pm\sqrt{\left(\frac{a-d}{2}\right)^2+bc}\end{aligned}$$

由于 a、b、c、d 均为正数，ω_1^2 与 ω_2^2 也均为正实根，它们仅由系统的本身结构和特性决定，与系统的初始条件无关，称为系统的固有频率。对二自由度系统，有两个固有频率，按其频率数值的大小为序，称为第一阶固有频率、第二阶固有频率。此处为了区分，写出如下形式：

$$\omega_{\mathrm{n1,n2}}^2=\frac{a+d}{2}\pm\sqrt{\left(\frac{a-d}{2}\right)^2+bc}$$

为了求质量块的振幅 A_1、A_2，将求得的固有频率 ω_{n1} 和 ω_{n2} 代入式(3-61)，由于方程组具有无穷多组解，所以不能求得 A_1、A_2 的具体值，而只能求得其二者的比值，即

(1) 将 ω_{n1} 代入方程组得

$$\frac{A_2^{(1)}}{A_1^{(1)}}=\frac{a-\omega_{\mathrm{n1}}^2}{b}=\frac{c}{d-\omega_{\mathrm{n1}}^2}$$

(2) 将 ω_{n2} 代入方程组得

$$\frac{A_2^{(2)}}{A_1^{(2)}}=\frac{a-\omega_{\mathrm{n2}}^2}{b}=\frac{c}{d-\omega_{\mathrm{n2}}^2}$$

可见，振幅比所确定的振动形态与固有频率一样，也是系统的固有特性。由系统的结构物理特性决定的，与外界的初始条件无关，称为主振型或固有振型。上式分别称为第一阶主振型、第二阶主振型，此处，记为

$$\begin{cases}\mu_1=\dfrac{A_2^{(1)}}{A_1^{(1)}}\\ \mu_2=\dfrac{A_2^{(2)}}{A_1^{(2)}}\end{cases}\tag{3-63}$$

因此，当系统按某一阶固有频率作相应的主振型振动时，称为系统作主振动，则第一阶主振动为

$$\begin{cases}x_1^{(1)}=A_1^{(1)}\sin(\omega_{\mathrm{n1}}t+\varphi_1)\\ x_2^{(1)}=A_2^{(1)}\sin(\omega_{\mathrm{n1}}t+\varphi_1)=\mu_1A_1^{(1)}\sin(\omega_{\mathrm{n1}}t+\varphi_1)\end{cases}\tag{3-64}$$

第二阶主振动为

$$\begin{cases} x_1^{(2)} = A_1^{(2)} \sin(\omega_{n2} t + \varphi_2) \\ x_2^{(2)} = A_2^{(2)} \sin(\omega_{n2} t + \varphi_2) = \mu_2 A_1^{(2)} \sin(\omega_{n2} t + \varphi_2) \end{cases} \tag{3-65}$$

可见,系统作主振动时,各点同时经过平衡位置,并同时达到最大极限位置,以确定的频率和振型作简谐振动。二自由度振动系统,求得两阶固有频率,每一阶固有频率对应一种简谐振动,两阶固有频率,就具有两种可能的简谐振动。

在一般情况下的系统振动,应该是两种简谐振动的叠加,即

$$\begin{cases} x_1 = x_1^{(1)} + x_1^{(2)} = A_1^{(1)} \sin(\omega_{n1} t + \varphi_1) + A_1^{(2)} \sin(\omega_{n2} t + \varphi_2) \\ x_2 = x_2^{(1)} + x_2^{(2)} = \mu_1 A_1^{(1)} \sin(\omega_{n1} t + \varphi_1) + \mu_2 A_1^{(2)} \sin(\omega_{n2} t + \varphi_2) \end{cases} \tag{3-66}$$

系统的初始条件($t=0$):

$$x_1 = x_{10}$$

$$x_2 = x_{20}$$

$$\dot{x}_1 = \dot{x}_{10}$$

$$\dot{x}_2 = \dot{x}_{20}$$

代入式(3-66),得到下列 4 个常数:

$$\begin{cases} A_1^{(1)} = \dfrac{1}{|\mu_2 - \mu_1|} \sqrt{(\mu_2 x_{10} - x_{20})^2 + \dfrac{(\mu_2 \dot{x}_{10} - \dot{x}_{20})^2}{\omega_{n1}^2}} \\ A_1^{(2)} = \dfrac{1}{|\mu_1 - \mu_2|} \sqrt{(\mu_1 x_{(10)} - x_{20})^2 + \dfrac{(\mu_1 \dot{x}_{10})^2 - (\dot{x}_{20})^2}{\omega_{n2}^2}} \\ \varphi_1 = \arctan\left[\dfrac{\omega_{n1}(\mu_2 x_{10} - x_{20})}{\mu_2 \dot{x}_{10} - \dot{x}_{20}}\right] \\ \varphi_2 = \arctan\left[\dfrac{\omega_{n2}(\mu_1 x_{10} - x_{20})}{\mu_1 \dot{x}_{10} - \dot{x}_{20}}\right] \end{cases} \tag{3-67}$$

由此可见,一般情况下的自由振动是一种复杂的非周期运动,是两种不同频率的简谐振动的组合。

3.5.2　扭振系统的固有频率及主振型

首先来分析二自由度扭振系统的固有频率及主振型。如图 3-12 所示二自由度扭转振动系统。取盘 I_1 和 I_2(设 $I_2=2I_1$)偏离静平衡位置角位移 θ_1 和 θ_2 作为广义坐标,各轴段扭转刚度为 $k_{\theta_1}=k_{\theta_2}=k_{\theta_3}=GJ_P/l$,对两盘受力分析,列振动微分方程。

$$I_1\ddot{\theta}_1 = -k_1\theta_1 + k_2(\theta_2 - \theta_1)$$

$$I_2\ddot{\theta}_2 = -k_2(\theta_2 - \theta_1) - k_3\theta_2$$

整理得

$$I_1\ddot{\theta}_1 + (k_1 + k_2)\theta_1 - k_2\theta_2 = 0$$

$$I_2\ddot{\theta}_2 - k_2\theta_1 + (k_2 + k_3)\theta_2 = 0$$

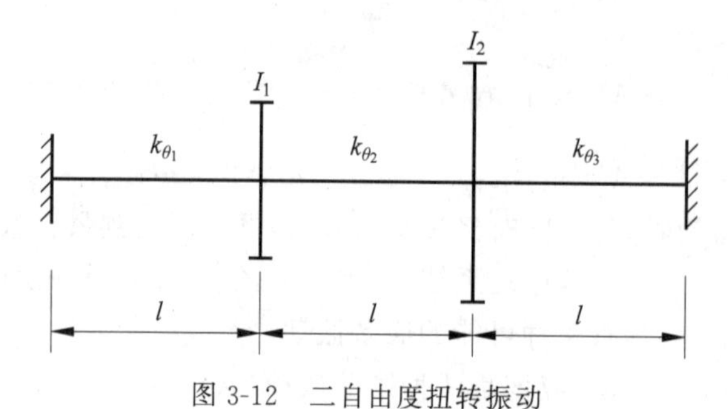

图 3-12　二自由度扭转振动

写成矩阵形式

$$\begin{bmatrix} I_1 & 0 \\ 0 & I_2 \end{bmatrix} \begin{bmatrix} \ddot{\theta}_1 \\ \ddot{\theta}_2 \end{bmatrix} + \begin{bmatrix} k_1 + k_2 & -k_2 \\ -k_2 & k_2 + k_3 \end{bmatrix} \begin{bmatrix} \theta_1 \\ \theta_2 \end{bmatrix} = \begin{bmatrix} 0 \\ 0 \end{bmatrix} \tag{3-68}$$

令盘 I_1 和 I_2 以同频率同相位作简谐振动，即

$$\begin{cases} \theta_1 = A_1 \sin(\omega t + \varphi) \\ \theta_2 = A_2 \sin(\omega t + \varphi) \end{cases}$$

$$\begin{bmatrix} k_1 + k_2 - I_1\omega^2 & -k_2 \\ -k_2 & k_2 + k_3 - I_2\omega^2 \end{bmatrix} \begin{bmatrix} A_1 \\ A_2 \end{bmatrix} = \begin{bmatrix} 0 \\ 0 \end{bmatrix}$$

由线性代数知，齐次方程组有非零解的充分必要条件是系数行列式为 0，即

$$\begin{vmatrix} k_1 + k_2 - I_1\omega^2 & -k_2 \\ -k_2 & k_2 + k_3 - I_2\omega^2 \end{vmatrix} = 0$$

由此得频率方程

$$2I_1^2\omega^4 - 6kI_1\omega^2 + 3k^2 = 0$$

$$\omega_{\mathrm{n1}}^2 = \frac{3-\sqrt{3}}{2}\,\frac{k}{I_1} = 0.634\,\frac{GJ_{\mathrm{P}}}{I_1 l}$$

$$\omega_{\mathrm{n2}}^2 = \frac{3+\sqrt{3}}{2}\,\frac{k}{I_1} = 2.366\,\frac{GJ_{\mathrm{P}}}{I_1 l}$$

求主振型，即振幅比为

$$\begin{cases} \mu_1 = \dfrac{A_2^{(1)}}{A_1^{(1)}} = \dfrac{k_1 + k_2 - I_1\omega_{\mathrm{n1}}^2}{k_2} = \dfrac{1+\sqrt{3}}{2} = 1.366 > 0 \\ \mu_2 = \dfrac{A_2^{(2)}}{A_1^{(2)}} = \dfrac{k_1 + k_2 - I_1\omega_{\mathrm{n2}}^2}{k_2} = \dfrac{1-\sqrt{3}}{2} = -0.366 < 0 \end{cases}$$

如果以横坐标表示系统中各点的静平衡位置，以纵坐标表示各点在振动过程中的振幅大小，则可作出振型图。其振型图如图 3-13 所示。

由图 3-13(b)可见，在振动过程中始终有一点不动，这点称为节点，这是二自由度振动系统和多自由度振动系统的一个特点。二自由度系统有一个节点，而 n 个自由度系统有$(n-1)$个节点。通过振型图可以形象地表示系统在振动程中各点的振动形态。

进一步来分析多自由度复杂系统的情况。图 3-14 是某一车辆底盘传动系统的扭转振

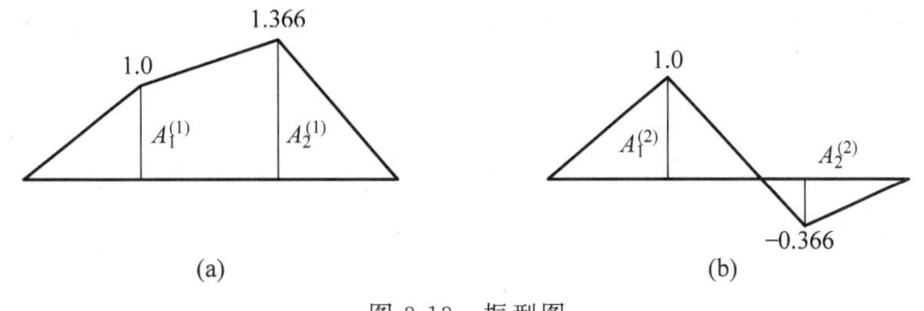

图 3-13　振型图

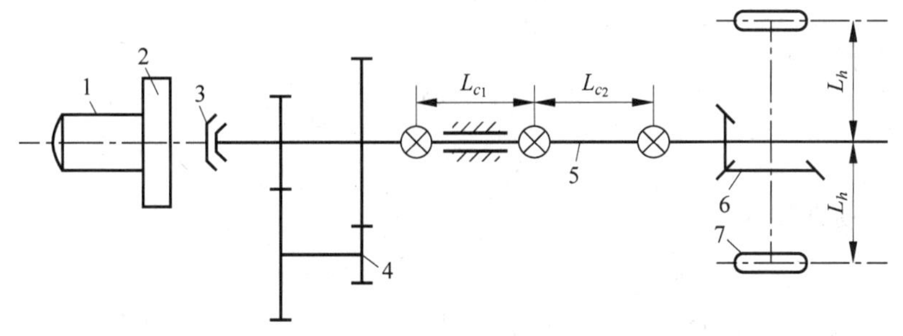

图 3-14　汽车底盘传动系统

1—发动机；2—飞轮；3—离合器；4—变速器；5—传动轴；6—锥齿轮；7—车轮

动，分析系统的固有频率和振型。

在模型建立过程中，可对系统进行简化。对于扭转振动，将系统转化到发动机轴，得到如图 3-15 所示的多自由度扭转系统，进一步建立如图 3-16 五质量多自由度系统模型。

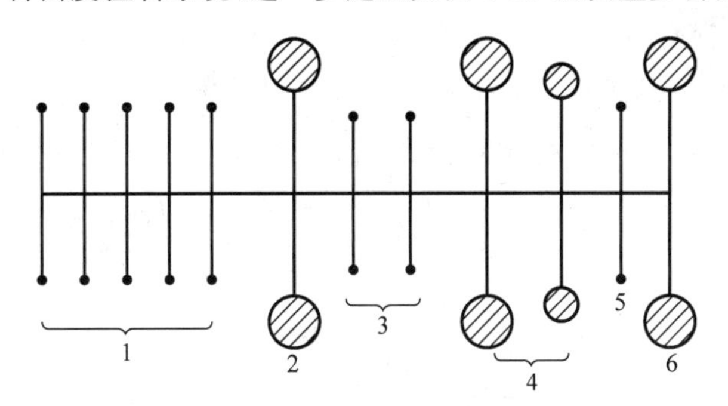

图 3-15　多自由度扭转系统

1—发动机；2—飞轮；3—离合器；4—齿轮箱；5—十字头；6—车轮系

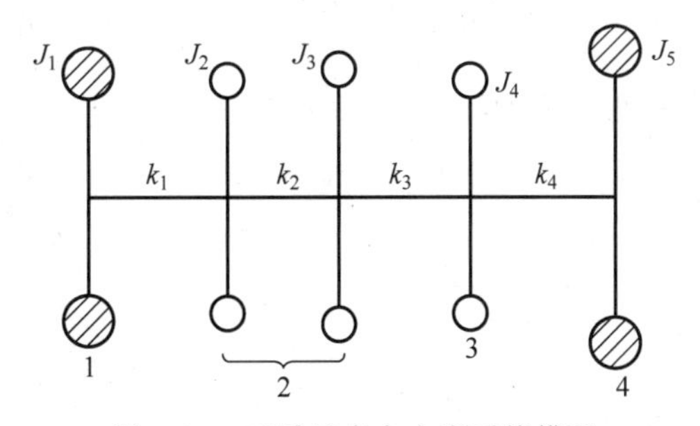

图 3-16　五质量多自由度系统模型

1—发动机和飞轮系统；2—齿轮箱；3—十字头；4—车轮系

对上述模型建立系统的运动方程。

$$\begin{cases} J_1\ddot{\theta}_1 + k_1(\theta_1 - \theta_2) = 0 \\ J_2\ddot{\theta}_2 - k_1(\theta_1 - \theta_2) + k_2(\theta_2 - \theta_3) = 0 \\ J_3\ddot{\theta}_3 - k_2(\theta_2 - \theta_3) + k_3(\theta_3 - \theta_4) = 0 \\ J_4\ddot{\theta}_4 - k_3(\theta_3 - \theta_4) + k_4(\theta_4 - \theta_5) = 0 \\ J_5\ddot{\theta}_5 - k_4(\theta_4 - \theta_5) = 0 \end{cases} \tag{3-69}$$

设系统的自由振动响应为

$$\theta_i = \theta_{mi}\sin(\omega_n t + \alpha), \quad i = 1,2,\cdots,5$$

$$\ddot{\theta}_i = -\omega_n^2\theta_{mi}\sin(\omega_n t + \alpha) = -\omega_n^2\theta_i$$

代入系统的运动方程，得

$$\begin{cases} -J_1\omega_n^2\theta_{m1} + k_1(\theta_{m1} - \theta_{m2}) = 0 \\ -J_2\omega_n^2\theta_{m2} - k_1(\theta_{m1} - \theta_{m2}) + k_2(\theta_{m2} - \theta_{m3}) = 0 \\ -J_3\omega_n^2\theta_{m3} - k_2(\theta_{m2} - \theta_{m3}) + k_3(\theta_{m3} - \theta_{m4}) = 0 \\ -J_4\omega_n^2\theta_{m4} - k_3(\theta_{m3} - \theta_{m4}) + k_4(\theta_{m4} - \theta_{m5}) = 0 \\ -J_5\omega_n^2\theta_{m5} - k_4(\theta_{m4} - \theta_{m5}) = 0 \end{cases} \tag{3-70}$$

写成矩阵形式为

$$\begin{bmatrix} k_1 - J_1\omega_n^2 & -k_1 & 0 & 0 & 0 \\ -k_1 & k_1 + k_2 - J_2\omega_n^2 & -k_2 & 0 & 0 \\ 0 & -k_2 & k_2 + k_3 - J_3\omega_n^2 & -k_3 & 0 \\ 0 & 0 & -k_3 & k_3 + k_4 - J_4\omega_n^2 & -k_4 \\ 0 & 0 & 0 & -k_4 & k_4 - J_5\omega_n^2 \end{bmatrix} \begin{bmatrix} \theta_{m1} \\ \theta_{m2} \\ \theta_{m3} \\ \theta_{m4} \\ \theta_{m5} \end{bmatrix} = \begin{bmatrix} 0 \\ 0 \\ 0 \\ 0 \\ 0 \end{bmatrix} \tag{3-71}$$

上式简写为

$$\boldsymbol{H\theta}_m = \boldsymbol{0} \tag{3-72}$$

上式方程有解的条件是系数行列式为零，即

$$|\boldsymbol{H}| = \begin{vmatrix} k_1 - J_1\omega_n^2 & -k_1 & 0 & 0 & 0 \\ -k_1 & k_1 + k_2 - J_2\omega_n^2 & -k_2 & 0 & 0 \\ 0 & -k_2 & k_2 + k_3 - J_3\omega_n^2 & -k_3 & 0 \\ 0 & 0 & -k_3 & k_3 + k_4 - J_4\omega_n^2 & -k_4 \\ 0 & 0 & 0 & -k_4 & k_4 - J_5\omega_n^2 \end{vmatrix} = 0 \tag{3-73}$$

展开行列式，得系统的 ω_n^2 的特征方程为

$$\omega_n^2(\omega_n^8 - a_1\omega_n^6 + a_2\omega_n^4 - a_3\omega_n^2 + a_4) = 0 \tag{3-74}$$

式中，a_1、a_2、a_3、a_4 是决定于振动系统的转动惯量的扭转刚度的系数，在上式中 $\omega_{n0}^2=0$ 表示系统的刚体运动，其余四阶固有频率

$$\omega_{n1}<\omega_{n2}<\omega_{n3}<\omega_{n4}$$

分别为系统的第一、第二、第三和第四阶固有频率。

按照振动分析方法，将系统的固有频率 ω_{ni} 代入公式，即得系统的主振型(模态向量)

$$\boldsymbol{\phi}_i=\begin{bmatrix}1\\ \theta_{m2}\\ \theta_{m1}\\ \theta_{m3}\\ \theta_{m1}\\ \theta_{m4}\\ \theta_{m1}\\ \theta_{m5}\\ \theta_{m1}\end{bmatrix},\quad i=1,2,3,4 \tag{3-75}$$

将系统的振型向量(模态向量)在图中标出，即可得到系统振型图(见图3-17)。

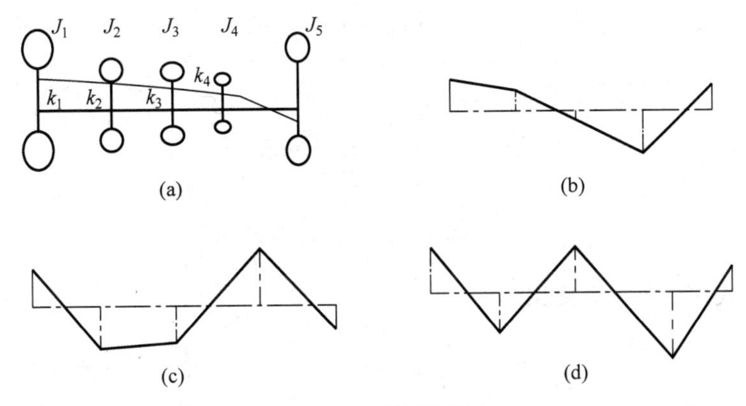

图3-17　系统振型图

3.5.3 双摆系统作微振动

以下来分析双摆系统作微振动的运动规律。图3-18为双摆系统振动。设弹簧的原长为 AB，杆长 l、杆重不计。定义弹簧作用的位置 a，如图3-18所示，建立系统的运动微分方程。

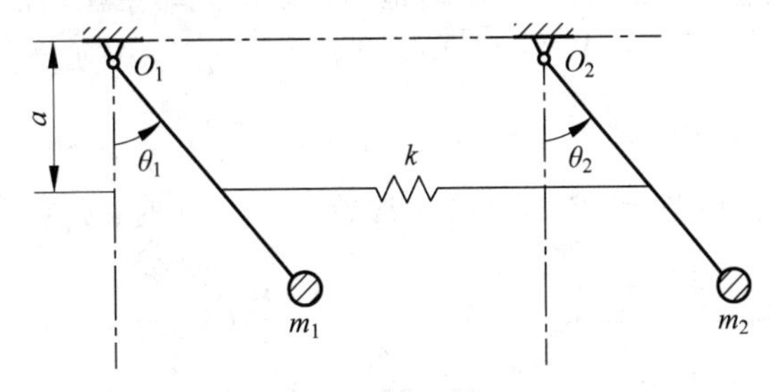

图3-18　双摆系统振动

首先，取 θ_1、θ_2 为广义坐标，m_1、m_2 的质量均为 m，对质量块 m_1、m_2 分别进行受力分析(解除弹簧约束，运用分离法分别建立力平衡式)，按定轴转动方程来建立系统的运动方程(设 $\theta_1>\theta_2$)。

$$\begin{cases} ml^2\ddot{\theta}_1 = ka^2(\sin\theta_2 - \sin\theta_1) - mgl\sin\theta_1 \\ ml^2\ddot{\theta}_2 = -ka^2(\sin\theta_2 - \sin\theta_1) - mgl\sin\theta_2 \end{cases} \tag{3-76}$$

当系统作微振动时

$$\begin{cases} ml^2\ddot{\theta}_1 + (ka^2 + mgl)\theta_1 - ka^2\theta_2 = 0 \\ ml^2\ddot{\theta}_2 + (ka^2 + mgl)\theta_2 - ka^2\theta_1 = 0 \end{cases} \tag{3-77}$$

写成矩阵的形式：

$$\begin{bmatrix} ml^2 & 0 \\ 0 & ml^2 \end{bmatrix}\begin{bmatrix} \ddot{\theta}_1 \\ \ddot{\theta}_2 \end{bmatrix} + \begin{bmatrix} ka^2 + mgl & -ka^2 \\ -ka^2 & mgl + ka^2 \end{bmatrix}\begin{bmatrix} \theta_1 \\ \theta_2 \end{bmatrix} = \begin{bmatrix} 0 \\ 0 \end{bmatrix} \tag{3-78}$$

求系统的固有频率和主振型。设 m_1,m_2 按同频率、同相位作简谐振动，即 $\theta_1 = A_1\sin(\omega t + \varphi)$，$\theta_2 = A_2\sin(\omega t + \varphi)$，代入方程得

$$\begin{bmatrix} ka^2 + mgl - ml^2\omega^2 & -ka^2 \\ -ka^2 & mgl + ka^2 - ml^2\omega^2 \end{bmatrix}\begin{bmatrix} A_1 \\ A_2 \end{bmatrix} = \begin{bmatrix} 0 \\ 0 \end{bmatrix} \tag{3-79}$$

有

$$\begin{vmatrix} ka^2 + mgl - ml^2\omega^2 & -ka^2 \\ -ka^2 & ka^2 + mgl - ml^2\omega^2 \end{vmatrix} = 0 \tag{3-80}$$

展开后得

$$\omega_{n1}^2 = \omega_1^2 = \frac{g}{l},\quad \omega_{n2}^2 = \omega_2^2 = \frac{g}{l} + \frac{2ka^2}{ml^2}$$

将 ω_{n1} 和 ω_{n2} 代入后求得振幅比：

$$\begin{cases} \mu_1 = \dfrac{A_2^{(1)}}{A_1^{(1)}} = \dfrac{ka^2}{ka^2 + mgl - ml^2\omega_{n1}^2} = 1 & \text{(第一阶主振型)} \\ \mu_2 = \dfrac{A_2^{(2)}}{A_1^{(2)}} = \dfrac{ka^2}{ka^2 + mgl - ml^2\omega_{n2}^2} = -1 & \text{(第二阶主振型)} \end{cases}$$

这说明：在第一阶主振动中，两摆像一个摆一样以相同振幅朝相同方向摆动，弹簧无变形。在第二阶主振动中，两摆以相同的振幅朝相反方向摆动，弹簧成周期性伸长和缩短，而中点不动。以下讨论一下系统在初始条件下的响应。

一般情况下，二自由度系统的自由振动是两种不同频率主振动的叠加，写成：

$$\begin{cases} \theta_1 = \theta_1^{(1)} + \theta_1^{(2)} = A_1^{(1)}\sin(\omega_{n1}t + \varphi_1) + A_1^{(2)}\sin(\omega_{n2}t + \varphi_2) \\ \theta_2 = \theta_2^{(1)} + \theta_2^{(2)} = \mu_1 A_1^{(1)}\sin(\omega_{n1}t + \varphi_1) + \mu_2 A_1^{(2)}\sin(\omega_{n2}t + \varphi_2) \end{cases}$$

将系统的初始条件代入上式，可求四个积分常数：令 $t=0$ 时：$\theta_1 = \theta_{10}$，$\theta_2 = \theta_{20}$，$\dot{\theta}_1 = \dot{\theta}_{10}$，$\dot{\theta}_2 = \dot{\theta}_{20}$，代入得

$$A_1^{(1)} = \frac{1}{2}\sqrt{(-\theta_{10} - \theta_{20})^2 + \frac{(-\dot{\theta}_{10} - \dot{\theta}_{20})^2}{\omega_{n1}^2}},\quad A_1^{(2)} = \frac{1}{2}\sqrt{(\theta_{10} - \theta_{20})^2 + \frac{(\dot{\theta}_{10} - \dot{\theta}_{20})^2}{\omega_{n2}^2}}$$

$$\varphi_1=\arctan\left[\frac{\omega_{n1}(-\theta_{10}-\theta_{20})}{-\dot{\theta}_{10}-\dot{\theta}_{20}}\right],\quad \varphi_2=\arctan\left[\frac{\omega_{n2}(\theta_{10}-\theta_{20})}{\dot{\theta}_{10}-\dot{\theta}_{20}}\right]$$

如果系统的初始条件为：$t=0,\theta_{10}=\theta_0,\theta_{20}=\dot{\theta}_{10}=\dot{\theta}_{20}=0$，则得到其响应为

$$\theta_1=\frac{\theta_0}{2}(\cos\omega_{n1}t+\cos\omega_{n2}t)$$

$$\theta_2=\frac{\theta_0}{2}(\cos\omega_{n1}t-\cos\omega_{n2}t)$$

写成：

$$\begin{cases}\theta_1=\theta_0\cos\left(\dfrac{\omega_{n2}-\omega_{n1}}{2}\right)t\cos\left(\dfrac{\omega_{n1}+\omega_{n2}}{2}\right)t\\ \theta_2=\theta_0\sin\left(\dfrac{\omega_{n2}-\omega_{n1}}{2}\right)t\sin\left(\dfrac{\omega_{n1}+\omega_{n2}}{2}\right)t\end{cases}$$

当弹簧刚度 K 很小时，由 ω_n 的计算公式可知 ω_{n1} 接近于 ω_{n2}，则 $\dfrac{\omega_{n2}-\omega_{n1}}{2}$ 很小，接近于一常数，则其振幅 $\theta_0\cos\left(\dfrac{\omega_{n2}-\omega_{n1}}{2}\right)t$ 和 $\theta_0\sin\left(\dfrac{\omega_{n2}-\omega_{n1}}{2}\right)t$ 按正弦和余弦规律缓慢变化，这两个同方向的简谐振动合成时，由于角频率的接近，合成后的振幅时而加强、时而减弱，如图 3-19 所示。这种现象称为“拍”现象。

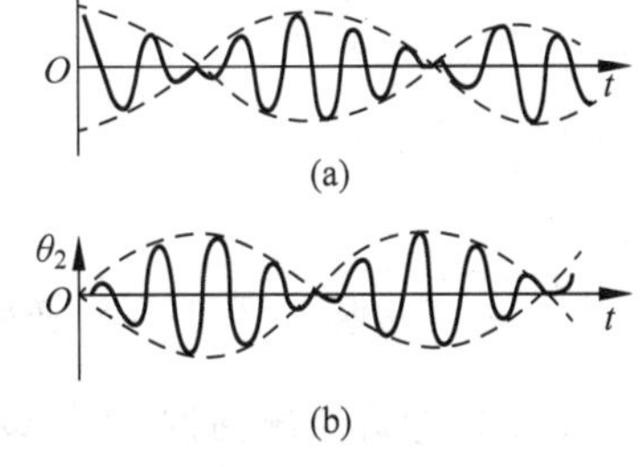

图 3-19　双摆振幅变化

3.6　起重机构多自由度系统模型方程

工程机械振动可分为自由振动、强迫振动等。

系统自由振动主要研究机械的固有频率、振型、内部动力等。其中，确定系统的固有频率和振型是动力学设计中最常用的方法。确定系统的固有频率，这对于合理设计机器，避免机器共振，防止机器损坏相当重要；同样的，确定系统的振型，找出机器的薄弱环节，可用于改进结构设计，避免机器故障发生。另外，系统的最大振幅是评价机器性能的依据。

另外，通过分析系统的阻尼特性，可用于减振、隔振设计等。实际上，由于阻尼的存在，工程机械的自由振动是衰减的振动，要注意确定机械强迫振动的振源以及强迫振动在实际工程中的应用等。多自由度系统的强迫振动也较为常见。

强迫振动是受到持续性的外激励作用下而产生的一种振动运动。系统的运动微分方程为常系数线性非齐次微分方程组，其齐次方程解是主振动的叠加，而非齐次特解则为稳定的等幅振动，系统按与激振力相同的频率作强迫振动。在系统上作用外激励力，需要求分析系统的响应、共振时振幅比以及幅频响应曲线等。某桥式起重机起升机构如图 3-20 所示。建立方程并求解，主要有以下几个步骤。

(1) 工况分析。首先要分析产生较大动载荷的工况，起升机构将吊重提起离地瞬时(起升工况)、满载下降制动瞬时，这两种工况是动载荷较大工况，因此，对于起升机构的动力学建模与动态计算，要针对这两种工况。

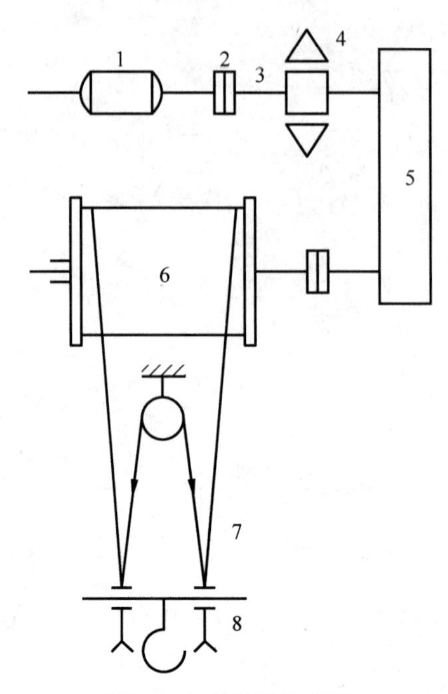

图 3-20　起升机构简图

1—电动机；2—联轴器；3—传动轴；4—制动轮；5—减速器；6—卷筒；7—定滑轮；8—取物装置

(2) 以起升工况为例,建立动力学模型。图 3-21 中,J_1 是电动机与联轴器的转动惯量,J_2 是制动轮与减速器等传动件的等效转动惯量,m_1 是桥梁结构在吊重悬挂点的转化质量与小车质量之和,m_2 是取物装置的质量,m_3 是吊重的质量,k_θ 是传动轴扭转刚度,k_1 是结构在吊重悬挂点的刚度,k_2 是滑轮组钢丝绳的刚度,k_3 是取物装置绳索的刚度,M_a 是电动机的驱动力矩,M_T 是制动器的制动力矩,M_f 是运动阻力矩。θ_1 是电机轴的转角,θ_2 是制

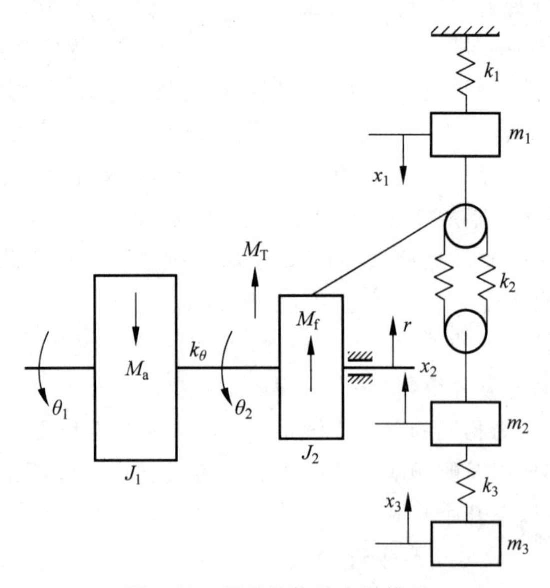

图 3-21　起升机构动力学模型

动器的转角，x_1 为 m_1 的线位移，x_2 是 m_2 的线位移，x_3 为 m_3 的线位移，r 是卷筒的半径，i 为减速器的减速比(传动比)，n 是滑轮组的倍率。

(3) 自由度分析。这是一个多自由度系统。当吊重离地后，系统是具有初速度的自由振动，初速度就是系统在重物离地瞬间的速度，系统是由 $J_1, J_2, m_1, m_2, k_\theta, k_1, k_2$ 起重机构系统与重物 m_3 和 k_3 组成，是五自由度振动系统(在吊重离地前，系统作强迫振动，系统是由 $J_1, J_2, m_1, m_2, k_\theta$、$k_1, k_2$ 构成，是四自由度振动系统)。

(4) 模型方程建立。取重物离地后的运动工况，建立系统的振动微分方程，如下：

$$J_1\ddot{\theta}_1 = M_a - k_\theta(\theta_1 - \theta_2)$$

$$J_2\ddot{\theta}_2 = k_\theta(\theta_1 - \theta_2) - M_f - k_2\left[\frac{\theta_2 r}{in} - (x_1 + x_2)\right]\frac{r}{in}$$

$$m_1\ddot{x}_1 = k_2\left[\frac{\theta_2 r}{in} - (x_1 + x_2)\right] - k_1 x_1$$

$$m_2\ddot{x}_2 = k_2\left[\frac{\theta_2 r}{in} - (x_1 + x_2)\right] - k_3(x_2 - x_3)$$

$$m_3\ddot{x}_3 = k_3(x_2 - x_3) - m_3 g$$

整理后得

$$J_1\ddot{\theta}_1 + k_\theta\theta_1 - k_\theta\theta_2 = M_a$$

$$J_2\ddot{\theta}_2 - k_\theta\theta_1 + \left(k_\theta + k_2\frac{r^2}{i^2n^2}\right)\theta_2 - \frac{k_2 r}{in}x_1 - \frac{k_2 r}{in}x_2 = -M_f$$

$$m_1\ddot{x}_1 - k_2\frac{r}{in}\theta_2 + (k_1 + k_2)x_1 + k_2 x_2 = 0$$

$$m_2\ddot{x}_2 - k_2\frac{r}{in}\theta_2 + k_2 x_1 + (k_2 + k_3)x_2 - k_3 x_3 = 0$$

$$m_3\ddot{x}_3 - k_3 x_2 + k_3 x_3 = -m_3 g$$

写成矩阵形式：

$$\boldsymbol{m}\ddot{\boldsymbol{x}} + \boldsymbol{K}\boldsymbol{x} = \boldsymbol{Q} \tag{3-81}$$

式中

$$\boldsymbol{m} = \begin{bmatrix} J_1 & & & & \\ & J_2 & & & \\ & & m_1 & & \\ & & & m_2 & \\ & & & & m_3 \end{bmatrix}$$

$$\boldsymbol{K} = \begin{bmatrix} k_\theta & -k_\theta & 0 & 0 & 0 \\ -k_\theta & k_\theta + k_2\dfrac{r^2}{i^2n^2} & -k_2\dfrac{r}{in} & -k_2\dfrac{r}{in} & 0 \\ 0 & -k_2\dfrac{r}{in} & k_1 + k_2 & k_2 & 0 \\ 0 & -k_2\dfrac{r}{in} & k_2 & k_2 + k_3 & -k_3 \\ 0 & 0 & 0 & -k_3 & k_3 \end{bmatrix}$$

$$\boldsymbol{Q}=[M_a-M_f,0,0,-m_3g]^T,\quad \dot{\boldsymbol{x}}=[\theta_1,\theta_2,x_1,x_2,x_3]^T$$

通过求解可得到起升机构动态响应,进而可求得各元件动载荷的大小。

(5) 系统的主动力矩和负载力矩的确定。主要含:M_a 是电动机的驱动力矩,M_T 是制动器的制动力矩,M_f 是运动阻力矩。对于三相异步电动机驱动力矩 M_a,可根据电动机特性曲线来确定,由于电动机的输出转矩在 M_{max} 和 M_{min} 之间变化,为了讨论问题方便,有时采用曲线的直线段,即驱动力矩与转速成线性关系。在定常阻力的作用下,电动机的驱动力矩,随时间的变化规律可根据定轴转动微分方程,用动力学分析而得到。关于制动力矩,起重机起升机构一般均采用电磁双块常闭式制动器,在整个制动过程中,制动力矩变化很小,可认为是常数,一般取制动力矩为额定载荷力矩(1.5~2)倍。关于运动阻力矩,在起升机构中,考虑各个传动环节上有能量损耗(摩擦阻力矩),一般按照起升机构传动效率来计算:

$$M_f=(1-\eta)M_z$$

式中,M_z 是定常阻力;η 为机构的传动效率,可取 0.85。

通过求解可得到起升机构动态响应,进而可求得各元件动载荷的大小。

3.7 多自由度系统振动方程的解耦

多自由度系统的振动方程的求解和二自由度系统并无本质区别。但当自由度数目增加以后,推导、分析和计算将变得十分繁杂。在二自由度系统的分析中虽然已经引入了矩阵表达,但毕竟还不一定必须使用矩阵来进行分析与计算。而在多自由度系统中,则要采用矩阵这个有力的工具将振动方程以简洁的方式来表达,并用线性代数和矩阵理论来进行分析。多自由度系统的计算量大,要使用计算机进行计算。以线性代数理论为基础,已经提供了成熟的数值计算方法。这些数值方法也都是以矩阵形式的表达为前提的。从理论角度来阐述多自由度振动系统的固有频率和振型等,涉及方程的解耦和求解问题。

3.7.1 坐标耦合与解耦理论

对于自由振动运动方程式可写成

$$\boldsymbol{M}\ddot{\boldsymbol{x}}+\boldsymbol{C}\dot{\boldsymbol{x}}+\boldsymbol{K}\boldsymbol{x}=\boldsymbol{0} \tag{3-82}$$

其质量矩阵 $\boldsymbol{M}=[m_{ij}]_{n\times n}$、阻尼矩阵 $\boldsymbol{C}=[c_{ij}]_{n\times n}$ 和刚度矩阵 $\boldsymbol{K}=[k_{ij}]_{n\times n}$,随坐标的选择不同而不同。在多自由度振动系统中,任意选择的一组坐标 $\boldsymbol{x}=[x_1,x_2,\cdots,x_n]^T$ 称为广义坐标。

1. 坐标耦合

如果在质量矩阵中,当 $i\neq j$ 时,$m_{ij}\neq 0$,即质量矩阵 $\boldsymbol{M}$ 不是对称阵时,则矩阵称为惯性耦合,惯性耦合也称动力耦合。如果在刚度矩阵 $\boldsymbol{K}$,当 $i\neq j$ 时,$k_{ij}\neq 0$,即刚度矩阵 $\boldsymbol{K}$ 不是对称阵时,矩阵称为弹性耦合,弹性耦合也称静力耦合。如果在阻尼矩阵 $\boldsymbol{C}$ 中,当 $i\neq j$ 时,$c_{ij}\neq 0$,即阻尼矩阵 $\boldsymbol{C}$ 不是对称阵时,矩阵称为黏性耦合。

2. 主坐标

无阻尼自由振动方程

$$\begin{bmatrix} m_{11} & m_{12} & \cdots & m_{1n} \\ m_{21} & m_{22} & \cdots & m_{2n} \\ \vdots & \vdots & & \vdots \\ m_{n1} & m_{n2} & \cdots & m_{nn} \end{bmatrix} \begin{bmatrix} \ddot{x}_1 \\ \ddot{x}_2 \\ \vdots \\ \ddot{x}_n \end{bmatrix} + \begin{bmatrix} k_{11} & k_{12} & \cdots & k_{1n} \\ k_{21} & k_{22} & \cdots & k_{2n} \\ \vdots & \vdots & & \vdots \\ k_{n1} & k_{n2} & \cdots & k_{nn} \end{bmatrix} \begin{bmatrix} x_1 \\ x_2 \\ \vdots \\ x_n \end{bmatrix} = \begin{bmatrix} 0 \\ 0 \\ \vdots \\ 0 \end{bmatrix} \tag{3-83}$$

或

$$\boldsymbol{M}\ddot{\boldsymbol{x}} + \boldsymbol{K}\boldsymbol{x} = \boldsymbol{0} \tag{3-84}$$

其中,质量矩阵 $\boldsymbol{M}$ 和刚度矩阵 $\boldsymbol{K}$ 中的元素与描述系统的坐标有关,一般不可能是对角阵,但可选择一组特殊的坐标,使运动方程中不出现耦合项,使质量矩阵 $\boldsymbol{M}$ 和刚度矩阵 $\boldsymbol{K}$ 都是对角阵,这样的特殊坐标就叫主坐标。当选择主坐标作为坐标时,得到的系统方程是非耦合的

$$\begin{bmatrix} m'_{11} & 0 & \cdots & 0 \\ 0 & m'_{22} & \cdots & 0 \\ \vdots & \vdots & & \vdots \\ 0 & 0 & \cdots & m'_{nn} \end{bmatrix} \begin{bmatrix} \ddot{p}_1 \\ \ddot{p}_2 \\ \vdots \\ \ddot{p}_n \end{bmatrix} + \begin{bmatrix} k'_{11} & 0 & \cdots & 0 \\ 0 & k'_{22} & \cdots & 0 \\ \vdots & \vdots & & \vdots \\ 0 & 0 & \cdots & k'_{nn} \end{bmatrix} \begin{bmatrix} p_1 \\ p_2 \\ \vdots \\ p_n \end{bmatrix} = \begin{bmatrix} 0 \\ 0 \\ \vdots \\ 0 \end{bmatrix} \tag{3-85}$$

这时每个方程可像单自由度系统

$$m'_{ii}\ddot{p}_i + k'_{ii}p_i = 0, \quad i = 1, 2, \cdots, n \tag{3-86}$$

进行求解,得振动系统的主坐标:

$$p_i(t) = A_i^{(i)} \sin(\omega_{ni}t + \alpha_i), \quad i = 1, 2, \cdots, n \tag{3-87}$$

式中,$\omega_{ni} = \sqrt{\dfrac{k}{m}}$ $(i=1,2,\cdots,n)$是系统的 i 阶固有频率,当振动系统处于某一模态时,系统就好像一个单自由度系统。

3.7.2 主振型的正交性和解耦方法

对于多自由度振动方程(3-83),设系统的响应为简谐振动,即

$$\boldsymbol{x} = \boldsymbol{A}\sin(\omega_n t + \alpha) \tag{3-88}$$

则系统的加速度为

$$\ddot{\boldsymbol{x}} = -\omega_n^2 \boldsymbol{x} \tag{3-89}$$

得系统的齐次方程为

$$(\boldsymbol{K} - \omega_n^2 \boldsymbol{M})\boldsymbol{A} = \boldsymbol{0} \tag{3-90}$$

改写为

$$\boldsymbol{K}\boldsymbol{A} = -\omega_n^2 \boldsymbol{M}\boldsymbol{A} \tag{3-91}$$

任意选择系统的两个不同的主振型 $\boldsymbol{A}^{(r)}$ 和 $\boldsymbol{A}^{(s)}$,其相应的固有频率为 ω_{nr} 和 ω_{ns},则满足:

$$\boldsymbol{K}\boldsymbol{A}^{(r)} = -\omega_{nr}^2 \boldsymbol{M}\boldsymbol{A}^{(r)} \tag{3-92}$$

$$\boldsymbol{K}\boldsymbol{A}^{(s)} = -\omega_{ns}^2 \boldsymbol{M}\boldsymbol{A}^{(s)} \tag{3-93}$$

式(3-92)前乘 $\boldsymbol{A}^{(s)\mathrm{T}}$

$$\boldsymbol{A}^{(s)\mathrm{T}}\boldsymbol{K}\boldsymbol{A}^{(r)} = -\omega_{nr}^2 \boldsymbol{A}^{(s)\mathrm{T}}\boldsymbol{M}\boldsymbol{A}^{(r)} \tag{3-94}$$

式(3-93)前乘 $\boldsymbol{A}^{(s)\mathrm{T}}$

$$A^{(r)\mathrm{T}}KA^{(s)}=-\omega_{ns}^2A^{(r)\mathrm{T}}MA^{(s)} \tag{3-95}$$

由于质量矩阵 $\boldsymbol{M}$ 和刚度矩阵 $\boldsymbol{K}$ 都是对称阵,因此有

$$M=M^{\mathrm{T}},\quad K=K^{\mathrm{T}} \tag{3-96}$$

将式(3-95)转置

$$A^{(s)\mathrm{T}}KA^{(r)}=-\omega_{ns}^2A^{(s)\mathrm{T}}MA^{(r)} \tag{3-97}$$

式(3-97)－式(3-94)得

$$(\omega_{nr}^2-\omega_{ns}^2)A^{(s)\mathrm{T}}MA^{(r)}=0 \tag{3-98}$$

当 $\omega_{nr}^2\neq\omega_{ns}^2$ 时,有

$$A^{(s)\mathrm{T}}MMA^{(r)}=0 \tag{3-99}$$

将式(3-98)代入式(3-94)得

$$\omega_{nr}^2\neq\omega_{ns}^2 \text{ 时}, A^{(s)\mathrm{T}}KA^{(r)}=0$$

因此有

$$\begin{cases} A^{(s)\mathrm{T}}MA^{(r)}=\begin{cases}0, & \omega_{ns}\neq\omega_{nr}\\ M_r, & \omega_{ns}=\omega_{nr}\end{cases} \\ A^{(s)\mathrm{T}}KA^{(r)}=\begin{cases}0, & \omega_{ns}\neq\omega_{nr}\\ K_r, & \omega_{ns}=\omega_{nr}\end{cases}\end{cases} \tag{3-100}$$

上式说明:任意两个不同振型和振型与质量矩阵 $\boldsymbol{M}$ 或刚度矩阵 $\boldsymbol{K}$ 的积为零。这就是主振型的正交性。主振型的正交性为方程的解耦提供了条件,对于自由度无阻尼自由振动方程为(3-84),将 $x=\phi p$ 代入方程:

$$M\phi\ddot{p}+K\phi p=0 \tag{3-101}$$

前乘 ϕ^{T}:

$$\phi^{\mathrm{T}}M\phi\ddot{p}+\phi^{\mathrm{T}}K\phi p=0 \tag{3-102}$$

得

$$M'\ddot{p}+K'p=0 \tag{3-103}$$

即

$$\begin{bmatrix} m'_{11} & 0 & \cdots & 0\\ 0 & m'_{22} & \cdots & 0\\ \vdots & \vdots & & \vdots\\ 0 & 0 & \cdots & m'_{nn}\end{bmatrix}\begin{bmatrix}\ddot{p}_1\\ \ddot{p}_2\\ \vdots\\ \ddot{p}_n\end{bmatrix}+\begin{bmatrix} k'_{11} & 0 & \cdots & 0\\ 0 & k'_{22} & \cdots & 0\\ \vdots & \vdots & & \vdots\\ 0 & 0 & \cdots & k'_{nn}\end{bmatrix}\begin{bmatrix}p_1\\ p_2\\ \vdots\\ p_n\end{bmatrix}=\begin{bmatrix}0\\ 0\\ \vdots\\ 0\end{bmatrix} \tag{3-104}$$

显然,式(3-104)是非耦合的。可写成单自由度系统形式:

$$m'_{ii}\ddot{p}_i+k'_{ii}p_i=0,\quad i=1,2,\cdots,n \tag{3-105}$$

一样求解,求得振动系统的主坐标:

$$p_i(t)=A_i^{(i)}\sin(\omega_{ni}t+\alpha_i)=(C_1\cos\omega_{ni}t+C_2\sin\omega_{ni}t),\quad i=1,2,\cdots,n \tag{3-106}$$

式中,$\omega_{ni}=\sqrt{\dfrac{k}{m}}\,(i=1,2,\cdots,n)$ 是系统的固有频率。

再将主坐标 $p_i(t)$ 代回式 $x=\phi p$,即得在广义坐标下的响应 x,这就是模态分析法的基

本思想。在上述分析的基础上,可以得到多自由度振动系统在动力响应下的实模态分析法。总之,用模态分析法求解多自由度振动系统的步骤如下:

(1) 由频率方程求系统固有频率;

(2) 求系统的模态向量和模态矩阵;

(3) 利用主振型的正交性求质量矩阵、阻尼矩阵和刚度矩阵的对角阵;

(4) 按照单自由度系统方法求系统的主坐标;

(5) 坐标转换得广义坐标下的响应,即由坐标转换关系,求原广义坐标下的响应。

思　考　题

3.1　如何建立多自由度闭链系统的动力学模型?

3.2　试述建立多自由度振动系统微分方程的方法。

3.3　如何分析求解多自由度振动系统的固有频率、主振型?

3.4　何谓主振型的正交性?多自由度系统振动方程如何进行解耦?

第4章　机器人系统动力学模型及控制

4.1　概　　述

近年来，随着科学技术的进步，机器人的研发及其应用在全球范围内开展得如火如荼。目前，我国工业机器人的年装机数量世界领先，并且还在以较快的速度增长。机器人产业融合了机械、电子以及计算机等多个领域的最新技术。

机器人在工业自动化领域，主要是在生产线上完成一些特定的工序或复杂动作，如喷漆、焊接、搬运、装配等工作。随着人们对于资源、能源和环境的探测需求增长及日益严格的要求，许多研究机构或厂商研制出应用于空间探索、海底作业、特殊环境要求的特种机器人。由于机器人学与控制技术、计算机技术的进一步融合，现代机器人可通过软件的改变实现动作程序的变化，机器人功能变化多样，各类拟人机器人、仿生机器人、康复训练机器人、智能服务机器人等不断涌现。

机器人向高精度、高速和智能化方向发展，机器人动力学设计及控制方面的要求越来越高，机器人的动力学建模、仿真及控制尤为重要。

4.2　机器人系统结构特性分析

4.2.1　机器人的基本组成

一个机器人整体可看作是一个机电一体化系统。整个系统则包括机械臂（关节及连杆组成的集合）、外部动力源、手臂末端工具，另外还有一些传感器、计算机接口以及控制计算机。此外，编程软件也可看作是整个系统的一个组成部分，机器人的编程和控制方式对其性能有着重要影响。图4-1为机器人系统的基本组成。

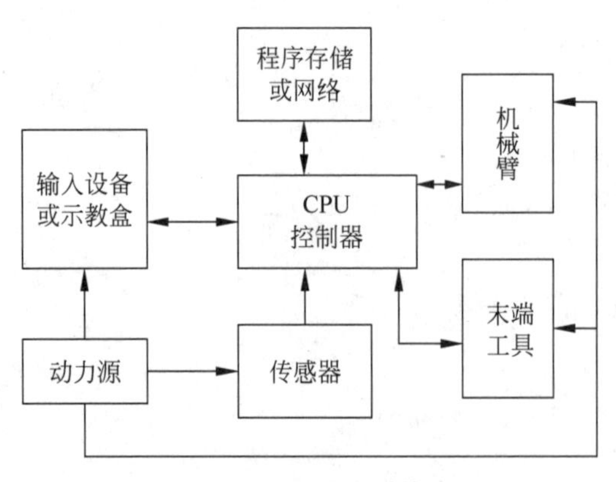

图4-1　机器人系统

机械臂和末端工具或机械手爪是执行机构或操作机，一般为多自由度的空间机构，是机器人完成工作任务的具体载体。

要实现执行机构的特定运动离不开动力源或驱动装置。一般的驱动装置包括驱动器、传动装置。大多数机器人依靠电力、液压或者气动方式进行驱动。通常，机器人的腰部、两臂和腕部都各自有独立的驱动装置。液压驱动器的响应速度以及扭矩性能均较优，因此主要用于提取重物，液压机器人的缺点是可能泄漏液压油，存在密封问题，而且外围设备(如液压泵)较多。由直流或交流电机驱动的机器人使用越来越多。气动机器人成本低，但难以实现精确控制。常用的传动装置有谐波减速器和螺旋机构等。从设计学的角度看，驱动装置和执行机构往往连成一体，若驱动器安装在执行机构两个杆件相连接的关节处，也称为关节驱动器，或简称关节。

计算机控制器是为了让机器人按照控制要求实现动作。伺服控制类型机器人，一般由控制计算机和伺服控制器组成。控制计算机根据作业要求完成编程，并发出指令控制各伺服控制器，使各构件协调运动。伺服类型机器人采用闭环计算机控制来决定运动，具有多功能、可编程器件。例如，“点到点”伺服机器人可以通过示教盒来设置一系列离散点，然后对这些点进行存储和回放再现。“连续路径”伺服机器人末端执行器的整个路径都可被控制，可以通过示教让机器人末端执行器来跟踪两个点之间的直线段、特定轮廓曲线等，此外，可以控制末端执行器的速度或加速度。在工程实际中，机器人的参考轨迹一旦确定，就需要由控制系统来实现轨迹跟踪任务，需要处理跟踪与抗扰等多方面问题，一方面要确定跟随或跟踪参考轨迹所需要的控制输入，另一方面要同时抵抗由于动态效应(如摩擦和噪声等因素)引起的干扰。因此，要对驱动器和传动系统的动力学进行建模，同时开展关节控制算法的设计。图 4-2 给出了一个单输入/单输出反馈控制系统的框图。

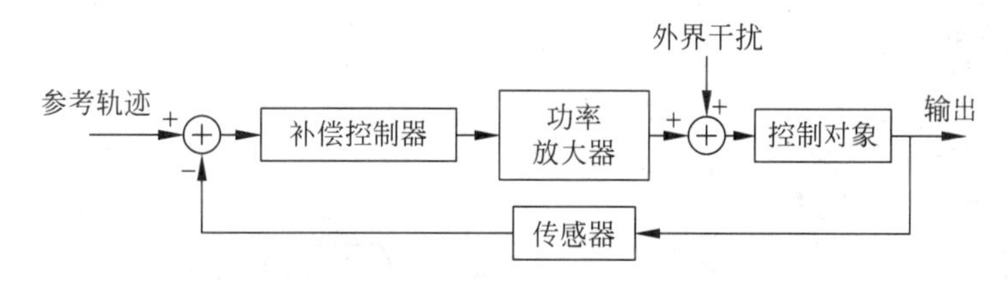

图 4-2　单输入/单输出反馈控制系统的基本结构

图 4-2 中，补偿控制器计算出参考信号与通过测量得到的输出信号之间的偏差，然后生成一个信号输出到被控对象中，该信号的设计目标是使得偏差趋近为零，即使是在有外界干扰的情况下，也要实现对控制对象的精确控制，可采用基于频域和状态空间技术的机器人控制方法。

在机器人的体系组成中，传感器也十分重要。为了实现机器人的各种动作控制，需要各类传感器来获得信息，同外部环境进行交互、感知自身的姿态，形成机器人的闭环控制，机器人可以对自身的姿态速度、加速度等进行控制，而且可以进行任务规划、路径规划以完成既定的工作任务和工作目标。按照感知信息对于机器人的作用，则可以划分为内部传感器和外部传感器两类。内部传感器主要感知机器人自身参数，如位移、速度、加速度等；外部传感器则主要感知障碍物位置、形状、颜色、距离、接触受力等。

4.2.2　本体结构与机械臂特性

机器人机械结构的功能是实现机器人的运动机能，完成规定的各种操作，包含手臂、手腕、手爪和行走机构等部分。机器人的"身躯"一般是粗大的基座，或称机架。机械手用于搬运物品、装卸材料、组装零件等，或握住不同的工具。使用机械手处理高温、有毒产品的时候，它比人手更能适应工作。机械手技术发展很快，越来越灵巧的机械手能完成握笔写字、弹奏乐器、抓起鸡蛋甚至穿针引线等精细工作。要控制手部的动作可能需要更多的自由度，需要其他部件的配合和支撑。

如图 4-3 所示的机器人执行机构（又称操作机），为一多自由度的空间机构，是机器人完成工作任务的具体载体。

图 4-3 所示为串联式机器人操作机，从机构学角度看属于多自由度的空间开链机构。其中 1 为机座，与地基等相固定，机座和腰部 2 之间形成一个一回转运动副，即腰部 2 在电动机驱动下可绕铅垂轴线转动。臂部 3 可由两个杆件组成，均由独立的驱动装置驱动。由于腰部和臂部的运动，腕部 4 的结构一般为一复杂的轮系，具有三个自由度。这样，手部 5 即获得了在空间的六个自由度，理论上可实现任意的位置和姿态。手部 5 也称为末端执行器，依据视机器人工作任务的不同，末端执行器往往设计成各种夹持器、电焊枪、油漆喷头或装配工具等。

在机械臂和末端执行器之间的运动链中的关节被称为手腕，手腕关节几乎全都是转动关节。在机械臂设计中越来越普遍的一种做法是使用球形手腕。图 4-4 展示了一种球形手腕的旋转轴线。

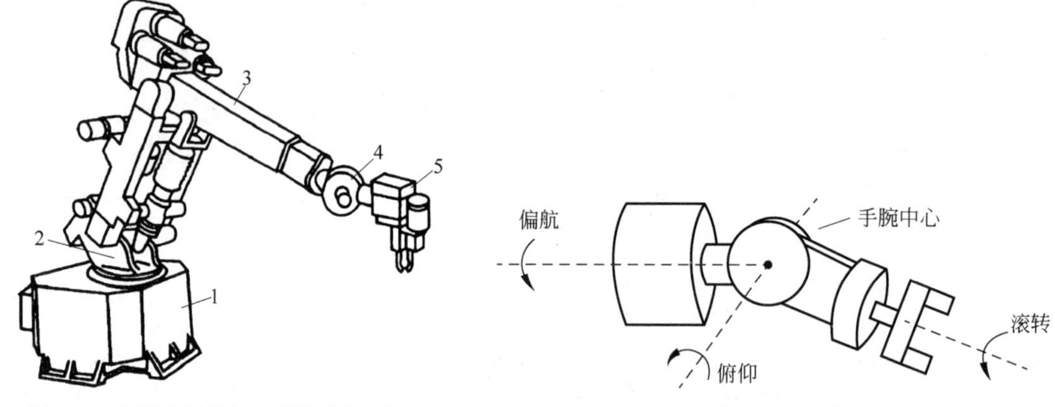

图 4-3　串联式机器人操作机（机械结构）　　　　图 4-4　球形手腕的旋转轴线

球形手腕的旋转轴线通常可被表示为滚转（roll）、俯仰（pitch）和偏航（yaw）；并且这些轴线相交于同一点，该交点称为腕心。

在实践中，使用平动和转动关节来搭建运动链的方式也多种多样。如图 4-5 所示为几种配置设计方案。

在机器人方案中，用 R 来指代转动关节、P 来指代平动关节。例如，一个带有三个转动关节的三连杆机械臂就被称为 RRR 型机械臂。关节型机械臂也称为仿人机械臂，三个连杆分别被称为机体、上臂和前臂。球坐标机械臂（RRP）是通过采用平动关节取代关节型机

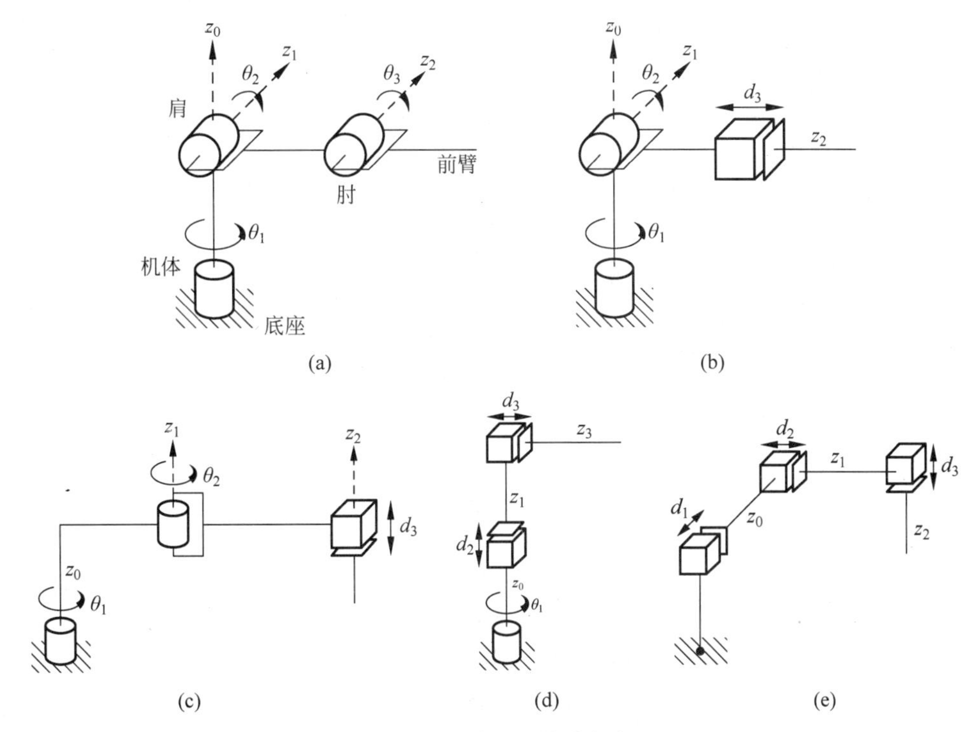

图 4-5　几种配置设计方案

(a) 关节型机械臂(RRR)；(b) 球坐标机械臂(RRP)；(c) SCARA 型机械臂(RRP)；
(d) 圆柱型机械臂；(e) 笛卡儿型机械臂(PPP)

械臂的第三个关节即肘关节。SCARA 机械臂又称为选择顺应性装配机械臂，适合从事装配操作。SCARA 机器人具有转动-转动-平动结构(RRP)。圆柱型机械臂的第一个转动关节产生一个围绕基座的旋转运动，而第二和第三关节为平动式。笛卡儿型机械臂(PPP)称为直角坐标型，机械臂的前三个关节为平动式，笛卡儿型机械臂适用于台式组装应用，也可当作龙门式机器人，用于材料或货物的转移。

关节型机械臂以较小的占地空间提供了较大的工作空间，关节型机械臂的工作空间如图 4-6 所示。笛卡儿型机械臂所对应的工作空间，如图 4-7 所示。工作空间的本质特征决定了不同形式机器人的应用场合。

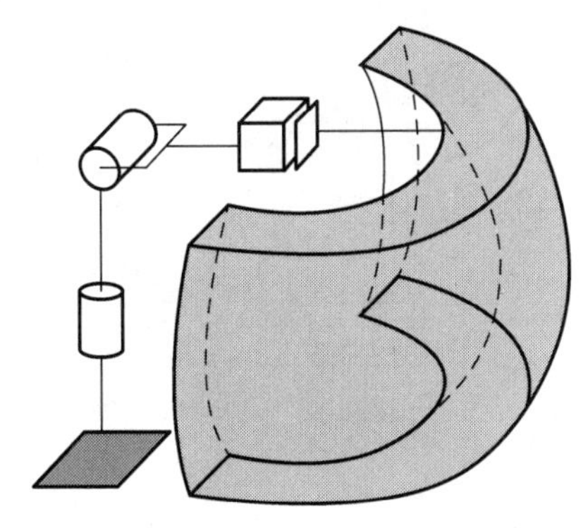

图 4-6　关节型机械臂的工作空间

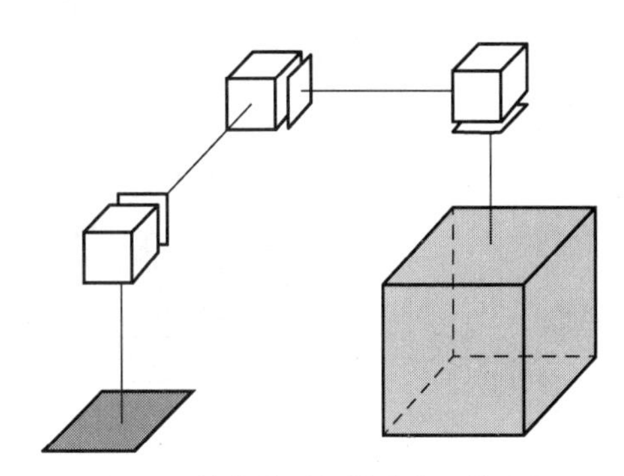

图 4-7　笛卡儿型机械臂的工作空间

在机器人系统中，机械臂是由一系列通过关节(joint)相连的连杆(link)组成的一个运动链。图 4-8～图 4-9 展示了几款手臂的结构设计。这些具体结构参数对动力学建模、简化方法确定十分重要。其中，图 4-8 为双导向杆手臂的伸缩结构，其往复直线运动可采用液压或气压驱动的活塞液压(气)缸。

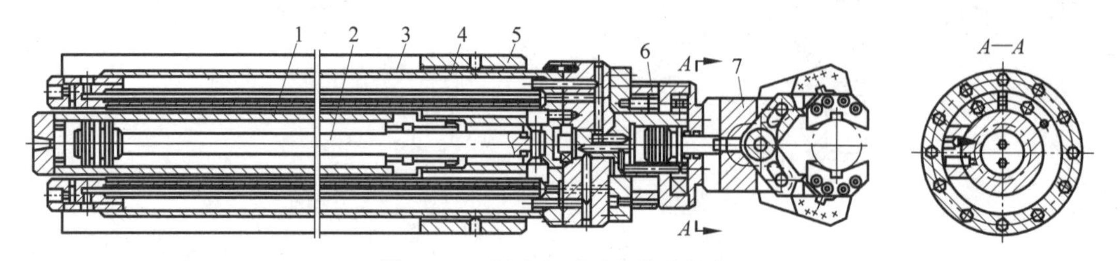

图 4-8　双导向杆手臂的伸缩结构

1—双作用液压缸；2—活塞杆；3—导向杆；4—导向套；5—支承座；6—手腕；7—手部

图 4-9 为手臂升降和回转运动的结构。其活塞液压缸两腔分别进压力油，推动齿条 7 作往复移动(见 A—A 剖面)，与齿条 7 啮合的齿轮 4 即作往复回转运动。由于齿轮 4、手臂升降缸体 2、连接板 8 均用螺钉连接成一体，连接板又与手臂固连，从而实现手臂的回转运动。升降液压缸的活塞杆通过连接盖 5 与机座 6 连接而固定不动，手臂升降缸体 2 沿导向套 3 作上下移动，因升降液压缸外部装有导向套，故刚性好、传动平稳。

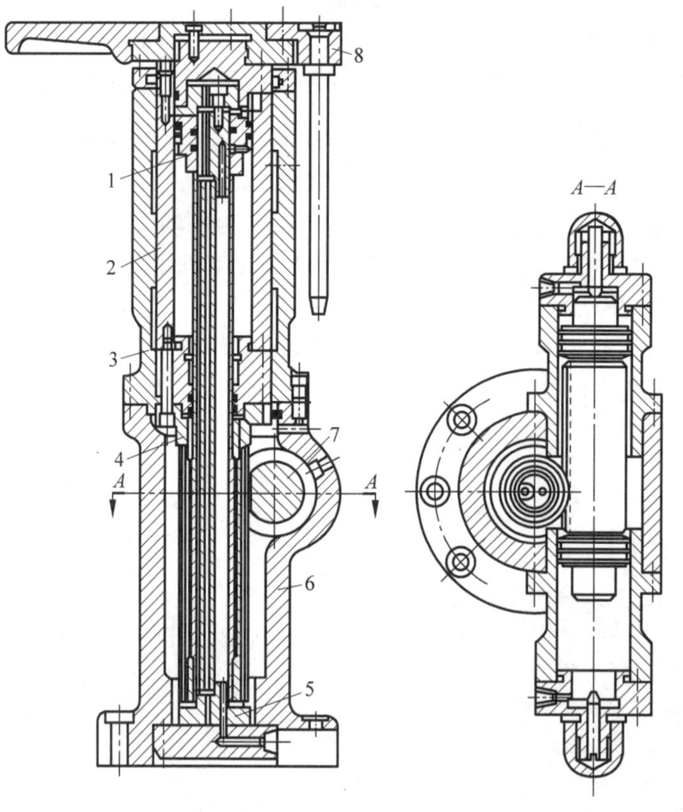

图 4-9　手臂升降和回转运动的结构

1—活塞杆；2—手臂升降缸体；3—导向套；4—齿轮；5—连接盖；6—机座；7—齿条；8—连接板

由上述的分析可知，机器人手臂的各种运动通常由驱动机构和各种传动机构来实现。它不仅承受被抓取工件的重量，而且承受自身的重量，其质量较大，整个手臂在运动中转动惯量也大。为防止臂部在运动过程中产生过大的变形，设计时要认真计算弯曲刚度和扭转刚度，另外，由于臂部运动速度越高，惯性力引起的定位前的冲击也就越大，必须要解决好动力学性能提升问题，要实现运动平稳、定位精度高，动力学建模及控制是重点工作。

4.2.3　机器人的复合运动与应用举例

为了机器人运动学方程建立，对于机器人复合运动的形成需加以研究。手臂复合运动机构多用于动作程序设定的专用机器人，它不仅使机器人的运动结构简单，而且可简化驱动系统和控制系统，并使机器人传动准确、工作可靠。除手臂自身(上臂与前臂)实现复合运动外，手腕和手臂的运动也可能组成复合运动。这些复合运动可以由动力部件(如活塞缸、回转缸、齿条活塞缸等)与常用机构(如凹槽机构、连杆机构、齿轮机构等)按末端运动轨迹或手执行机构的工作要求进行组合。图4-10为铰接活塞缸实现手臂俯仰的结构示意图，图4-11为具有移动关节和转动关节的工业机器人。

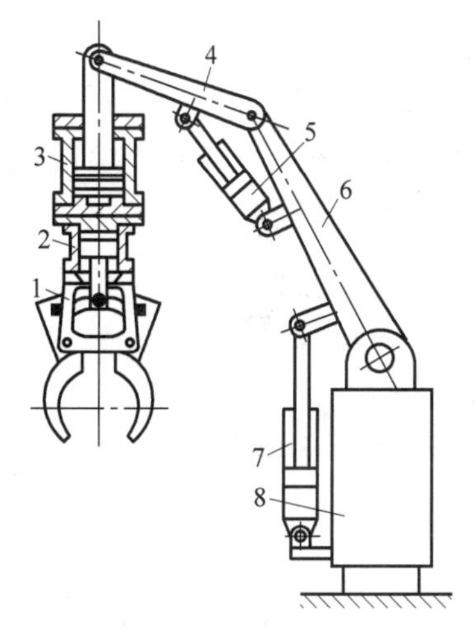

图4-10　铰接活塞缸实现手臂俯仰的结构示意图
1—手臂；2—夹紧缸；3—升降缸；4—小臂；5,7—铰接活塞缸；6—大臂；8—立柱

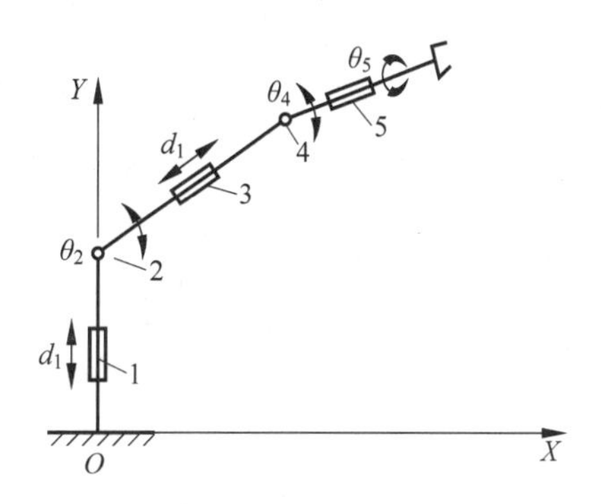

图4-11　具有移动关节和转动关节的工业机器人
1,3—移动关节；2,4,5—转动关节

有了这种复合运动功能才能有效实现典型动作，并和视觉功能结合应用。图4-12为焊接机器人用视觉系统进行作业定位，图4-13为视觉系统导引机器人进行喷涂作业，图4-14为搬运机器人用视觉系统导引电磁吸盘抓取工件，图4-15为营救机器人的系统结构。

在生物生产机器人中，复合运动对于适应作物种类种植模式、生长特点的多样性起到重要作用，在封闭结构的生物生产系统中，作业结构固定，进行播种、移栽、嫁接、挤奶、喷药等作业时，要求机械手有合适的自由度，能够适应这有限的空间。图4-16为一种生物生产机器人。

因此，一种典型的多关节型工业机器人，往往有腰旋转、肩旋转和肘旋转等3个基本轴，加上手腕的回转、弯曲和旋转轴，构成多自由度的开链式机构。该类机器人具有速度快、精度高、灵活精巧、编程控制容易等特点，它在工业生产、实验室研究中得到了广泛的应用。如图4-17所示为一种PUMA机器人的外形结构。

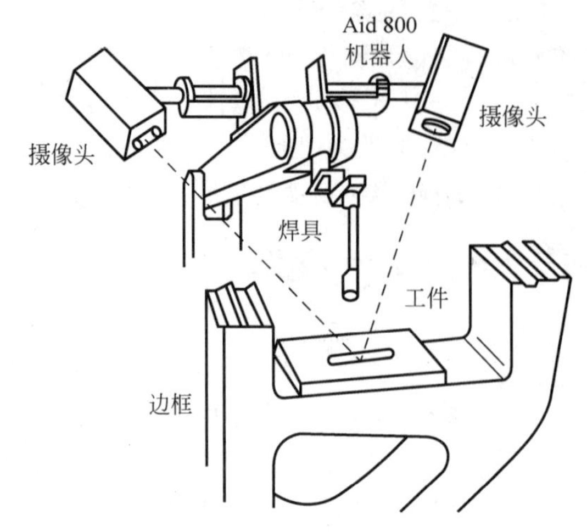

图 4-12 焊接机器人用视觉系统进行作业定位

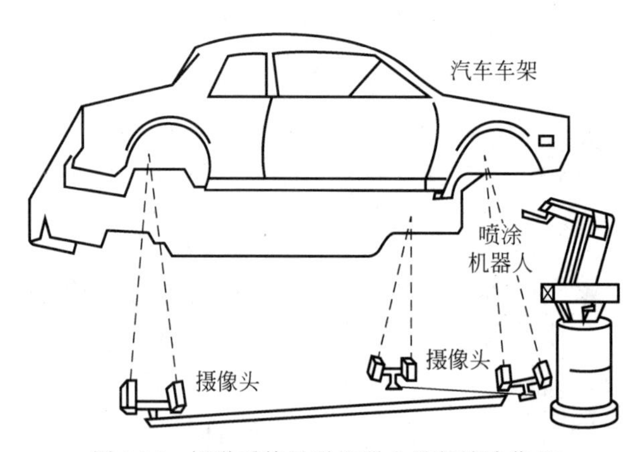

图 4-13 视觉系统导引机器人进行喷涂作业

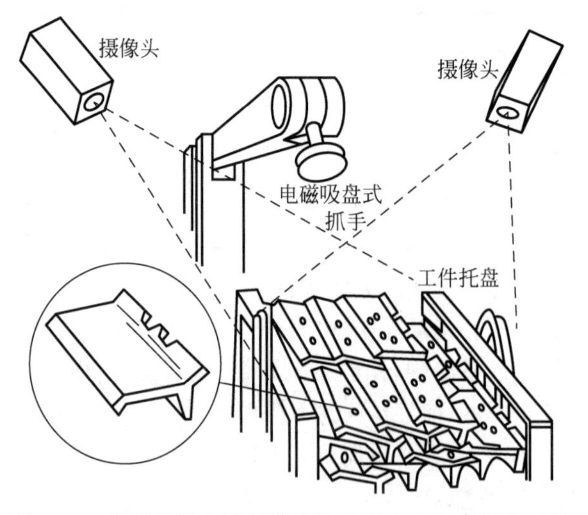

图 4-14 搬运机器人用视觉系统导引电磁吸盘抓取工件

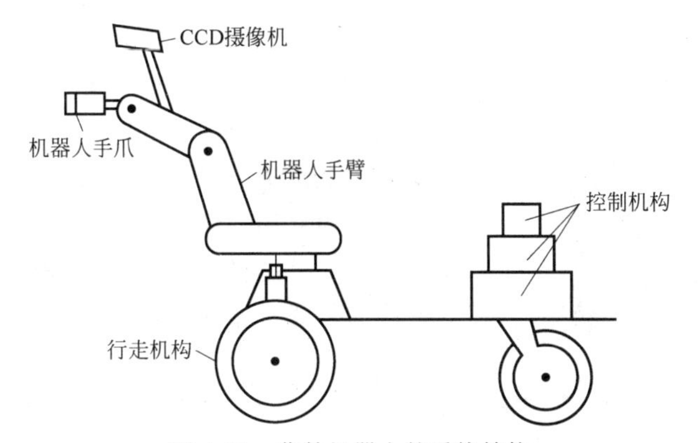

图 4-15　营救机器人的系统结构

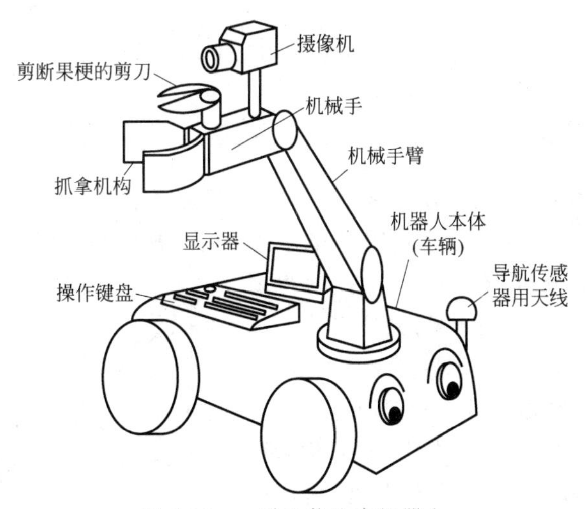

图 4-16　一种生物生产机器人

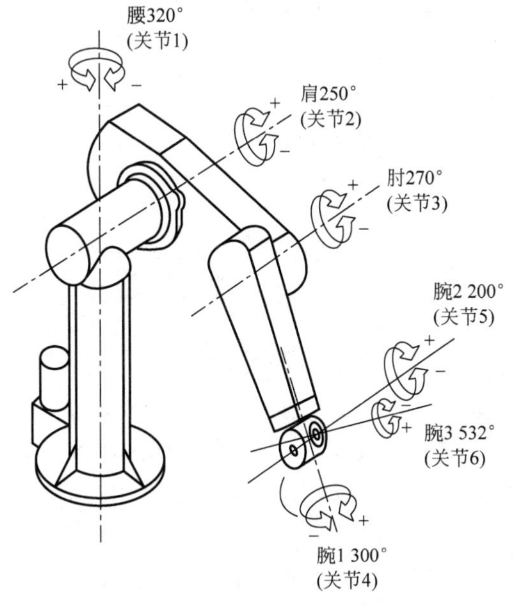

图 4-17　PUMA 机器人的外形结构

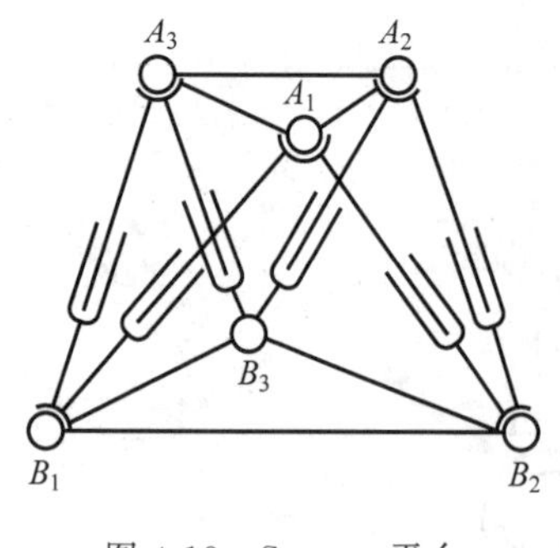

图 4-18　Stewart 平台

需要注意的是，除了多自由度空间开链机构的串联机器人外，还有并联机器人类型。如图 4-18 所示的机构被称为 Stewart 平台，它由动平台 $A_1A_2A_3$、静平台 $B_1B_2B_3$ 和 6 条相同的支链组成。6 个支链的运动可使动平台获得沿 3 个坐标轴方向的移动和绕 3 个坐标轴方向的转动。Stewart 平台是一种空间闭链机构。以空间闭链机构作为执行机构的机器人称为并联机器人，其刚度和承载能力较强，工作空间小，在飞行模拟器、机床等方面得到应用。

并联机器人的运动描述、分析方法与串联式机器人有很大的区别。

4.3　机器人运动学方程

4.3.1　运动学分析过程

机器人运动学分析包含：建立坐标系；描述机器人构件的位置和姿态；得出不同坐标间的坐标变换关系；分析运动学正问题和运动学逆问题两种类型。下面以一个二杆二自由度机械手的运动学分析为例说明。首先，也要建立两组坐标，分别为手部坐标和关节坐标。如图 4-19 所示的二杆二自由度机械手。

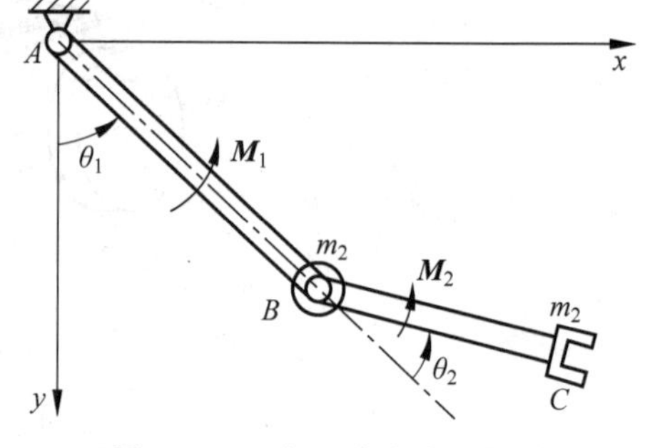

图 4-19　二杆二自由度机械手

对于要进行实际操作工作的手部 C，其运动可由手部 C 的直角坐标 x、y 来描述，x、y 称为手部坐标。而手部的运动取决于两个电机（对应的转矩为 M_1，M_2）的运动，两个电机的运动可以用坐标 θ_1、θ_2 来描述，电机均安装在关节处，故 θ_1、θ_2 称为机械手的关节坐标。

手部坐标和关节坐标之间的关系如式(4-1)，手部速度和关节速度之间关系如式(4-2)。

$$\begin{cases} x_C = l_1\sin\theta_1 + l_2\sin(\theta_1+\theta_2) \\ y_C = l_1\cos\theta_1 + l_2\cos(\theta_1+\theta_2) \end{cases} \tag{4-1}$$

$$\begin{cases} \dot{x}_C = \dot{\theta}_1 l_1\cos\theta_1 + (\dot{\theta}_1+\dot{\theta}_2)l_2\cos(\theta_1+\theta_2) \\ \dot{y}_C = -\dot{\theta}_1 l_1\sin\theta_1 - (\dot{\theta}_1+\dot{\theta}_2)l_2\sin(\theta_1+\theta_2) \end{cases} \tag{4-2}$$

在自由度更多的机器人操作机中也存在上述两组坐标。如图 4-3 所示的六自由度机器人，其手部的位置和姿态（一般称为位姿）要用 6 个坐标来描述。该机器人手部在笛卡儿坐标系中有三个坐标(x_P，y_P，z_P)，还有焊枪（设为末端点 P）与三个坐标轴所成的三个夹角 θ_x、θ_y、θ_z 形成一组手部的位姿坐标，如图 4-20 所示。这组手部位姿坐标用来描述机器人手部的位置和姿态。根据手部要完成的工作，需给出这 6 个坐标随时间的变化规律。由于手部的运动是靠各杆件的协调运动实现，而各杆件是靠一组驱动器来驱动的。每个驱动器用一个关节坐标来描述。这里有 6 个驱动器，因而有 6 个关节坐标，在手部的位姿坐标和机器人关节坐标之间也存在着确定的几何关系。因此，对六自由度机器人来说，这两组坐标间的坐标变换关系要比二杆机械手的复杂得多，需要专门加以研究。

从理论上说，机器人运动学有运动学正问题和运动学逆问题两种类型。已知关节坐标、相应的速度和加速度，求解手部的运动，即手部坐标和相应的速度、加速度，这种分析称为运动学正问题或运动学正解。反之，已知所要求的手部坐标、相应的速度和加速度，求解关节坐标和相应的速度、加速度，这种分析称为运动学逆问题或运动学反解。

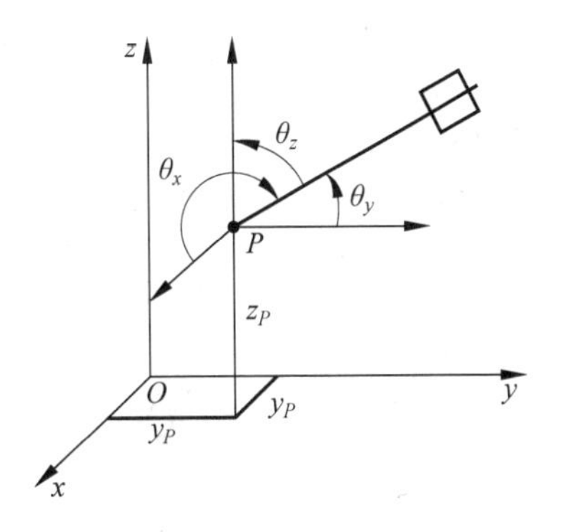

图 4-20　手部位姿坐标

另外，还有对机器人的运动进行轨迹规划问题。轨迹规划就是对末端执行器在工作流程中的位姿变化以及变化的速度和加速度进行人为的设定。有些情况下，运动学的正解是存在且唯一的，而运动学反解则必须注意解的存在性和多值性的问题。对一定的机器人结构，其机器人手部只能到达一定的空间(称为工作空间)；而在工作空间中的某一点，虽然手部能到达这一点(x,y,z)，但却不一定能具有所要求的一个姿态$(\theta_x,\theta_y,\theta_z)$。因而，对某一指定的手部位姿，则不一定存在相应的运动学反解。

4.3.2　机械臂正向运动学

正向运动学是给定机器人各关节角度等，要求计算机器人操作臂的位置与姿态问题，即实现由关节空间到笛卡儿空间的变换。

1. 姿态与变换矩阵

关于机械手运动姿态与变换矩阵，1955 年，Denavit 和 Hartenberg 提出一种用连杆的参数描述机构的运动关系，发展为一种机器人的通用描述方法，简称 D-H(Denavit-Hartenberg)表示法。D-H 表示法描述相邻杆件间平移和转动的关系，是一种矩阵分析方法。它在每个杆件处的杆件坐标系建立 4×4 齐次变换矩阵，用来表示此关节处的杆件与前一个杆件坐标系的关系。通过逐次变换，用手部坐标系表示的末端执行器可被变换，并用基坐标系表示。建立两个相邻连杆之间的空间关系，把正向运动学计算问题化简为齐次变换矩阵的运算问题。

如已知机器人连杆的几何参数，给定机器人末端执行器相对于参考坐标系的期望位置和姿态，可采用代数法、几何法和迭代法等方法求机器人能够达到预期位姿的关节变量(逆向运动学问题)。

选择如图 4-21 所示的坐标定义法，明确每个杆上附着的坐标系、D-H 参数和关节变量。

首先，是关于轴、轴夹角的定义；其次，是关于杆长、杆距离的定义。表 4-1 为 D-H 参数定义方法。

事实上，机器人每个杆件结构参数包含杆长、两轴之间的夹角，决定相邻杆件相对位置的关节参数是连杆距离 d_i。

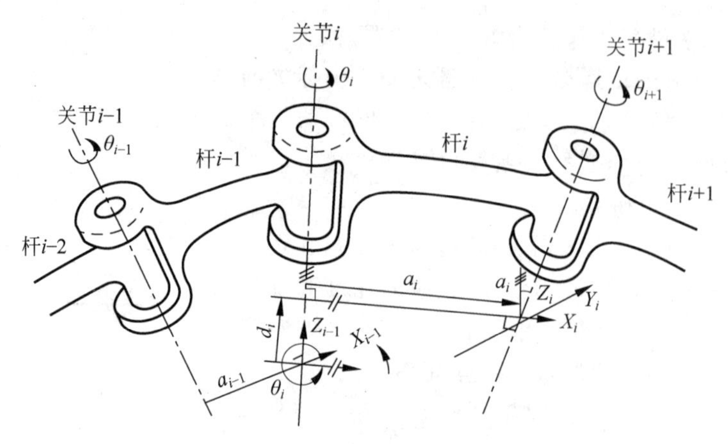

图 4-21 连杆坐标系定义法及 D-H 参数

表 4-1 D-H 参数定义方法

序　　号	名　　称	定义与参数
1	Z_i 轴	沿关节 $i+1$ 的运动轴为 Z_i 轴
2	X_i 轴	X_i 轴是沿 Z_i 和 Z_{i-1} 的公法线，指向离开 Z_{i-1} 轴的方向
3	Y_i 轴	Y_i 轴的方向是按使 $X_iY_iZ_i$ 构成右手直角坐标系来确定
4	连杆扭角 α_i	Z_{i-1} 和 Z_i 两轴之间的夹角为 α_i，以绕 X_i 轴右旋为正，α_i 称为连杆 i 的扭转角
5	两连杆夹角 θ_i	X_{i-1} 和 X_i 两轴之间的夹角为 θ_i，以绕 Z_{i-1} 轴右旋为正
6	连杆长度 a_i	公法线长度 a_i 是 Z_{i-1} 和 Z_i 两轴间的最小距离，a_i 定义为第 i 杆的长度
7	连杆距离 d_i	两公法线 a_{i-1} 和 a_i 之间的距离称为连杆距离 d_i，大小等于两 X 轴之间的距离

根据 D-H 参数定义法建立每一个连杆的坐标系后，按如下顺序变换，得到两相邻杆 $i-1$ 和杆 i 的坐标系之间的齐次变换矩阵，或称为相对位姿矩阵 ${}^{i-1}\boldsymbol{A}_i$：

(1) 绕 Z_{i-1} 轴旋转 θ 角，使 X_{i-1} 与 X_i 处于同一平面；

(2) 沿 Z_{i-1} 轴平移 d_i，使 X_{i-1} 与 X_i 处于同一直线；

(3) 沿 X_i 轴平移 a_i，使杆 $i-1$ 上的坐标原点与杆 i 重合；

(4) 绕 X_i 轴旋转 α_i 角，使 Z_{i-1} 轴转到与 Z_i 轴处于同一直线上。

这种关系可由表示连杆 i 对连杆 $i-1$ 相对位置的四个齐次变换来描述，记为 $\boldsymbol{A}_i$ 矩阵，称为连杆变换矩阵，为

$$
\begin{aligned}
{}^{i-1}\boldsymbol{A}_i &= \boldsymbol{A}_i = \mathrm{Rot}(Z_{i-1},\theta_i)\cdot \mathrm{Trans}(0,0,d_i)\cdot \mathrm{Trans}(a_i,0,0)\cdot \mathrm{Rot}(\boldsymbol{X}_i,\alpha_i) \\
&= \begin{bmatrix} \cos\theta_i & -\cos\alpha_i\sin\theta_i & \sin\alpha_i\sin\theta_i & a_i\cos\theta_i \\ \sin\theta_i & \cos\alpha_i\cos\theta_i & \sin\alpha_i\sin\theta_i & a_i\sin\theta_i \\ 0 & \sin\alpha_i & \cos\alpha_i & d_i \\ 0 & 0 & 0 & 1 \end{bmatrix}
\end{aligned}
\tag{4-3}
$$

可见，一个 $\boldsymbol{A}_i$ 矩阵就是一个描述连杆坐标系之间相对平移和旋转的齐次变换。机器人机械臂可看作是一系列由关节连接起来的连杆构成的，将机械臂的每个连杆建立一个坐标系，并用齐次变换来描述这些坐标系之间的相对位置和姿态。若 $\boldsymbol{A}_1$ 矩阵表示第一个连杆对于基系的位置和姿态，$\boldsymbol{A}_2$ 矩阵表示第二个连杆对于第一个连杆的位置和姿态。第二个

连杆在基系中的位置和姿态可表示为

$$T_2 = A_1 A_2 \tag{4-4}$$

同理，如末端装置为连杆 6 的坐标系，它与连杆 $i-1$ 坐标系的关系可由 ${}^{i-1}T_6$ 表示，故：

$${}^{i-1}T_6 = A_i A_{i+1} \cdots A_6 \tag{4-5}$$

连杆变换通式为

$${}^{i-1}T_i = \begin{bmatrix} \cos\theta_i & -\sin\theta_i & 0 & \alpha_{i-1} \\ \sin\theta_i \cos\alpha_{i-1} & \cos\theta_i \cos\alpha_{i-1} & -\sin\alpha_{i-1} & -d_i \sin\alpha_{i-1} \\ \sin\theta_i \sin\alpha_{i-1} & \cos\theta_i \sin\alpha_{i-1} & \cos\alpha_{i-1} & d_i \cos\alpha_{i-1} \\ 0 & 0 & 0 & 1 \end{bmatrix} \tag{4-6}$$

而由式(4-5)，机械手端部对基座的关系 T_6 为

$$T_6 = A_1 A_2 A_3 A_4 A_5 A_6 \tag{4-7}$$

一个六连杆机器人可具有 6 个自由度，每个连杆含有 1 个自由度，并能在其运动范围内任意定位与定向。

以上表明了多杆机构机械臂的各杆坐标系的情况，使用这些坐标系之间的齐次变换矩阵，可导出从末端执行器至基座之间的坐标变换矩阵 ${}^R T_H$。整个机械臂可视为由一串关节相连的杆组成。一个杆的位姿与相邻杆的关系通过 ${}^{i-1}A_i$ 相连。${}^0A_1$ 将第一号杆与基座通过下式连接起来，设共有 n 个杆件，则

$${}^R T_H = \prod_{i-1}^{n} {}^{i-1}A_i = {}^0A_1 {}^1A_2 {}^2A_3 \cdots \tag{4-8}$$

将上述系统扩展为具有 n 个关节的系统，其 n 个杆件通过 n 个关节相连接，则有：

$$T = A_1 A_2 \cdots A_i \cdots A_n \tag{4-9}$$

这 n 个矩阵之积，表示了机器人手端坐标系相对于基础坐标系的位置与姿态，所以式(4-9)是机器人正向运动方程的解。

2. 转动关节机器人运动学方程

图 4-22 为具有 6 个转动关节的机器人，可分析结构、构建坐标系、建立正向运动学方程。

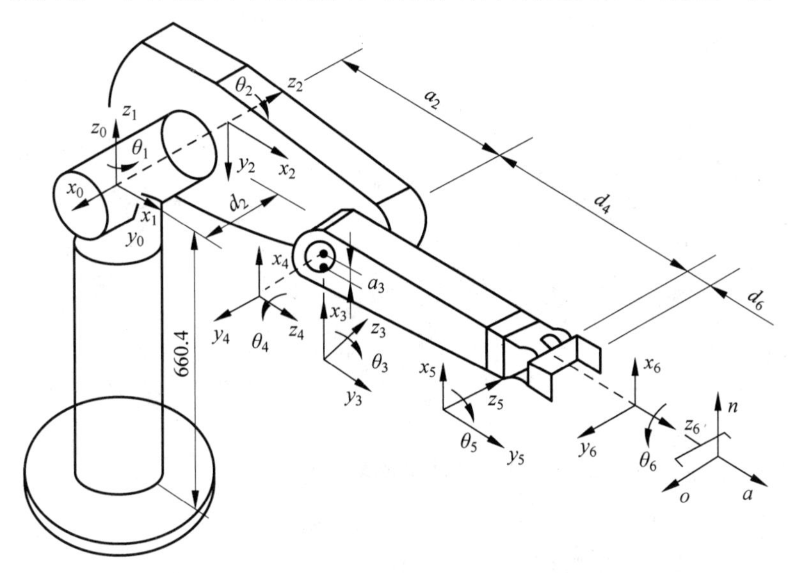

图 4-22　转动关节的机器人

由图可见，该机械手属于通过关节将相邻的两个连杆连接起来。可为机械手的每一连杆建立一个坐标系，并用齐次变换来描述这些坐标系间的相对位置和姿态。

关节1的轴线为铅直方向，关节2和关节3的轴线水平，且平行，距离为a_2。关节1和关节2的轴线垂直相交，关节3和关节4的轴线垂直交错，距离为a_3。

(1) 前3个关节确定手腕参考点的位置，后3个关节确定手腕的方位。

(2) 和大多数工业机器人一样，后3个关节轴线交于一点。该点选作为手腕的参考点，也选作为连杆坐标系{4}、{5}和{6}的原点。

机器人的连杆坐标系如图4-23所示。

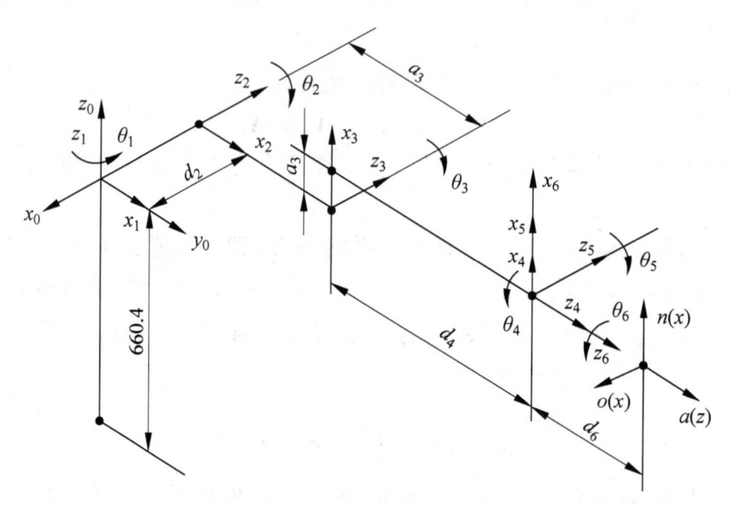

图4-23 机器人的连杆坐标系

(1) 求各个连杆的变换矩阵如下：

$$
\begin{cases}
{}_1^0\boldsymbol{T}=\begin{bmatrix}\cos\theta_1 & -\sin\theta_1 & 0 & 0\\ \sin\theta_1 & \cos\theta_1 & 0 & 0\\ 0 & 0 & 1 & 0\\ 0 & 0 & 0 & 1\end{bmatrix}, & {}_2^1\boldsymbol{T}=\begin{bmatrix}\cos\theta_2 & -\sin\theta_2 & 0 & 0\\ 0 & 0 & 1 & d_2\\ -\sin\theta_2 & -\cos\theta_2 & 0 & 0\\ 0 & 0 & 0 & 1\end{bmatrix}\\
{}_3^2\boldsymbol{T}=\begin{bmatrix}\cos\theta_3 & -\sin\theta_3 & 0 & a_2\\ \sin\theta_3 & \cos\theta_3 & 0 & 0\\ 0 & 0 & 1 & 0\\ 0 & 0 & 0 & 1\end{bmatrix}, & {}_4^3\boldsymbol{T}=\begin{bmatrix}\cos\theta_4 & -\sin\theta_4 & 0 & a_3\\ 0 & 0 & 1 & d_4\\ -\sin\theta_4 & -\cos\theta_4 & 0 & 0\\ 0 & 0 & 0 & 1\end{bmatrix}\\
{}_5^4\boldsymbol{T}=\begin{bmatrix}\cos\theta_5 & -\sin\theta_5 & 0 & 0\\ 0 & 0 & -1 & 0\\ \sin\theta_5 & \cos\theta_5 & 0 & 0\\ 0 & 0 & 0 & 1\end{bmatrix}, & {}_6^5\boldsymbol{T}=\begin{bmatrix}\cos\theta_6 & -\sin\theta_6 & 0 & 0\\ 0 & 0 & 1 & 0\\ -\sin\theta_6 & -\cos\theta_6 & 0 & 0\\ 0 & 0 & 0 & 1\end{bmatrix}
\end{cases}
\tag{4-10}
$$

(2) 各连杆变换矩阵相乘，得到该机械手变换矩阵：

$$
{}_6^0\boldsymbol{T}={}_1^0\boldsymbol{T}(\theta_1){}_2^1\boldsymbol{T}(\theta_2){}_3^2\boldsymbol{T}(\theta_3){}_4^3\boldsymbol{T}(\theta_4){}_5^4\boldsymbol{T}(\theta_5){}_6^5\boldsymbol{T}(\theta_6) \tag{4-11}
$$

即为关节变量θ_i的函数。为解此方程，先计算：

$$
\begin{cases}
{}^4_6\boldsymbol{T}={}^4_5\boldsymbol{T}\,{}^5_6\boldsymbol{T}=\begin{bmatrix} c_5c_6 & c_5s_6 & -s_5 & 0 \\ s_6 & c_6 & 0 & 0 \\ s_5c_6 & -s_5s_6 & c_5 & 0 \\ 0 & 0 & 0 & 1 \end{bmatrix} \\
{}^3_6\boldsymbol{T}={}^3_4\boldsymbol{T}\,{}^4_6\boldsymbol{T}=\begin{bmatrix} c_4c_5c_6-s_4s_6 & -c_4c_5s_6-s_4c_6 & -c_4s_5 & a_3 \\ s_5c_6 & -s_5s_6 & c_5 & d_4 \\ -s_4c_5c_6-c_4s_6 & s_4c_5s_6-c_4c_6 & s_4s_5 & 0 \\ 0 & 0 & 0 & 1 \end{bmatrix}
\end{cases}
\tag{4-12}
$$

这里，$c_i=\cos\theta_i$，$s_i=\sin\theta_i$，$i=1,2,\cdots,6$。

由于关节 2 和关节 3 相互平行，把${}^1_2\boldsymbol{T}(\theta_2)$和${}^2_3\boldsymbol{T}(\theta_3)$相乘：

$$
{}^1_3\boldsymbol{T}={}^1_2\boldsymbol{T}\,{}^2_3\boldsymbol{T}=\begin{bmatrix} c_{23} & -s_{23} & 0 & a_2c_2 \\ 0 & 0 & 1 & d_2 \\ -s_{23} & -c_{23} & 0 & -a_2s_2 \\ 0 & 0 & 0 & 1 \end{bmatrix}
\tag{4-13}
$$

其中：$c_{23}=\cos(\theta_2+\theta_3)=c_2c_3-s_2s_3$；$s_{23}=\sin(\theta_2+\theta_3)=c_2s_3+s_2c_3$。

再将式(4-12)与式(4-13)相乘，可得

$$
{}^1_6\boldsymbol{T}={}^1_3\boldsymbol{T}\,{}^3_6\boldsymbol{T}=\begin{bmatrix} {}^1n_x & {}^1o_x & {}^1a_x & {}^1p_x \\ {}^1n_y & {}^1o_y & {}^1a_y & {}^1p_y \\ {}^1n_z & {}^1o_z & {}^1a_z & {}^1p_z \\ 0 & 0 & 0 & 1 \end{bmatrix}
\tag{4-14}
$$

其中：

$$
\begin{cases}
{}^1n_x=c_{23}(c_4c_5c_6-s_4s_6)-s_{23}s_5c_6 \\
{}^1n_y=-s_4c_5c_6-c_4s_6 \\
{}^1n_z=-s_{23}(c_4c_5c_6-s_4s_6)-c_{23}s_5c_6 \\
{}^1o_x=-c_{23}(c_4c_5s_6+s_4c_6)+s_{23}s_5s_6 \\
{}^1o_y=s_4c_5s_6-c_4c_6 \\
{}^1o_z=s_{23}(c_4c_5s_6+s_4c_6)+c_{23}s_5s_6 \\
{}^1a_x=-c_{23}c_4s_5-s_{23}c_5 \\
{}^1a_y=s_4s_5 \\
{}^1a_z=s_{23}c_4s_5-c_{23}c_5 \\
{}^1p_x=a_2c_2+a_3c_{23}-d_4s_{23} \\
{}^1p_y=d_2 \\
{}^1p_z=-a_3s_{23}-a_2s_2-d_4c_{23}
\end{cases}
$$

最后，可求得6个连杆坐标变换矩阵的乘积，即机器人的正向运动学方程：

$$
{}_6^0\boldsymbol{T}={}_1^0\boldsymbol{T}{}_6^1\boldsymbol{T}=\begin{bmatrix} n_x & o_x & a_x & p_x \\ n_y & o_y & a_y & p_y \\ n_z & o_z & a_z & p_z \\ 0 & 0 & 0 & 1 \end{bmatrix} \tag{4-15}
$$

其中：

$$
\begin{cases}
n_x=c_1[c_{23}(c_4c_5c_6-s_4s_6)-s_{23}s_5c_6]+s_1(s_4c_5c_6+c_4s_6) \\
n_y=s_1[c_{23}(c_4c_5c_6-s_4s_6)-s_{23}s_5c_6]-c_1(s_4c_5c_6+c_4s_6) \\
n_z=-s_{23}(c_4c_5c_6-s_4s_6)-c_{23}s_5c_6 \\
o_x=c_1[c_{23}(-c_4c_5s_6-s_4c_6)+s_{23}s_5s_6]+s_1(c_4c_6-s_4c_5s_6) \\
o_y=s_1[c_{23}(-c_4c_5s_6-s_4c_6)+s_{23}s_5s_6]-c_1(c_4c_6-s_4c_5c_6) \\
o_z=-s_{23}(-c_4c_5s_6-s_4c_6)+c_{23}s_5s_6 \\
a_x=-c_1(c_{23}c_4s_5+s_{23}c_5)-c_1s_4s_5 \\
a_y=-s_1(c_{23}c_4s_5+s_{23}c_5)+c_1s_4s_5 \\
a_z=s_{23}c_4s_5-c_{23}c_5 \\
p_x=c_1[a_2c_2+a_3c_{23}-d_4s_{23}]-d_2s_1 \\
p_y=s_1[a_2c_2+a_3c_{23}-d_4s_{23}]+d_2c_1 \\
p_z=-a_3s_{23}-a_2s_2-d_4c_{23}
\end{cases}
$$

式(4-11)中表示机器人手臂变换矩阵${}_6^0\boldsymbol{T}$描述了末端连杆坐标系{6}相对基坐标系{0}的位姿，是该机器人运动学分析的基本方程。

再如图4-24所示的三杆平面机械臂。设手臂长l_1，l_2和l_3，关节变量θ_i，要确定末端执行器位姿矩阵。

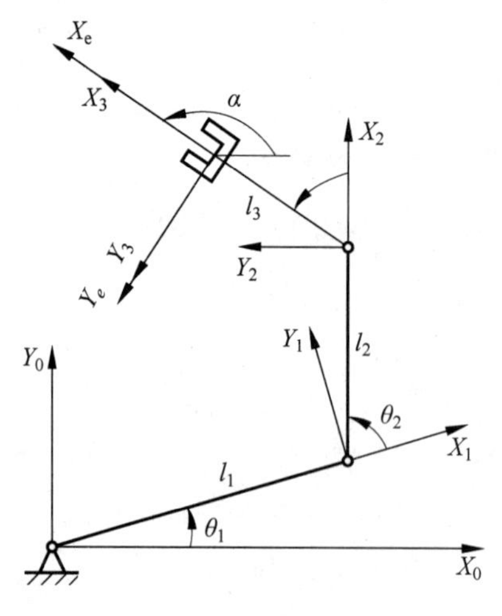

图4-24　三杆平面机械臂

可以按照以下步骤开展分析。

(1) 建立机械臂各杆的坐标系。

按 D-H 法建立坐标系：$O_0X_0Y_0Z_0$、$O_1X_1Y_1Z_1$、$O_2X_2Y_2Z_2$、$O_eX_eY_eZ_e$，Z_1 及 Z_e 均指向外。

(2) 确定各连杆 D-H 参数和关节变量见表 4-2。

表 4-2　各连杆 D-H 参数和关节变量

关节 i	α_i	a_i	d_i	θ_i	关节变量
1	0°	l_1	0	θ_1	θ_1
2	0°	l_2	0	θ_2	θ_2
3	0°	l_3	0	θ_3	θ_3

(3) 求出两杆间的位姿矩阵。根据表 4-2 所示参数和变换公式得到

$$\boldsymbol{A}_1=\begin{bmatrix}\cos\theta_1 & -\sin\theta_1 & 0 & l_1\cos\theta_1\\ \sin\theta_1 & \cos\theta_1 & 0 & l_1\sin\theta_1\\ 0 & 0 & 1 & 0\\ 0 & 0 & 0 & 1\end{bmatrix},\quad \boldsymbol{A}_2=\begin{bmatrix}\cos\theta_2 & -\sin\theta_2 & 0 & l_2\cos\theta_2\\ \sin\theta_2 & \cos\theta_2 & 0 & l_2\sin\theta_2\\ 0 & 0 & 1 & 0\\ 0 & 0 & 0 & 1\end{bmatrix},$$

$$\boldsymbol{A}_3=\begin{bmatrix}\cos\theta_3 & -\sin\theta_3 & 0 & l_3\cos\theta_3\\ \sin\theta_3 & \cos\theta_3 & 0 & l_3\sin\theta_3\\ 0 & 0 & 1 & 0\\ 0 & 0 & 0 & 1\end{bmatrix},\quad {}^3\boldsymbol{T}_e=\boldsymbol{I}_{4\times4}$$

(4) 求末端执行器的位姿矩阵。由变换公式和 ${}^0\boldsymbol{T}_e={}^0\boldsymbol{T}_3{}^3\boldsymbol{T}_e$ 得到

$$\begin{aligned}{}^0\boldsymbol{T}_e&=\boldsymbol{A}_1\boldsymbol{A}_2\boldsymbol{A}_3{}^3\boldsymbol{T}_e\\ &=\begin{bmatrix}\cos(\theta_1+\theta_2+\theta_3) & -\sin(\theta_1+\theta_2+\theta_3) & 0 & l_3\cos(\theta_1+\theta_2+\theta_3)+l_2\cos(\theta_1+\theta_2)+l_1\cos\theta_1\\ \sin(\theta_1+\theta_2+\theta_3) & \cos(\theta_1+\theta_2+\theta_3) & 0 & l_3\sin(\theta_1+\theta_2+\theta_3)+l_2\sin(\theta_1+\theta_2)+l_1\sin\theta_2\\ 0 & 0 & 1 & 0\\ 0 & 0 & 0 & 1\end{bmatrix}\end{aligned}$$

需要说明的是，在机器人逆向运动学分析时，要注意其多解性与可解性问题。选择合适的解、最接近的解。

4.3.3　雅可比矩阵

上述分析重点探讨了位姿问题等。为了动力学建模，此处讨论机器人雅可比矩阵。机器人雅可比矩阵(简称雅可比)揭示了操作空间与关节空间的映射关系，雅可比不仅表示操作空间与关节空间的速度映射关系，也表示两者之间力的传递关系，为确定机器人的静态关节力矩以及不同坐标系间速度、加速度和静力的变换提供了重要的方法。

1. 雅可比概念

首先来看一个实例分析中的雅可比矩阵。图 4-25 所示为 2R 开链机构，该开链机构可作为仿生机器人的手臂，在仿生机械设计中有广泛的应用。图中末端执行器关节 P 的转动副不计入开链机构的自由度计算。关节 P 可作为人体上肢与手的连接运动副。

设构件 1 相对机架的关节转角为 θ_1、构件 2 相对构件 1 的关节转角为 θ_2，求末端执行

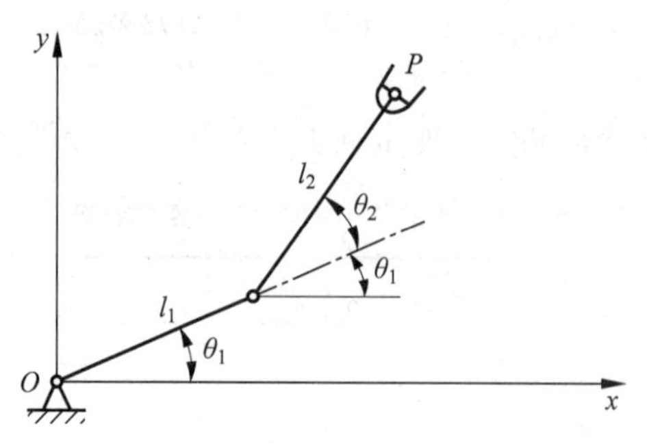

图 4-25　二自由度机械手的 2R 开链机构

器 P 点的位姿，此过程称为运动学正解。如果已知末端执行器 P 点的位姿，求各构件的关节转角，则此过程称为运动学逆解。仿生机械学中，涉及的基本内容是运动学逆解。

设 P 点坐标为(x,y)，由图 4-25 可列出代表 P 点位姿的方程：

$$\begin{cases} x = l_1\cos\theta_1 + l_2\cos(\theta_1+\theta_2) \\ y = l_1\sin\theta_1 + l_2\sin(\theta_1+\theta_2) \end{cases} \tag{4-16}$$

根据关节角位置，可求末端执行器的 P 点位置。将位姿方程对时间求导数，可得到末端执行器的速度方程：

$$\begin{cases} \dot{x} = -l_1\dot{\theta}_1\sin\theta_1 - l_2(\dot{\theta}_1+\dot{\theta}_2)\sin(\theta_1+\theta_2) \\ \dot{y} = l_1\dot{\theta}_1\cos\theta_1 + l_2(\dot{\theta}_1+\dot{\theta}_2)\cos(\theta_1+\theta_2) \end{cases} \tag{4-17}$$

将速度方程进行整理并将其写成矩阵方程形式：

$$\begin{bmatrix} \dot{x} \\ \dot{y} \end{bmatrix} = \begin{bmatrix} -l_1\sin\theta_1 - l_2\sin(\theta_1+\theta_2) & -l_2\sin(\theta_1+\theta_2) \\ l_1\cos\theta_1 + l_2\cos(\theta_1+\theta_2) & l_2\cos(\theta_1+\theta_2) \end{bmatrix} \begin{bmatrix} \dot{\theta}_1 \\ \dot{\theta}_2 \end{bmatrix} \tag{4-18}$$

令 $\boldsymbol{J} = \begin{bmatrix} -l_1\sin\theta_1 - l_2\sin(\theta_1+\theta_2) & -l_2\sin(\theta_1+\theta_2) \\ l_1\cos\theta_1 + l_2\cos(\theta_1+\theta_2) & l_2\cos(\theta_1+\theta_2) \end{bmatrix}$，则有

$$\begin{bmatrix} \dot{x} \\ \dot{y} \end{bmatrix} = \boldsymbol{J} \begin{bmatrix} \dot{\theta}_1 \\ \dot{\theta}_2 \end{bmatrix} \tag{4-19}$$

矩阵 $\boldsymbol{J}$ 称为雅可比矩阵。雅可比矩阵还可写为

$$\boldsymbol{J} = \begin{bmatrix} -l_1\sin\theta_1 - l_2\sin(\theta_1+\theta_2) & -l_2\sin(\theta_1+\theta_2) \\ l_1\cos\theta_1 + l_2\cos(\theta_1+\theta_2) & l_2\cos(\theta_1+\theta_2) \end{bmatrix} = \begin{bmatrix} \dfrac{\partial x}{\partial \theta_1} & \dfrac{\partial x}{\partial \theta_2} \\ \dfrac{\partial y}{\partial \theta_1} & \dfrac{\partial y}{\partial \theta_2} \end{bmatrix} \tag{4-20}$$

$$\begin{bmatrix} \dot{x} \\ \dot{y} \end{bmatrix} = \begin{bmatrix} \dfrac{\partial x}{\partial \theta_1} & \dfrac{\partial x}{\partial \theta_2} \\ \dfrac{\partial y}{\partial \theta_1} & \dfrac{\partial y}{\partial \theta_2} \end{bmatrix} \begin{bmatrix} \dot{\theta}_1 \\ \dot{\theta}_2 \end{bmatrix} \tag{4-21}$$

根据关节转动速度可求末端 P 的速度。将速度方程对时间求导数，可得加速度方程：

$$\begin{bmatrix}\ddot{x}\\ \ddot{y}\end{bmatrix}=\begin{bmatrix}-l_1\dot{\theta}_1\cos\theta_1-l_2(\dot{\theta}_1+\dot{\theta}_2)\cos(\theta_1+\theta_2) & -l_2(\dot{\theta}_1+\dot{\theta}_2)\cos(\theta_1+\theta_2)\\ -l_1\dot{\theta}_2\sin\theta_1-l_2(\dot{\theta}_1+\dot{\theta}_2)\sin(\theta_1+\theta_2) & -l_2(\dot{\theta}_1+\dot{\theta}_2)\sin(\theta_1+\theta_2)\end{bmatrix}\begin{bmatrix}\dot{\theta}_1\\ \dot{\theta}_2\end{bmatrix}+\boldsymbol{J}\begin{bmatrix}\ddot{\theta}_1\\ \ddot{\theta}_2\end{bmatrix} \tag{4-22}$$

根据关节转动加速度可求末端执行器 P 点的加速度。已知末端执行器末端 P 点位姿坐标(x,y)，关节转角为 θ_1、θ_2 或构件尺寸可由位姿方程求解。该方程为非线性方程组，其结果具有多值性。在仿生机械的尺寸设计过程中，可参考仿生的动物的肢体尺寸，进行仿生优化设计。

可见，在机器人学中，雅可比是一个把关节速度向量变换为手爪（末端）相对基坐标的广义速度向量$\boldsymbol{v}$ 的变换矩阵。机器人雅可比矩阵为两个空间之间速度的线性映射关系。它可以看成是从关节空间到操作空间运动速度的传动比，同时也可用来表示两空间之间力的传动关系。常用 $\boldsymbol{J}$ 表示机械手的雅可比矩阵，它由 x、y 的偏微分组成，反映了关节微小位移 $\mathrm{d}\theta$ 与手部（手爪）微小运动（如 $\mathrm{d}x$）之间的关系。

机械手（或机器人末端工具）不仅需要到达某个（或一系列的）位置，而且常常需要它按给定的速度到达这些位置。需要用到微分运动的概念，之后运用雅可比矩阵。换句话说，对机器人进行操作与控制时，常涉及机械手位置和姿态的微小变化。在数学上，这种微小变化可用微分变化来表达。机器人的微分运动包括平移、旋转运动。

在此情况下，物体的运动速度是其微分运动与微分采样时间之比。

2. 微分平移和微分旋转

已知坐标系$\{\boldsymbol{T}\}$，$\boldsymbol{T}+\mathrm{d}\boldsymbol{T}$ 表示微分平移和旋转：

$$\boldsymbol{T}+\mathrm{d}\boldsymbol{T}=\mathrm{Trans}(d_x,d_y,d_z)\mathrm{Rot}(\boldsymbol{f},\mathrm{d}\theta)\boldsymbol{T}$$

式中，$\mathrm{Trans}(d_x,d_y,d_z)$表示基系中微分平移 d_x,d_y,d_z 的变换；$\mathrm{Rot}(\boldsymbol{f},\mathrm{d}\theta)$表示基系中绕矢量 $\boldsymbol{f}$ 的微分旋转 $\mathrm{d}\theta$ 的变换。由上式可得 $\mathrm{d}\boldsymbol{T}$ 的表达式：

$$\mathrm{d}\boldsymbol{T}=[\mathrm{Trans}(d_x,d_y,d_z)\mathrm{Rot}(\boldsymbol{f},\mathrm{d}\theta)-\boldsymbol{I}]\boldsymbol{T} \tag{4-23}$$

同样地，也可用对于给定坐标系$\{\boldsymbol{T}\}$的微分平移和旋转来表示微分变化：

$$\boldsymbol{T}+\mathrm{d}\boldsymbol{T}=\boldsymbol{T}\mathrm{Trans}(d_x,d_y,d_z)\mathrm{Rot}(\boldsymbol{f},\mathrm{d}\theta) \tag{4-24}$$

式中，$\mathrm{Trans}(d_x,d_y,d_z)$表示对于坐标系$\{\boldsymbol{T}\}$的微分平移；$\mathrm{Rot}(\boldsymbol{f},\mathrm{d}\theta)$表示对坐标系$\{\boldsymbol{T}\}$中绕矢量 $\boldsymbol{f}$ 的微分旋转 $\mathrm{d}\theta$。这时有

$$\mathrm{d}\boldsymbol{T}=\boldsymbol{T}[\mathrm{Trans}(d_x,d_y,d_z)\mathrm{Rot}(\boldsymbol{f},\mathrm{d}\theta)-\boldsymbol{I}] \tag{4-25}$$

式(4-23)和式(4-25)中有一共同的项$[\mathrm{Trans}(d_x,d_y,d_z)\mathrm{Rot}(\boldsymbol{f},\mathrm{d}\theta)-\boldsymbol{I}]$。当微分运动是对基系进行时，规定它为$\boldsymbol{\Delta}$；而当运动是对于坐标系$\{\boldsymbol{T}\}$进行时，记为${}^T\boldsymbol{\Delta}$。于是，当对基系进行微分变化时：$\mathrm{d}\boldsymbol{T}=\Delta\boldsymbol{T}$，而当对坐标系$\{\boldsymbol{T}\}$进行微分变化时，$\mathrm{d}\boldsymbol{T}=\boldsymbol{T}\,{}^T\boldsymbol{\Delta}$。表示微分平移的齐次变换为

$$\mathrm{Trans}(d_x,d_y,d_z)=\begin{bmatrix}1&0&0&d_x\\0&1&0&d_y\\0&0&1&d_z\\0&0&0&1\end{bmatrix}$$

这时，Trans 的变量是由微分变化 $d_x\boldsymbol{i}+d_y\boldsymbol{j}+d_z\boldsymbol{k}$ 表示的微分矢量$\boldsymbol{d}$。根据通用旋转变换，

可把微分旋转齐次变换表示为

$$\mathrm{Rot}(\boldsymbol{f},\mathrm{d}\theta)=\begin{bmatrix}1 & -f_z\mathrm{d}\theta & f_y\mathrm{d}\theta & 0\\ f_z\mathrm{d}\theta & 1 & -f_x\mathrm{d}\theta & 0\\ -f_y\mathrm{d}\theta & f_x\mathrm{d}\theta & 1 & 0\\ 0 & 0 & 0 & 1\end{bmatrix}$$

代入$\boldsymbol{\Delta}=\mathrm{Trans}(d_x,d_y,d_z)\mathrm{Rot}(\boldsymbol{f},\mathrm{d}\theta)-\boldsymbol{I}$，可得

$$\boldsymbol{\Delta}=\begin{bmatrix}1 & 0 & 0 & d_x\\ 0 & 1 & 0 & d_y\\ 0 & 0 & 1 & d_z\\ 0 & 0 & 0 & 1\end{bmatrix}\begin{bmatrix}1 & -f_z\mathrm{d}\theta & f_y\mathrm{d}\theta & 0\\ f_z\mathrm{d}\theta & 1 & -f_x\mathrm{d}\theta & 0\\ -f_y\mathrm{d}\theta & f_x\mathrm{d}\theta & 1 & 0\\ 0 & 0 & 0 & 1\end{bmatrix}-\begin{bmatrix}1 & 0 & 0 & 0\\ 0 & 1 & 0 & 0\\ 0 & 0 & 1 & 0\\ 0 & 0 & 0 & 1\end{bmatrix}$$

即

$$\boldsymbol{\Delta}=\begin{bmatrix}0 & -f_z\mathrm{d}\theta & f_y\mathrm{d}\theta & d_x\\ f_z\mathrm{d}\theta & 0 & -f_x\mathrm{d}\theta & d_y\\ -f_y\mathrm{d}\theta & f_x\mathrm{d}\theta & 0 & d_z\\ 0 & 0 & 0 & 0\end{bmatrix}\tag{4-26}$$

绕矢量 $\boldsymbol{f}$ 的微分旋转 $\mathrm{d}\theta$ 等价于分别绕三个轴 x、y 和 z 的微分旋转 δ_x，δ_y 和 δ_z，即

$$f_x\mathrm{d}\theta=\delta_x,\quad f_y\mathrm{d}\theta=\delta_y,\quad f_z\mathrm{d}\theta=\delta_z$$

代入式(4-26)得

$$\boldsymbol{\Delta}=\begin{bmatrix}0 & -\delta_z & \delta_y & d_x\\ \delta_z & 0 & -\delta_x & d_y\\ -\delta_y & \delta_x & 0 & d_z\\ 0 & 0 & 0 & 0\end{bmatrix}\tag{4-27}$$

类似地可得${}^T\boldsymbol{\Delta}$ 的表达式为

$${}^T\boldsymbol{\Delta}=\begin{bmatrix}0 & -{}^T\delta_z & {}^T\delta_y & {}^Td_x\\ {}^T\delta_z & 0 & -{}^T\delta_x & {}^Td_y\\ -{}^T\delta_y & {}^T\delta_x & 0 & {}^Td_z\\ 0 & 0 & 0 & 0\end{bmatrix}\tag{4-28}$$

于是，可把微分平移和旋转变换$\boldsymbol{\Delta}$ 看成是由微分平移矢量 $\boldsymbol{d}$ 和微分旋转矢量$\boldsymbol{\delta}$ 构成的，它们分别为

$$\boldsymbol{d}=d_x\boldsymbol{i}+d_y\boldsymbol{j}+d_z\boldsymbol{k},\quad \boldsymbol{\delta}=\delta_x\boldsymbol{i}+\delta_y\boldsymbol{j}+\delta_z\boldsymbol{k}$$

用列矢量 $\boldsymbol{D}$ 来包含上述两矢量，并成为刚体或坐标系的微分运动矢量：

$$\boldsymbol{D}=\begin{bmatrix}d_x\\ d_y\\ d_z\\ \delta_x\\ \delta_y\\ \delta_z\end{bmatrix},\quad 或\quad \boldsymbol{D}=\begin{bmatrix}\boldsymbol{d}\\ \boldsymbol{\delta}\end{bmatrix}\tag{4-29}$$

同理，

$$^T\boldsymbol{d} = {}^Td_x\boldsymbol{i} + {}^Td_y\boldsymbol{j} + {}^Td_z\boldsymbol{k}$$

$$^T\boldsymbol{\delta} = {}^T\delta_x\boldsymbol{i} + {}^T\delta_y\boldsymbol{j} + {}^T\delta_z\boldsymbol{k}$$

$$^T\boldsymbol{D} = \begin{bmatrix} ^Td_x \\ ^Td_y \\ ^Td_z \\ ^T\delta_x \\ ^T\delta_y \\ ^T\delta_z \end{bmatrix} \quad 或 \quad ^T\boldsymbol{D} = \begin{bmatrix} ^T\boldsymbol{d} \\ ^T\boldsymbol{\delta} \end{bmatrix} \tag{4-30}$$

需要注意的是，为求机械手的雅可比矩阵，需要把一个坐标系内的位置和姿态的小变化，变换为另一个坐标系内的等价表达式，即做好微分运动的等价变换。

3. 雅可比矩阵求解

在机器人机械手的微分运动分析基础上，要研究机器人雅可比矩阵的求解。雅可比矩阵可视为机器人从关节空间向操作空间运动速度的传动比。令机械手的运动方程：

$$\boldsymbol{x} = \boldsymbol{x}(\boldsymbol{q}) \tag{4-31}$$

式(4-31)代表操作空间 $\boldsymbol{x}$ 与关节空间 $\boldsymbol{q}$ 之间的位移关系，将上式两边对时间 t 求导，即得到 $\boldsymbol{q}$ 与 $\boldsymbol{x}$ 之间的微分关系：

$$\dot{\boldsymbol{x}} = \boldsymbol{J}(\boldsymbol{q})\dot{\boldsymbol{q}} \tag{4-32}$$

可以看出，对于给定的 $\boldsymbol{q} \in R^n$，雅可比矩阵 $\boldsymbol{J}(\boldsymbol{q})$ 是从关节空间速度 $\dot{\boldsymbol{q}}$ 向操作空间速度 $\dot{\boldsymbol{x}}$ 映射的线性变换。上式中，$\dot{\boldsymbol{x}}$ 称为末端在操作空间的广义速度，简称操作速度；$\dot{\boldsymbol{q}}$ 为关节速度；$\boldsymbol{J}(\boldsymbol{q})$ 是 $6\times n$ 的偏导数矩阵（称为机械手的雅可比矩阵）。它的第 i 行第 j 列元素为

$$J_{ij}(\boldsymbol{q}) = \frac{\partial x_i(\boldsymbol{q})}{\partial q_j}, \quad i = 1,2,\cdots,6;\ j = 1,2,\cdots,n \tag{4-33}$$

刚体或坐标系的广义速度 $\dot{\boldsymbol{x}}$ 是由线速度 $\boldsymbol{v}$ 和角速度 $\boldsymbol{\omega}$ 组成的 6 维列矢量：

$$\dot{\boldsymbol{x}} = \begin{bmatrix} \boldsymbol{v} \\ \boldsymbol{\omega} \end{bmatrix} = \lim_{\Delta t \to 0} \frac{1}{\Delta t} \begin{bmatrix} \boldsymbol{d} \\ \boldsymbol{\delta} \end{bmatrix} \tag{4-34}$$

写成：

$$\boldsymbol{D} = \begin{bmatrix} \boldsymbol{d} \\ \boldsymbol{\delta} \end{bmatrix} = \lim_{\Delta t \to 0} \dot{\boldsymbol{x}} \Delta t \tag{4-35}$$

$$\boldsymbol{D} = \lim_{\Delta t \to 0} \boldsymbol{J}(\boldsymbol{q})\dot{\boldsymbol{q}} \Delta t \tag{4-36}$$

得到：

$$\boldsymbol{D} = \boldsymbol{J}(\boldsymbol{q})\mathrm{d}\boldsymbol{q} \tag{4-37}$$

含有 n 个关节的机器人，其雅可比矩阵 $\boldsymbol{J}(\boldsymbol{q})$ 是 $6\times n$ 矩阵，前 3 行代表对末端夹手线速度 $\boldsymbol{v}$ 的传递比，后 3 行代表对夹手的角速度 $\boldsymbol{\omega}$ 的传递比，而每一列代表相应的关节速度 $\dot{q}_i$ 对于夹手线速度和角速度的传递比。这样，可把雅可比 $\boldsymbol{J}(\boldsymbol{q})$ 分块为

$$\begin{bmatrix} \boldsymbol{v} \\ \boldsymbol{\omega} \end{bmatrix} = \begin{bmatrix} \boldsymbol{J}_{l1} & \boldsymbol{J}_{l2} & \cdots & \boldsymbol{J}_{ln} \\ \boldsymbol{J}_{a1} & \boldsymbol{J}_{a2} & \cdots & \boldsymbol{J}_{an} \end{bmatrix} \begin{bmatrix} \dot{q}_1 \\ \dot{q}_2 \\ \vdots \\ \dot{q}_n \end{bmatrix} \tag{4-38}$$

展开成如下线性函数：

$$\begin{cases} \boldsymbol{v} = \boldsymbol{J}_{l1}\dot{q}_1 + \boldsymbol{J}_{l2}\dot{q}_2 + \cdots + \boldsymbol{J}_{ln}\dot{q}_n \\ \boldsymbol{\omega} = \boldsymbol{J}_{a1}\dot{q}_1 + \boldsymbol{J}_{a2}\dot{q}_2 + \cdots + \boldsymbol{J}_{an}\dot{q}_n \end{cases} \tag{4-39}$$

从雅可比矩阵的求法来看，直接构造雅可比矩阵的方法有矢量积法、微分变换法等。上述求雅可比的方法是构造性的，只要知道各连杆变换矩阵就可得到雅可比，其具有特定的步骤。这些运动过程及速度或加速度等分析方法，在动力学模型及仿真中需要得到应用。

4.4 机器人动力学方程

在机器人动力学分析中，关键是要建立动力学模型方程。利用动力学方程，在已知各个关节运动规律的条件下，可求解应施加于各个关节上的控制力矩，这是一种动力学正问题。另外一方面，若已知(通过轨迹规划给出的)机器人手部的运动路径和各点的速度、加速度，求解各驱动器应施加的广义驱动力的变化规律，属于动力学反问题。在实际的动力学分析中，动力学正问题与运动学正问题交织在一起，使得问题较为复杂。

具体来说，动力学正问题是已知操作机各关节提供的广义驱动力随时间(或位形)变化的规律，求解机器人手部的运动轨迹以及轨迹上各点的速度和加速度。为了精确地对机器人的运动进行反馈控制，需要每隔一个时间间隔(采样周期)用传感器检测机器人运动情况，并用动力学反问题实时地求解应施加于各驱动器的驱动力矩的值，从而使控制器根据这一要求去进行对驱动器的控制。因此，用于一次动力学反问题计算的时间应小于实时控制的采样周期。动力学的实时计算的要求：寻找计算速度更高的算法。对多自由度机械系统，要基于不同的力学方程和原理得到多种动力学分析方法，由于这些不同的分析方法所导出的方程形式不同，计算过程的繁简程度相差很大，动力学建模与计算效率问题显得特别重要。

工业机器人是复杂的动力学系统，由多个连杆和多个关节组成，具有多个输入和多个输出，存在耦合关系、非线性特征。动力学问题的研究，首先要对机械臂进行运动学分析，分析关节空间坐标和末端轨迹坐标之间的关系；其次是分析机械臂系统在静力平衡状态下，各个关节力或力矩与末端执行器上外力的关系，然后建立动力学模型方程，研究机械臂在关节力矩作用下的动态响应。目前，常用拉格朗日方法、牛顿-欧拉方法建立方程。其中，牛顿-欧拉方法是基于运动坐标系和达朗贝尔原理来建立运动方程，是力的动态平衡法，需要从运动学出发求得加速度，并消去各内作用力。拉格朗日方法是功能平衡方法，只需要速度而不必求内作用力，对于复杂系统的处理较为简便。

下面推导多自由度机器人操作臂动力学方程，此处直接引用机器人运动学中的齐次坐标变换矩阵等概念。

4.4.1 动能、势能的分析与计算

对于多杆串联的机器人臂的动力学分析，令${}^i\boldsymbol{r}_i$为固定在杆件上的一个点在第i杆件坐标系中的齐次坐标，即${}^i\boldsymbol{r}_i=(x_i,y_i,z_i,1)^{\mathrm{T}}$，则${}^i\boldsymbol{r}_i$点在基座坐标系中的齐次坐标为${}^0\boldsymbol{r}_i$，有

$$ {}^0\boldsymbol{r}_i={}^0\boldsymbol{A}_i{}^i\boldsymbol{r}_i \tag{4-40}$$

其中，${}^0\boldsymbol{A}_i$是联系第i坐标系和基座坐标系间的齐次坐标变换矩阵，且

$$ {}^0\boldsymbol{A}_i={}^0\boldsymbol{A}_1{}^1\boldsymbol{A}_2\cdots{}^{i-1}\boldsymbol{A}_i \tag{4-41}$$

对于刚体运动，则点${}^i\boldsymbol{r}_i$相对基座坐标系的速度可表示为

$$ {}^0\boldsymbol{v}_i=\boldsymbol{v}_i=\frac{\mathrm{d}}{\mathrm{d}t}({}^0\boldsymbol{r}_i)=\frac{\mathrm{d}}{\mathrm{d}t}({}^0\boldsymbol{A}_i{}^i\boldsymbol{r}_i)=\left[\sum_{j=1}^{i}\frac{\partial{}^0\boldsymbol{A}_i}{\partial q_j}\dot{q}_j\right]{}^i\boldsymbol{r}_i \tag{4-42}$$

为简化，定义$\boldsymbol{U}_{ij}=\dfrac{\partial{}^0\boldsymbol{A}_i}{\partial\boldsymbol{q}_j}$，则

$$\boldsymbol{v}_i=\left[\sum_{j=1}^{i}\boldsymbol{U}_{ij}\dot{q}_j\right]{}^i\boldsymbol{r}_i \tag{4-43}$$

根据$\boldsymbol{v}_i$，可以求出杆件i的动能。设k_i是杆件i在基座坐标系表示的动能，$\mathrm{d}k_i$是杆件i上微元质量$\mathrm{d}m$的动能，则

$$\begin{aligned}\mathrm{d}k_i&=\frac{1}{2}(\dot{x}_i^2+\dot{y}_i^2+\dot{z}_i^2)\mathrm{d}m=\frac{1}{2}T_r(\boldsymbol{v}_i\boldsymbol{v}_i^{\mathrm{T}})\mathrm{d}m\\&=\frac{1}{2}T_r\left[\left(\sum_{p=1}^{i}\boldsymbol{U}_{ip}\dot{q}_p\right){}^i\boldsymbol{r}_i\left(\left(\sum_{r=1}^{i}\boldsymbol{U}_{ir}\dot{q}_r\right){}^i\boldsymbol{r}_i\right)^{\mathrm{T}}\right]\mathrm{d}m\\&=\frac{1}{2}T_r\left[\sum_{p=1}^{i}\sum_{r=1}^{i}\boldsymbol{U}_{ip}({}^i\boldsymbol{r}_i\mathrm{d}m{}^i\boldsymbol{r}_i^{\mathrm{T}})\boldsymbol{U}_{ir}^{\mathrm{T}}\dot{q}_p\dot{q}_r\right]\end{aligned} \tag{4-44}$$

由于对杆件i上的各点来说，$\boldsymbol{U}_{ij}$是常数，且与杆件i的质量分布无关，$\dot{q}_i$也与杆件i的质量分布无关，这样，对微元质量的动能求和，并把积分号放到括号里面去，可得到杆件i的动能，即

$$k_i=\int\mathrm{d}k_i=\frac{1}{2}T_r\left[\sum_{p=1}^{i}\sum_{r=1}^{i}\boldsymbol{U}_{ip}\left(\int{}^i\boldsymbol{r}_i{}^i\boldsymbol{r}_i^{\mathrm{T}}\mathrm{d}m\right)\boldsymbol{U}_{ir}^{\mathrm{T}}\dot{q}_p\dot{q}_r\right] \tag{4-45}$$

上式中圆括号内的积分项是杆件i上各点的惯量，即

$$\boldsymbol{J}_i=\int{}^i\boldsymbol{r}_i{}^i\boldsymbol{r}_i^{\mathrm{T}}\mathrm{d}m=\begin{bmatrix}\int x_i^2\mathrm{d}m & \int x_iy_i\mathrm{d}m & \int x_iz_i\mathrm{d}m & \int x_i\mathrm{d}m\\ \int x_iy_i\mathrm{d}m & \int y_i^2\mathrm{d}m & \int y_iz_i\mathrm{d}m & \int y_i\mathrm{d}m\\ \int x_iz_i\mathrm{d}m & \int y_iz_i\mathrm{d}m & \int z_i^2\mathrm{d}m & \int z_i\mathrm{d}m\\ \int x_i\mathrm{d}m & \int y_i\mathrm{d}m & \int z_i\mathrm{d}m & \int\mathrm{d}m\end{bmatrix}$$

若定义惯性张量I_{ij}为

$$I_{ij}=\int\left[\delta_{ij}\left(\sum_k x_k^2\right)-x_ix_j\right]\mathrm{d}m$$

式中，下脚标 i、j、k 表示第 i 个杆件坐标系的三根主轴，则 $\boldsymbol{J}_i$ 可用惯性张量表示成

$$\boldsymbol{J}_i=\begin{bmatrix} \dfrac{-I_{xx}+I_{yy}+I_{zz}}{2} & -I_{xy} & -I_{xz} & m_i\bar{x}_i \\ -I_{xy} & \dfrac{I_{xx}-I_{yy}+I_{zz}}{2} & -I_{yz} & m_i\bar{y}_i \\ -I_{xz} & -I_{yz} & \dfrac{I_{xx}+I_{yy}-I_{zz}}{2} & m_i\bar{z}_i \\ m_i\bar{x}_i & m_i\bar{y}_i & m_i\bar{z}_i & m_i \end{bmatrix} \tag{4-46}$$

式中，${}^i\bar{\boldsymbol{r}}_i=(\bar{x}_i,\bar{y}_i,\bar{z}_i,1)^{\mathrm{T}}$ 是杆件 i 坐标系中的坐标。这样，机器人操作臂的总动能为

$$\begin{aligned} K&=\sum_{i=1}^{n}k_i=\frac{1}{2}\sum_{i=1}^{n}T_r\left[\sum_{p=1}^{I}\sum_{r=1}^{i}\boldsymbol{U}_{ip}\boldsymbol{I}_i\boldsymbol{U}_{ir}^{\mathrm{T}}\dot{q}_p\dot{q}_r\right] \\ &=\frac{1}{2}\sum_{i=1}^{n}\sum_{p=1}^{i}\sum_{r=1}^{i}[T_r(\boldsymbol{U}_{ip}\boldsymbol{J}_i\boldsymbol{U}_{ir}^{\mathrm{T}})\dot{q}_p\dot{q}_r] \end{aligned} \tag{4-47}$$

机器人操作臂的动能是一个标量，而且 $\boldsymbol{J}_i$ 取决于杆件 i 的质量分布，与其位置和运动速度无关，同时 $\boldsymbol{J}_i$ 是在 i 坐标系中表示的。机器人的每个杆件的势能是

$$P_i=-m_i\boldsymbol{g}^0\bar{\boldsymbol{r}}_i=-m_i\boldsymbol{g}({}^0\boldsymbol{A}_i{}^i\bar{\boldsymbol{r}}_i),\quad i=1,2,\cdots,n \tag{4-48}$$

对各杆件的势能求和，就得到机器人操作臂的总势能

$$P=\sum_{i=1}^{n}P_i=\sum_{i=1}^{n}-m_i\boldsymbol{g}({}^0\boldsymbol{A}_i{}^i\bar{\boldsymbol{r}}_i) \tag{4-49}$$

式中，$\boldsymbol{g}=[g_x,g_y,g_z,0]$是在基座坐标系表示的重力行矢量，对于水平基座，$\boldsymbol{g}=[0,0,-|g|,0]$，其中 g 为重力加速度。

4.4.2 构造拉格朗日函数

由上面得到的机器人操作臂的动能和势能表达式，可得到机器人操作臂的拉格朗日函数为

$$\boldsymbol{L}=\boldsymbol{K}-\boldsymbol{P}=\frac{1}{2}\sum_{i=1}^{n}\sum_{j=1}^{i}\sum_{k=1}^{j}[T_r(\boldsymbol{U}_{ij}\boldsymbol{J}_i\boldsymbol{U}_{ik}^{\mathrm{T}})\dot{q}_j\dot{q}_k]+\sum_{i=1}^{n}m_1\boldsymbol{g}({}^0\boldsymbol{A}_i{}^i\bar{\boldsymbol{r}}_i) \tag{4-50}$$

4.4.3 建立动力学方程

利用拉格朗日函数，可以得到关节 i 驱动器驱动操作臂的第 i 个杆件所需要的广义力矩

$$\begin{aligned} \boldsymbol{\tau}_i&=\frac{\mathrm{d}}{\mathrm{d}t}\left(\frac{\partial L}{\partial\dot{q}_i}\right)-\frac{\partial L}{\partial q_i} \\ &=\sum_{j=1}^{n}\sum_{k=1}^{j}[T_r(\boldsymbol{U}_{jk}\boldsymbol{J}_j\boldsymbol{U}_{ji}^{\mathrm{T}})\ddot{q}_k]+\sum_{j=1}^{n}\sum_{k=1}^{j}\sum_{m=1}^{j}[T_r(\boldsymbol{U}_{jkm}\boldsymbol{J}_j\boldsymbol{U}_{ji}^{\mathrm{T}})\dot{\boldsymbol{q}}_k\dot{\boldsymbol{q}}_m]-\sum_{j=1}^{n}m_j\boldsymbol{g}\boldsymbol{U}_{ji}{}^j\bar{\boldsymbol{r}}_j \end{aligned} \tag{4-51}$$

式中，$\boldsymbol{U}_{jkm}=\dfrac{\partial\boldsymbol{U}_{jk}}{\partial q_m}$。

上述方程可以写成

$$\tau_i = \sum_{j=1}^{n} D_{ij}\ddot{q}_j + I_{ai}\ddot{q}_i + \sum_{j=1}^{n}\sum_{k=1}^{n} C_{ijk}\dot{q}_j\dot{q}_k + D_i, \quad i=1,2,\cdots,n \tag{4-52}$$

或矩阵形式

$$\tau = D(q)\ddot{q} + h(q,\dot{q}) + G(q) + F(q,\dot{q}) \tag{4-53}$$

式中，q、$\dot{q}$、$\ddot{q}$ 分别为关节位置、速度和加速度，τ_i 为关节驱动力矩，D_{ij} 为惯性矩阵 $\boldsymbol{D}$ 的元素，C_{ijk} 为离心力和哥氏惯性力(coriolis force，也称科里奥利力或科氏力)，D_i 为重力项，I_{ai} 为传动装置的等效转动惯量。

上述关于拉格朗日方法中的矩阵和力的计算过程可参考作者编著的机械系统动力学等教材。但在下面一些情况下，某些系数可能等于零。

(1) 操作臂的特殊运动学设计可消除关节运动之间的某些动力耦合(系数 D_{ij} 和 C_{ijk})。

(2) 某些与速度有关的动力系数只是名义上存在于 C_{ijk} 式中，实际上它们是不存在的。例如，离心力将不会与产生它的关节的运动相互作用，即总有 $C_{ijk}=0$，但它却与其他关节的运动相互作用，即可能存在。

(3) 由于运动中杆件形态的特殊变化，有些动力系数在某些特定时刻可能变为零。

拉格朗日动力学方程给出了机器人动力学的显式状态方程，可用来分析和设计关节变量空间的控制策略。它既可用于解决动力学正问题，即给定力和力矩，用动力学方程求解关节的加速度，然后再积分求得速度及广义坐标；也可用于解决动力学逆问题，即给定广义坐标和它们的前两阶时间导数，求广义力和力矩。

需要指出的是，动力学方程未能包含全部作用于操作臂上的力，如摩擦力。机器人的传动机构中(如齿轮传动机构)摩擦力有时是较大的。为了使动力学方程更能够反映实际的工况，可建立机器人的摩擦力模型，将黏性摩擦、摩擦力矩与关节运动速度成正比。另外，对于柔性杆件要注意共振等现象，综合这些影响因素可建立更为复杂模型。

4.5　步行机与机械臂系统建模分析

4.5.1　步行机器人动力学方程

以步行机器人机械腿的动力学方程建立为例说明。这类机器人属于仿生机械，步行机械的运动方程主要是指足端运动轨迹方程、质心位置变化方程和仿生机械腿机构的动力学方程。足端运动轨迹方程为机械腿机构的尺度设计和位姿控制提供理论依据；质心位置变化方程为身体姿态控制和稳定性分析提供理论依据，通过机械腿机构的动力学方程可求关节力矩，从而为选择关节电动机功率提供依据。下面以某机械腿机构为例说明，其他类型机构可参照此方法进行计算。

步行机器人机械腿的运动是多变量的非线性运动，关节自由度越多，动力学模型越复杂，求解越难。为了简化模型，忽略髋关节的侧摆运动，只考虑前进方向的运动，这样步行机构可简化为平面机构。设步行机构为 4 自由度关节机构，即髋关节、膝关节、踝关节和脚尖关节，其中脚尖关节是假定的虚拟关节。即在着地相(支撑期阶段)，脚部运动简化为绕脚尖的瞬时转动，如图 4-26(a)所示。

仿生机械在行走过程中，处于着地相的腿可按照 3 自由度的倒立摆处理，如图 4-26(b)

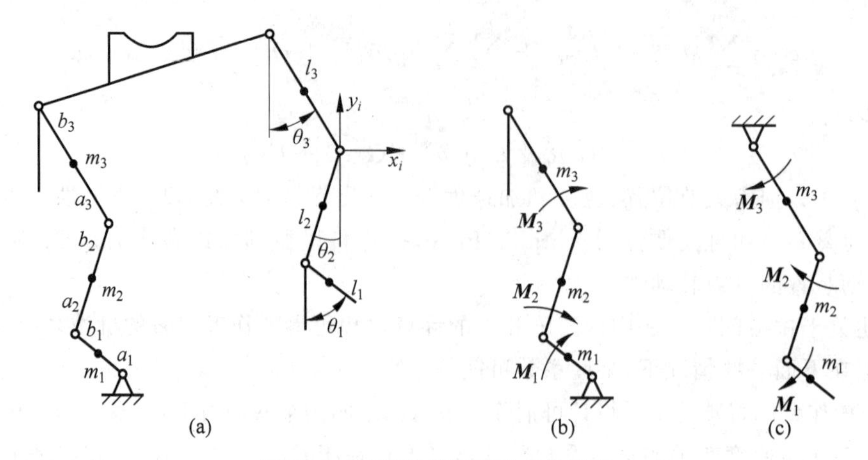

图 4-26　关节机械腿的动力学模型

(a) 着地相双腿机构；(b) 倒立摆；(c) 悬空摆动

所示。处于悬空摆动的腿可按照 3 自由度的复摆处理，如图 4-26(c)所示。拉格朗日方程是求解多自由度的机构动力学问题的常用方法，适合建立并求解步行机械腿的动力学方程。

机械腿机构的动能与势能分别为

$$E=\frac{1}{2}J_1\dot{\theta}_1^2+\frac{1}{2}J_2\dot{\theta}_2^2+\frac{1}{2}J_3\dot{\theta}_3^2+\frac{1}{2}m_1(\dot{x}_1^2+\dot{y}_1^2)+\frac{1}{2}m_2(\dot{x}_2^2+\dot{y}_2^2)+\frac{1}{2}m_3(\dot{x}_3^2+\dot{y}_3^2) \tag{4-54}$$

$$U=m_1ga_1\cos\theta_1+m_2g(l_1\cos\theta_1+a_2\cos\theta_2)+m_3g(l_1\cos\theta_1+l_2\cos\theta_2+a_3\cos\theta_3) \tag{4-55}$$

式中，J_i 为连杆 i 绕其质心的转动惯量；l_i 为连杆 i 的长度；x_i、y_i 为连杆 i 质心点在基础坐标系中的坐标；a_i 为连杆 i 质心到其下端铰链的距离；θ_i 为连杆 i 相对基础坐标系的绝对转角。

将拉格朗日函数及动能与势能代入拉格朗日方程，可求解出着地支承相和悬空摆动相的两种状态的微分方程。参照图 4-26(b)，着地支承相的腿机构的 3 个微分方程为

$$\begin{cases}[J_1+m_1a_1^2+(m_1+m_2)l_1^2]\ddot{\theta}_1+[m_2l_1l_2\cos(\theta_1-\theta_2)+m_3l_1l_2\cos(\theta_1-\theta_2)]\ddot{\theta}_2+\\ \quad[m_3l_1a_3\cos(\theta_1-\theta_2)]\ddot{\theta}_3-(m_1ga_1+m_2gl_1+m_3gl_1)\sin\theta_1=M_1-(M_2-M_3)\\ [m_2l_1a_2\cos(\theta_1-\theta_2)+m_3l_1l_2\cos(\theta_1-\theta_2)]\ddot{\theta}_1+(J_2+m_2\alpha_2^2+m_3l_2^2)\ddot{\theta}_2+\\ \quad[m_3l_2a_3\cos(\theta_2-\theta_3)]\ddot{\theta}_3-(m_2ga_2+m_3gl_2)\sin\theta_2=M_2-M_3\\ [m_3l_2a_3\cos(\theta_1-\theta_3)]\ddot{\theta}_1-m_3l_2a_3\cos(\theta_2-\theta_3)\ddot{\theta}_2+(J_2+m_3\alpha_3^2)\ddot{\theta}_3-m_3ga_3\sin\theta_3=M_3\end{cases} \tag{4-56}$$

通过 3 个微分方程，可求解着地状态的 3 个关节驱动力矩未知数。实际工程，计算着地相的关节力矩时，必须要考虑身体的质量。参照图 4-26(c)，悬空摆动相的腿机构的 3 个微分方程为

$$\begin{cases}[J_3+m_3b_3^2+(m_1+m_2)l_3^2]\ddot{\theta}_3+[m_2l_3b_2\cos(\theta_3-\theta_2)+m_1l_3l_2\cos(\theta_3-\theta_2)]\ddot{\theta}_2+\\ \quad [m_1l_3b_1\cos(\theta_3-\theta_1)]\ddot{\theta}_1+(m_3gb_3+m_2gl_3+m_1gl_3)\sin\theta_3=M_3-(M_2-M_1)\\ [m_2l_3b_2\cos(\theta_3-\theta_2)+m_3l_3l_2\cos(\theta_3-\theta_2)]\ddot{\theta}_3+(J_2+m_2b_2^2+m_1l_2^2)\ddot{\theta}_2+\\ \quad [m_1l_2b_1\cos(\theta_2-\theta_1)]\ddot{\theta}_1+(m_2gb_2+m_1gl_2)\sin\theta_2=M_2-M_1\\ [m_1l_3b_1\cos(\theta_3-\theta_1)]\ddot{\theta}_3-m_1l_2b_1\cos(\theta_3-\theta_2)\ddot{\theta}_2+(J_1+m_1b_1^2)\ddot{\theta}_1+m_1gb_1\sin\theta_1=M_1\end{cases} \tag{4-57}$$

式中，b_i 为连杆 i 质心到其上端铰链的距离；M_1 为作用在连杆关节处的驱动力矩。

悬空摆动相也有 3 个微分方程，可求解悬空摆动状态的 3 个关节驱动力矩未知数。

4.5.2　二杆机械手动力学方程及控制力矩求解

二杆机械手如图 4-27 所示。上臂 AB、下臂 BC 和手部 C，在回转副 A 处，在机座上安装有伺服电机（连同减速装置），它产生控制力矩 $\boldsymbol{M}_1$ 带动整个机械手动作。在回转副 B 处，在上臂的端部安装有伺服电机，产生控制力矩 $\boldsymbol{M}_2$ 带动下臂相对上臂转动。设 AB、BC 两臂的长度分别为 l_1 和 l_2，B 处伺服电机和减速装置的质量为 m_1，手部 C 握持的重物质量为 m_2，臂的自重忽略不计。分析二杆机械手在铅垂平面内运动。

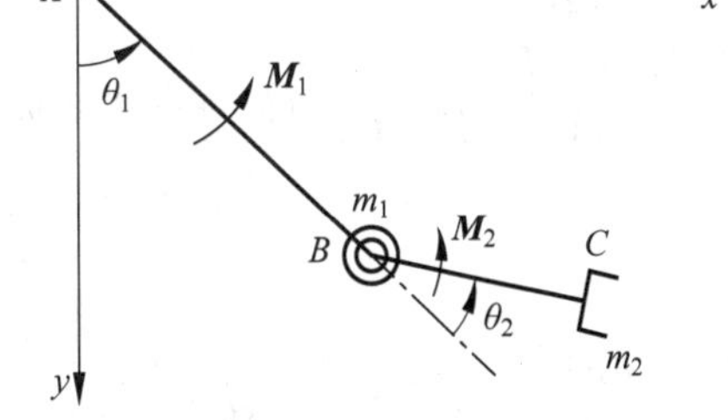

图 4-27　二杆机械手动力学模型

1. 建立广义坐标

该系统为一个二自由度系统，取两杆的角位移 θ_1、θ_2 为广义坐标。θ_1、θ_2 描述了关节处电机的运动，称为关节坐标。手部的运动用 C 点的坐标 x_C、y_C 来描述，称为手部坐标。两组坐标之间的几何关系如下：

$$\begin{cases}x_C=l_1\sin\theta_1+l_2\sin(\theta_1+\theta_2)\\ y_C=l_1\cos\theta_1+l_2\cos(\theta_1+\theta_2)\end{cases} \tag{4-58}$$

2. 运动学参数分析

通过求解导数的方法，得到手部的速度和关节速度之间的关系：

$$\begin{cases}\dot{x}_C=\dot{\theta}_1l_1\cos\theta_1+(\dot{\theta}_1+\dot{\theta}_2)l_2\cos(\theta_1+\theta_2)\\ \dot{y}_C=-\dot{\theta}_1l_1\sin\theta_1-(\dot{\theta}_1+\dot{\theta}_2)l_2\sin(\theta_1+\theta_2)\end{cases} \tag{4-59}$$

3. 系统动能求解

$$E_k=\frac{1}{2}m_1v_B^2+\frac{1}{2}m_2v_C^2$$

其中：

$$v_C=\sqrt{\dot{x}_C^2+\dot{y}_C^2}=\sqrt{l_1^2\dot{\theta}_1^2+l_2^2(\dot{\theta}_1+\dot{\theta}_2)^2+2l_1l_2\dot{\theta}_1(\dot{\theta}_1+\dot{\theta}_2)\cos\theta_2}$$

$$v_B=l_1\dot{\theta}_1$$

得

$$E_k=\frac{1}{2}(m_1+m_2)l_1^2\dot{\theta}_1^2+m_2l_1l_2\dot{\theta}_1(\dot{\theta}_1+\dot{\theta}_2)\cos\theta_2+\frac{1}{2}m_2l_2^2(\dot{\theta}_1+\dot{\theta}_2)^2$$

可见，动能是广义坐标和广义速度的函数。

4. 势能计算

取回转副 A 为零势能位置，求解系统势能为

$$E_p=-m_1gl_1\cos\theta_1-m_2g[l_1\cos\theta_1+l_2\cos(\theta_1+\theta_2)]$$

5. 列写拉格朗日方程中所需要的偏导数

$$\frac{\partial E_k}{\partial\dot{\theta}_1}=(m_1+m_2)l_1^2\dot{\theta}_1+m_2l_1l_2\dot{\theta}_2\cos\theta_2+2m_2l_1l_2\dot{\theta}_1\cos\theta_2+m_2l_2^2(\dot{\theta}_1+\dot{\theta}_2)$$

$$\frac{\mathrm{d}}{\mathrm{d}t}\left(\frac{\partial E_k}{\partial\dot{\theta}_1}\right)=(m_1+m_2)l_1^2\ddot{\theta}_1+m_2l_1l_2\ddot{\theta}_2\cos\theta_2-m_2l_1l_2\dot{\theta}_2^2\sin\theta_2+$$
$$2m_2l_1l_2\ddot{\theta}_1\cos\theta_2-2m_2l_1l_2\dot{\theta}_1\dot{\theta}_2\sin\theta_2+m_2l_2^2(\ddot{\theta}_1+\ddot{\theta}_2)$$

$$\frac{\partial E_k}{\partial\dot{\theta}_2}=m_2l_2^2(\dot{\theta}_1+\dot{\theta}_2)+m_2l_1l_2\dot{\theta}_1\cos\dot{\theta}_2$$

$$\frac{\mathrm{d}}{\mathrm{d}t}\left(\frac{\partial E_k}{\partial\dot{\theta}_2}\right)=m_2l_2^2(\ddot{\theta}_1+\ddot{\theta}_2)+m_2l_1l_2\ddot{\theta}_1\cos\theta_2-m_2l_1l_2\dot{\theta}_1\dot{\theta}_2\sin\theta_2$$

$$\frac{\partial E_k}{\partial\theta_1}=0$$

$$\frac{\partial E_k}{\partial\theta_2}=-m_2l_1l_2\dot{\theta}_1(\dot{\theta}_1+\dot{\theta}_2)\sin\theta_2$$

$$\frac{\partial K_p}{\partial\theta_1}=(m_1+m_2)gl_1\sin\theta_1+m_2gl_2\sin(\theta_1+\theta_2)$$

$$\frac{\partial K_p}{\partial\theta_2}=m_2gl_2\sin(\theta_1+\theta_2)$$

6. 动力学微分方程组

将上述各式代入拉格朗日方程：

$$\begin{cases}D_{11}\ddot{\theta}_1+D_{12}\ddot{\theta}_2+D_{111}\dot{\theta}_1^2+D_{122}\dot{\theta}_2^2+D_{112}\dot{\theta}_1\dot{\theta}_2+D_{121}\dot{\theta}_2\dot{\theta}_1+D_1=M_1\\D_{21}\ddot{\theta}_1+D_{22}\ddot{\theta}_2+D_{211}\dot{\theta}_1^2+D_{222}\dot{\theta}_2^2+D_{212}\dot{\theta}_1\dot{\theta}_2+D_{221}\dot{\theta}_2\dot{\theta}_1+D_2=M_2\end{cases}\tag{4-60}$$

写成矩阵形式：

$$\begin{bmatrix}D_{11}&D_{12}\\D_{21}&D_{22}\end{bmatrix}\begin{bmatrix}\ddot{\theta}_1\\\ddot{\theta}_2\end{bmatrix}+\begin{bmatrix}D_{111}&D_{122}\\D_{211}&D_{222}\end{bmatrix}\begin{bmatrix}\dot{\theta}_1^2\\\dot{\theta}_2^2\end{bmatrix}+\begin{bmatrix}D_{112}&D_{121}\\D_{212}&D_{221}\end{bmatrix}\begin{bmatrix}\dot{\theta}_1\dot{\theta}_2\\\dot{\theta}_2\dot{\theta}_1\end{bmatrix}+\begin{bmatrix}D_1\\D_2\end{bmatrix}=\begin{bmatrix}M_1\\M_2\end{bmatrix}\tag{4-61}$$

式中，各系数的物理意义如下。

(1) 有效惯量 D_{ii}

$$D_{11}=(m_1+m_2)l_1^2+m_2l_2^2+2m_2l_1l_2\cos\theta_2$$

$$D_{22}=m_2l_2^2$$

D_{ii} 称为关节 i 的有效惯量，因为关节 i 的加速度 $\ddot{\theta}_i$ 将在关节 i 处产生一个等于 $D_{ii}\ddot{\theta}_i$ 的惯性力矩。

（2）耦合惯量 $D_{ij}(i \neq j)$

$$D_{12}=D_{21}=m_2 l_2^2+m_2 l_1 l_2 \cos\theta_2$$

D_{ij} 称为关节 i 和 j 间的耦合惯量，因为关节 i 或 j 的加速度 $\ddot{\theta}_i$ 或 $\ddot{\theta}_j$ 将在关节 i 或 j 处分别产生一个等于 $D_{ij}\ddot{\theta}_i$ 或 $D_{ij}\ddot{\theta}_j$ 的惯性力矩。

（3）向心加速度系数 D_{ijj}

$$D_{111}=0, \quad D_{122}=-m_2 l_1 l_2 \sin\theta_2,$$

$$D_{222}=0, \quad D_{211}=m_2 l_1 l_2 \sin\theta_2$$

$D_{ijj}\dot{\theta}_j^2$ 项是由于关节 j 的速度 $\dot{\theta}_j$ 在关节 i 处引起的向心力。

（4）科氏加速度系数 D_{ijk}

$$D_{112}=D_{121}=-m_2 l_1 l_2 \sin\theta_2$$

$$D_{212}=D_{221}=0$$

$(D_{ijk}\dot{\theta}_j\dot{\theta}_k+D_{ikj}\dot{\theta}_k\dot{\theta}_j)$由于关节 j 或 k 处的速度 $\dot{\theta}_j$ 或 $\dot{\theta}_k$ 引起的作用于关节 i 处的科氏力。

（5）重力影响项 D_i

$$D_1=(m_1+m_2)g l_1 \sin\theta_1+m_2 g l_2 \sin(\theta_1+\theta_2)$$

$$D_2=m_2 g l_2 \sin(\theta_1+\theta_2)$$

D_i 表示关节 i 处的重力影响项。

所有这些系数均为广义坐标 θ_1 和 θ_2 的函数，同时也和质量 m_1、m_2 及臂长 l_1、l_2 有关。在机械手的质量和臂长参数确定之后，若要使机械手实现给定运动规律 $\theta_1(t)$ 和 $\theta_2(t)$，则可由方程(4-60)求出应施加于关节 A、B 处的控制力矩 $M_1(t)$ 和 $M_2(t)$。

例如，要求某机械臂（不考虑重力）的两个臂杆同时处于向下位置（见图 4-28），按照给定运动规律（位移曲线如图 4-29 所示、速度参数的运动规律（等加速-等速-等减速）如图 4-30 所示）分别转过 90°，在 3s 内将重物由 C_1 点搬运到 C_2 点。

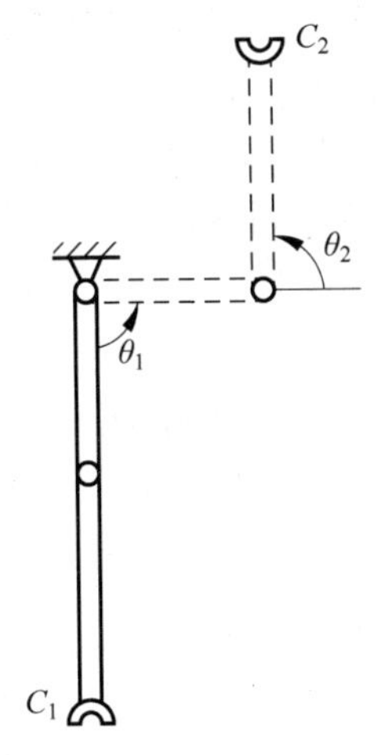

图 4-28　机械手的运动位置要求

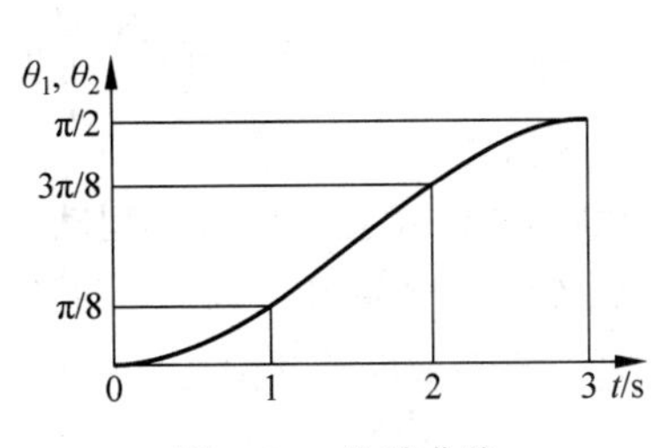

图 4-29　位移曲线

在实际工程中，为了所求控制力矩的连续性（控制力矩曲线无突变、奇点），两臂的角加速度也应有一定的要求（变化较为平缓等），如图 4-31 所示。图 4-32 为所求出的控制力矩。

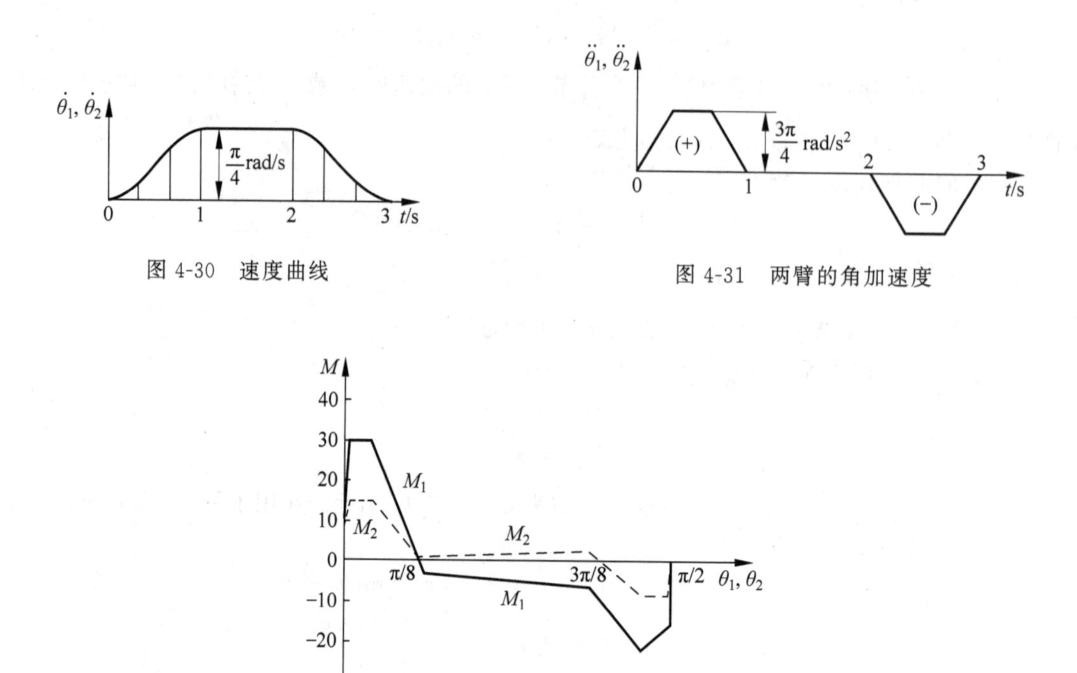

图 4-30　速度曲线

图 4-31　两臂的角加速度

图 4-32　控制力矩

4.5.3　凯恩方法与机械臂动力学建模

1. 凯恩方法

凯恩方法是建立一般多自由度系统动力学方程的一种普通方法。这种方法实质上是将达朗贝尔原理直接用于广义坐标系中，从而又称为广义坐标中的动态静力学方法。在建立方程的过程中，不仅与拉格朗日方程类似地将外力（在此称主动力）转换为广义主动力，而且把惯性力也转换成广义惯性力，使二者之和为零，得到动力学方程，因此不需要推导系统的动能表达式，方程中也不出现约束反力。凯恩方程的一般表达式如下：

$$\sum_{p=1}^{P} \boldsymbol{F}_p^{(r)} + \sum_{m=1}^{M} \boldsymbol{F}_m^{*(r)} = \boldsymbol{0} \tag{4-62}$$

其中，$\boldsymbol{F}_p^{(r)}$ 为广义坐标中的主动力，即广义力；$\boldsymbol{F}_m^{*(r)}$ 为广义坐标中的惯性力；$r=1,2,\cdots,n$ 为广义坐标数。

2. 用凯恩方法建立机械臂模型动力学方程的步骤

用凯恩方法建立如图 4-33 所示的机械臂模型动力学方程的步骤如下。

(1) 建立固定坐标系并定义系统的广义坐标

$Oxyz$ 为固定坐标系，沿 x、y、z 三个方向的单位向量为 $\boldsymbol{e}_1^{(0)}$、$\boldsymbol{e}_2^{(0)}$、$\boldsymbol{e}_3^{(0)}$，选择两构件的转角 θ_1、θ_2 为广义坐标 q_1、q_2。

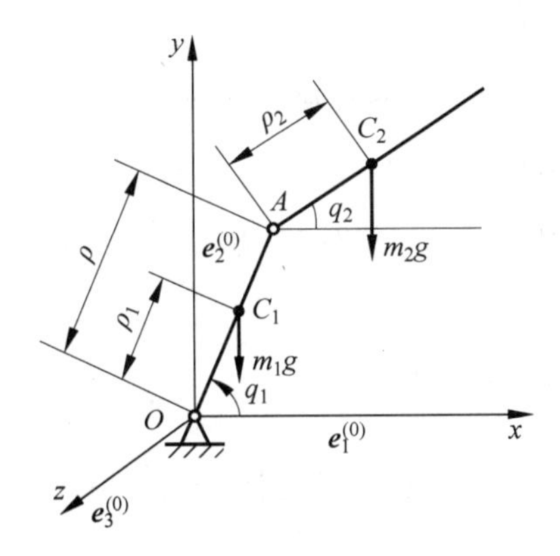

图 4-33　机械臂的力学模型

(2) 机构位置分析

用向量 $\boldsymbol{L}_i$ 表示质心位置，有

$$\begin{cases}\boldsymbol{L}_1=\rho_1\cos q_1\boldsymbol{e}_1^{(0)}+\rho_1\sin q_1\boldsymbol{e}_2^{(0)}\\ \boldsymbol{L}_2=l_1\cos q_1\boldsymbol{e}_1^{(0)}+l_1\sin q_1\boldsymbol{e}_2^{(0)}+\rho_2\cos q_2\boldsymbol{e}_1^{(0)}+\rho_2\sin q_2\boldsymbol{e}_2^{(0)}\\ \boldsymbol{\theta}_1=q_1\boldsymbol{e}_3^{(0)}\\ \boldsymbol{\theta}_2=q_2\boldsymbol{e}_3^{(0)}\end{cases}\tag{4-63}$$

(3) 构件运动学参数

定义广义坐标对时间的导数为广义速度，得到构件质心速度和各个角速度为

$$\begin{cases}\boldsymbol{V}_{c1}=\rho_1u_1(-\sin q_1\boldsymbol{e}_1^{(0)}+\cos q_1\boldsymbol{e}_2^{(0)})\\ \boldsymbol{V}_{c2}=l_1u_1(-\sin q_1\boldsymbol{e}_1^{(0)}+\cos q_1\boldsymbol{e}_2^{(0)})+\rho_2u_2(-\sin q_2\boldsymbol{e}_1^{(0)}+\cos q_2\boldsymbol{e}_2^{(0)})\\ \dot{\boldsymbol{\theta}}_1=\boldsymbol{\omega}_1=u_1\boldsymbol{e}_3^{(0)}\\ \dot{\boldsymbol{\theta}}_2=\boldsymbol{\omega}_2=u_2\boldsymbol{e}_3^{(0)}\end{cases}\tag{4-64}$$

再次对时间微分，得到相应的质心加速度和各个角加速度：

$$\begin{cases}\boldsymbol{a}_{c1}=-\rho_1(\dot{u}_1\sin q_1+u_1^2\cos q_1)\boldsymbol{e}_1^{(0)}+\rho_1(\dot{u}_1\cos q_1-u_1^2\sin q_1)\boldsymbol{e}_2^{(0)}\\ \boldsymbol{a}_{c2}=-[l_1(\dot{u}_1\sin q_1+u_1^2\cos q_1)+\rho_2(\dot{u}_2\sin q_2+u_2^2\cos q_2)]\boldsymbol{e}_1^{(0)}+\\ \qquad[l_1(\dot{u}_1\cos q_1+u_1^2\sin q_1)+\rho_2(-\dot{u}_2\cos q_2+u_2^2\sin q_2)]\boldsymbol{e}_2^{(0)}\\ \ddot{\boldsymbol{\theta}}_1=\dot{u}_1\boldsymbol{e}_3^{(0)}\\ \ddot{\boldsymbol{\theta}}_2=\dot{u}_2\boldsymbol{e}_3^{(0)}\end{cases}\tag{4-65}$$

(4) 机构主动力和惯性力

由于铰链处有驱动器，故在 OA 杆上除 $\boldsymbol{M}_1$ 外，还有力矩 $\boldsymbol{M}_2$ 作用在其上。主动力(矩)为

$$\begin{cases}\boldsymbol{F}_1=-m_1g\boldsymbol{e}_2^{(0)}\\ \boldsymbol{F}_2=-m_2g\boldsymbol{e}_2^{(0)}\\ \boldsymbol{M}_1=M_1\boldsymbol{e}_3^{(0)}\\ \boldsymbol{M}_2=M_2\boldsymbol{e}_3^{(0)}\end{cases}\tag{4-66}$$

惯性力(矩)为

$$\left\{\begin{aligned}&\boldsymbol{F}_1^* = m_1\rho_1(\dot{u}_1\sin q_1 + u_1^2\cos q_1)\boldsymbol{e}_1^{(0)} - m_1\rho_1(\dot{u}_1\cos q_1 - u_1^2\sin q_1)\boldsymbol{e}_2^{(0)}\\&\boldsymbol{F}_2^* = m_2[l_1(\dot{u}_1\sin q_1 + u_1^2\cos q_1) + \rho_2(\dot{u}_2\sin q_2 + u_2^2\cos q_2)]\boldsymbol{e}_1^{(0)} -\\&\qquad m_2[l_1(\dot{u}_1\cos q_1 + u_1^2\sin q_1) + \rho_2(-\dot{u}_2\cos q_2 + u_2^2\sin q_2)]\boldsymbol{e}_2^{(0)}\\&\boldsymbol{M}_1^* = -J_1\ddot{\theta}_1\boldsymbol{e}_3^{(0)} = -J_1\dot{u}_1\boldsymbol{e}_3^{(0)}\\&\boldsymbol{M}_2^* = -J_2\ddot{\theta}_2\boldsymbol{e}_3^{(0)} = -J_2\dot{u}_2\boldsymbol{e}_3^{(0)}\end{aligned}\right. \tag{4-67}$$

(5) 广义力求解

将主动力和惯性力转换到广义坐标中的方法与用拉格朗日方程求广义力相同。可得力的转换矩阵为

$$\boldsymbol{U}_F = \begin{bmatrix}\dfrac{\partial \mathbf{V}_{c1}}{\partial u_1} & \dfrac{\partial \mathbf{V}_{c2}}{\partial u_1}\\ \dfrac{\partial \mathbf{V}_{c1}}{\partial u_2} & \dfrac{\partial \mathbf{V}_{c2}}{\partial u_2}\end{bmatrix} = \begin{bmatrix}\rho_1(-\sin q_1\boldsymbol{e}_1^{(0)} + \cos q_1\boldsymbol{e}_2^{(0)}) & l_1(-\sin q_1\boldsymbol{e}_1^{(0)} + \cos q_1\boldsymbol{e}_2^{(0)})\\ \mathbf{0} & \rho_2(-\sin q_2\boldsymbol{e}_1^{(0)} + \cos q_2\boldsymbol{e}_2^{(0)})\end{bmatrix} \tag{4-68}$$

力矩的转换矩阵为

$$\boldsymbol{U}_M = \begin{bmatrix}\dfrac{\partial \boldsymbol{\omega}_1}{\partial u_1} & \dfrac{\partial \boldsymbol{\omega}_2}{\partial u_1}\\ \dfrac{\partial \boldsymbol{\omega}_1}{\partial u_2} & \dfrac{\partial \boldsymbol{\omega}_2}{\partial u_2}\end{bmatrix} = \begin{bmatrix}\boldsymbol{e}_3^{(0)} & \mathbf{0}\\ \mathbf{0} & \boldsymbol{e}_3^{(0)}\end{bmatrix} \tag{4-69}$$

广义主动力为

$$\boldsymbol{F} = \boldsymbol{U}_F[\boldsymbol{F}_1, \boldsymbol{F}_2]^{\mathrm{T}} + \boldsymbol{U}_M[\boldsymbol{M}_1 - \boldsymbol{M}_2, \boldsymbol{M}_2]^{\mathrm{T}} \tag{4-70}$$

广义惯性力为

$$\boldsymbol{F}^* = \boldsymbol{U}_F[\boldsymbol{F}_1^*, \boldsymbol{F}_2^*]^{\mathrm{T}} + \boldsymbol{U}_M[\boldsymbol{M}_1^*, \boldsymbol{M}_2^*]^{\mathrm{T}} \tag{4-71}$$

系统的动力方程表示为

$$\boldsymbol{F} + \boldsymbol{F}^* = \mathbf{0} \tag{4-72}$$

展开可写成

$$F^{(r)} + F^{*(r)} = 0, \quad r = 1,2 \tag{4-73}$$

将式(4-66)、式(4-67)代入式(4-70)、式(4-71),得到广义主动力和广义惯性力后再代入式(4-72),可得

$$\left\{\begin{aligned}&(m_1\rho_1^2 + m_2 l_1^2 + J_1)\dot{u}_1 + m_2\rho_2 l_1\cos(q_1 - q_2)\dot{u}_2 + m_2\rho_2 l_1\sin(q_1 - q_2)u_2^2 +\\&\quad (m_1 g\rho_1 + m_2 g l_1)\cos q_1 - M_1 + M_2 = 0\\&m_2\rho_2 l_1\cos(q_1 - q_2)\dot{u}_1 + (m_2\rho_2^2 + J_2)\dot{u}_2 - m_2\rho_2 l_1\sin(q_1 - q_2)u_1^2 + m_2 g\rho_2\cos q_2 - M_2 = 0\end{aligned}\right. \tag{4-74}$$

凯恩方法同样适用于闭链机构,如四杆机构、曲柄滑块机构等。

4.6 拟人机器人动力学建模简介

4.6.1 下肢假肢机构的动力学分析

下肢机构的仿生构形设计一直是拟人机器人与康复假肢研究的重要课题。通过测量、

分析健康人体下肢结构构形与步态模式特征，利用相似性原理，对下肢假肢机构进行仿生设计，结合实际样机实验分析，所设计的下肢机构在运动学和力学规划模式上逼近真实人体，能够实现拟人化的功能代偿，也可为机器人的拟人化设计提供设计参数和实验对比的依据。

下肢系统构形设计的主要任务是明确构成元素之间的关系（总体构形设计）和构成元素本身的形状（零部件构形设计），绘制完成装配方案。对于拟人机器人及康复假肢的设计，需要在功能和外部形态上逼近人体这部灵巧精密的超级机器，许多学者对其仿生设计进行了长时间的探索，利用解剖学基础和肌腱模型进行假肢与人体的类比设计，结合仿生理论和生物肌电控制技术，针对人体在特定动作中的协调控制模式研制出全方位仿生膝关节。特别是在人体运动内在规律的实验研究、控制模式的参数化描述。

首先是下肢结构特征与构形简化。人体下肢结构虽然有众多的肌肉群，但是对于拟人机器人与康复假肢设计来说，可以抓住主要特征简化。在矢状面内，驱动下肢的肌肉按位置与功能主要分为 10 块。分别为：①臀大肌（GMAX）；②腘绳肌群（HAMS）；③股直肌（RF）；④股肌群（VAS）；⑤腓肠肌（GAS）；⑥胫骨前肌（TA）；⑦跖屈肌群（OPF）；⑧比目鱼肌（SOL）；⑨髂腰肌（ILIP），包括髂肌（iliacus）和腰大肌（psoas major）；⑩长收肌（ADDL，adductor longus）。

仿生设计中，根据下肢肌肉跨越的关节数目及是否有滑轮作用，肌肉跨越关节的基本形式可分为以下 4 种（见图 4-34）：

图 4-34(a)跨单关节，无滑轮作用，如 GMAX，TA，OPF，SOL，ILIP，ADDL。

图 4-34(b)跨单关节，有滑轮作用，如 VAS。

图 4-34(c)跨双关节，无滑轮作用，如 HAMS，GAS。

图 4-34(d)跨双关节，有滑轮作用，如 RF。

10 块肌肉在矢状面内的分布，可以用类似机械图方式绘制，用相似原理（10 个拉伸弹簧跨越关节，关节的转子用滑轮仿生），拟定的仿生方式布置的空间结构，如图 4-35 所示。这也作为仿生结构设计的目标之一。

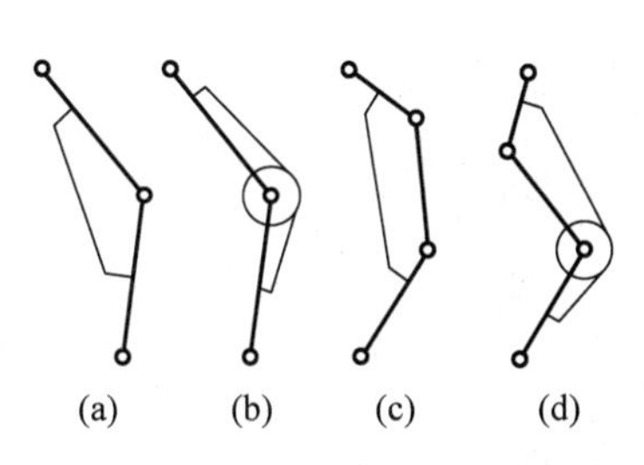

图 4-34　肌肉跨越关节基本形式

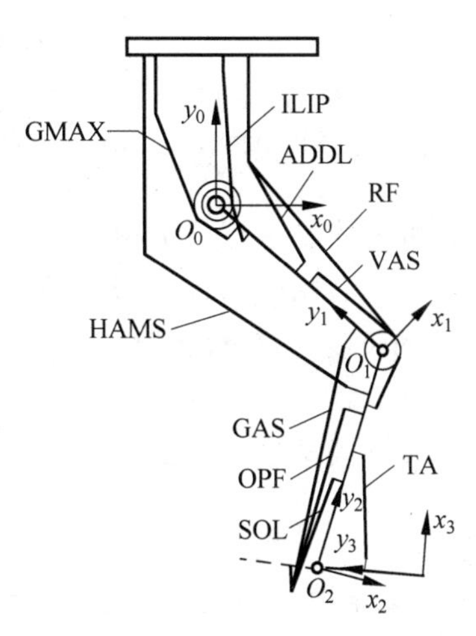

图 4-35　下肢仿生结构和驱动力模型

其次是冗余肌肉力分析与力学规划模式。

为了进一步利用人体下肢基本结构指导拟人机器人与康复假肢的设计，通过实验研究和肌骨模型进行模拟计算，求解不同步态时各肌肉的协同关系和控制时序。举例来说，可以得到平地快速行走时摆动期时间归一化的肌肉力作用曲线。表明人体在做熟练动作中具有较为固定的力学规划模式，拟人机器人及康复假肢设计的机构、控制方式、弹簧系统的特性曲线也应力求满足相似性原理，逼近人体的力学规划模式，提高功能代偿能力。同时，人体下肢连杆机构的系统参数(包括骨骼节段的长度、节段的质量和转动惯量)、各节段的长度比例、动力源的布置结构均为仿生构形设计的目标之一。

4.6.2　灵巧手指运动协调模型

以食指触点动作为例分析。通过对多样本实验分析、比较，发现人的手指运动轨迹和速度等均具有较为一定的运动学特征模式，或者说具有某种“不变性的特征”，说明人体对于手指特定动作具有较为稳定的控制模式。

以下为冗余肌肉力分析过程。

采用约束优化技术求解每一时刻各肌肉作用力。在运动过程的每一时刻，根据反向动力学求得的净关节力矩矩阵 $\boldsymbol{M}_{\mathrm{net}}$，结合生物约束，可有 7 个方程，但是食指的肌肉肌腱共有 10 条(见图 4-36)，有 10 个未知的肌肉作用力。这仍然是冗余肌肉力求解问题，需要引入优化方法才能得到肌肉力解。这里采用肌肉应力平方和最小作为优化目标，即

$$J=\min\left[\sum\left(\frac{P_i}{\mathrm{PCSA}_i}\right)^2\right] \tag{4-75}$$

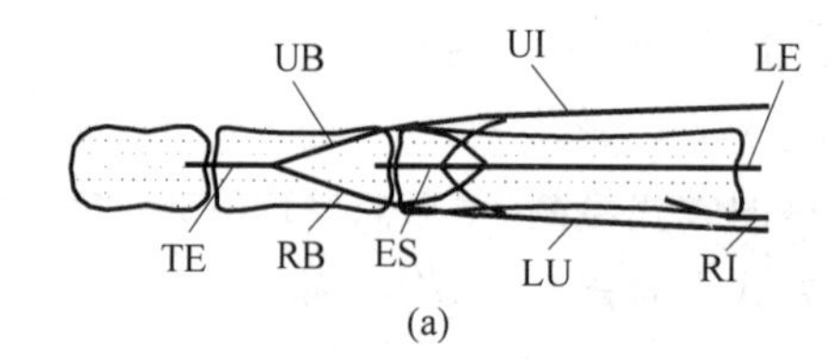

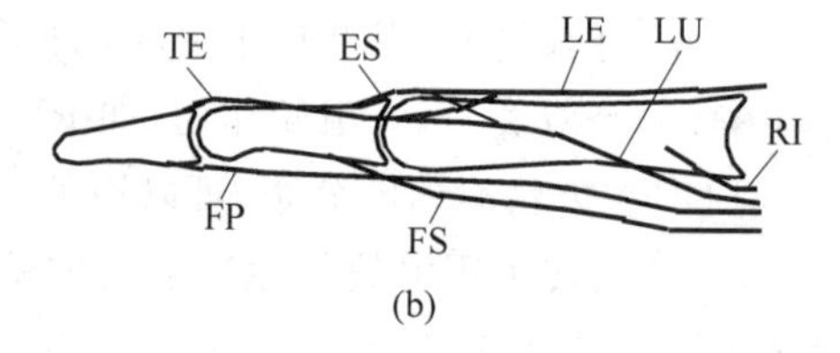

图 4-36　食指肌肉和肌腱分布图

(a) 背向视图；(b) 桡向视图

LE—长伸肌；RB—桡侧肌；ES—指伸肌腱束；UB—尺侧带；LU—蚓状肌；UI—尺侧骨间肌；TE—终腱；RI—桡侧骨间肌；FP—指深屈肌；FS—指浅屈肌

由于需要确定食指连杆机构的系统参数，包括连杆的长度、连杆的质量和中心惯量。设连杆的长度等于各指节的长度，并测量出中节指节的长度，根据模型的参数，按比例计算得到其他指节的长度。以下说明快速触点动作的最优控制求解。

(1) 目标函数

以食指掌指关节最快速触点运动为分析对象，其优化目标为

$$J=\min\int_0^T \mathrm{d}t \tag{4-76}$$

其中，T 为掌指关节快速触点运动所需的时间。

考虑到很多情况下，只要求人手指能够迅速触摸物体，而不要求末端的速度和加速度，因而我们只要求到达末端位置的时间最小，而不考虑末端的速度和加速度的大小。

初始条件：当 $t=0$ 时，假设肌肉力的初始值的分布服从令肌肉应力的平方和为最小的优化准则，利用非线性优化方法可以得到肌肉力的初始值。

（2）肌肉肌腱参数的选择

利用正向模型进行计算时，要确定静态时的最大肌肉力 F_0^M、肌肉纤维的最优长度 l_0^M（即处于静态时，肌肉产生最大收缩力时的肌肉纤维长度）、肌腱的松弛长度 l_0^T 以及肌腱的弹性系数 k^T。参照生物医学等领域的研究与测量结果，掌指关节所涉及的 6 条肌肉的肌腱系数是确定的。

运动学正解可以得到掌指关节的角速度和角加速度曲线。从速度曲线可以看出食指的屈曲运动与机械的阻尼振荡相似，存在很明显的速度阻尼，其振动周期约为 0.02s。角加速度呈现衰减振荡，其周期与角速度波动周期近似相等。速度曲线的振荡主要是因为肌肉力-收缩速度关系的存在：当手指屈曲速度加快时，屈肌收缩速度加快，而屈肌肌肉力加速下降；而此时伸肌舒张速度加快，伸肌肌肉力变化不大；从而导致手指屈曲速度变慢。当手指屈曲速度缓慢时，屈肌肌肉力明显加强，而伸肌肌肉力变化不大，从而导致屈曲速度加大，因而速度曲线呈现振荡现象。由于肌肉力-收缩速度关系的存在，使得肢体运动速度存在一定的上限。因而可以说肌肉本身既是运动的动力源，同时也是运动的阻尼器。

动力学分析可知掌指关节快速屈曲过程中的肌肉活性变化。

其中，由于 FP、FS、RI 和 LU 的初始兴奋程度相等，而且控制也相同，所以这四条肌肉兴奋程度曲线类似，它们是协同肌群，实现运动的加速，是原动肌。另外，由于肌肉兴奋衰减时间大于兴奋上升时间，所以 LE 的兴奋程度衰减的速度要小于其他肌肉兴奋上升的速度。屈肌的兴奋水平在收缩过程中基本接近且近似满足$(1-e^{-at})$型曲线的变化规律，在运动后期接近全激活兴奋态。综上所述，作者用一种简化的方式描述这种食指触点运动结构，其肌肉本身既是运动的动力源，同时也是运动的阻尼器，如图 4-37 所示。

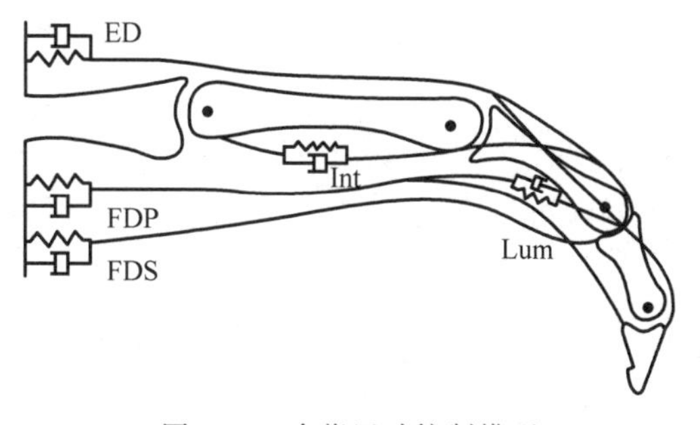

图 4-37　全指运动控制模型

根据解剖学知识，人体食指有 10 块肌肉腱驱动并由神经信号来控制三个关节运动，十分复杂。图 4-37 中用 5 个线性弹簧控制器建立食指触点的运动控制模型，即仅用 5 个主要的结构元件（仍按照相应的人手肌肉位置，但改用新的符号表示：ED、FDP、FDS、Int 和 Lum）。该模型为机器人灵巧手的设计提供生物力学基础，对拟人机器人手指关节电机的配置、设计有较大的参考价值。

食指触点运动过程中指尖、关节的空间轨迹具有相对固定的结构模式，反映人手在慢速、快速运动中均具有普遍相似的协调规律；人手运动过程中，肌肉时刻发生着复杂的化学反应，即使肌肉力和肌肉长度没有发生变化，肌肉的控制信号以及肌肉的兴奋程度也发生着变化，但是不同肌肉之间协同组合稳定实现运动的加速和姿态控制，在最快屈曲中追求时间最短的指标函数。食指的众多协调性特征，可以用一种全指运动控制模型来反映其运动所依赖的结构，说明在特定动作中人手肌骨系统运动普遍存在着相对固定的结构特征和协调控制模式。这对于灵巧手设计具有重要借鉴作用。

思 考 题

4.1 以多自由度机械手的运动学分析为例，说明机器人运动学方程建立方法。

4.2 结合机器人运动学分析，试述连杆坐标系的建立方法。

4.3 如何建立齐次坐标变换矩阵？如何推导多自由度机器人操作臂动力学方程？

4.4 分析凯恩方程的基本特征，说明如何运用凯恩方法建立机械臂动力学模型。

第5章　行走式机械系统动力学模型

5.1　振动特性与动载荷

行走式机械主要指在地面或轨道上运行的机械系统，如自行式、牵引式机械装备。其中汽车、拖拉机、工程机械以及轨道列车等很常见。还有轮胎式或履带式的装载机、推土机、挖掘机、汽车起重机、铲运机等在工作过程中，由于振动、冲击载荷等，动力学问题突出。而且，各种行走式机械系统在结构、运行特点上差异大，需要结合各种工况，研究行走机械的共性问题，讨论其稳定过程和过渡过程中的建模理论及其计算方法，着重研究系统的扭转振动和横向振动等。

对于具有典型特征的车辆动力学建模分析来看，主要分为地面车辆和轨道车辆。地面车辆部分研究汽车的纵向、侧向和垂向动力学及其控制系统，此外还包括空气动力学、侧翻以及履带相关动力学内容；轨道车辆主要包括轮轨关系理论、蛇形运动与稳定性、随机响应理论、轨道车辆的纵向动力学以及轨道车辆的运行安全性等。

5.1.1　振动特性

由于行走式机械的结构特点和工况等，其振动特性有几个突出的表现形式。

(1) 在稳定工况下，传动系统受到周期性激励，产生扭转振动和弯曲振动，可能出现共振。

(2) 在受到冲击载荷的激励，将产生受迫振动。如在起步、换挡和制动时，产生传动系统的扭转振动和工作装置钢结构的振动。

(3) 路面不平引起的随机激励，使机械行驶系统产生随机振动。由轮胎和悬架等弹性支承的机架，会产生单质体的多自由度振动。

(4) 液压传动系统在冲击载荷作用下的动态响应较为复杂。

5.1.2　启动与制动

启动可分为有载启动和空载启动。有载启动是指机构启动前已有外阻力作用，直至系统机构完成启动的全过程，启动时机构不存在间隙，工作装置无空行程，如挖掘机、装载机的铲斗在阻塞情况下启动，其工作物质量(或转动惯量)和原动机启动转矩越大，启动时传动机构的动载也越大。空载启动是指机构在无外阻力情况下启动，然后再加载，其第一阶段为空载加速，第二阶段为加载于工作装置，如能实现平稳地加载，动应力可减小，突然加载与有载启动的情况相似，动载较大。

制动有多种情况，如提升机构放下吊重的制动(制动器安装在原动机上或安装在卷筒轴上)、挖掘机和汽车起重机的回转平台制动等。以图5-1为例说明传动系统对车轮的制动，建立制动系统动力学简化模型进行分析。

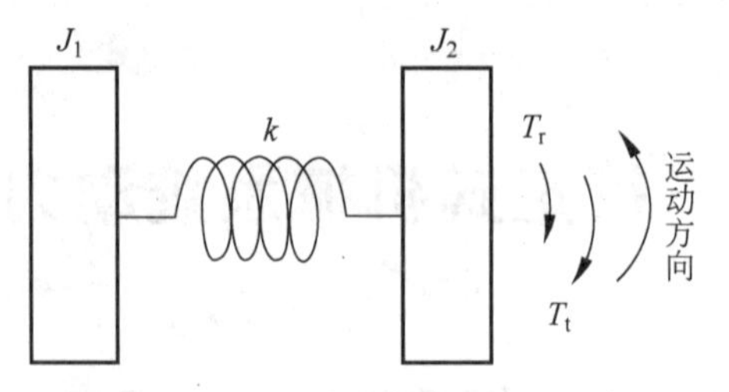

图 5-1　制动力学模型

该种情况的系统动力学微分方程如下：

$$\begin{cases}-T=J_1\ddot{\varphi}_1\\T-T_r-M_t=J_2\ddot{\varphi}_2\\T=T_r-k(\varphi_2-\varphi_1)\end{cases}\tag{5-1}$$

式中，T 为弹性构件所承受的扭矩；T_r 为制动力矩；T_t 为原动机驱动力矩（$T_t=M_t$）；J_1、J_2 为等效转动惯量。解得

$$T=\frac{(T_r+T_t)J_1}{J_1+J_2}-\frac{T_tJ_1-T_rJ_2}{J_1+J_2}\cos\omega_n t\tag{5-2}$$

式中，$\omega_n=\sqrt{\dfrac{(J_1+J_2)k}{(J_1J_2)}}$，可以求出所需最大制动力矩、最小制动力矩，分别为

$$T_{max}=\frac{2(T_r+T_t)J_1}{J_1+J_2}-T_r$$

$$T_{min}=T_r$$

5.1.3　动载荷分析

动载荷一般包括惯性载荷和振动载荷。动载荷大小通常用动力系数表示，指最大载荷与静载荷的比值，或最大应力与静应力的比值，即

$$\psi=\frac{F_s+F_d}{F_s}=\frac{F_s+F_i+F_v}{F_s}=1+\frac{F_i}{F_s}+\frac{F_v}{F_s}\tag{5-3}$$

式中，F_s 为静载荷；F_d 为动载荷；F_v 为振动载荷；F_i 为惯性载荷。

若振动载荷是由确定的激励（一般可用函数表示）产生的，通过对系统动力学模型的建立和振动微分方程的求解就可得出；如果是随机载荷，需要用统计方法进行研究，在随机载荷激励下的振动称为随机振动。在工程中，动载荷可用电测法测得，主要用于零件疲劳试验的加载依据以及用来计算零件的强度或疲劳寿命。

5.2　行驶系动力学模型

5.2.1　整车模型及简化过程

图 5-2 所示的整车简化模型，是具有七自由度模型。

在模型中，整车分为车身（质心为 m_b）、前轮（两个）、独立悬架的后轮（两个）。假定车

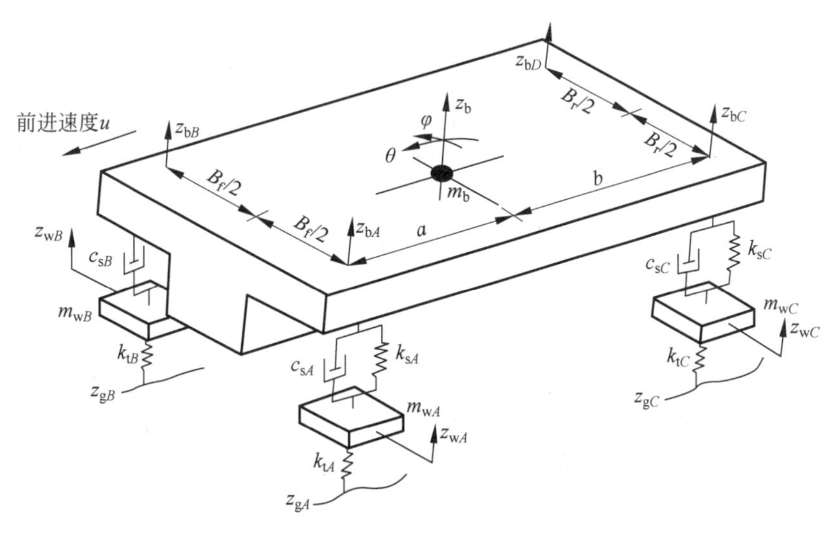

图 5-2　整车简化模型示意图

身是一个刚体，当车辆在水平面做匀速直线运动时，前进速度为 u。车身具有上下跳动、俯仰、侧倾三个自由度；两个前轮分别具有垂向运动的自由度；独立悬架的两个后轮垂向运动具有两个自由度(或表示非独立悬架中后轴的垂向跳动和侧倾转动)。

上述模型简化忽略了悬置的发动机和驾驶员及座椅。若还需考虑人体在车辆行驶过程中所受到的振动和冲击，则需要增加一个代表座椅和人体质量的垂向自由度，可形成八自由度模型。为了分析发动机动力总成悬置的影响，还可将该部分从车身质量块中独立出来，考虑其相对于车身的垂向自由度，形成一个九自由度整车系统。对于具有较长的车体或带有拖挂车的商用车辆而言，由于其车体本身的柔性变形及后挂车等影响因素，使系统建模变得更加复杂，含柔性变形的多自由度模型多种多样。由此可见，要根据实际需要来建立相应复杂程度的模型。

但是，为了能对车辆基本行驶特性分析、求解，可进一步简化模型。如在低频路面激励下，假定车辆的左右两个车轮轨迹输入具有较高的相关性，即左右轮输入基本一致，车辆通常左右对称，车辆左右两侧以相同的方式运动。在高频路面激励下，车辆所受的激励实际上大多只涉及车轮跳动，对车身运动影响甚微，这样车身左右两边的相对运动就可忽略。如图 5-3 所示，可简化成一个线性的四自由度的半车模型，模型中考虑了车身的俯仰和垂向运动、前后轴的垂向跳动。

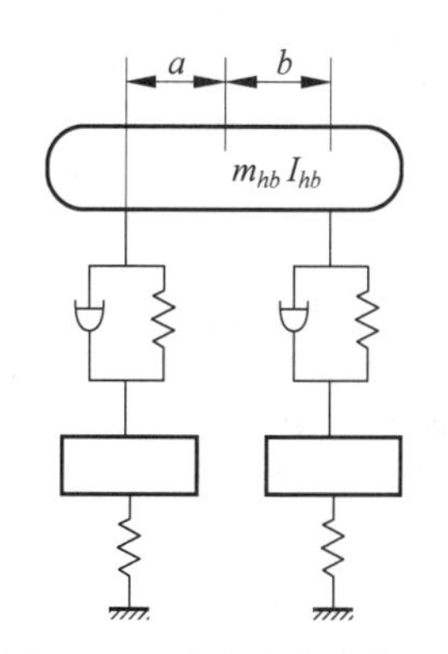

图 5-3　四自由度半车模型

结合路面的工况，也可表示成图 5-4 所示的模型示意图。即考虑到行驶系统结构上横向的对称性特点，且左右两侧地面的统计特性无大差别，图 5-4 所示为四自由度动力学模型。模型中仍然考虑了车身的俯仰 $\theta(t)$ 和垂向运动 $z(t)$、前后轴的垂直跳动。可见，该模型与图 5-3 所示模型类似。

在行驶系统的振动分析中，还可以分别考虑两种振动形式：一种是整机沿竖直方向的振动，即竖直振动(见图 5-5)；另一种是整机绕质心的角振动，即俯仰振动(见图 5-6)。

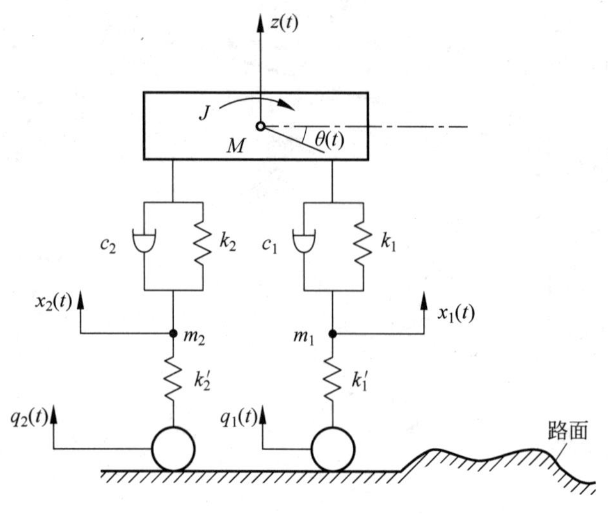

图 5-4　四自由度动力学模型

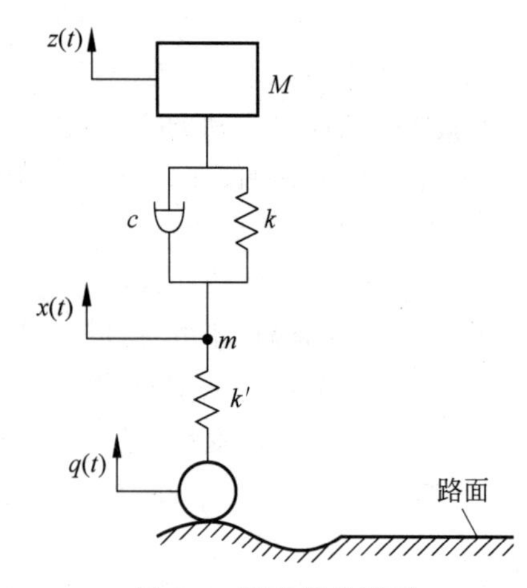

图 5-5　竖直振动模型

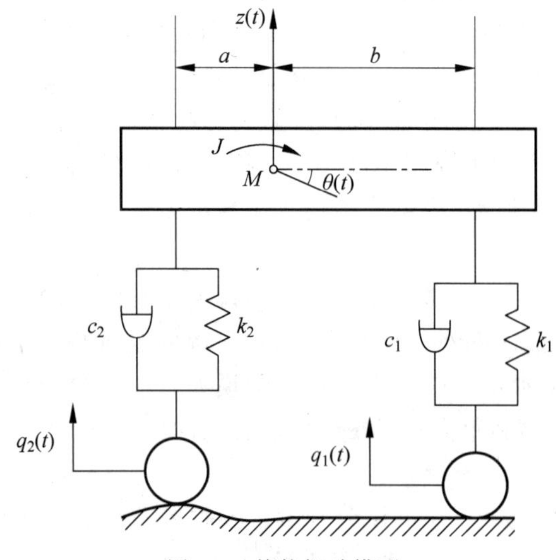

图 5-6　俯仰振动模型

这是由于竖直振动的独立性。在多数情况下,行走式机械前后桥所承受的质量,在竖直方向上的振动是相互独立的。于是,可对前后桥上的机体部分质量的振动分别进行讨论。

对于竖直振动的自由度分析来看,如图 5-5 所示。M 为前桥或后桥所支承的机体的质量,m 为车桥质量,一般地,可看作二自由度,当行驶系统无弹性悬挂时,M 与 m 合在一起成为单自由度系统。

俯仰振动也需要加以分析,比如俯仰振动的频率,考虑到整机质量比车桥质量大得多,且悬挂弹簧的弹性又比轮胎弹性好,因而车桥本身的振动频率比机体俯仰振动频率高得多,一般为 6 倍以上。

对于俯仰振动的自由度分析,在忽略车桥的振动后,整机俯仰振动可简化为二自由度系统(见图 5-6),其中 k_1 和 k_2 都是悬挂弹簧与轮胎的复合刚度系数,而车桥的质量 m 可并入总质量 M 中。

由上述分析可知,可用一个动力学等效系统来代替图 5-3 所示的半车模型,建成二自由度的车辆模型,如图 5-7 所示。

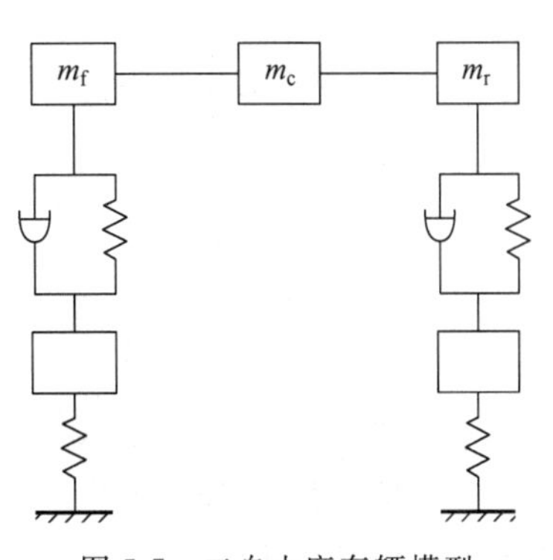

图 5-7　二自由度车辆模型

在动力学等效处理中,车辆系统的三个质量块必须满足以下三个力学条件,如下所述。

(1) 总质量不变

$$m_f + m_c + m_r = m \tag{5-4}$$

式中,m_f 为前轴处集中质量;m_c 为质心处集中质量;m_r 为后轴处集中质量。

(2) 质心位置不变

$$m_f a = m_r b \tag{5-5}$$

(3) 转动惯量不变

$$m_f a^2 + m_r b^2 = I \tag{5-6}$$

由上式可知,如果 $I = mab$,则 m_c 为零。这时前、后轴垂直方向的运动相互独立,不产生耦合。通常轿车的车辆参数大多近似满足这一条件,且 m_c 很小,说明轿车前后部分之间的相互影响很小。可见,某些情况下,模型问题可进一步简化成两个子问题,即前悬架决定 m_f 质量块的运动;后悬架决定 m_r 质量块的运动。而轮距之间任何点的运动则可由几何比例关系方便地求出。因此,对于竖直振动模型,每个子问题只需通过一个简单的单轮车辆模型来研究,如图 5-8 所示。

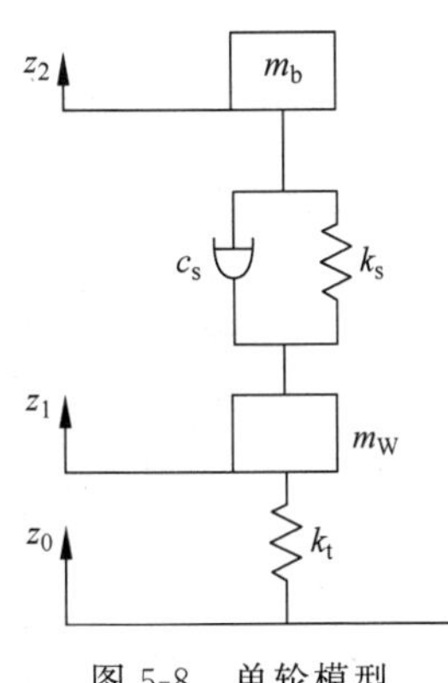

图 5-8　单轮模型

有实验表明,若以轿车为例,分别采用七、四、二自由度车辆模型计算出的车辆响应对比结果,最简单的单轮模型也能较为准确地反映车辆的基本行驶特性,从而也验证了上述简化假设过程的正确性。

需要指出的是,车辆类型很多,如小货车或重型货车,质心处集中质量 m_c 很重要,它可能导致车辆的前后质量在不同程度上相互耦合。另外,要将研究的频率范围进行限制,要以建立的车辆模型为基础,充分研究不同的类型参数对系统性能的影响,科学有效地进行动力学特性简化建模分析。

行驶系统包含车架、车桥、车轮和悬架等各个组成部分。行走车辆的振动环境复杂，行驶系统的振动激励主要来源于地面。由于地面不平度产生的激励是随机的，因此，需要用统计的方法来研究行驶系统的振源和振动载荷。

另外，从乘员的舒适性方面来看，影响乘员舒适性的振动分量频率范围分布也很宽。对于车辆乘坐舒适性，通常是以噪声(noise)、振动(vibraticln)和啸鸣(harshness)，即 NVH 来描述。针对悬架系统设计的行驶动力学建模，上述指标之间需要协调、优化。如果悬架元件只用于控制刚体模态(包括车身和车轮)，那么建模中就必须包括这些部件，如果悬架元件并非用于控制车身结构振动模态，那么模型中就不必包括这些因素。不同的研究重点可以采用特定的建模方法，在动力学模型建立时，要根据所研究问题的实际需要而选择合适复杂程度的模型。

5.2.2 单轮车辆模型方程及响应求解

如图 5-8 所示模型，应用牛顿定律，可导出单轮车辆模型的运动方程

$$m_{\mathrm{w}}\ddot{z}_1 = k_{\mathrm{t}}(z_0 - z_1) - k_{\mathrm{s}}(z_1 - z_2) - c_{\mathrm{s}}(\dot{z}_1 - \dot{z}_2) \tag{5-7}$$

$$m_{\mathrm{b}}\ddot{z}_2 = k_{\mathrm{s}}(z_1 - z_2) + c_{\mathrm{s}}(\dot{z}_1 - \dot{z}_2) \tag{5-8}$$

式中，k_{s} 为悬架弹簧刚度系数；k_{t} 为轮胎等效刚度系数；c_{s} 为悬架阻尼系数。

由式(5-7)、(5-8)，系统输入和输出具有线性关系，且系统的参数不随时间而变化，因此可对其直接进行线性频域分析。可根据由路面幅频密度表示的路面输入，求解由运动方程表示的车辆模型系统的输出。

首先来分析系统模型在单频率正弦波输入下的频率响应的求解过程。对一个线性系统，受到振幅为 Z_0、频率为 ω 的单一频率正弦波输入，其表达形式如下：

$$z_0 = Z_0 \mathrm{e}^{\mathrm{i}\omega t} \tag{5-9}$$

经一个瞬态滞后，该线性系统产生的稳态响应输出：

$$z_1 = Z_1(\omega)\mathrm{e}^{\mathrm{i}(\omega t + \phi)} = Z_1(\omega)\mathrm{e}^{\mathrm{i}\phi} z_0 \tag{5-10}$$

$$z_2 = Z_2(\omega)\mathrm{e}^{\mathrm{i}\phi} z_0 \tag{5-11}$$

输出响应频率仍为 ω，由响应时间滞后引起的相位差 ϕ 不同。对于一个单输入 z_0，系统输出状态矢量为 z，其输入和输出的关系可写为

$$\boldsymbol{z} = \boldsymbol{H}(\omega) z_0 \tag{5-12}$$

式中，$\boldsymbol{H}(\omega)$被称为频率响应函数，是一个复向量。因此，单轮车辆模型中，其车轮和车身质量块的速度和加速度可分别写为

$$\dot{z}_1 = \mathrm{i}\omega z_1, \quad \ddot{z}_1 = -\omega^2 z_1 \tag{5-13}$$

$$\dot{z}_2 = \mathrm{i}\omega z_2, \quad \ddot{z}_2 = -\omega^2 z_2 \tag{5-14}$$

将式(5-9)～式(5-11)代入到模型运动方程式(5-7)或式(5-8)中，且各项均除以 $\mathrm{e}^{\mathrm{i}\omega t}$，则得到矩阵形式表达的单轮模型的运动方程，即

$$\begin{bmatrix} c_{\mathrm{s}}\mathrm{i}\omega + (k_{\mathrm{s}} + k_{\mathrm{t}} - m_{\mathrm{w}}\omega^2) & -c_{\mathrm{s}}\mathrm{i}\omega - k_{\mathrm{s}} \\ -c_{\mathrm{s}}\mathrm{i}\omega - k_{\mathrm{s}} & c_{\mathrm{s}}\mathrm{i}\omega + (k_{\mathrm{s}} - m_{\mathrm{b}}\omega^2) \end{bmatrix} \begin{bmatrix} z_1 \\ z_2 \end{bmatrix} = \begin{bmatrix} k_{\mathrm{t}} Z_0 \\ 0 \end{bmatrix} \tag{5-15}$$

对于该矩阵方程进行求解，可用数学的克莱姆(Cramer)法则。可得到车轮和车身位移的频率响应，即(z_1/z_0)和(z_2/z_0)，分别为

$$\frac{z_1}{z_0}=\frac{k_t[c_s i\omega+(k_s-m_b\omega^2)]}{\begin{vmatrix} c_s i\omega+(k_t+k_s-m_w\omega^2) & -c_s i\omega-k_s \\ -c_s i\omega-k_s & c_s i\omega+(k_s-m_b\omega^2)\end{vmatrix}} \tag{5-16}$$

$$\frac{z_2}{z_0}=\frac{k_t(c_s i\omega+k_s)}{\begin{vmatrix} c_s i\omega+(k_t+k_s-m_w\omega^2) & -c_s i\omega-k_s \\ -c_s i\omega-k_s & c_s i\omega+(k_s-m_b\omega^2)\end{vmatrix}} \tag{5-17}$$

因为$\ddot{z}_2=-\omega^2 Z_2 e^{i\omega t}$，所以可由位移求出车身加速度的频率响应。同样，悬架的相对位移由(z_2-z_1)得出，轮胎动载荷则为$k_t(z_1-z_0)$。

综上所述，可以得出对路面谱密度输入的响应，即对一个线性系统来说，一旦建立了其频率响应函数，就可以根据给出的振幅谱密度输入求出系统输出变量的谱密度。

5.2.3　半车模型方程及响应分析

上述是对单轮模型的相关动力学分析，现在建立半车模型的运动方程进行响应分析。模型的变量符号如图 5-9 所示。

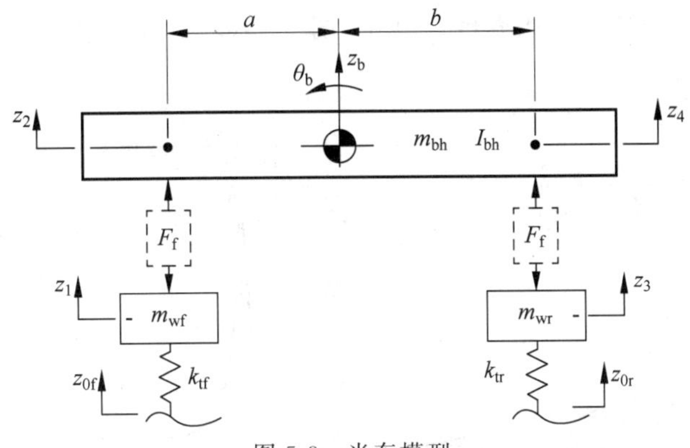

图 5-9　半车模型

其半个车身的质量和转动惯量分别由m_{bh}和I_{bh}表示。采用的车轮质量、悬架参数和轮胎刚度的符号则与单轮车辆模型中的符号相同，只是加入了分别表示前和后的下标“f”和“r”。根据车身质心处的垂向振动量z_b和俯仰角θ_b，运动方程可表示为

$$m_{wf}\ddot{z}_3=k_{tr}(z_{0r}-z_3)-F_r \tag{5-18}$$

$$m_{wr}\ddot{z}_3=k_{tr}(z_{0r}-z_3)-F_z \tag{5-19}$$

$$m_{bh}\ddot{z}_b=F_f+F_r \tag{5-20}$$

$$I_{bh}\ddot{\theta}_b=-aF_f+bF_r \tag{5-21}$$

式中，采用F_f和F_r作为通式，分别表示任何形式悬架系统中的前悬架力和后悬架力。然而，由于我们所关心的某些输出变量(如悬架工作空间)，其前后两端的响应是相关的。因此用z_1、z_2、z_3和z_4作为状态变量来定义系统更方便。由图 5-9 半车模型可见，当俯仰角θ_b

较小时，近似有

$$\ddot{z}_2 = \ddot{z}_b - a\ddot{\theta}_b \tag{5-22}$$

$$\ddot{z}_4 = \ddot{z}_b + b\ddot{\theta}_b \tag{5-23}$$

因此，半车模型的运动方程式可表达成

$$\ddot{z}_1 = \frac{1}{m_{wf}}[k_{tf}(z_{0f} - z_1) - F_f] \tag{5-24}$$

$$\ddot{z}_2 = \left[\frac{1}{m_{bh}} + \frac{a^2}{I_b}\right]F_f + \left[\frac{1}{m_{bh}} - \frac{ab}{I_b}\right]F_r \tag{5-25}$$

$$\ddot{z}_3 = \frac{1}{m_{wr}}[k_{tr}(z_{0r} - z_3) - F_r] \tag{5-26}$$

$$\ddot{z}_4 = \left[\frac{1}{m_{bh}} - \frac{ab}{I_b}\right]F_f + \left[\frac{1}{m_{bh}} + \frac{b^2}{I_b}\right]F_r \tag{5-27}$$

对于传统的被动悬架系统而言，其前、后悬架力分别为 F_f、F_r，即

$$F_f = k_{sf}(z_1 - z_2) + c_{sf}(\dot{z}_1 - \dot{z}_2) \tag{5-28}$$

$$F_r = k_{sr}(z_3 - z_4) + c_{sr}(\dot{z}_3 - \dot{z}_4) \tag{5-29}$$

对于半车模型的系统响应分析，包括车身质心处的车身加速度、前桥及后桥处的前后悬架动行程和前后轮胎动载荷，由半车模型的系统响应功率谱密度给出。作为一种示例，图 5-10 给出某款轿车的系统响应功率谱密度。其中，图 5-10(a)为加速度功率谱密度、图 5-10(b)为动载荷功率谱密度。

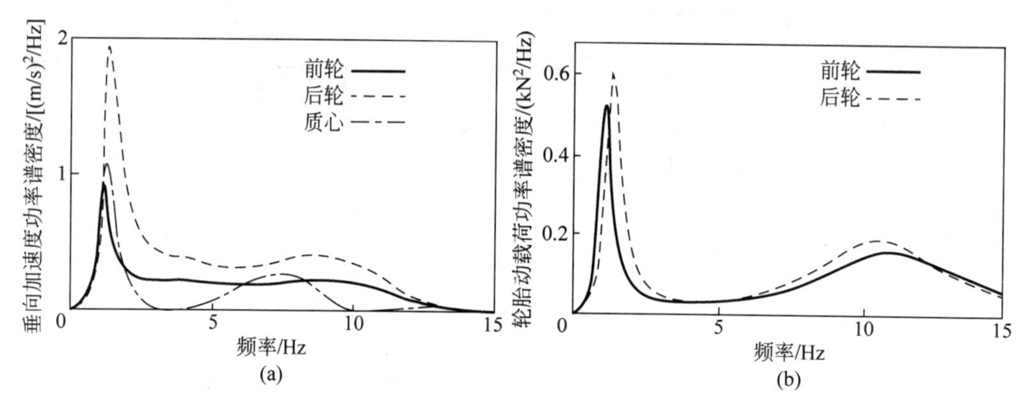

图 5-10　系统响应功率谱密度

另外，半车模型的频率响应函数，分别反映车身质心加速度与车身俯仰角对不同频率振动激励的响应，以及在不同频率下车身跳动与俯仰的程度及耦合关系。作为一种示例，图 5-11 给出某款轿车半车模型的频率响应函数。

5.2.4　整车模型的动力学方程

如需研究由路面输入产生的车辆侧倾，则需要采用七自由度整车模型。其建模过程与半车模型相比，要加上分别描述车身侧倾及另外两个车轮垂向运动的方程。在俯仰角 θ 和侧倾角 ϕ 较小时，车身四个端点(A、B、C 和 D)处的垂向位移有关系式(5-30)～式(5-33)。

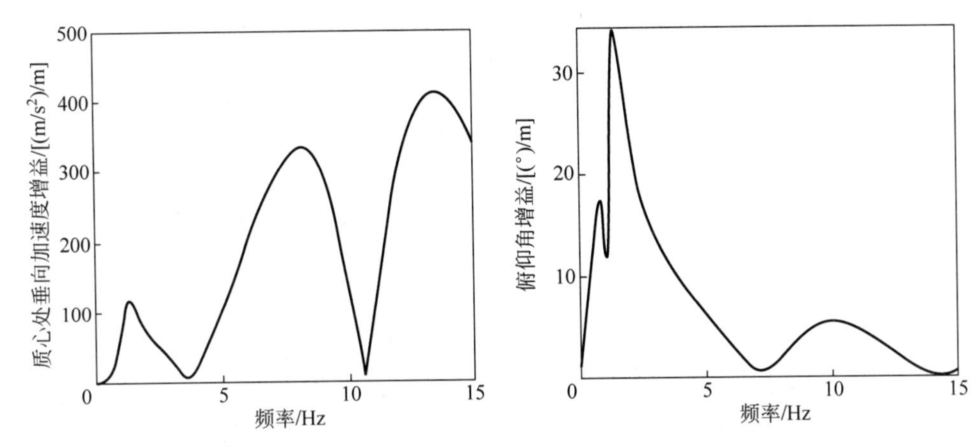

图 5-11　半车模型的频率响应函数

$$z_{bA}=z_b-a\theta+t_f\phi \tag{5-30}$$

$$z_{bB}=z_b-a\theta-t_f\phi \tag{5-31}$$

$$z_{bC}=z_b+b\theta+t_r\phi \tag{5-32}$$

$$z_{bD}=z_b+b\theta-t_r\phi \tag{5-33}$$

因而,车身质心处的垂向运动方程为

$$\begin{aligned}m_b\ddot{z}_b=&c_{sA}(\dot{z}_{wA}-\dot{z}_{bA})+k_{sA}(z_{wA}-z_{bA})+c_{sB}(\dot{z}_{wB}-\dot{z}_{bB})+k_{sB}(z_{wB}-z_{bB})+\\&c_{sC}(\dot{z}_{wC}-\dot{z}_{bC})+k_{sC}(z_{wC}-z_{bC})+c_{sD}(\dot{z}_{wD}-\dot{z}_{bD})+k_{sD}(z_{wD}-z_{bD})\end{aligned} \tag{5-34}$$

车身俯仰运动方程为

$$\begin{aligned}I_p\ddot{\theta}=&[c_{sC}(\dot{z}_{wC}-\dot{z}_{bC})+k_{sC}(z_{wC}-z_{bC})+c_{sD}(\dot{z}_{wD}-\dot{z}_{bD})+k_{sD}(z_{wD}-z_{bD})]b-\\&a[c_{sA}(\dot{z}_{wA}-\dot{z}_{bA})+k_{sA}(z_{wA}-z_{bA})+c_{sB}(\dot{z}_{wB}-\dot{z}_{bB})+k_{sB}(z_{wB}-z_{bB})]\end{aligned} \tag{5-35}$$

车身侧倾运动方程为

$$\begin{aligned}I_r\ddot{\phi}=&[c_{sA}(\dot{z}_{wA}-\dot{z}_{bA})+k_{sA}(z_{wA}-z_{bA})-c_{sB}(\dot{z}_{wB}-\dot{z}_{bB})-k_{sB}(z_{wB}-z_{bB})]t_f+\\&[c_{sC}(\dot{z}_{wC}-\dot{z}_{bC})+k_{sC}(z_{wC}-z_{bC})-c_{sD}(\dot{z}_{wD}-\dot{z}_{bD})+k_{sD}(z_{wD}-z_{bD})]t_r\end{aligned} \tag{5-36}$$

4 个非簧载质量的垂向运动方程分别为

$$m_{wA}\ddot{z}_{wA}=k_{tA}(z_{gA}-z_{wA})+k_{sA}(z_{bA}-z_{wA})+c_{sA}(\dot{z}_{bA}-\dot{z}_{wA}) \tag{5-37}$$

$$m_{wB}\ddot{z}_{wB}=k_{tB}(z_{gB}-z_{wB})+k_{sB}(z_{bB}-z_{wB})+c_{sB}(\dot{z}_{bB}-\dot{z}_{wB}) \tag{5-38}$$

$$m_{wC}\ddot{z}_{wC}=k_{tC}(z_{gC}-z_{wC})+k_{sC}(z_{bC}-z_{wC})+c_{sC}(\dot{z}_{bC}-\dot{z}_{wC}) \tag{5-39}$$

$$m_{wD}\ddot{z}_{wD}=k_{tD}(z_{gD}-z_{wD})+k_{sD}(z_{bD}-z_{wD})+c_{sD}(\dot{z}_{bD}-\dot{z}_{wD}) \tag{5-40}$$

以上 7 个微分方程式(5-34)~式(5-40)代表了七自由度整车动力学模型。

可在 MATLAB/Simulink 环境下对整车模型进行仿真,包括计算得出的模态频率和阻尼比。计算得出的车身垂向加速度和侧倾加速度的功率谱密度。作为一种示例,图 5-12 为某款轿车的系统响应功率谱密度。

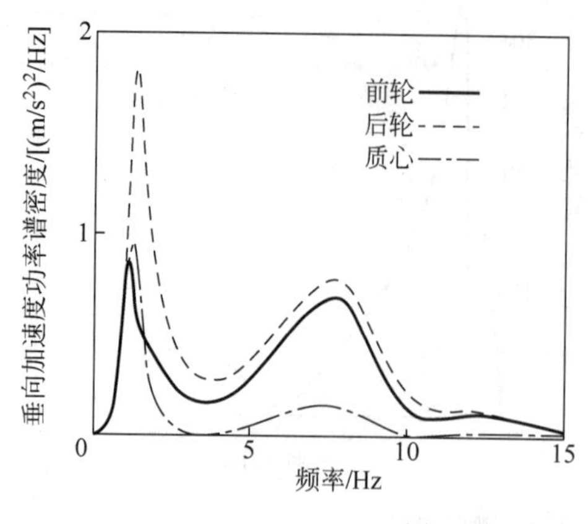

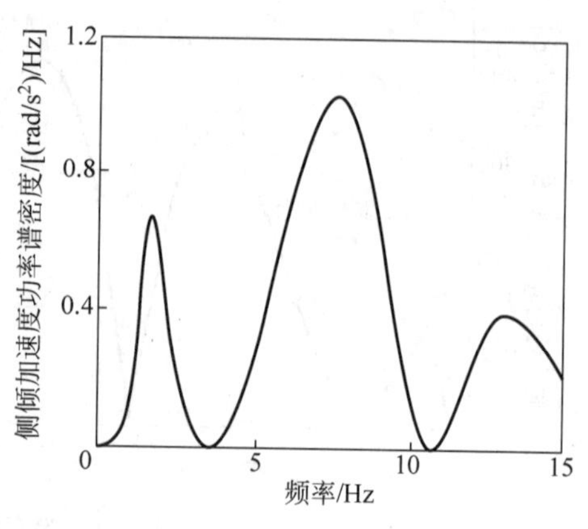

图 5-12　整车模型的功率谱密度

5.3　轮式工程机械振动分析

工程机械作为一组特殊的机械装备，其行驶路面条件差、工作环境恶劣，系统结构复杂、质量大、惯性大，导致系统内部动力影响严重。随着工程机械不断向高速化、自动化发展，动力载荷的影响更加突出，单纯基于传统的静态设计方法已经不能满足工程机械系统行驶安全性要求。研究工程机械动力学模型，分析机械振动特性，为动态分析及设计奠定基础，可有效降低动载荷、保障机械安全，而且对于改善系统内部结构、减振降噪等都十分重要。

建立轮式工程机械模型也要按照不同的要求建立不同的数学模型，模型的建立需要经过大量的简化。图 5-13 所示为一个三维多自由度振动模型。

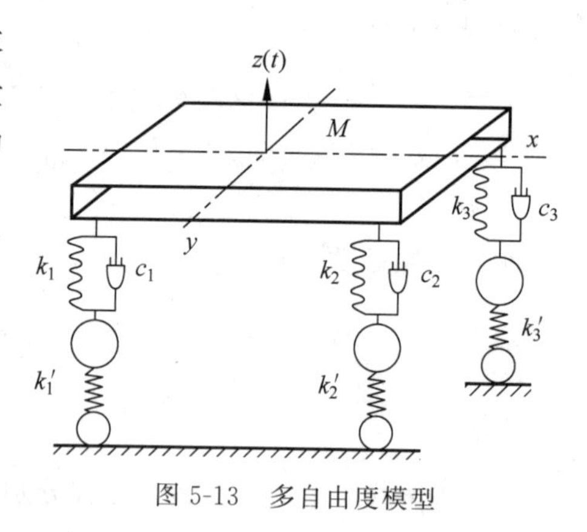

图 5-13　多自由度模型

该模型包括机体、悬挂、车桥及车轮。所做的简化有：对于机体部分的质量，包括工作装置，由于它们相对悬挂弹簧和轮胎来说弹性小得多，因此可以看作一个刚体。质量用 M 来表示。对于悬挂部分(包括悬挂弹簧及减振器)，它们的质量相对机体来说又小得多，模型中简化作弹簧和阻尼，用刚度系数 $k(k_i, i=1,2,3,4)$ 和阻尼系数 c 来表示。对于非悬挂部分，包括车桥，由于它们的刚度较悬挂部分大得多，但尺寸又较机体部分小得多，因此可作为集中质量来处理，用四个质量 m 来表示。对于弹性橡胶车轮，用等效刚度 k' 来表示。

在这个模型中，机体部分的振动有三个平动和三个转动。其中，平动有机体沿 z 方向的上下振动，机体沿 x-x 方向的前后振动，机体沿 y-y 方向的左右振动；转动有机械绕 x-x 轴的横向摆动，机体绕 y-y 轴的纵向摆动和机械绕立轴 z 的摇摆。

对于做平稳直线运动的轮式工程机械，机体的前后振动和左右直线振动相对来说较小，可忽略，这时机体可化为四个自由度；若车桥简化为四个自由度，整个系统可化为八个自由度的振动系统。事实上，根据构造的多样性，轮式工程机械的模型有多种形式，图 5-14 是车身在车架上的模型。还有传动系统在车架上的模型、车轮悬挂的模型。

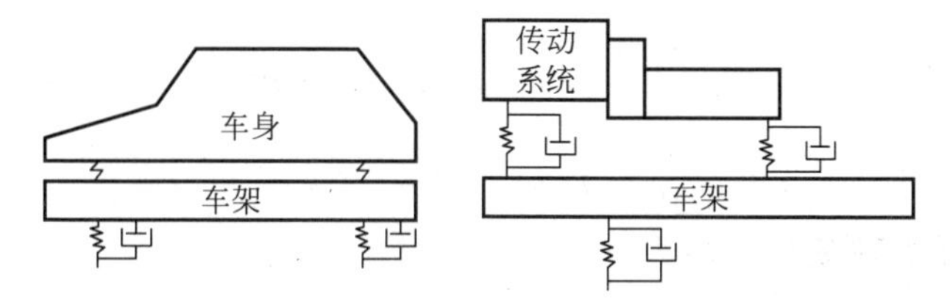

图 5-14　轮式工程机械模型

在以上模型的基础上，根据实际考虑对象的不同，系统的模型还可进一步简化。在实际计算中，若车辆的横向摆振很小，可忽略不考虑，系统可化为平面多自由度振动模型（见图 5-15）。

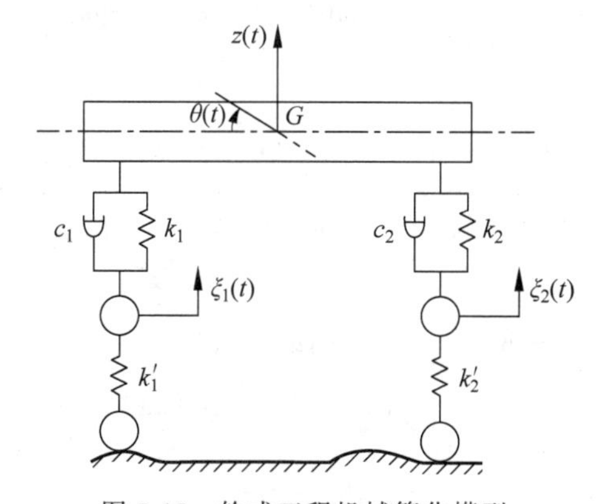

图 5-15　轮式工程机械简化模型

在工程机械中，有轮式机械是无弹性悬挂的。一般工程机械中大都使用拖拉机底盘，无弹性悬挂。对于无悬挂的工程机械，可化为如图 5-16 所示的二自由度振动系统。

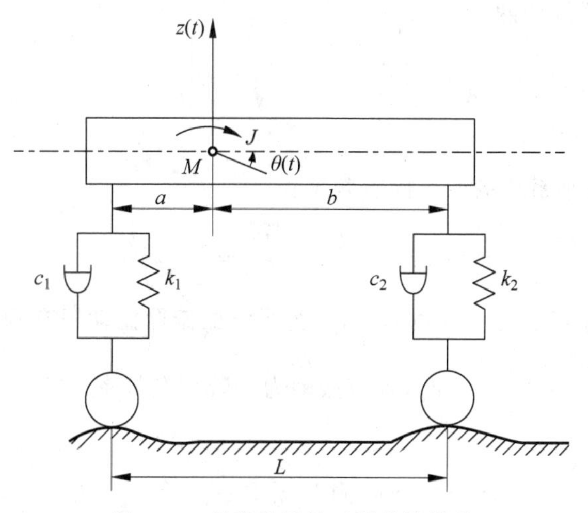

图 5-16　无弹性悬挂工程机械模型

5.3.1 无弹性悬挂的二自由度系统的振动

如图 5-16 所示的二自由度振动系统，可用两个独立的坐标来表示。设系统的两个独立坐标：z 为系统的垂直位移；θ 为系统的纵向摆振，即系统的俯仰振动。则简化的运动方程为

$$\begin{cases} M\ddot{z}+(k_1+k_2)z+(k_1a-k_2b)\theta=0 \\ J_0\ddot{\theta}+(k_1a-k_2b)z+(k_1a^2+k_2b^2)\theta=0 \end{cases} \tag{5-41}$$

按微分方程组解法，设系统的响应为

$$\begin{bmatrix} z \\ \theta \end{bmatrix}=\begin{bmatrix} z_m \\ \theta_m \end{bmatrix}\sin(\omega_n t+\alpha) \tag{5-42}$$

则

$$\begin{bmatrix} \ddot{z} \\ \ddot{\theta} \end{bmatrix}=-\begin{bmatrix} z_m \\ \theta_m \end{bmatrix}\omega_n^2\sin(\omega_n t+\alpha)=-\omega_n^2\begin{bmatrix} z \\ \theta \end{bmatrix} \tag{5-43}$$

代入得

$$\begin{cases} [(k_1+k_2)-M\omega_n^2]z_m+(k_1a-k_2b)\theta_m=0 \\ (k_1a^2+k_2b^2)z_m+[(k_1a-k_2b)-J_0\omega_n^2]\theta_m=0 \end{cases} \tag{5-44}$$

写成矩阵形式为

$$\begin{bmatrix} k_1+k_2-M\omega_n^2 & k_1a-k_2b \\ k_1a-k_2b & k_1a^2+k_2b^2-J_0\omega_n^2 \end{bmatrix}\begin{bmatrix} z_m \\ \theta_m \end{bmatrix}=\begin{bmatrix} 0 \\ 0 \end{bmatrix} \tag{5-45}$$

令系数行列式为零，即

$$|\boldsymbol{H}|=\begin{vmatrix} k_1+k_2-M\omega_n^2 & k_1a-k_2b \\ k_1a-k_2b & k_1a^2+k_2b^2-J_0\omega_n^2 \end{vmatrix}=0 \tag{5-46}$$

可解得系统的两个固有频率 ω_{n1} 和 ω_{n2}。对于系统的任意一阶固有频率 ω_{n1} 或 ω_{n2}，代入式(5-45)，可以求得系统的两个主振型为

$$\boldsymbol{\phi}_1=\begin{bmatrix} 1 \\ \dfrac{\theta_m}{z_m} \end{bmatrix}^{(1)},\quad \boldsymbol{\phi}_2=\begin{bmatrix} 1 \\ \dfrac{\theta_m}{z_m} \end{bmatrix}^{(2)} \tag{5-47}$$

若 $a=b$，$k_1=k_2=k$，则系统的两个固有频率为

$$\omega_{n1}=\sqrt{\frac{2k}{M}},\quad \omega_{n2}=\frac{L}{2}\sqrt{\frac{2k}{J_0}}$$

式中，ω_{n1} 为系统的垂直振动固有频率；ω_{n2} 为系统的俯仰振动固有频率。

(1) 当 $J_0<\dfrac{ML^2}{4}$，$\omega_{n1}<\omega_{n2}$ 时，垂直振动为一阶固有频率；当 $J_0>\dfrac{ML^2}{4}$，$\omega_{n1}<\omega_{n2}$ 时，俯仰振动为一阶固有频率。

(2) 当路面激励频率正好与系统的固有频率 ω_{n1} 或 ω_{n2} 相近时，系统将显示出以 ω_{n1}(垂直振动)为主的振动或以 ω_{n2}(俯仰振动)为主的振动。因此，设计时应使系统的固有频

率 ω_{n1} 或 ω_{n2} 与路面激励频率避开，以免产生共振。

5.3.2　弹性悬挂的二自由度系统的振动

对于有弹性悬挂的二自由度振动系统（如图5-15所示的轮式工程机械简化模型），这时的系统是四自由度振动系统。它的独立坐标主要有：车体垂直振动 z、车体俯仰振动 θ、车桥前轮振动 ξ_1 和车桥后轮振动 ξ_2。以下用拉格朗日方法建立系统方程。

（1）系统的动能为

$$T=\frac{1}{2}M\dot{z}^2+\frac{1}{2}J_0\dot{\theta}^2+\frac{1}{2}m_1\dot{\xi}_1^2+\frac{1}{2}m_2\dot{\xi}_2^2$$

（2）系统的势能为

$$u=\frac{1}{2}k'_1\xi_1^2+\frac{1}{2}k'_2\xi_2^2+\frac{1}{2}k_1(z+a\theta-\xi_1)^2+\frac{1}{2}k_1(z-b\theta-\xi_2)^2$$

（3）构造拉格朗日函数

$$L=T-u$$

（4）由拉格朗日公式

$$\frac{\mathrm{d}}{\mathrm{d}t}\left(\frac{\partial L}{\partial \dot{q}_i}\right)-\left(\frac{\partial L}{\partial q_i}\right)=0 \tag{5-48}$$

式中，q_i 为广义坐标（即 z,θ,ξ_1,ξ_2）。

由上得运动微分方程为

$$\begin{cases}M\ddot{z}+k_1(z+a\theta-\xi_1)+k_2(z-b\theta-\xi_2)=0\\ J_0\ddot{\theta}+k_1a(z+a\theta-\xi_1)-k_2b(z-b\theta-\xi_2)=0\\ m_1\ddot{\xi}_1+k'_1\xi_1-k_1(z+a\theta-\xi_1)=0\\ m_1\ddot{\xi}_2+k'_2\xi_2-k_2(z-b\theta-\xi_2)=0\end{cases} \tag{5-49}$$

整理得

$$\begin{cases}M\ddot{z}+(k_1+k_2)z+(k_1a-k_2b)\theta-k_1\xi_1-k_2\xi_2=0\\ J_0\ddot{\theta}+(k_1a-k_2b)z+(k_1a^2+k_2b^2)\theta-k_1a\xi_1+k_2b\xi_2=0\\ m_1\ddot{\xi}_1-k_1z-k_1a\theta+(k_1+k'_1)\xi_1=0\\ m_1\ddot{\xi}_2-k_2z+k_2b\theta+(k_2+k'_2)\xi_2=0\end{cases} \tag{5-50}$$

即

$$\begin{bmatrix}M&0&0&0\\0&J_0&0&0\\0&0&m_1&0\\0&0&0&m_2\end{bmatrix}\begin{bmatrix}\ddot{z}\\\ddot{\theta}\\\ddot{\xi}_1\\\ddot{\xi}_2\end{bmatrix}+\begin{bmatrix}k_1+k_2&k_1a-k_2b&-k_1&k_2\\k_1a-k_2b&k_1a^2+k_2b^2&-k_1a&k_2b\\-k_1&-k_1a&k_1+k'_1&0\\-k_2&k_2b&0&k_2+k'_2\end{bmatrix}\begin{bmatrix}z\\\theta\\\xi_1\\\xi_2\end{bmatrix}=\begin{bmatrix}0\\0\\0\\0\end{bmatrix} \tag{5-51}$$

令变量 z,θ,ξ_1,ξ_2 为简谐运动

$$\begin{bmatrix} z \\ \theta \\ \xi_1 \\ \xi_2 \end{bmatrix} = \begin{bmatrix} z_m \\ \theta_m \\ \xi_{m1} \\ \xi_{m2} \end{bmatrix} \sin(\omega_n t + \alpha) \tag{5-52}$$

则

$$\begin{bmatrix} \ddot{z} \\ \ddot{\theta} \\ \ddot{\xi}_1 \\ \ddot{\xi}_2 \end{bmatrix} = -\omega_n^2 \begin{bmatrix} z_m \\ \theta_m \\ \xi_{m1} \\ \xi_{m2} \end{bmatrix} \sin(\omega_n t + \alpha) = -\omega_n^2 \begin{bmatrix} z \\ \theta \\ \xi_1 \\ \xi_2 \end{bmatrix} \tag{5-53}$$

得齐次方程

$$\begin{bmatrix} k_1 + k_2 - M\omega_n^2 & k_1 a - k_2 b & -k_1 & k_2 \\ k_1 a - k_2 b & k_1 a^2 + k_2 b^2 - J_0 \omega_n^2 & -k_1 a & k_2 b \\ -k_1 & -k_1 a & k_1 + k_1' - m_1 \omega_n^2 & 0 \\ -k_2 & k_2 b & 0 & k_2 + k_2' - m_2 \omega_n^2 \end{bmatrix} \begin{bmatrix} z_m \\ \theta_m \\ \xi_{m1} \\ \xi_{m2} \end{bmatrix} = \begin{bmatrix} 0 \\ 0 \\ 0 \\ 0 \end{bmatrix} \tag{5-54}$$

由齐次方程有非零解的条件，得

$$\Delta(\omega_n^2) = |\boldsymbol{H}|$$

$$= \begin{vmatrix} k_1 + k_2 - M\omega_n^2 & k_1 a - k_2 b & -k_1 & k_2 \\ k_1 a - k_2 b & k_1 a^2 + k_2 b^2 - J_0 \omega_n^2 & -k_1 a & k_2 b \\ -k_1 & -k_1 a & k_1 + k_1' - m_1 \omega_n^2 & 0 \\ -k_2 & k_2 b & 0 & k_2 + k_2' - m_2 \omega_n^2 \end{vmatrix} = 0 \tag{5-55}$$

可得系统的四阶固有频率 $\omega_{n1}, \omega_{n2}, \omega_{n3}, \omega_{n4}$。

对于系统的任一阶固有频率 $\omega_{n1}, \omega_{n2}, \omega_{n3}, \omega_{n4}$，代入式(5-52)，可求得系统的四个主振型为

$$\boldsymbol{\phi}_1 = \begin{bmatrix} 1 \\ \frac{\theta_m}{z_m} \\ \frac{\xi_m}{z_m} \\ \frac{\xi_m}{z_m} \end{bmatrix}^{(1)}, \quad \boldsymbol{\phi}_2 = \begin{bmatrix} 1 \\ \frac{\theta_m}{z_m} \\ \frac{\xi_m}{z_m} \\ \frac{\xi_m}{z_m} \end{bmatrix}^{(2)}, \quad \boldsymbol{\phi}_3 = \begin{bmatrix} 1 \\ \frac{\theta_m}{z_m} \\ \frac{\xi_m}{z_m} \\ \frac{\xi_m}{z_m} \end{bmatrix}^{(3)}, \quad \boldsymbol{\phi}_4 = \begin{bmatrix} 1 \\ \frac{\theta_m}{z_m} \\ \frac{\xi_m}{z_m} \\ \frac{\xi_m}{z_m} \end{bmatrix}^{(4)} \tag{5-56}$$

当系统的激励频率与以上四阶固有频率的任一阶固有频率相接近时，系统将产生共振。这在动力学设计中十分重要。

需要注意的是,弹性悬挂装置对振动特性影响大。一般的弹性悬挂都是通过钢板弹簧而实现的,这时轮胎通过前后轴,并有板簧连接到车轴上。显然,串联后弹簧的总刚度系数低于串联弹簧中的任一个刚度系数,因此,增加了弹性悬挂装置后,整个车体支承于地面的等效刚度系数降低了。这时车体的固有频率大大降低。当车体的固有频率降低时,可使车体与人体的固有频率远离,从而改善人体的舒适性,因此,增加弹性悬挂可改善行驶平顺性。另外,对于车身的横向摆动研究,也可建立系统的运动方程,如上下运动的自由振动方程、回转运动自由振动方程、俯仰振动方程、横向摆振运动方程等,可求解分析振动的固有频率及振动响应。

5.4　路面谱与系统振动响应

5.4.1　路面不平度特性

路面不平度(路面特性)是工程机械行驶系的重要载荷来源,如何描述路面不平度,以及如何建立动态响应模型是重要问题。实践证明,路面不平度具有随机、平稳和各态历经的特性,可用平稳随机过程描述。在相关标准中,建议采用垂直位移单边功率谱谱密度来描述路面不平度的统计特性。

$$G_{qq}(\Omega)=G_{qq}(\Omega_0)\left(\frac{\Omega}{\Omega_0}\right)^{-w} \tag{5-57}$$

式中,Ω 为空间频率,是波长的倒数,m^{-1};Ω_0 为参考空间频率,$\Omega_0=0.1\mathrm{m}^{-1}$;$G_{qq}(\Omega_0)$为参考空间频率 Ω_0 下的单边功率谱密度值;w 为频率指数(一般可取 $w=2$)。

当车辆以一定速度 v 行驶时,时间频率 f 与空间频率 Ω 的关系为 $f=v\Omega$,在车速作用下空间域的路面不平度可换成时间域的激励:

$$S_{qq}(f)=\frac{1}{v}S_{qq}(\Omega_0)\left(\frac{\Omega}{\Omega_0}\right)^{-w}=S_{qq}(\Omega_0)\Omega_0^2\ \frac{v}{f} \tag{5-58}$$

加速度谱为

$$S_{qq}(f)=(2\pi f)^4\ \frac{1}{v}S_{qq}(\Omega_0)\left(\frac{\Omega}{\Omega_0}\right)^{-w}=S_{qq}(\Omega_0)\Omega_0^2\ \frac{v}{f} \tag{5-59}$$

式中,$S_{qq}(\Omega_0)$为参考空间频率 Ω_0 下的双边功率谱密度值;$S_{qq}(f)$为位移的时间域双边功率谱密度值;$S_{qq}(f)$为加速度的双边功率谱密度值。

5.4.2　振动响应计算

1. 行驶系统的振动响应概述

行走式机械地面不平度激励是随机量,可用测量方法得出路面功率谱(简称路面谱)。地面不平度大体上符合正态分布。行驶系统产生的振动称为响应随机过程。系统的响应随机过程 $z(t)$可通过测试获得,也可以利用动力学模型进行计算。但这些计算结果也要用统计量来表示。

对于不平度较小的地面和均匀行驶工况,行走式机械的振动响应是平稳和各态历经的,其描述方式有三种。

1）幅值域

均值 μ_z 表示振动过程的静态量

$$\mu_z = E[z(t)] = \lim_{T\to+\infty}\frac{1}{T}\int_0^T z(t)\mathrm{d}t \tag{5-60}$$

用均方值表示振动的总能量，即

$$\psi_z^2 = E[z^2(t)] = \lim_{T\to+\infty}\frac{1}{T}\int_0^T z^2(t)\mathrm{d}t \tag{5-61}$$

用方差表示振动幅值偏离均值的程度，即

$$\sigma_z = E[(z(t)-\mu_z)^2] = \lim_{T\to+\infty}\frac{1}{T}\int_0^T [z(t)-\mu_z]^2\mathrm{d}t \tag{5-62}$$

上述三者之间有如下关系：

$$\psi_z^2 = \sigma_z^2 + \mu_z^2 \tag{5-63}$$

行走式机械行驶的平稳、各态历经随机过程的振动响应符合正态分布规律。

2）时间域

用自相关函数 $R_z(\tau)$ 描述不同时刻振动响应幅值之间的相似程度。

$$R_z(\tau) = E[z(t)z(t+\tau)] = \lim_{T\to+\infty}\frac{1}{T}\int_0^T z(t)z(t+\tau)\mathrm{d}t \tag{5-64}$$

当 $\tau=0$ 时，有

$$R_z(0) = E[z^2(t)] = \psi_z^2 \tag{5-65}$$

用互相关函数 $R_{zq}(\tau)$ 描述激励过程 $q(t)$ 与响应过程 $z(t)$ 之间的相似性，即

$$R_{zq} = E[z(t)q(t+\tau)] = \lim_{T\to+\infty}\frac{1}{T}\int_0^T z(t)q(t+\tau)\mathrm{d}t$$

$$R_z(\tau) = E[q(t)z(t+\tau)] = \lim_{T\to+\infty}\frac{1}{T}\int_0^T q(t)z(t+\tau)\mathrm{d}t \tag{5-66}$$

3）频率域

频率域自功率谱密度函数 $S_z(\omega)$ 表示振动能量与频率之间的关系，即表示振动能量集中在哪些频带内，即

$$S_z(\omega) = \int_{-\infty}^{+\infty} R_z(\tau)\mathrm{e}^{-\mathrm{j}\omega t}\mathrm{d}\tau \tag{5-67}$$

当 $\tau=0$ 时，有

$$R_z(0) = \psi_z^2 = \frac{1}{2\pi}\int_{-\infty}^{+\infty} S_z(\omega)\mathrm{d}\omega \tag{5-68}$$

根据系统控制论，分析输入（激励）和输出（响应）之间的传递关系，可以得出输出随机过程的功率谱密度 $S_z(\omega)$ 和输入随机过程的功率谱密度 $S_q(\omega)$ 的关系：

$$S_z(\omega) = |H(\mathrm{j}\omega)|^2 S_q(\omega) \tag{5-69}$$

式中，$H(\mathrm{j}\omega)$ 为系统频率响应函数，由系统输入到输出间的传递函数 $H(\omega_\mathrm{n})$ 变换而来。根据上述关系，可将响应的均方值写成

$$\psi_z^2 = \frac{1}{\pi}\int_0^{+\infty} |H(\mathrm{j}\omega)|^2 S_q(\omega)\mathrm{d}\omega \tag{5-70}$$

行驶系统的随机振动中，一般取竖直振动和俯仰振动的位移响应和加速度响应的自功率谱

密度 $S_z(\omega)$和均方值 ψ_z^2 作为评价动载荷和平顺性的参数。

2. 工程机械的路面激励谱密度矩阵

首先，按照平稳直线运动状态简化模型，即在前轮驶过之后地面不平度未发生显著变化，且在行驶中后轮沿着前轮驶过的轮印前进，即假定前后桥路面激励 $q_1(t)$和 $q_2(t)$之间的激振规律一样，只相差一个时差 τ_K(前后桥以速度 v 通过同一点的时差)：

$$q_1(t)=q_2(t-\tau_K) \tag{5-71}$$

$$\tau_K=\frac{L}{v} \tag{5-72}$$

根据前后车桥之间激励的关系，可得路面激励 $q_1(t)$和 $q_2(t)$的自谱为

$$S_{q1q1}(\omega)=S_{q2q2}(\omega) \tag{5-73}$$

此处所表示的自谱为自功率谱密度，可参考数学的随机过程相关内容。

路面激励 $q_1(t)$和 $q_2(t)$之间的互谱为

$$\begin{aligned}S_{q1q2}(\omega)&=\frac{1}{2\pi}\int_{-\infty}^{+\infty}R_{q1q2}(\tau)\mathrm{e}^{-\mathrm{j}\omega\tau}\mathrm{d}\tau\\&=\frac{1}{2\pi}\int_{-\infty}^{+\infty}E[q_1(t)q_2(t+\tau)]\mathrm{e}^{-\mathrm{j}\omega\tau}\mathrm{d}\tau\\&=\frac{1}{2\pi}\int_{-\infty}^{+\infty}E[q_1(t)q_1(t+\tau-\tau_K)]\mathrm{e}^{-\mathrm{j}\omega\tau}\mathrm{d}\tau\\&=\frac{1}{2\pi}\int_{-\infty}^{+\infty}E[q_1(t)q_1(t+\tau-\tau_K)]\mathrm{e}^{-\mathrm{j}\omega(\tau-\tau_K)}\mathrm{e}^{-\mathrm{j}\omega\tau_K}\mathrm{d}\tau\end{aligned} \tag{5-74}$$

设 $\tau-\tau_K=\tau'$，$\mathrm{d}\tau=\mathrm{d}\tau'$，则有

$$\begin{aligned}S_{q1q2}(\omega)&=\frac{1}{2\pi}\int_{-\infty}^{+\infty}E[q_1(t)q_2(t+\tau')]\mathrm{e}^{-\mathrm{j}\omega\tau'}\mathrm{e}^{-\mathrm{j}\omega\tau_K}\mathrm{d}\tau\\&=\frac{1}{2\pi}\int_{-\infty}^{+\infty}R_{q1q2}(\tau)\mathrm{e}^{-\mathrm{j}\omega\tau}\mathrm{d}\tau\mathrm{e}^{-\mathrm{j}\omega\tau_K}\\S_{q1q2}(\omega)&=\mathrm{e}^{-\mathrm{j}\omega\tau_K}S_{q1q1}(\omega)\\S_{q2q1}(\omega)&=\frac{1}{2\pi}\int_{-\infty}^{+\infty}R_{q2q1}(\tau)\mathrm{e}^{-\mathrm{j}\omega\tau}\mathrm{d}\tau\\&=\frac{1}{2\pi}\int_{-\infty}^{+\infty}E[q_2(t-\tau_K)q_1(t+\tau)]\mathrm{e}^{-\mathrm{j}\omega\tau}\mathrm{d}\tau\end{aligned} \tag{5-75}$$

设 $t-\tau_K=t'$，则有

$$S_{q2q1}(\omega)=\frac{1}{2\pi}\int_{-\infty}^{+\infty}E[q_2(t')q_1(t'+\tau+\tau_K)]\mathrm{e}^{-\mathrm{j}\omega(\tau+\tau_K)}\mathrm{e}^{\mathrm{j}\omega\tau_K}\mathrm{d}\tau \tag{5-76}$$

设 $\tau+\tau_K=\tau'$，则有

$$S_{q2q1}(\omega)=\frac{1}{2\pi}\int_{-\infty}^{+\infty}R_{q1q1}(\tau)\mathrm{e}^{\mathrm{j}\omega\tau}\mathrm{d}\tau'\mathrm{e}^{\mathrm{j}\omega\tau_K} \tag{5-77}$$

因此有

$$S_{q2q1}(\omega)=\mathrm{e}^{\mathrm{j}\omega\tau_K}S_{q1q1}(\omega) \tag{5-78}$$

这样，前后桥路面激励 $q_1(t)$和 $q_2(t)$之间的自互谱密度可组成一路面不平度激励功率谱矩阵：

$$[S_{qq}(\omega)]=\begin{bmatrix} S_{q1q1}(\omega) & S_{q1q2}(\omega) \\ S_{q2q1}(\omega) & S_{q2q2}(\omega) \end{bmatrix}=S_{q1q1}(\omega)\begin{bmatrix} 1 & e^{-j\omega\tau_K} \\ e^{j\omega\tau_K} & 1 \end{bmatrix} \tag{5-79}$$

其中,路面激励谱 $S_{q_1q_1}(\omega)$可根据不同工况和路面条件确定。

3. 行驶系响应矩阵的计算

以图 5-16 所建立的二自由度振动系统为例说明,建立的微分方程组如下:

$$\begin{cases} M\ddot{z}+c_1(\dot{z}+a\dot{\theta}-\dot{q}_1)+c_2(\dot{z}+b\dot{\theta}-\dot{q}_2)+k_1(z+a\theta-q_1)+k_2(z+b\theta-q_2)=0 \\ J_0\ddot{\theta}+c_1(\dot{z}+a\dot{\theta}-\dot{q}_1)a-c_2(\dot{z}-b\dot{\theta}-\dot{q}_2)b+k_1(z+a\theta-q_1)a-k_2(z-b\theta-q_2)b=0 \end{cases} \tag{5-80}$$

整理成

$$\begin{cases} M\ddot{z}+(c_1+c_2)\dot{z}+(k_1+k_2)z+(c_1a-c_2b)\theta+(k_1a-k_2b)\theta \\ =c_1\dot{q}_1+c_2\dot{q}_2+k_1q_1+k_2q_2 \\ J_0\ddot{\theta}+(c_1a-c_2b)\dot{z}+(k_1a-k_2b)z+(c_1a^2+c_2b^2)\theta+(k_1a^2+k_2b^2)\theta \\ =ac_1\dot{q}_1-bc_2\dot{q}_2+ak_1q_1-bk_2q_2 \end{cases} \tag{5-81}$$

写成矩阵形式

$$\begin{bmatrix} M & 0 \\ 0 & J_0 \end{bmatrix}\begin{bmatrix} \ddot{z} \\ \ddot{\theta} \end{bmatrix}+\begin{bmatrix} c_1+c_2 & c_1a-c_2b \\ c_1a-c_2b & c_1a^2+c_2b^2 \end{bmatrix}\begin{bmatrix} \dot{z} \\ \dot{\theta} \end{bmatrix}+\begin{bmatrix} k_1+k_2 & k_1a-k_2b \\ k_1a-k_2b & k_1a^2+k_2b^2 \end{bmatrix}\begin{bmatrix} z \\ \theta \end{bmatrix}$$

$$=\begin{bmatrix} c_1 & c_2 \\ c_1a & -c_2b \end{bmatrix}\begin{bmatrix} \dot{q}_1 \\ \dot{q}_2 \end{bmatrix}+\begin{bmatrix} k_1 & k_2 \\ k_1a & -k_2b \end{bmatrix}\begin{bmatrix} q_1 \\ q_2 \end{bmatrix} \tag{5-82}$$

设初始条件为

$$z(0)=\dot{z}(0)=0$$

$$\theta(0)=\dot{\theta}(0)=0$$

信号矩阵及对应的拉普拉斯变换记为

$$\begin{bmatrix} M & 0 \\ 0 & J_0 \end{bmatrix}\begin{bmatrix} \ddot{z} \\ \ddot{\theta} \end{bmatrix}\rightarrow\begin{bmatrix} Ms^2 & 0 \\ 0 & J_0s^2 \end{bmatrix}\begin{bmatrix} Z(s) \\ \Theta(s) \end{bmatrix}$$

$$\begin{bmatrix} c_1+c_2 & c_1a-c_2b \\ c_1a-c_2b & c_1a^2+c_2b^2 \end{bmatrix}\begin{bmatrix} \dot{z} \\ \dot{\theta} \end{bmatrix}\rightarrow\begin{bmatrix} (c_1+c_2)s & (c_1a-c_2b)s \\ (c_1a-c_2b)s & (c_1a^2+c_2b^2)s \end{bmatrix}\begin{bmatrix} Z(s) \\ \Theta(s) \end{bmatrix}$$

$$\begin{bmatrix} k_1+k_2 & k_1a-k_2b \\ k_1a-k_2b & k_1a^2+k_2b^2 \end{bmatrix}\begin{bmatrix} z \\ \theta \end{bmatrix}\rightarrow\begin{bmatrix} k_1+k_2 & k_1a-k_2b \\ k_1a-k_2b & k_1a^2+k_2b^2 \end{bmatrix}\begin{bmatrix} Z(s) \\ \Theta(s) \end{bmatrix}$$

$$\begin{bmatrix} c_1 & c_2 \\ c_1a & -c_2b \end{bmatrix}\begin{bmatrix} \dot{q}_1 \\ \dot{q}_2 \end{bmatrix}\rightarrow\begin{bmatrix} c_1s & c_2s \\ c_1as & -c_2bs \end{bmatrix}\begin{bmatrix} Q_1(s) \\ Q_2(s) \end{bmatrix}$$

$$\begin{bmatrix} k_1 & k_2 \\ k_1a & -k_2b \end{bmatrix}\begin{bmatrix} q_1 \\ q_2 \end{bmatrix}\rightarrow\begin{bmatrix} k_1 & k_2 \\ k_1a & -k_2b \end{bmatrix}\begin{bmatrix} Q_1(s) \\ Q_2(s) \end{bmatrix}$$

对上式两边取拉普拉斯变换并整理得到:

$$\begin{bmatrix} A(s) & B(s) \\ B(s) & C(s) \end{bmatrix} \begin{bmatrix} Z(s) \\ \Theta(s) \end{bmatrix} = \begin{bmatrix} c_1 s + k_1 & c_2 s + k_2 \\ a(c_1 s + k_1) & -b(c_2 s + k_2) \end{bmatrix} \begin{bmatrix} Q_1(s) \\ Q_2(s) \end{bmatrix} \tag{5-83}$$

式中，

$$A(s) = Ms^2 + (c_1 + c_2)s + (k_1 + k_2);\ B(s) = (bc_2 - ac_1)s + (bk_2 - ak_1);$$

$$C(s) = Js^2 + (a^2 c_1 + b^2 c_2)s + (b^2 k_2 + a^2 k_1);\ D(s) = A(s)C(s) - [B(s)]^2$$

(1) 令：$Q_1(s)=0, Q_2(s)\neq 0$ 解上述方程可得到质心竖直振动响应对 $q_2(t)$ 的传递函数 $H_{zq2}(s)$ 及绕质心的纵向角振动响应对 $q_2(t)$ 的传递函数 $H_{\theta q2}(s)$。

$$\begin{cases} H_{zq2}(s) = \dfrac{z(\theta)}{Q_2(s)} = \dfrac{C(s)(c_2 s + k_2) - B(s)(k_2 b + c_2 bs)}{D(s)} \\ H_{\theta q2}(s) = \dfrac{\Theta(\theta)}{Q_2(s)} = \dfrac{B(s)(c_2 s + k_2) + A(s)(k_2 b + c_2 bs)}{D(s)} \end{cases} \tag{5-84}$$

(2) 令：$Q_2(s)=0, Q_1(s)\neq 0$，解上述方程可得到质心竖直振动响应对 $q_1(t)$ 的传递函数及绕质心的纵向角振动响应对 $q_1(t)$ 的传递函数。

$$\begin{cases} H_{zq1}(s) = \dfrac{z(\theta)}{Q_1(s)} = \dfrac{C(s)(c_1 s + k_1) + B(s)(k_2 a + c_1 as)}{D(s)} \\ H_{\theta q1}(s) = \dfrac{\Theta(\theta)}{Q_1(s)} = \dfrac{-A(s)(ak_1 + ac_1 s) - B(s)(c_1 s + k_1)}{D(s)} \end{cases} \tag{5-85}$$

在上述传递函数中以 jω 代替 s，即得到系统的频响函数，它们可组成系统的频率响应矩阵：

$$\boldsymbol{H}(\omega) = \begin{bmatrix} H_{zq1}(\omega) & H_{\theta q1}(\omega) \\ H_{zq2}(\omega) & H_{\theta q2}(\omega) \end{bmatrix} \tag{5-86}$$

在系统的频率响应矩阵中，以 $-$jω 代 jω，即可得到系统频率响应矩阵的共轭矩阵：

$$\boldsymbol{H}^*(\omega) = \boldsymbol{H}^{\mathrm{T}}(-\omega) = \begin{bmatrix} H_{zq1}(-\omega) & H_{zq2}(-\omega) \\ H_{\theta q1}(-\omega) & H_{\theta q2}(-\omega) \end{bmatrix} \tag{5-87}$$

同样地，可以写出响应的功率谱矩阵，代入路面谱矩阵，展开得质心垂直振动位移响应谱密度、纵向角振动角位移和加速度的响应谱矩阵。对于有弹性悬挂工况的分析要分成不同组成部分，计算方法类似。

5.4.3　驾驶人员受振模型

建立驾驶人员受振模型，一般把人-座椅系统看成是一个置于二自由度行驶系振动模型之上的单自由度系统(见图 5-17)。

该系统中 m_m 为人体与座椅质量，c_s 和 k_s 别为座椅的阻尼系数与刚度系数，$z_m(t)$ 为人体的振动位移，$z_B(t)$ 为座椅下方机体的振动位移，L_B 为座椅安装点到整机质心的距离。如果能求得座椅下方机体的振动加速度 $\ddot{z}_B(t)$ 的功率谱密度 $S_{\ddot{z}_B\ddot{z}_B}(\omega)$，则就可得到人体所受振动加速度的均方值。

质心处垂直振动加速度谱密度 $S_{\ddot{z}\ddot{z}}(\omega)$ 及质心纵向角振动加速度谱密度 $S_{\ddot{\theta}\ddot{\theta}}(\omega)$，以及它们之间的互谱密度 $S_{\ddot{z}\ddot{\theta}}(\omega)$ 和 $S_{\ddot{\theta}\ddot{z}}(\omega)$ 由前面求得，在微振动的条件下，机体上距质心 L_B 处的垂直振动的位移 $z_B(t)$ 与质心垂直振动 $z(t)$ 和质心纵向角振动 $\theta(t)$ 的关系为

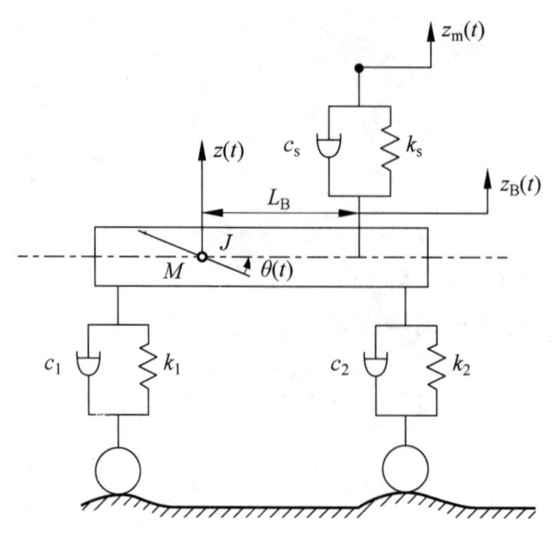

图 5-17 工程机械及人-座椅系统

$$z_B(t)=z(t)+L\theta(t) \tag{5-88}$$

对式(5-88)两边微分得

$$\ddot{z}_B(t)=\ddot{z}(t)+L\ddot{\theta}(t)$$

其谱密度为

$$\begin{aligned}
S_{\ddot{z}_B\ddot{z}_B}(\omega)&=\int_{-\infty}^{+\infty}R_{\ddot{z}_B\ddot{z}_B}(\tau)\mathrm{e}^{-\mathrm{j}\omega\tau}\mathrm{d}\tau=\int_{-\infty}^{+\infty}E[\ddot{z}_B(t)\ddot{z}_B(t+\tau)]\mathrm{e}^{-\mathrm{j}\omega\tau}\mathrm{d}\tau\\
&=\int_{-\infty}^{+\infty}E\{[\ddot{z}=(t)+L_B\ddot{\theta}(t)][\ddot{z}(t+\tau)+L_B\ddot{\theta}(t+\tau)]\}\mathrm{e}^{-\mathrm{j}\omega\tau}\mathrm{d}\tau\\
&=\int_{-\infty}^{+\infty}E\{[\ddot{z}(t)\ddot{z}(t+\tau)+L_B\ddot{\theta}(t)\ddot{z}(t+\tau)+L_B\ddot{z}(t)\ddot{\theta}(t+\tau)+\\
&\quad L_B^2\ddot{\theta}(t)\ddot{\theta}(t+\tau)]\}\mathrm{e}^{-\mathrm{j}\omega\tau}\mathrm{d}\tau\\
&=\int_{-\infty}^{+\infty}E[\ddot{z}(t)\ddot{z}(t+\tau)]\mathrm{e}^{-\mathrm{j}\omega\tau}\mathrm{d}\tau+L_B\int_{-\infty}^{+\infty}E[\ddot{\theta}(t)\ddot{z}(t+\tau)]\mathrm{e}^{-\mathrm{j}\omega\tau}\mathrm{d}\tau+\\
&\quad L_B\int_{-\infty}^{+\infty}E[\ddot{z}(t)\ddot{\theta}(t+\tau)]\mathrm{e}^{-\mathrm{j}\omega\tau}\mathrm{d}\tau+L_B^2\int_{-\infty}^{+\infty}E[\ddot{\theta}(t)\ddot{\theta}(t+\tau)]\mathrm{e}^{-\mathrm{j}\omega\tau}\mathrm{d}\tau\\
&=S_{\ddot{z}\ddot{z}}(\omega)+L_BS_{\ddot{\theta}\ddot{z}}(\omega)+L_BS_{\ddot{z}\ddot{\theta}}(\omega)+L_B^2S_{\ddot{\theta}\ddot{\theta}}(\omega)
\end{aligned} \tag{5-89}$$

由公式分析可知，机体上距质心 L_B 处的垂直振动加速度谱密度等于质心处垂直振动加速度自谱 $S_{\ddot{z}\ddot{z}}(\omega)$、绕质心纵向振动加速度自谱 $S_{\ddot{\theta}\ddot{\theta}}(\omega)$，以及它们之间的互谱 $S_{\ddot{z}\ddot{\theta}}(\omega)$ 和 $S_{\ddot{\theta}\ddot{z}}(\omega)$ 的线性组合。从单自由度系统响应谱密度的求法，可求得人体所受垂直振动加速度谱密度为

$$S_{\ddot{z}_m\ddot{z}_m}(\omega)=\frac{k_s^2+(c_s\omega)^2}{(k_s-m_m\omega^2)^2+(c_s\omega)^2}S_{\ddot{z}_B\ddot{z}_B}(\omega) \tag{5-90}$$

需要说明的是，为了在相关国际标准上进行行驶平顺性评价，需将计算得到的人体所受的垂直振动加速度功率谱密度转换成 1/3 倍频程上的加速度均方根值。

为了改善车辆设计、缩短车辆开发周期和降低开发成本等，需开展车辆动力学仿真，要对轮胎纵向力学特性、道路阻力、驱动系统特性等加以考虑。

进行轮胎纵向力学特性分析时，可以建立相应的模型，如轮胎在理想路面(指平坦的干、硬路面)上直线滚动，其外缘中心对称面与车轮滚动方向一致，受到与滚动方向相反的阻力为轮胎滚动阻力。轮胎滚动阻力可分解为：弹性迟滞阻力、摩擦阻力和风扇效应阻力。

图 5-18 为车轮系统等效模型。在接触区，胎体变形引起的轮胎材料迟滞作用。从接触印迹分析，运动过程中，轮胎模型中的弹簧和阻尼做功，并生成附加的摩擦效应，这种效应为弹性迟滞阻力。轮胎胎面的弹性和阻尼特性对路面附着力有影响，选用低阻尼的胎面材料会减少附着摩擦力。当轮胎单元连续滚动进入轮胎接地区，接触印迹内的路面与滚动单元带之间将在纵向和侧向产生相对的部分滑动，由此引起轮胎与地面摩擦产生附加的摩擦阻力。

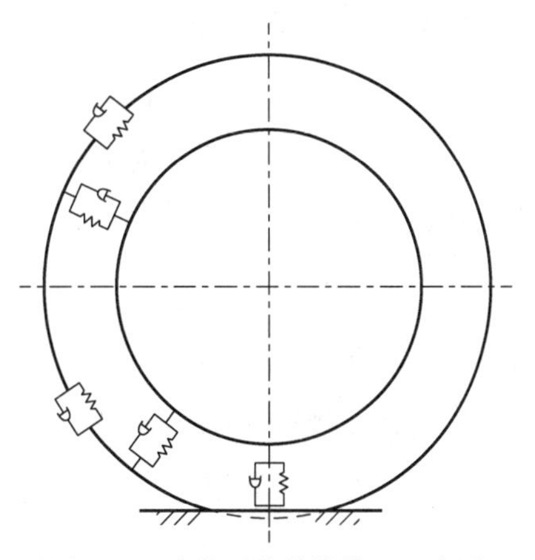
图 5-18　车轮系统等效模型示意图

轮胎的旋转运动会导致气流而产生“风扇效应阻力”，可将其看做是对整个车辆气流影响的一部分。

关于道路阻力的分析要与车辆本身的结构相结合。车辆行驶过程中，路面的微小不平度可由轮胎缓冲和吸收。此外，通过悬架弹簧和减振器，整个车轮总成相对车身上下跳动。此时，轮胎和悬架减振器一样，其中的动能也被转化为热量。当车轮作弹跳运动时，弹性单元恢复变形过程中释放的能量比压缩过程所做的功少，其减小的量相当于阻尼功的大小。越障时轮胎有能量释放过程，由于能量的释放，等效系统中弹簧力所做的功对滚动阻力没有影响。但阻尼器在相应的不平路段所做的功使车轮滚动阻力增加了一附加分量。对于在塑性路面(土路、砂路、草地或雪路)、湿路面上行驶，其阻力模型均需认真处理分析。

另外，当受到侧向风或在坡度路面上滚动时，特别是在转弯工况时，车轮将在侧向载荷作用下滚动，这时车轮的运动方向与其回转平面将产生一个侧偏角。由轮胎侧偏角而引起的附加滚动阻力项称为轮胎侧偏阻力。因而相应于某一特定车轮载荷，即可获得由侧偏角引起的附加滚动阻力系数。轮胎的设计参数和使用参数与滚动阻力之间的关系极其复杂，往往需要试验方法进行测试确定。

驱动系统特性的确定对于动力学分析也十分重要。发动机是汽车的动力系统。为了更有效地利用发动机所输出的有限的动力，发动机与轮胎之间需要“连接界面”，即需要动力传动系统。它使汽车实现起步、变速、减速、差速、变向等功能，保证汽车有良好的动力性与燃油经济性。内燃机(主要是汽油机、柴油机)是汽车广泛采用的动力装置，由于其转速变化范围与转速适应性有限，不能直接用于汽车等，需要用机械变速器等来扩大转速适应性系数。变速器的挡位越多，越接近理想特性，对于液力机械传动(AT)也是如此。机械无级变速器(CVT)可以按照理想特性工作。电动机的特性是可以在较宽的转速范围内进行控制。一种是以内燃机驱动电机的传统结构，这种形式需两次能量转换；另一种是用高能电池或燃料电池作能源驱动电机的电动汽车，电动汽车要解决的问题还有充电时间比较长和行驶距离短等。所以与内燃机组成的混合动力装置出现，它又有串联式、并联式等各种类型。其中并联式还可以将车辆动能量回收，兼有储能传动功效。

因此，驱动系统可细分为动力装置和特性转换装置。

5.5　履带式车辆动力学模型

5.5.1　行驶系动力学模型

履带式车辆与轮式车辆有较大区别，特别是履带式车辆安装有履带，在行驶时履带自动铺设路面，这种设计使车辆对路面的单位压强下降，车辆的通过性大大提高。在研究履带车辆行驶动力学时，需要注意履带在车辆行驶过程中对车体的振动和外界激励（路面不平度）产生的影响，在建模时可进行合理简化。

为了对行驶系特性参数进行匹配和优化，可建立行驶动力学模型、分析评价悬架性能。对车辆行驶动力学特性的研究，一方面可通过建立简化模型，应用拉格朗日方程得到系统的动力学方程，求解该方程来研究车辆行驶动力学特性；另一方面可使用多体系统动力学仿真软件，通过建立车辆实体模型，自动构建系统的运动学和动力学模型并进行求解。

1. 模型的简化

为了简化问题、便于建模与计算，对履带车辆作如下简化。

（1）车辆行驶过程中，路面是刚性的，路面不平度不会因为车辆碾压而发生变化，且左右车辙的不平度函数相同，路面不平度对各轮的振动输入只存在时间延迟。

（2）地面高程不平度激励是各态历经的平稳随机过程，可用谱函数进行描述。

（3）将履带结构简化为一种近似于铺设地面激励的“无限轨道”，不计履带对车体的作用，波长小于履带节距的路面不平度完全被履带板所覆盖。

（4）车体质心关于纵轴线左右对称。车体侧倾振动小，且很快停止，可不计车体的侧倾振动，只考虑车辆垂直运动和俯仰运动。

（5）车辆采用独立线性悬架，将悬架质量分解到悬架与非悬架中去，使其简化为弹簧刚度和阻尼。

2. 动力学模型

在以上假设条件的基础上，建立如图 5-19 所示的坦克车辆半车 $n+2$ 自由度振动模型。图中各符号意义为：m_{s} 为坦克车体整车悬置质量的一半；I 为车体整车转动惯量的一半；l_i 为各负重轮的质心相对车体质心 z_{c} 的水平距离，并规定当负重轮位于质心右侧时其值为正，反之为负。

应用拉格朗日方程，得到半车模型中各自由度的微分方程为

$$\begin{cases} m_{\mathrm{s}}\ddot{z}_{\mathrm{c}}+2\sum\limits_{i=1}^{n}F_{\mathrm{fD}i}+2\sum\limits_{i=1}^{n}F_{\mathrm{fs}i}=0 \\ \rho^2 m_{\mathrm{s}}\ddot{\varphi}+2\sum\limits_{i=1}^{n}F_{\mathrm{fD}i}l_i+2\sum\limits_{i=1}^{n}F_{\mathrm{fs}i}l_i=0 \\ m_{\mathrm{w}}\ddot{z}_i-F_{\mathrm{fD}i}-F_{\mathrm{fs}i}+F_{\mathrm{w}i}=0 \end{cases} \quad (i=1,2,\cdots,n) \tag{5-91}$$

5.5.2　非线性因素分析

首先是负重轮刚度非线性特性分析。履带式车辆负重轮通常为轻质刚性轮毂加橡胶挂

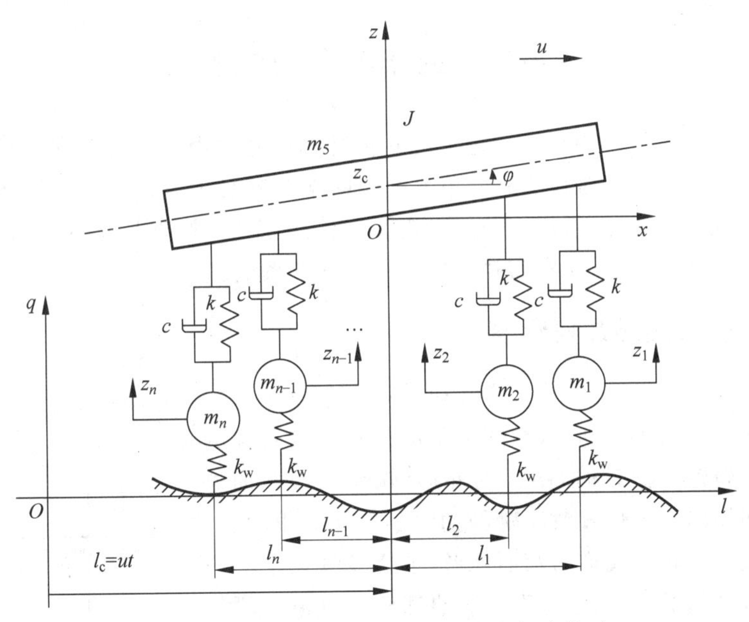

图 5-19　坦克车辆半车 $n+2$ 自由度振动模型

胶,其刚度系数具有非线性特性。实验表明,负重轮在加载和卸载过程中,“弹性力-位移”曲线呈现迟滞特性。应注意按照迟滞曲线所包含的面积,计算在一个加、卸载周期内的能量损失。另外,弹性元件特性与悬架刚度非线性特性要分析,由于油气弹簧本身具有非线性、变刚度和渐增性的特性,由“弹性力-位移”关系曲线可知,系统的动弹性力在整个车辆设计行程内具有较强的非线性。例如,当坦克车辆受大位移激励时,必须考虑其非线性特性的影响。由车辆设计参数可确定各轮悬架系统的最大悬架动行程。

在动力学建模仿真中,考虑履带式车辆行驶时,履带会改变路面对车辆的激励,这种改变与履带板的结构、路面谱频率结构以及土质有关。履带铺在较硬的路面上时,履带与路面近似为部分点接触,波长小于履带板的成分被滤掉了。履带铺在松软路面上时,履带滤波作用更加明显。考虑到以上两种情况,将原始路面按履带板长进行插值,以求得履带铰接处的路面高程。

当车辆以较低车速行驶时,由履带板连接处的间隙所引起的不平度激振频率接近于簧下质量共振频率,对簧下质量的垂直振动产生较大影响。当车辆高速行驶时,履带板连接处的激励频率远高于车轮垂直振动固有频率,影响很小。当研究重点是车体振动时,履带的作用只是限制了高频的路面激励。履带预张紧力对车首悬架缓冲能力产生负面影响,尤其是当车首负重轮经过有连续峰值的不平路面时,与车首负重轮相连的悬架弹性元件无法完全伸张,伸长量达不到负重轮的静行程,从而降低了该负重轮悬架对后续障碍物的缓冲。履带的纵向振动增加了对负重轮的动态激励。军用履带式车辆,尤其是高速坦克车辆的履带可视为柔性履带环,其牵连振动对车体的振动有较大影响。对履带环详细的动力学分析,采用多体动力学软件中的履带工具箱分析,其分析原理是根据单块履带板长度和整条履带长度的比例的不同,将履带分为柔性履带、刚性履带,进行建模、仿真求解。

5.6 轨道车辆动力学模型

轨道车辆中的一根车轴和两个轮子组成轮对。轨道车辆依靠轮对支撑车辆的载荷，而且轮对起导向作用。以轮对作为基本单元的转向架及其悬架系统为车辆运行提供了保证。轨道车辆垂向载荷的传递、横向荷载的平衡、导向力的产生、制动力与牵引力的实现，均是在轮轨接触点上实现的，因此轮对与轨道构成动力学子系统。

5.6.1 轮轨接触几何学参数

图 5-20 为刚性轮对示意图。其由左右两个轮子和一个车轴刚性固接组成，也可称为刚性轮对。图 5-21 为踏面外形示意图。踏面是轮子与轨头的接触面。轮对在轨道上滚动时，踏面的外形、轨头的横截面外形以及它们之间横向相对位置对车辆的动力学性能有很大影响。为踏面的横截面外轮廓线称为踏面外形，包括多项参数。

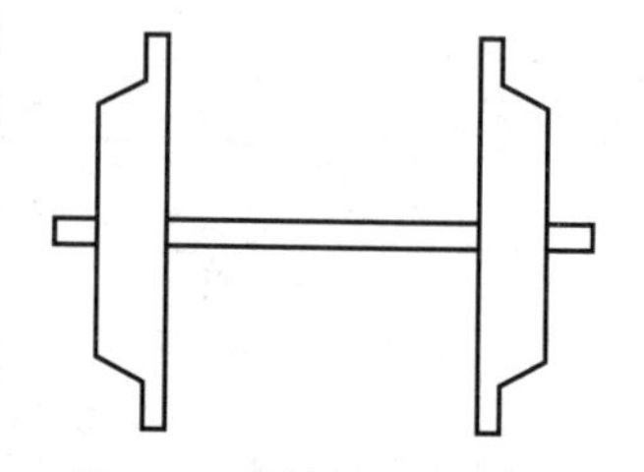

图 5-20 刚性轮对示意图

轮轨接触几何关系是轮轨动力学的基础。轨道车辆系统动力学性能在很大程度上依赖于轮对与轨道接触的几何非线性，因此，准确获取非线性的轮轨接触几何关系和参数是进行分析带有各种非线性因素的车辆以及轨道动力学的前提。

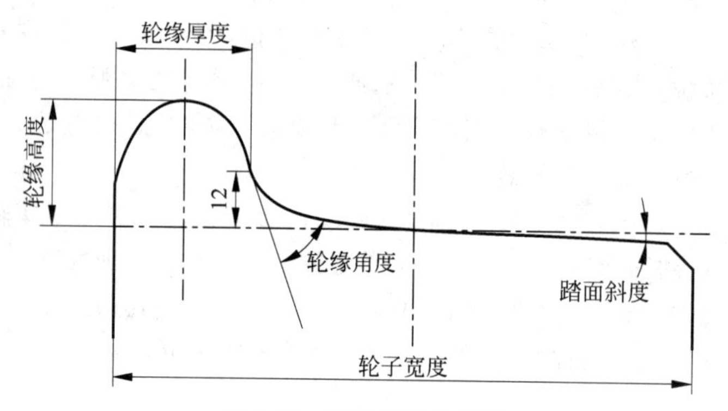

图 5-21 踏面外形示意图

图 5-22 所示为一轮对和一轨道在横向断面内任意接触位置的示意图，图中轮对的运行方向指向纸内。当外轨无超高时，左右两轨轨顶的公切面平行于水平面。上述左右钢轨的轨底坡分别以 β_l 和 β_r 表示，轨距以 g_t 表示，轮缘内侧距以 g_w 表示。左右两轮踏面上距轮缘内侧 T 处的圆周就是车轮名义上的滚动圆。对新的轮对来说，左右两轮滚动圆半径相等，图中以 r_0 表示。当轮对中心向右偏离轨道中心线 y_w 而处在图示位置时，车轴的中心线与轨顶面间的夹角 ϕ_w 称为轮对侧滚角。在图示情况下，ϕ_w 为负值。左右两轮与钢轨接触点处的实际滚动圆半径分别以 r_l，r_r 表示。左右两轮与钢轨接触点的切面与水平面间的夹角，即接触角分别以 δ_l 和 δ_r 表示。在研究轮对几何关系问题时，主要涉及以上这些几何学参数。它们原则上都是轮对横移量 y_w 以及侧滚角 ϕ_w 的函数。但由于侧滚角 ϕ_w 很小，即使在通过半径很小的曲线时，ϕ_w 也很少超过 2°，因此它对几何学参数只产生二阶以上影

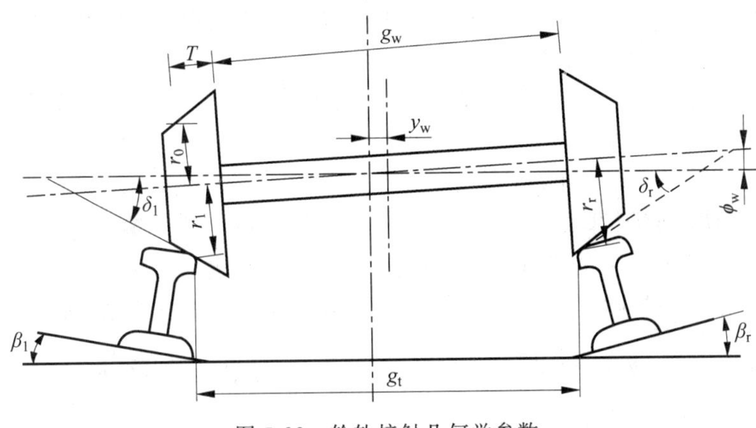

图 5-22　轮轨接触几何学参数

响,故可省去它的作用,而将上述几何参数简化为轮对横移一个独立变量的函数来分析。

5.6.2　车辆的随机响应计算

现代机车车辆的设计,一般采用对称结构,质量均匀分布,其悬架系统和行走部分等的布置上也对称于与轨面相垂直的纵向中心平面。这种设计方案,横向振动与垂向振动呈弱耦合,因此可将响应分为垂向响应、横向响应,有利于分别加以处理。

垂向响应是机车车辆各组成部分的浮沉和点头两种振动合成的振动。该类振动可简化为发生在纵向中心平面内的运动,是由轨道中心线的高低不平顺所引起的。

横向响应是机车车辆各组成部分的横移、偏转和侧滚等振动合成的振动。该类振动发生在水平面内的水平方向,是由轨道中心线的方向不平顺和轨道的水平不平顺所引起的。

由此可见,轨道不平顺是一种重要的激励。要重点研究机车车辆对轨道不平顺的响应的计算。若线性系统只受到单一的平稳随机输入的激励,其在任一个输出响应与轨道不平顺输入之间存在着下列关系:

$$G_o(\omega) = |H(j\omega)|^2 G_i(\omega) \tag{5-92}$$

式中,$G_i(\omega)$是输入的功率谱密度;$G_o(\omega)$是输出的功率谱密度;$H(j\omega)$是在选定的输出与输入之间的传递函数。轨道不平顺功率谱是在对轨道不平顺进行大量测量和统计基础上获得的。需要对统计得到的数据进行曲线拟合,用理论分析式来描述实测的数据群,即各国在实测基础上建立各自的谱表达式。

在研究机车车辆由于线路高低不平顺而引起的垂向振动时,可作为单输入系统处理。此时含有 n 根车轴的机车车辆可有 n 个输入。由于这些输入之间存在着确定的时间延迟,可换算成一个输入。在研究横向振动问题时,要考虑方向不平顺、水平不平顺两类输入,此时,在任一个输出与上述两个输入之间存在着如下关系:

$$\begin{aligned} G_o(\omega) = {} & |H_y(j\omega)|^2 G_y(\omega) + H_y^*(j\omega) H_\phi(j\omega) G_{y\phi}(\omega) + \\ & H_\phi^*(j\omega) H_y(j\omega) G_{\phi y}(\omega) + |H_\phi(j\omega)|^2 G_\phi(\omega) \end{aligned} \tag{5-93}$$

式中,$G_y(\omega)$是方向不平顺的功率谱密度;$G_\phi(\omega)$是水平不平顺的功率谱密度;$G_{y\phi}(\omega)$是方向不平顺与水平不平顺间的互谱密度;$G_o(\omega)$是任一个输出的功率谱密度;$H_y(j\omega)$是输出 $G_o(\omega)$与输入 $G_y(\omega)$之间的传递函数;$H_\phi(j\omega)$是输出 $G_o(\omega)$与输入 $G_\phi(\omega)$之间的传递函数；$H_y^*(\mathrm{j}\omega)$是$H_y(\mathrm{j}\omega)$的共轭复数；$H_\phi^*(\mathrm{j}\omega)$是$H_\phi(\mathrm{j}\omega)$的共轭复数。

BR(British Railway)曾对互谱密度$G_{y\phi}(\omega)$作过估算。从根据实测结果计算得到的相干函数来看，它是很小的。与功率谱密度比，互谱密度在数值上要小得多，可以略去不计。于是，式(5-91)可以简化为下式，即

$$G_o(\omega)=|H_y(\mathrm{j}\omega)|^2G_y(\omega)+|H_\phi(\mathrm{j}\omega)|^2G_\phi(\omega) \tag{5-94}$$

式(5-92)表明对应于每一类输入，可以将系统作为各个独立输入考虑，分别确定输出后，再叠加。对于传递函数的求解，可以通过对运动方程式进行傅里叶变换得到。再根据输出矩阵计算各输出点的响应功率谱密度函数及其响应的统计特性参数，如方均根值等。

$$\boldsymbol{M}\ddot{\boldsymbol{q}}+\left(\boldsymbol{C}+\frac{\boldsymbol{C}_{\mathrm{wr}}}{v}\right)\dot{\boldsymbol{q}}+(\boldsymbol{K}+\boldsymbol{K}_{\mathrm{wr}})\boldsymbol{q}=\boldsymbol{Q}_1\dot{\boldsymbol{q}}_{\mathrm{r}}+\boldsymbol{Q}_2\boldsymbol{q}_{\mathrm{r}} \tag{5-95}$$

式中，$\boldsymbol{M}$为惯性矩阵；$\boldsymbol{C}$为阻尼矩阵；$\boldsymbol{K}$为刚度矩阵；$\boldsymbol{C}_{\mathrm{wr}}$、$\boldsymbol{K}_{\mathrm{wr}}$为由于轮轨接触蠕滑引入的附加矩阵；$\boldsymbol{Q}_1$为激励阻尼矩阵；$\boldsymbol{Q}_2$为激励刚度矩阵；$\boldsymbol{q}_{\mathrm{r}}$为轨道不平顺输入。

对于输入为$\boldsymbol{q}_{\mathrm{r}}$、输出为$\boldsymbol{q}$的系统，按控制理论，其传递函数可写为

$$H(\mathrm{j}\omega)=\frac{\boldsymbol{Q}_1\mathrm{j}\omega+\boldsymbol{Q}_2}{-\boldsymbol{M}\omega^2+\left(\boldsymbol{C}+\frac{\boldsymbol{C}_{\mathrm{wr}}}{v}\right)\mathrm{j}\omega+(\boldsymbol{K}+\boldsymbol{K}_{\mathrm{wr}})} \tag{5-96}$$

引入新的变量：

$$[\dot{\boldsymbol{y}}]=\begin{bmatrix}\dot{\boldsymbol{q}}\\ \boldsymbol{q}\end{bmatrix} \tag{5-97}$$

将式(5-97)降阶并改写为自由振动后化为

$$[\dot{\boldsymbol{y}}]=\begin{bmatrix}-\boldsymbol{M}^{-1}(\boldsymbol{C}+\boldsymbol{C}_{\mathrm{wr}}/v) & -\boldsymbol{M}^{-1}\boldsymbol{K}\\ \boldsymbol{I} & \boldsymbol{0}\end{bmatrix}[\boldsymbol{y}]=\boldsymbol{A}[\boldsymbol{y}] \tag{5-98}$$

矩阵$\boldsymbol{A}$为系统的状态矩阵。根据矩阵$\boldsymbol{A}$计算出矩阵$\boldsymbol{A}$的全部特征根和对应的特征向量。根据特征根和特征向量可以求出各个振动模态的无阻尼振动频率和振动阻尼比等。作为示例，图5-23为某地铁车辆垂向动力学模型(图中符号的详细定义可参考文献[12])。

该模型认为轮对与钢轨不分离，考虑车体、前后构架的浮沉、点头和侧滚，共有九个自由度。可用于垂向振型分析、垂向平稳性计算。模型中认为。具体的求解方法是，采用求解状态矩阵特征值的方法计算各刚体振型参数，采用频域方法求解系统对轨道垂向不平顺和水平不平顺随机激扰的响应。

5.6.3 纵向振动动力学模型

通过对列车纵向力的系统研究，制定列车编组和列车操纵指南，以便改善列车运行的稳定性和可靠性。研究列车纵向动力学就是要掌握列车在牵引力、制动力变化时及缓解过程中纵向力的变化规律，从中寻求降低纵向力的途径。

轨道列车运行所产生的纵向力会引起缓冲器破损，严重时，纵向力可将车辆拉离曲线轨道内侧，造成脱轨。纵向力的增大会增加部件的磨损程度和疲劳破坏的速度。研究列车纵向动力学，要着重于非稳态运动。列车运行中有两种典型模式，即牵引模式、缓冲模式。在缓冲模式下，列车中各机车车辆之间均受压缩力作用，而在牵引模式下，列车中各机车车辆之间均受拉力作用。但是列车在坡道等地形条件下，列车可能一部分处于缓冲而另一部分

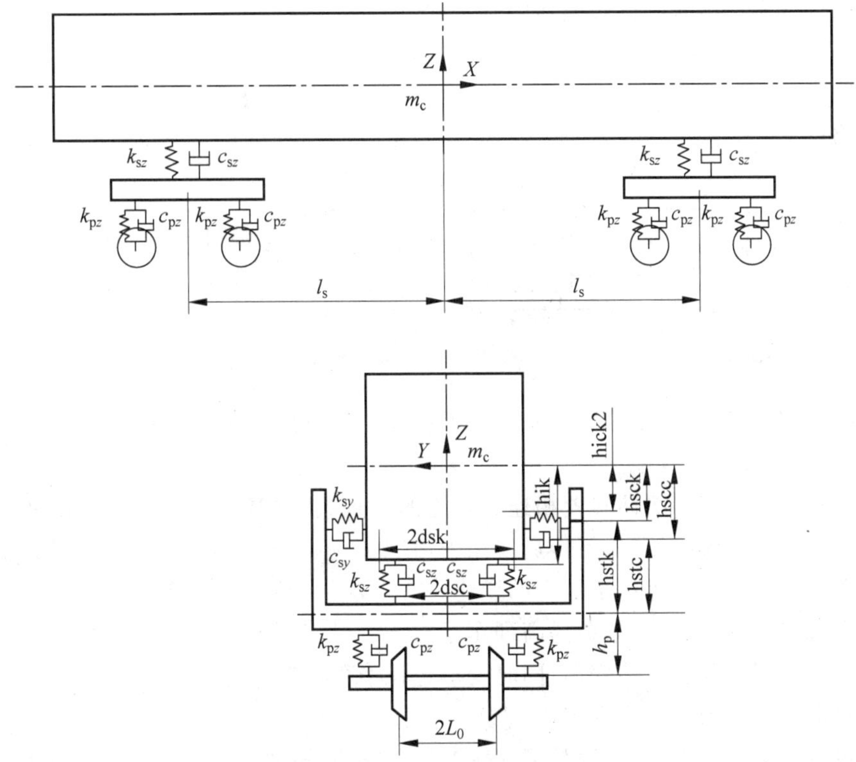

图5-23　某地铁车辆垂向动力学模型

处于牵引状态。

从动力学建模来看,影响列车纵向力的因素是多种多样的,如机车车辆的数量及其质量、尺寸和在列车中的位置,列车运行所通过的轨道坡度和曲线曲率,所采用制动系统的性能,所用缓冲器或缓冲装置的性能,还包括列车速度、操纵制动的控制阀类型等。

在纵向动力学研究范围内,列车可以抽象为一个多质点的质量弹簧阻尼系统。取单一车辆为研究对象分析其受力情况,如图5-24所示为车辆计算模型示意图。

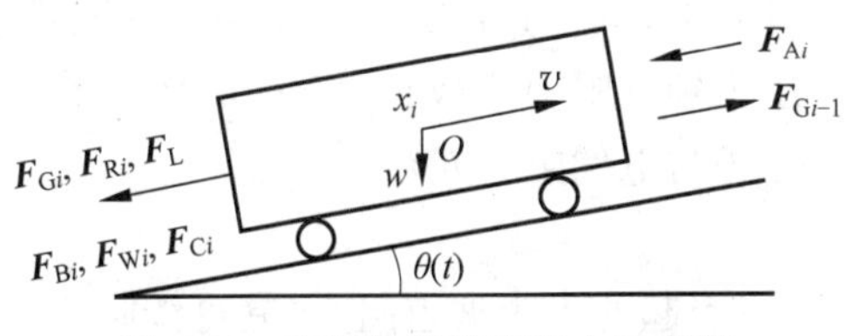

图5-24　车辆计算模型受力示意图

其运动学方程为

$$m_i \ddot{x}_i = F_{Gi-1} - F_{Gi} - F_{Ai} - F_{Bi} - F_L - F_{Ci} - F_{Ri} - F_{Wi}, \quad i = 1, 2, \cdots, n \tag{5-99}$$

式中,F_{Gi} 是第 i 节车钩的车钩力;F_{Ai} 是第 i 节车所受的风阻力;F_{Bi} 是第 i 节车所受的制动力;F_L 是牵引力或动力制动力;F_{Ri} 是第 i 节车所受的曲线阻力;F_{Ci} 是第 i 节车所受的滚动阻力;F_{Wi} 是第 i 节车所受的坡道阻力;n 是车辆编组数。

对列车中所有车辆均可写出类似方程,如图5-25所示的整车纵向动力学模型,其整个

列车系统纵向动力学方程式则可写成矩阵形式，即

$$\boldsymbol{M}\ddot{x}+\boldsymbol{C}\dot{x}+\boldsymbol{K}x=\boldsymbol{F} \tag{5-100}$$

式中，$\boldsymbol{M}$ 是机车车辆惯性矩阵；$\boldsymbol{C}$ 是系统的非线性阻尼矩阵；$\boldsymbol{K}$ 是系统的非线性刚度矩阵；$\boldsymbol{F}$ 是外加激励。

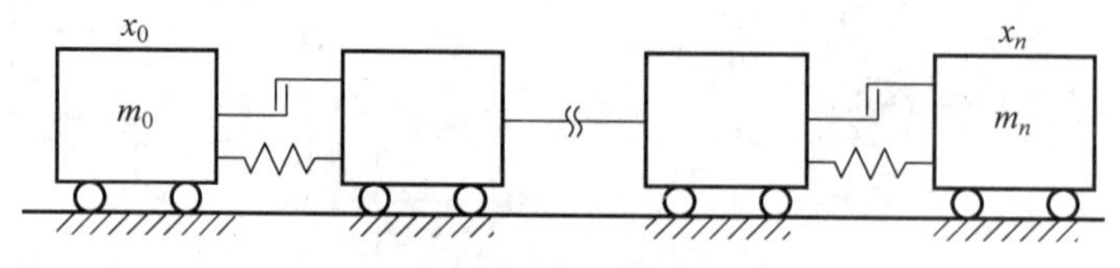

图 5-25　整车纵向动力学模型

实践表明，列车系统所受的力具有非线性特性。以下分析几种受力的特性。

1）车钩力

两节车辆是通过车钩缓冲装置相连。相连的车钩具有间隙，当相互连接的两节车辆之间的车钩处于间隙位置时，车钩不传递作用力，直到间隙闭合才进行力传递。缓冲器则是用来缓和列车在运行中由于机车牵引力的变化或在启动、制动及调车作业时车辆相互碰撞而引起的纵向冲击及振动，可有效地提高列车运行平稳性，减轻对车体结构、货物的损伤。缓冲器在纵向力作用下具有弹性变形，同时变形过程中存在阻尼，弹性和阻尼的协同作用来缓冲车辆的纵向冲击和振动。

按照设计方案，缓冲器可分为弹簧式缓冲器、摩擦式缓冲器、橡胶缓冲器、摩擦橡胶式缓冲器、黏弹性橡胶缓冲器、液压式缓冲器和空气缓冲器等。以摩擦式缓冲器的结构来分析，力与行程有关。研究表明，缓冲器的加载、卸载曲线是不同的，且是不可逆的，欲在数学模型中反映这种摩擦和实际挠性变形特性的解析关系难以实现，可采用图表插值方法处理。

2）滚动阻力

轮轨摩擦、轴承摩擦和轨道变形共同作用会产生滚动阻力。由轮轨和轴承摩擦而来的力与车辆速度无关，其为车辆型号的函数。然而，由轨道变形产生的力则与速度有关。滚动阻力一般采用改进的戴维斯(Davis)方程计算，滚动阻力和风阻力之和可用下式表示。

$$F_{\mathrm{R}}+F_{\mathrm{A}}=(A+Bn+Cv)W+C_{\mathrm{D}}v^2 \tag{5-101}$$

式中，A 为滚动阻力系数；B 为轴承阻力系数；n 为车辆的轴数；C 为轮缘阻力系数；v 为车辆速度；W 为车辆重力；C_{D} 为空气阻力系数。

3）坡道阻力

车辆所在位置轨道坡度所引起的力为坡道阻力，其可能阻止或推进列车的运动，具体要按照上坡、下坡轨道来确定。坡道阻力公式如下：

$$F_{\mathrm{G}}=-WG \tag{5-102}$$

式中，G 为坡度。

4）等效曲线阻力

F_{C} 为曲线通过时作用在车辆上的阻力。这是由轮缘靠贴时，作用在车轮上的横向力所产生的。其大小和特性决定于许多因素，但在列车动力学模型中则采用一种横向力的平均值作为等效曲线阻力并用下式表示：

$$F_{\mathrm{C}}=-0.0004WD \tag{5-103}$$

式中，D 为曲线度数(°)。

5) 制动力

列车制动时，闸瓦摩擦车轮产生的作用力称作制动力。可由下式计算：

$$F_B = nK_i\varphi_{ki} \tag{5-104}$$

式中，n 是闸瓦块数；K_i 是每块闸瓦的实算压力，9.8×10^3N；φ_{ki} 是第 i 辆车上闸瓦与车轮之间的摩擦因数。

闸瓦压力计算可以采用两种方法计算该压力：实算闸瓦压力计算法和换算闸瓦压力计算法。实算闸瓦压力计算法的计算公式如下：

$$K = \frac{\frac{\pi d^2}{4}P_z\beta\eta n_z}{1000n} \tag{5-105}$$

式中，d 是制动缸直径，cm；P_z 是第 i 辆车上制动缸的空气压力，9.8×10^4N；β 是制动倍率；η 是基础制动装置计算传动效率；n_z 是制动缸数。

6) 牵引力

列车的牵引力不仅和机车类型有关，而且与驾驶操作方法有关。计算过程中，一般取牵引力变化最剧烈的一种方式作计算工况。典型的牵引力曲线有以下几段组成：

起动初期。列车从零速度开始运行到最低计算速度，在这个阶段牵引力有固定值，对于受起动电流限制的机车此段为一常值，而受黏着限制的机车则为一段曲线。

过渡期。当列车速度达到最低计算速度时，牵引力由驾驶员控制的手柄位(机车的功率)决定，它是速度的函数。这时，牵引力曲线为一段反比例曲线。

稳定运行期。当列车速度达到一定值时，驾驶员再次提高手柄位，使车速进一步提高，直至达到稳定运行速度。这段牵引曲线和前一段类似，只是机车功率增大。牵引力在计算时同制动力的处理方法类似，可根据需要选用解析插值或图表插值，但牵引力仅作用于和机车直接相连的车辆上。

轨道交通发展越来越快，轨道车辆运载人或物在特定的轨道上行走，轨道起了支撑、传递荷载和导向作用，因此，这些系统的动力学建模可以有一些特定的简化方法。但是，与之相关的情况是，许多普通铁路、快速铁路以及高速铁路与城市轨道交通技术均有一定的差异，所要求的牵引方式、动态参数、控制精度、舒适度也不同，在建模时必须结合实际车型、具体结构、行驶工况等综合加以考虑。

思　考　题

5.1　行走式机械系统的振动特性与动载荷如何？

5.2　试述行驶系动力学模型的建立方法、过程。

5.3　简述路面特性对工程机械行驶系模型建立的影响。如何进行行驶系统振动响应的计算？

5.4　履带式车辆与轮式车辆在动力学建模方面有何区别？如何建立履带式车辆动力学模型？

5.5　结合地铁车辆特点，分析轨道车辆动力学模型建立方法。

5.6　结合工程机械实例，分析行走式机械系统模型的简化方法。

第6章　转子系统动力学模型

6.1　转子系统动力学问题

6.1.1　高速转子的特征

在工程装备中，有许多高速旋转的部件，这些部件我们可称为“转子”。如果转子比较刚硬，转子在远低于一阶临界转速下运行，则不平衡惯性力引起的转子挠曲变形很小，可以忽略，这种转子称为刚性转子；反之，如果不平衡惯性力引起的转子挠曲变形不能忽略，则这类转子可称为挠性转子。通常把工作转速是否超过其一阶临界转速作为划分挠性转子与刚性转子的依据。

产生转子不平衡的原因是多种多样的，如转子材质的不均匀，制造、安装过程中产生的误差等，都会使转子的质量中心线偏离其旋转轴线，有时偏移量还较大，如弓形回转形状等。从力学分析来看，当转子旋转时，转子的各微小单元质量的离心惯性力组成的力系是一个不平衡的力系，称为转子的不平衡。许多工程装备在运行过程中，会出现转子振动，交变的外载荷、转子不平衡产生的离心惯性力等都会引起转子振动。

当前，许多旋转机械都具有大型、高速、重载与精密化的发展趋势，其转子的结构也日益复杂，引发的各类转子动力学问题日益突出。为分析计算转子系统的动力学问题，工程中通常采用离散化方法以求得尽可能准确的数值结果，如有限元法、传递矩阵方法等都是转子系统动力学分析的重要方法。

6.1.2　转子不平衡与受迫振动

转子的不平衡会引起转子的反复弯曲和内应力，这种弯曲和内应力会引起转子疲劳破坏或转子断裂。转子的不平衡曾引起大型汽轮发电机组转子断裂的现象，还会使机器产生振动和噪声，并会加速轴承等零件的磨损，降低机器的寿命和效率。转子的振动会通过轴承、基座传递到基础或支撑平台上，恶化工作环境。

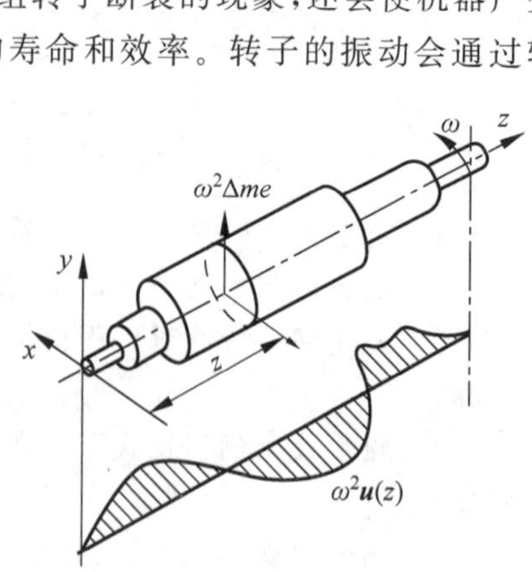

如图6-1所示的某个实际转子可以看作是由无穷多个薄片沿轴向组成的。当这些薄片的质量中心与旋转中心不重合时，将引起不平衡。设其薄片的质量为Δm_i，偏心为e_i，由于各片的偏心大小不一，所以在径向的位置也各异，这些不平衡量是一个径向矢量，记作$\boldsymbol{u}(z)$。当转子以角速度ω旋转时，形成了一个分布的离心惯性力系$\omega^2\boldsymbol{u}(z)$。这一分布的离心惯性力系可以向质心简化为一合力和一合力矩(偶)。这一合力和合力矩的方向随旋转方向不断改变，形成周期

图6-1　不平衡转子的离心惯性力

性的激励,引起转子的受迫振动。

6.1.3　转子系统建模方法及求解

转子有轴系特点,其动态特性分析及建模方法有很多,如有限元法、传递矩阵法、试验建模法、影响系数法等。

有限元法最早出现在 20 世纪 40 年代,主要提出用离散元素法求解弹性力学问题,当时仅限于用杆系结构来构造离散模型或定义在三角区域上的分片连续函数和最小位能原理来求解扭转问题。由于航空工业等技术需要,如美国波音公司等采用三节点三角形单元,矩阵位移法被用到平面问题上。有限单元法将物体(即连续的求解域)离散成有限个且按照一定方式相互联结在一起的单元的组合,来模拟或者逼近原来的物体,从而将一个连续的无限自由度问题简化为离散的有限自由度问题,将问题求解变为一种数值分析法。一旦物体被离散后,可通过对各个单元进行分析,最终得到对整个物体的分析。网格划分中每一个小的块体称为单元。确定单元形状、单元之间相互连接的点成为节点。单元上节点处的结构内力为节点力,外力为节点载荷。然后把所划分的单元按照离散单元之间的关系进行集合,就可以得到以节点位移为基本未知量的动力学方程。

有限元法的分析关键是结构离散化、单元分析、整体分析。其中结构离散化、单元网格划分等关系到计算精度和计算效率。数值计算技术和计算机有限元软件程序发展,如 ANSYS、NASTRAN、ABAQUS、ASKA、ADINA、SAP 和 COSMOS 等,使有限元法成为现代产品设计的一种重要途径。

与有限元方法相比,应用传递矩阵法分析转子振动也十分常见,它适用于多个圆盘、连续梁以及汽轮机和发电机的转轴系统等链状结构的固有频率的计算和主振型的分析,并且有计算简单、编程方便,计算时所占内存少、耗用机时短等特点。

典型的传递矩阵计算方法有 Myklestad-Prohl 法和 Riccati 传递矩阵法。传递矩阵法,往往以最早使用者命名。其中 Myklestad-Prohl 法有很多优点,如矩阵的维数不会随着转子系统的自由度数的增加而增加,计算效率高、程序设计简单、占用内存少,应用广泛。但是,当计算的频率较高,或者结构支承的刚度很大,或者结构的自由度较多时,会出现数值不稳定、计算精度下降的问题,后来发展了改进的 Riccati 传递矩阵法(Horner 和 Pilley 于 1978 年提出),通过 Riccati 变换,提高了传递矩阵法的数值稳定性,而且这种方法保留了 Myklestad-Prohl 法优点。另外,在使用过程中,Riccati 传递矩阵法在特征根的搜索过程中剩余量有许多无穷大奇点(剩余量曲线存在许多异号无穷型奇点),从而可能产生增根现象,需要寻找奇点消除方法。

在转子动力学中,复杂的耦联轴系建模较为困难。可通过采用不同的传递矩阵法对耦联轴系进行建模,分析主轴的固有频率和临界转速以及对应的振型,这对于转子系统、旋转机械设计有重要意义。主轴系统进行理论建模后,运用计算机软件(如 MATLAB)编程计算,可较快得到主轴的多阶固有频率、临界转速以及对应的振型曲线图。同时,可通过模态实验方法得出的结果与理论分析结果进行比较,验证理论模型的合理性以及结论的正确性。这些都为提高旋转机械的主轴转速以及结构的优化设计提供理论依据。

总的来说,传递矩阵法有基本的 Myklestad-Prohl 法和 Riccati 法,还有阻抗耦合法、分振型综合法和直接积分法等。研究中,往往采用多种传递矩阵法,对系统进行建模分析,求得主轴的固有频率、临界转速以及相对应的振型曲线图，对比分析、优化。

传递矩阵法的矩阵阶数不随系统的自由度数增大而增加。随着学者们的不断深入研究，提出了传递矩阵法与其他方法相配合，可以求解复杂转子系统的问题。可以说，传递矩阵法在转子动力学的计算中占有重要的地位。

特别需要指出的是，试验建模法及影响系数法在特定场合也得到大量应用。

关于转子系统动力学问题求解。各种矩阵分析理论与方法均可以求解复杂转子系统的临界转速与振型、稳态不平衡响应、瞬态响应、温变变化的热振动等问题，也可以分析分支传动轴系和考虑轴向与弯扭多态耦合以及质量连续多轴系的动力计算等问题。

一般地，传递矩阵法对轴系建模首先得将轴系简化成集总参数模型，即需要将质量连续分布的弹性系统离散化为若干个集中质量盘、轴段和支撑组成的多自由度系统，也就是将轴系的质量和转动惯量集中到划分的节点上。对于节点的选取一般选在轴系结构的联轴器、轴的截面有突变处，以及轴的支撑点和端部等位置，使节点间的轴段为等截面轴。对于集中质量采用的原则是质心不变原则，即简化后集中到两端的质量与简化前轴的总质量相等，集中到两端的质心位置不变。

要注意轴系支承部件的特性分析和模型简化。轴承和齿轮等旋转机械部件，在机械、电力系统等现代大型工业设备中扮演着重要的角色。轴承和齿轮等旋转机械部件的运行状态会直接影响到机械设备的加工精度、运行可靠性及寿命等性能参数。

开展旋转机械理论建模及计算要将滚动轴承等作为关键运动部件，当轴承出现间隙不合适、转子不对中、灰尘等异物侵入或润滑不良等情况时会导致轴承的剥落和磨损。剥落和磨损是滚动轴承常见的故障形式，故障将导致轴承内、外圈配合间隙增大，振动加剧并产生噪声，降低旋转机械设备的效率和可靠性，进而缩短轴承寿命，动力系统分析要注意这些参数的变化规律描述。另外，油膜力、振动等往往具有非线性特征，如何进行参数处理、分析，过程较为复杂。需要多种方法开展研究、相互验证对比。

6.2　多圆盘挠性转子系统的振动

6.2.1　动态影响系数法

在分析多圆盘转子时，可对转轴和支承所作的假定，且不计阻尼的影响。由于有多个圆盘，它们在振动过程中会有角运动。为了使问题简化，不计角运动时的圆盘的转动惯量，我们先把圆盘简化成集中质量，用影响系数法来建立动力学方程。由于在此是研究动力学问题，定义影响系数 α_{ij} 为动态影响系数，表示在 x_j 处的单位激振力在 x_i 处引起的振动。

具体来说，在 x_j 处有一激振力 $\boldsymbol{F}_j\mathrm{e}^{\mathrm{i}\omega t}$，它引起 x_i 处的振动为 $\boldsymbol{S}_i\mathrm{e}^{\mathrm{i}(\omega t+\beta)}$，则影响系数为

$$\alpha_{ij}=\frac{\boldsymbol{S}_i\mathrm{e}^{\mathrm{i}(\omega t+\beta)}}{\boldsymbol{F}_j\mathrm{e}^{\mathrm{i}\omega t}}=|\alpha_{ij}|\mathrm{e}^{\mathrm{i}\beta} \tag{6-1}$$

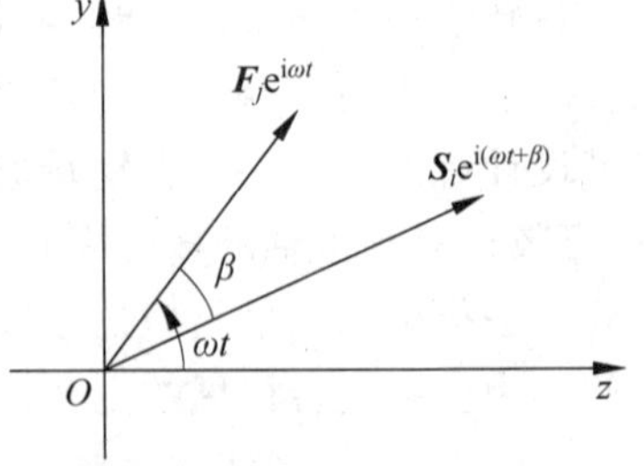

图 6-2　动态影响系数示意图

图 6-2 表示此时影响系数的物理意义，α_{ij} 的模为 $|\alpha_{ij}|$，表示单位激振力在 x_i 处产生的振幅。β 为作用力

与振动的相位差，在不计阻尼时 $\beta=0°$，即动态影响系数为一实数。下面我们将用影响系数法建立多圆盘转子的动力学方程以求解它的振动问题。

6.2.2　多圆盘转子的动力学方程

为了简化问题，只研究在 xOy 平面中的横向振动，如图 6-3 所示。

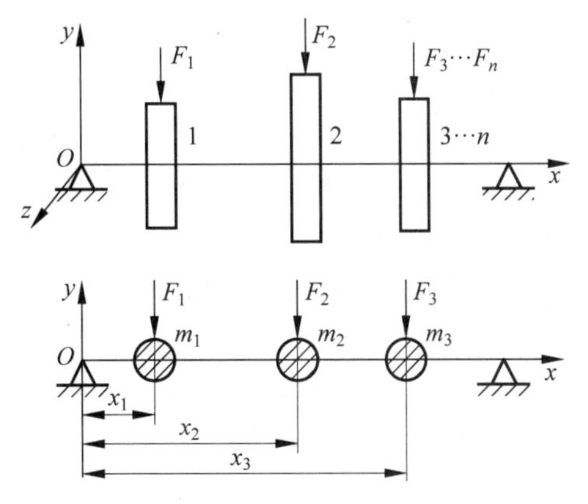

图 6-3　多圆盘转子的简化模型

在不考虑 xOy 和 xOz 两个平面运动和力的耦合作用前提下，两个运动可以分别求解。在 xOy 平面内，各圆盘的运动 y_i 为

$$\begin{aligned} y_i &= \alpha_{i1}(F_1 - m_1\ddot{y}_1) + \alpha_{i2}(F_2 - m_2\ddot{y}_2) + \cdots \\ &= \sum_{j=1}^{m}\alpha_{ij}(F_j - m_j\ddot{y}_j), \quad i=1,2,\cdots,n \end{aligned}$$

写成矩阵形式为

$$\begin{bmatrix} \alpha_{11} & \alpha_{12} & \cdots & \alpha_{1n} \\ \alpha_{21} & \alpha_{22} & \cdots & \alpha_{2n} \\ \vdots & \vdots & & \vdots \\ \alpha_{n1} & \alpha_{n2} & \cdots & \alpha_{nn} \end{bmatrix} \begin{bmatrix} m_1 & & & \\ & m_2 & & \\ & & \ddots & \\ & & & m_n \end{bmatrix} \begin{bmatrix} \ddot{y}_1 \\ \ddot{y}_2 \\ \vdots \\ \ddot{y}_n \end{bmatrix} + \begin{bmatrix} y_1 \\ y_2 \\ \vdots \\ y_n \end{bmatrix} = \begin{bmatrix} \alpha_{11} & \alpha_{12} & \cdots & \alpha_{1n} \\ \alpha_{21} & \alpha_{22} & \cdots & \alpha_{2n} \\ \vdots & \vdots & & \vdots \\ \alpha_{n1} & \alpha_{n2} & \cdots & \alpha_{nn} \end{bmatrix} \begin{bmatrix} F_1 \\ F_2 \\ \vdots \\ F_n \end{bmatrix} \tag{6-2}$$

简写成

$$\boldsymbol{\alpha}\boldsymbol{M}\ddot{\boldsymbol{y}} + \boldsymbol{y} = \boldsymbol{\alpha}\boldsymbol{F} \tag{6-3}$$

式中，$\boldsymbol{\alpha}$ 为响应系数矩阵；$\boldsymbol{M}$ 为质量矩阵；$\boldsymbol{F}$ 为外力向量。

设 $\boldsymbol{\alpha}^{-1}=\boldsymbol{K}$，$\boldsymbol{K}$ 为刚度矩阵。用刚度矩阵表示的动力学方程为

$$\boldsymbol{M}\ddot{\boldsymbol{y}} + \boldsymbol{K}\boldsymbol{y} = \boldsymbol{F} \tag{6-4}$$

式(6-3)及式(6-4)是常用的两种形式的动力学方程。

多圆盘转子的临界速度和振型可以通过求解式(6-3)的齐次方程的特征值和特征向量而求得。设圆盘以某一自振频率 ω 振动，第 i 个圆盘的振动表示为

$$y_i = A_i\sin(\omega t+\beta), \quad i=1,2,\cdots,n \tag{6-5}$$

代入下式

$$\boldsymbol{\alpha} \boldsymbol{M}\ddot{\boldsymbol{y}} + \boldsymbol{y} = \boldsymbol{0} \tag{6-6}$$

得

$$-\omega^2 \boldsymbol{\alpha M A} + \boldsymbol{A} = \boldsymbol{0} \tag{6-7}$$

即

$$(-\omega^2 \boldsymbol{\alpha M} + \boldsymbol{I})\boldsymbol{A} = \boldsymbol{0} \tag{6-8}$$

式中，$\boldsymbol{I}$ 为单位矩阵。由于 $\boldsymbol{A}$ 中必定有非零元素(否则系统静止不动)，则行列式

$$|-\omega^2 \boldsymbol{\alpha M} + \boldsymbol{I}| = 0 \tag{6-9}$$

式(6-9)为系统的特征方程。如果用式(6-4)表示的动力学方程，则特征方程的形式是

$$|-\omega^2 \boldsymbol{M} + \boldsymbol{K}| = 0 \tag{6-10}$$

令 $\omega^2=\lambda$，式(6-9)、式(6-10)为 λ 的 n 次多项式，可解出 n 个根，$\lambda_1<\lambda_2<\cdots<\lambda_n$。$\lambda$ 为特征值，即系统的自振频率(主频率)的平方。将 n 个 λ 值代入式(6-9)可求出 n 个特征向量。

设

$$-\lambda \boldsymbol{\alpha M} + \boldsymbol{I} = \boldsymbol{B} \tag{6-11}$$

当 $\lambda=\lambda r$ 时，代入 $\boldsymbol{B}$ 矩阵，计算出其中各个元素，得

$$\begin{bmatrix} b_{11(r)} & b_{12(r)} & \cdots & b_{1n(r)} \\ b_{21(r)} & b_{22(r)} & \cdots & b_{2n(r)} \\ \vdots & \vdots & & \vdots \\ b_{n1(r)} & b_{n2(r)} & \cdots & b_{nn(r)} \end{bmatrix} \begin{bmatrix} A_{1(r)} \\ A_{2(r)} \\ \vdots \\ A_{n(r)} \end{bmatrix} = \boldsymbol{0} \tag{6-12}$$

由式(6-12)可求出 $\boldsymbol{A}_{(r)}$ 的比例解，即

$$A_{1(r)}[1, A_{2(r)}/A_{1(r)}, A_{3(r)}/A_{1(r)}, \cdots, A_{n(r)}/A_{1(r)}]^{\mathrm{T}} = A_{1(r)} \boldsymbol{\phi}_{(r)}$$

式中，$\boldsymbol{\phi}_{(r)}=[\phi_{1(r)}, \phi_{2(r)}, \cdots, \phi_{n(r)}]^{\mathrm{T}}$ 为特征向量，具体可参考文献[1]，即主振型。n 个圆盘系统有 n 个主振型，它们构成振型矩阵：

$$\boldsymbol{\Phi} = [\boldsymbol{\phi}_{(1)}, \boldsymbol{\phi}_{(2)}, \cdots, \boldsymbol{\phi}_{(n)}] \tag{6-13}$$

特征值与特征向量的物理意义是当系统以某一主频率振动时，特征向量即主振型，它代表各质量振幅的比例，如图 6-4 所示。

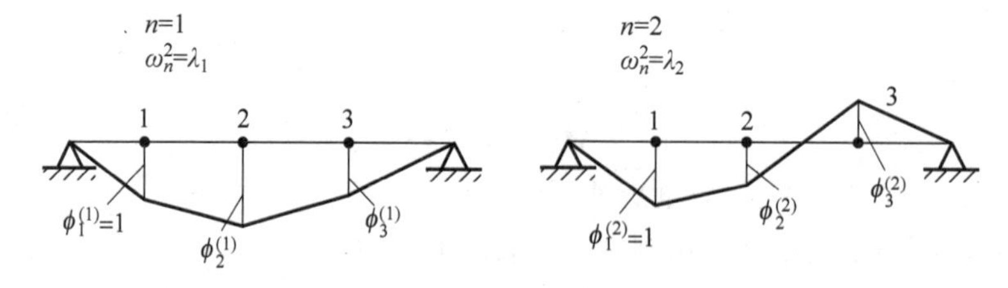

图 6-4　多圆盘转子的主振型

解出特征值和特征向量后，式(6-5)表示的自由振动的解为

$$\boldsymbol{y} = \boldsymbol{\Phi}[A\sin(\omega t + \beta)] \tag{6-14}$$

可剖析式(6-14)表达的是各质量振动的组成。把该式展开表示为

$$\begin{cases} y_1 = A_1\phi_{1(1)}\sin(\omega_1 t+\beta_1)+A_2\phi_{1(2)}\sin(\omega_2 t+\beta_2)+\cdots+A_n\phi_{1(n)}\sin(\omega_n t+\beta_n) \\ y_2 = A_1\phi_{2(1)}\sin(\omega_1 t+\beta_1)+A_2\phi_{2(2)}\sin(\omega_2 t+\beta_2)+\cdots+A_n\phi_{2(n)}\sin(\omega_n t+\beta_n) \\ \vdots \\ y_n = A_1\phi_{n(1)}\sin(\omega_1 t+\beta_1)+A_2\phi_{n(2)}\sin(\omega_2 t+\beta_2)+\cdots+A_n\phi_{n(n)}\sin(\omega_n t+\beta_n) \end{cases} \tag{6-15}$$

式(6-14)中$\boldsymbol{\Phi}$的每一列代表一阶主振型,$A_1,A_2,\cdots,A_n$ 则代表各阶振型分量的大小,β_1,$\beta_2,\cdots,\beta_n$ 表示各阶振型的相位。分析式(6-15)中的每一个方程,可知任何一质量的振动幅值是各阶振型在该点的幅值以不同比例组合而成。各阶振型不仅比例不同,而且相位也不同,$A_1,A_2,\cdots,A_n$ 和 $\beta_1,\beta_2,\cdots,\beta_n$ 的值是根据初始条件确定的。设 $t=0$ 时,$\boldsymbol{y}=\boldsymbol{y}_0$,$\dot{\boldsymbol{y}}=\dot{\boldsymbol{y}}_0$,代入式(6-15)及其微分式 $\dot{\boldsymbol{y}}=\boldsymbol{\Phi}[\omega A\cos(\omega t+\beta)]$可得 $2n$ 个方程组,解这组方程即可求得 A 和 β 的值。

以上分析了 xOy 平面内的解,在 xOz 平面内亦可用同样方法求出

$$\boldsymbol{z}=\boldsymbol{\Phi}[B\sin(\omega t+\psi)] \tag{6-16}$$

将式(6-14)、式(6-16)合起来,可写成

$$\begin{aligned}\boldsymbol{s}&=\boldsymbol{z}+\mathrm{i}\boldsymbol{y}\\&=\boldsymbol{\Phi}[B\sin(\omega t+\psi)+\mathrm{i}A\sin(\omega t+\beta)]\end{aligned} \tag{6-17}$$

多圆盘转子在不计圆盘转动惯量的情况下,转子的临界速度就是它的自振频率,所以 n 个圆盘的转子有 n 个临界速度,依次称为第一阶临界速度、第二阶临界速度等。

6.2.3　多圆盘转子的不平衡响应

设在图 6-5 所示的多圆盘转子上,每个圆盘均有不平衡产生的质量偏心 $a_1,a_2,\cdots$,由它们产生的不平衡力为旋转的矢量 $\boldsymbol{F}_1,\boldsymbol{F}_2,\cdots$。

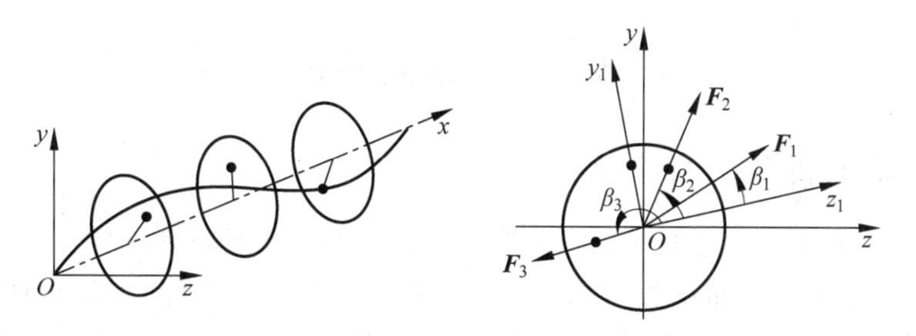

图 6-5　有不平衡量的多圆盘转子

由于旋转向量可表示为该向量乘以 $\mathrm{e}^{\mathrm{i}\Omega t}$,即

$$F_i=m_i a_i\Omega^2\mathrm{e}^{\mathrm{i}\beta_i}\mathrm{e}^{\mathrm{i}\Omega t} \tag{6-18}$$

式中,β_i 为不平衡力在转动坐标中的相位角。这样,可以用影响系数法直接写出求不平衡响应的动力学方程式:

$$\boldsymbol{\alpha M}\ddot{\boldsymbol{s}}+\boldsymbol{s}=\boldsymbol{\alpha F}=\boldsymbol{\alpha f}\mathrm{e}^{\mathrm{i}\Omega t} \tag{6-19}$$

式中,$\boldsymbol{s}=\boldsymbol{z}+\mathrm{i}\boldsymbol{y}$,$\boldsymbol{f}$ 用下式计算:

$$\boldsymbol{f}=[\Omega^2 m_1 a_1\mathrm{e}^{\mathrm{i}\beta_1},\Omega^2 m_2 a_2\mathrm{e}^{\mathrm{i}\beta_2},\cdots]^{\mathrm{T}}$$

设解 $\boldsymbol{s}=\boldsymbol{s}_1\mathrm{e}^{\mathrm{i}\Omega t}$，代入式(6-17)得

$$(-\Omega^2\boldsymbol{\alpha M s}_1+\boldsymbol{s}_1)\mathrm{e}^{\mathrm{i}\Omega t}=\boldsymbol{\alpha f}\mathrm{e}^{\mathrm{i}\Omega t}$$

即

$$(-\Omega^2\boldsymbol{\alpha M}+\boldsymbol{I})\boldsymbol{s}_1=\boldsymbol{\alpha f}$$

所以有

$$\boldsymbol{s}_1=(-\Omega^2\boldsymbol{\alpha M}+\boldsymbol{I})^{-1}\boldsymbol{\alpha f} \tag{6-20}$$

$\boldsymbol{s}_1$ 即不平衡响应在动坐标中的解。$\boldsymbol{s}_1$ 中各元素均为向量，它的模代表各圆盘中心偏离转动中心的距离，它的方向代表在转动坐标中的相位角。为了进一步了解这个解的物理意义，我们进一步分析 $\boldsymbol{s}_1$ 的构成情况。设

$$\boldsymbol{C}=(-\Omega^2\boldsymbol{\alpha M}+\boldsymbol{I})^{-1}\boldsymbol{\alpha} \tag{6-21}$$

则式(6-20)为

$$\boldsymbol{s}_1=\boldsymbol{Cf}$$

或

$$\boldsymbol{s}_{1i}=\boldsymbol{C}_{i1}m_1a_1\Omega^2\mathrm{e}^{\mathrm{i}\beta_1}+\boldsymbol{C}_{i2}m_2a_2\Omega^2\mathrm{e}^{\mathrm{i}\beta_2}+\cdots$$

即任一圆盘中心的偏离量为各圆盘上不平衡力单独作用时产生偏离量的线性组合。各圆盘的 $\boldsymbol{s}_{1i}$ 不仅大小不同，相位也不同。因此，各圆盘中心的连线形成一空间曲线，称之为动挠度曲线。单圆盘转子，它的动挠度曲线为弓形，是一条平面曲线。此外，由式(6-20)可知，当 Ω 趋于某一自然频率 ω_i 时，行列式

$$|-\Omega^2\boldsymbol{\alpha M}+\boldsymbol{I}|\rightarrow 0$$

振动幅值理论上为无限大，这就是共振现象，此时的转速为临界速度。

矩阵 $\boldsymbol{C}$ 实质上就是计算不平衡响应的影响系数矩阵。它和某一常力作用下静挠度的影响系数矩阵是不同的。由于在我们的分析中没有计入阻尼因素，$\boldsymbol{C}$ 中各元素均为实数。在有阻尼存在时，影响系数将成为复数，因为阻尼使不平衡力和变形 $\boldsymbol{s}_1$ 间产生相位差。

6.3　传递矩阵法

6.3.1　传递矩阵法的一般步骤

传递矩阵法来分析挠性转子的动力学问题。挠性转子具有两个特性：一是转子的质量连续分布，可用连续分布函数来描述；二是转子属于弹性构件，不是刚性单元。因此，一个转子系统是质量连续分布的弹性系统，具有无穷多自由度，有无限多个临界转速和振型。在传统的振型分析中，求解转子的临界转速和振型，可以通过求解转子系统的特征值问题。实际上转子系统结构复杂，并且有各种形式的边界条件，通过解特征值问题来求转子的临界转速和振型，计算工作量大，有时难以得到解析解，并且没有求其全部临界转速和振型。

传递矩阵法是将“转子系统离散化”进行计算，是采用一种近似方法。离散化的工作包括转子系统质量和转动惯量的离散化与转轴刚度的等效以及转子系统支承的简化。这种方法将质量连续分布的弹性转子离散为由不计厚度但计及惯量的刚性圆盘和不计质量但计及刚度的弹性轴段组成的盘轴系统。

首先来看 Prohl 传递矩阵法(也可称普洛尔传递矩阵法)的特点及一般步骤。这类传递矩阵法具有一些优点,矩阵的维数不随系统自由度的增加而增大,转子的各阶临界转速的计算方法相同,计算程序简单,存储单元少,计算机时少,逐步成为解决转子动力学问题的一个快速而有效的方法。运用这种方法建模求解的主要工作内容包括:转子系统的离散化与各种支承的简化;薄圆盘单轴转子系统在弹性支承与刚性支承;各向同性与各向异性条件下,临界转速与振型的计算;不平衡响应分析等。

1. 节点和轴段的单元模型

为了采用 Prohl 传递矩阵法求解转子系统临界转速、弹性梁横向振动固有频率等,首先要做好单元状态变量传递关系的矩阵表达。第一步,将转子系统分为圆盘、轴段和支承等若干单元或部件;其次,用达朗贝尔原理等建立这些单元或部件两端截面状态变量之间的传递关系;再利用连续条件,求得转子任意截面的状态变量与起始截面状态变量之间的关系。上述工作的重点是建立盘轴单元的传递矩阵并求解。

图 6-6 为轴的离散化单元模型。将连续质量分布的转子离散成一个链状系统,该系统由无质量的弹性轴段和无弹性的集中质量组成。链状系统模型中的无弹性集中质量称为节点(或简称为点(point)、站),相应的,支座和附加在轴上的集中质量通常也简化为节点。无质量的弹性梁段称为场(field)。

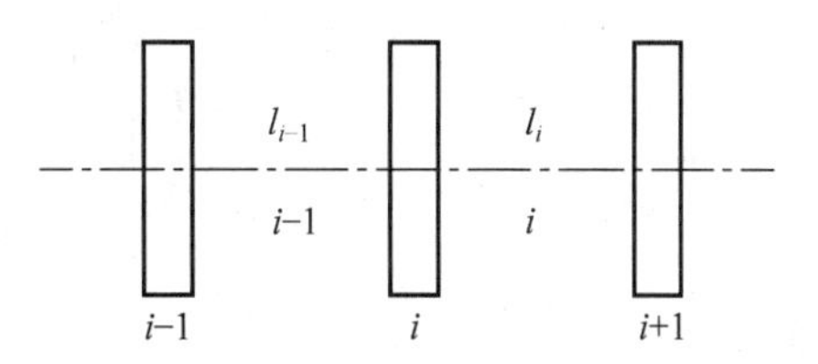

图 6-6　轴的离散化单元模型

将简化后得到的节点和轴段从左到右依次编号排序为 $1,2,\cdots,N$,集中质量与其右侧相同序号的轴段作为一个单元。集中质量和轴段的受力如图 6-7 所示,轴段横截面上的内力有剪力 Q 和弯矩 M。

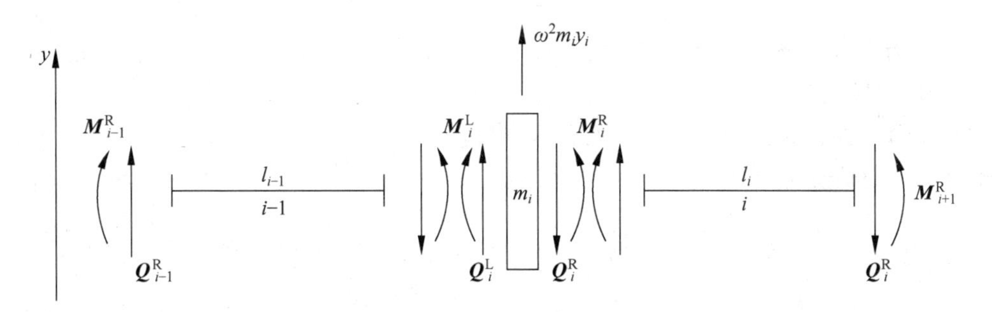

图 6-7　集中质量和轴段的受力

2. 点传递矩阵

第 i 个集中质量圆盘的左侧和右侧的状态向量分别为

$$\begin{cases} \boldsymbol{Z}_i^{\mathrm{L}} = (y_i^{\mathrm{L}}, \theta_i^{\mathrm{L}}, M_i^{\mathrm{L}}, Q_i^{\mathrm{L}})^{\mathrm{T}} = [(y,\theta,M,Q)_i^{\mathrm{L}}]^{\mathrm{T}} \\ \boldsymbol{Z}_i^{\mathrm{R}} = (y_i^{\mathrm{R}}, \theta_i^{\mathrm{R}}, M_i^{\mathrm{R}}, Q_i^{\mathrm{R}})^{\mathrm{T}} = [(y,\theta,M,Q)_i^{\mathrm{R}}]^{\mathrm{T}} \end{cases} \tag{6-22}$$

其中,y 为铅垂方向位移;θ 为横截面转角(在轴线与铅垂线构成的平面内的转角);M 为横截面弯矩;Q 为剪力。圆盘的状态向量可记作 $\boldsymbol{Z}_i=(y,\theta,M,Q)_i^{\mathrm{T}}$。

由于圆盘的涡动频率为 ω,圆盘的位移:

$$y = A\mathrm{e}^{\mathrm{i}\omega t}$$

则

$$\ddot{y} = -\omega^2 y \tag{6-23}$$

对第 i 个集中质量运用牛顿第二定律,得到:

$$m_i \ddot{y}_i = Q_i^{\mathrm{L}} - Q_i^{\mathrm{R}} \tag{6-24}$$

第 i 个集中质量受力状态及其变化,右侧和左侧相比有

$$\begin{cases} y_i^{\mathrm{R}} = y_i^{\mathrm{L}} \\ \theta_i^{\mathrm{R}} = \theta_i^{\mathrm{L}} \\ M_i^{\mathrm{R}} = M_i^{\mathrm{L}} \\ Q_i^{\mathrm{R}} = Q_i^{\mathrm{L}} - m_i \ddot{y}_i = Q_i + \omega^2 m_i y_i \end{cases} \tag{6-25}$$

写出矩阵形式,即

$$\begin{bmatrix} y \\ \theta \\ M \\ Q \end{bmatrix}_i^{\mathrm{R}} = \begin{bmatrix} 1 & 0 & 0 & 0 \\ 0 & 1 & 0 & 0 \\ 0 & 0 & 1 & 0 \\ \omega^2 m & 0 & 0 & 1 \end{bmatrix}_i \begin{bmatrix} y \\ \theta \\ M \\ Q \end{bmatrix}_i^{\mathrm{L}} \tag{6-26}$$

简记为

$$\boldsymbol{Z}_i^{\mathrm{R}} = \boldsymbol{P}\boldsymbol{Z}_i^{\mathrm{L}} \tag{6-27}$$

其中,

$$\boldsymbol{P} = \begin{bmatrix} 1 & 0 & 0 & 0 \\ 0 & 1 & 0 & 0 \\ 0 & 0 & 1 & 0 \\ \omega^2 m & 0 & 0 & 1 \end{bmatrix}_i$$

该矩阵称为点传递矩阵,或简称为点矩阵。

3. 场传递矩阵

以下分析弹性轴段的场传递矩阵表达方法,按照图 6-8 的轴段受力图。

$$\boldsymbol{Z}_{i+1}^{\mathrm{L}} = \begin{bmatrix} y \\ \theta \\ M \\ Q \end{bmatrix}_{i+1}^{\mathrm{L}}, \quad \boldsymbol{Z}_i^{\mathrm{R}} = \begin{bmatrix} y \\ \theta \\ M \\ Q \end{bmatrix}_i^{\mathrm{R}}$$

为了使用传递矩阵运算,上式中,第 i 轴段右侧上的弯矩、剪力的上标用第 $i+1$ 个集中质量(节点)左端的弯矩和剪力表示。第 i 轴段左侧上的弯矩、剪力的上标用第 $i-1$ 个集中质量(节点)右端的弯矩和剪力表示。

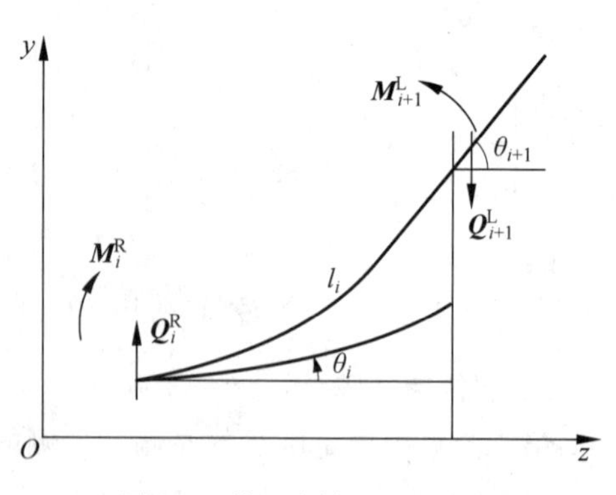

图 6-8　第 i 个轴段的受力图

第 i 轴段右端相对于左端的位移包含:左端转角引起的位移、右端弯矩和剪力引起的位移,按照材料力学梁的弯曲变形公式和位移分析:

$$y_{i+1}=y_i+\theta_i l_i+\frac{M_{i+1}^{\mathrm{L}} l_i^2}{2E_i I_i}-Q_{i+1}^{\mathrm{L}}\left(\frac{l_i^3}{3E_i I_i}+\frac{k_s l_i}{G_i A_i}\right) \tag{6-28}$$

$$\theta_{i+1}=\theta_i+M_{i+1}^{\mathrm{L}} \frac{l_i}{E_i I_i}-Q_{i+1}^{\mathrm{L}} \frac{l_i^2}{2E_i I_i} \tag{6-29}$$

$$M_{i+1}^{\mathrm{L}}=M_i^{\mathrm{R}}+Q_i^{\mathrm{R}} l_i \tag{6-30}$$

$$Q_{i+1}^{\mathrm{L}}=Q_i^{\mathrm{R}} \tag{6-31}$$

其中,k_s 为截面形状系数(实心轴段,$k_s=10/9$;空心轴段,$k_s=3/2$);$\frac{k_s l_i}{G_i A_i}$为剪切变形对弯曲变形的影响量。

上述后两式代入 y_{i+1}、θ_{i+1} 有:

$$y_{i+1}=y_i+l_i\theta_i+\frac{l_i^2}{2E_i I_i}M_i^{\mathrm{R}}+\frac{l_i^3}{6E_i I_i}(1-\gamma)Q_i^{\mathrm{R}} \tag{6-32}$$

$$\theta_{i+1}=0+\theta_i+\frac{l_i}{E_i I_i}M_i^{\mathrm{R}}+\frac{l_i^2}{2E_i I_i}Q_i^{\mathrm{R}} \tag{6-33}$$

$$M_{i+1}^{\mathrm{L}}=0+0+M_i^{\mathrm{R}}+l_i Q_i^{\mathrm{R}} \tag{6-34}$$

$$Q_{i+1}^{\mathrm{L}}=0+0+0+Q_i^{\mathrm{R}} \tag{6-35}$$

设 $\gamma=k_s \frac{6E_i I_i}{G_i A_i l_i^2}$(剪切效应系数),写成矩阵形式:

$$\begin{bmatrix} y \\ \theta \\ M \\ Q \end{bmatrix}_{i+1}^{\mathrm{L}}=\begin{bmatrix} 1 & l & \frac{l^2}{2EI} & \frac{l^3}{6EI}(1-\gamma) \\ 0 & 1 & \frac{l}{EI} & \frac{l^2}{2EI} \\ 0 & 0 & 1 & l \\ 0 & 0 & 0 & 1 \end{bmatrix}_i \begin{bmatrix} y \\ \theta \\ M \\ Q \end{bmatrix}_i^{\mathrm{R}} \tag{6-36}$$

简记为

$$\boldsymbol{Z}_{i+1}^{\mathrm{L}}=\boldsymbol{F}_i \boldsymbol{Z}_i^{\mathrm{R}} \tag{6-37}$$

其中:

$$\boldsymbol{F}_i=\begin{bmatrix} 1 & l & \frac{l^2}{2EI} & \frac{l^3}{6EI}(1-\gamma) \\ 0 & 1 & \frac{l}{EI} & \frac{l^2}{2EI} \\ 0 & 0 & 1 & l \\ 0 & 0 & 0 & 1 \end{bmatrix}_i \tag{6-38}$$

该矩阵称为场传递矩阵,或简称为场矩阵。

4. 单元传递矩阵

将第 i 个节点与其右边的第 i 个轴段组成一个“盘轴单元”。状态向量之间的传递关系如下:

$$\begin{bmatrix} y \\ \theta \\ M \\ Q \end{bmatrix}_{i+1}^{\mathrm{L}} = \begin{bmatrix} 1 & l & \dfrac{l^2}{2EI} & \dfrac{l^3(1-\gamma)}{6EI} \\ 0 & 1 & \dfrac{l}{EI} & \dfrac{l^2}{2EI} \\ 0 & 0 & 1 & l \\ 0 & 0 & 0 & 1 \end{bmatrix}_i \begin{bmatrix} y \\ \theta \\ M \\ Q \end{bmatrix}_i^{\mathrm{R}}$$

$$= \begin{bmatrix} 1 & l & \dfrac{l^2}{2EI} & \dfrac{l^3(1-\gamma)}{6EI} \\ 0 & 1 & \dfrac{l}{EI} & \dfrac{l^2}{2EI} \\ 0 & 0 & 1 & l \\ 0 & 0 & 0 & 1 \end{bmatrix}_i \begin{bmatrix} 1 & 0 & 0 & 0 \\ 0 & 1 & 0 & 0 \\ 0 & 0 & 1 & 0 \\ m\omega^2 & 0 & 0 & 1 \end{bmatrix}_i \begin{bmatrix} y \\ \theta \\ M \\ Q \end{bmatrix}_i^{\mathrm{L}}$$

$$= \begin{bmatrix} 1+m\omega^2\dfrac{l^3(1-\gamma)}{6EI} & l & \dfrac{l^2}{2EI} & \dfrac{l^3(1-\gamma)}{6EI} \\ m\omega^2\dfrac{l^2}{2EI} & 1 & \dfrac{l}{EI} & \dfrac{l^2}{2EI} \\ m\omega^2 l & 0 & 1 & l \\ m\omega^2 & 0 & 0 & 1 \end{bmatrix}_i \begin{bmatrix} y \\ \theta \\ M \\ Q \end{bmatrix}_i^{\mathrm{L}} \tag{6-39}$$

简记为

$$\boldsymbol{Z}_{i+1}^{\mathrm{L}} = \boldsymbol{F}_i\boldsymbol{Z}_i^{\mathrm{R}} = \boldsymbol{F}_i\boldsymbol{P}_i\boldsymbol{Z}_i^{\mathrm{L}} = \boldsymbol{T}_i\boldsymbol{Z}_i^{\mathrm{L}} \tag{6-40}$$

其中：

$$\boldsymbol{T}_i = \boldsymbol{F}_i\boldsymbol{P}_i = \begin{bmatrix} 1+m\omega^2\dfrac{l^3(1-\gamma)}{6EI} & l & \dfrac{l^2}{2EI} & \dfrac{l^3(1-\gamma)}{6EI} \\ m\omega^2\dfrac{l^2}{2EI} & 1 & \dfrac{l}{EI} & \dfrac{l^2}{2EI} \\ m\omega^2 l & 0 & 1 & l \\ m\omega^2 & 0 & 0 & 1 \end{bmatrix}_i \tag{6-41}$$

称为第 i 个单元的传递矩阵($i=1,2,\cdots,N$)。

从第 1 个单元开始，依次可以计算出第 N 个单元的状态变量，即单元截面位移和内力：

$$\begin{cases} \boldsymbol{Z}_1^{\mathrm{L}} = \boldsymbol{F}_1\boldsymbol{Z}_1^{\mathrm{R}} \\ \boldsymbol{Z}_2^{\mathrm{L}} = \boldsymbol{F}_1\boldsymbol{P}_1\boldsymbol{Z}_1^{\mathrm{L}} = \boldsymbol{T}_1\boldsymbol{Z}_1^{\mathrm{L}} \\ \boldsymbol{Z}_3 = \boldsymbol{T}_2\boldsymbol{Z}_2 = \boldsymbol{T}_2\boldsymbol{T}_1\boldsymbol{Z}_1 \\ \vdots \\ \boldsymbol{Z}_{i+1} = \boldsymbol{T}_i\boldsymbol{Z}_i = \boldsymbol{T}_i\boldsymbol{T}_{i-1}\cdots\boldsymbol{T}_2\boldsymbol{T}_1\boldsymbol{Z}_1 = \boldsymbol{A}_i\boldsymbol{Z}_1 \\ \vdots \\ \boldsymbol{Z}_N = \boldsymbol{T}_{N-1}\boldsymbol{Z}_{N-1} \end{cases} \tag{6-42}$$

上式中，定义：

$$\boldsymbol{A}_i = \boldsymbol{T}_i\boldsymbol{T}_{i-1}\cdots\boldsymbol{T}_2\boldsymbol{T}_1 = \prod_{r=1}^{i}\boldsymbol{T}_r, \quad i=1,2,\cdots,N \tag{6-43}$$

一对盘轴构成一个单元，每个单元的左侧刚好是节点的左侧，所以可以省略上标 L。对于转子系统，简化为 N 个刚性薄圆盘和 $N-1$ 个弹性轴段，第 i 个圆盘和其右侧的第 i 个轴段构成第 i 个单元。从而转子单元的传递矩阵是由场矩阵"左乘"点矩阵。式(6-41)表明：

(1) 各截面状态变量 Z_i 之间与起始端状态变量 Z_1 的关系，即各截面状态变量可以用起始截面状态变量表示，即从第 1 个传递矩阵到第 i 个传递矩阵的连乘。因此，当起始截面的状态向量已知时，通过上式的递推关系就可求得各截面的状态向量。

(2) 由于转子系统离散后有 N 个圆盘和 $N-1$ 个轴段组成，第 N 个圆盘右端没有轴段。第 N 个圆盘右端的状态变量的传递关系应为

$$\boldsymbol{Z}_N^{\mathrm{R}}=\boldsymbol{P}_N\boldsymbol{Z}_N^{\mathrm{L}} \tag{6-44}$$

(3) 为了计算编程方便和统一，可在第 N 个圆盘右端虚加一段长度为 0 的虚轴，再加一个(第 $N+1$ 个)虚节点。由于第 N 段轴长度为 0，其场矩阵刚好为单位矩阵，$\boldsymbol{F}_N=\boldsymbol{E}$。所以，加上虚轴后，有

$$\boldsymbol{Z}_{N+1}^{\mathrm{L}}=\boldsymbol{F}_N\boldsymbol{Z}_N^{\mathrm{R}}=\boldsymbol{E}\boldsymbol{Z}_N^{\mathrm{R}}=\boldsymbol{E}\boldsymbol{P}_N\boldsymbol{Z}_N^{\mathrm{L}}=\boldsymbol{P}_N\boldsymbol{Z}_N^{\mathrm{L}}=\boldsymbol{Z}_N^{\mathrm{R}} \tag{6-45}$$

但在形式上仍然可以用其左端的状态变量表示传递关系：

$$\boldsymbol{Z}_{N+1}^{\mathrm{L}}=\boldsymbol{F}_N\boldsymbol{Z}_N^{\mathrm{R}}=\boldsymbol{F}_N\boldsymbol{P}_N\boldsymbol{Z}_N^{\mathrm{L}}=\boldsymbol{T}_N\boldsymbol{Z}_N^{\mathrm{L}} \tag{6-46}$$

这样，在形式上，单元的传递矩阵从左到右都用统一的 $\boldsymbol{T}_i$。

旋转机械具有各种各样的结构形式和动力特性。在应用传递矩阵法计算转子系统的临界转速时，需要将实际结构简化为不同的盘轴单元。为此，需要首先建立各种典型单元或部件的传递矩阵。

(1) 刚性薄圆盘结构。其简化模型如图 6-9 所示。

图 6-9 中的 J_{d}、J_{p} 分别为圆盘的极转动惯量和直径转动惯量。Ω、ω 分别为转子自转角速度和公转(涡动)角速度。按照传动矩阵法，第 i 个刚性薄圆盘的点传递矩阵可写为

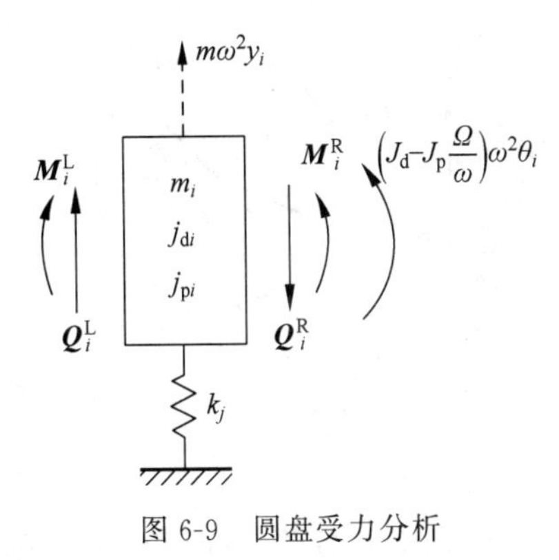

图 6-9　圆盘受力分析

$$\boldsymbol{P}_i=\begin{bmatrix}1 & 0 & 0 & 0\\ 0 & 1 & 0 & 0\\ 0 & -\left(J_{\mathrm{d}}-J_{\mathrm{p}}\dfrac{\Omega}{\omega}\omega^2\right) & 1 & 0\\ \omega^2 m-k_j & 0 & 0 & 1\end{bmatrix}_i \tag{6-47}$$

将式(6-47)与无质量弹性轴的场传递矩阵式(6-38)结合，即可得到刚性薄圆盘＋无质量弹性轴的单元传递矩阵为

$$\boldsymbol{T}_i=\boldsymbol{F}_i\boldsymbol{P}_i=\begin{bmatrix}1+\dfrac{l^3}{6EI}(1-\gamma)(m\omega^2-k_j) & 1+\dfrac{l^2}{2EI}\left(J_{\mathrm{p}}-J_{\mathrm{d}}\dfrac{\Omega}{\omega}\right)\omega^2 & \dfrac{l^2}{2EI} & \dfrac{l^3(1-\gamma)}{6EI}\\ \dfrac{l^2}{2EI}(m\omega^2-k) & 1+\dfrac{l}{EI}\left(J_{\mathrm{p}}-J_{\mathrm{d}}\dfrac{\Omega}{\omega}\right)\omega^2 & \dfrac{I}{EI} & \dfrac{l^2}{2EI}\\ l(m\omega^2-k_j) & \left(J_{\mathrm{p}}-J_{\mathrm{d}}\dfrac{\Omega}{\omega}\right)\omega^2 & 1 & l\\ m\omega^2-k_j & 0 & 0 & 1\end{bmatrix}_i \tag{6-48}$$

(2) 铰链和支承的点传递矩阵。对于弹性铰链，其简化模型如图 6-10 所示。

按照传递矩阵法，其点传递矩阵可写为

$$
\boldsymbol{P}_j = \begin{bmatrix} 1 & 0 & 0 & 0 \\ 0 & 1 & \dfrac{1}{\boldsymbol{C}_j} & 0 \\ 0 & 0 & 1 & 0 \\ 0 & 0 & 0 & 1 \end{bmatrix} \tag{6-49}
$$

对于弹性转动支承，其简化模型如图 6-11 所示。

按照传递矩阵法，其点传递矩阵可写为

$$
\boldsymbol{T}_\mathrm{s} = \begin{bmatrix} 1 & 0 & 0 & 0 \\ 0 & 1 & 0 & 0 \\ 0 & \boldsymbol{C}_\mathrm{b} & 1 & 0 \\ -k & 0 & 0 & 1 \end{bmatrix} \tag{6-50}
$$

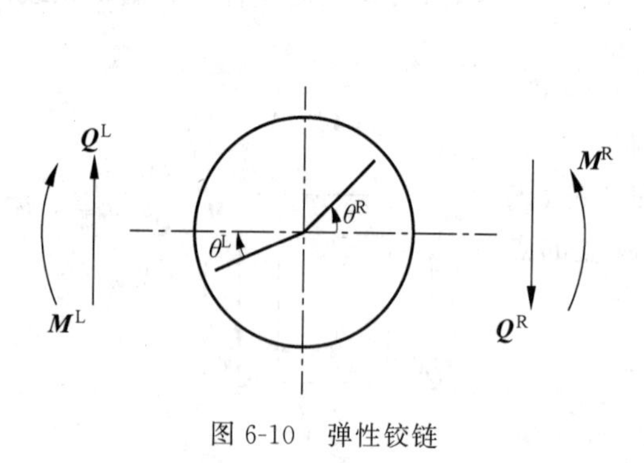

图 6-10　弹性铰链

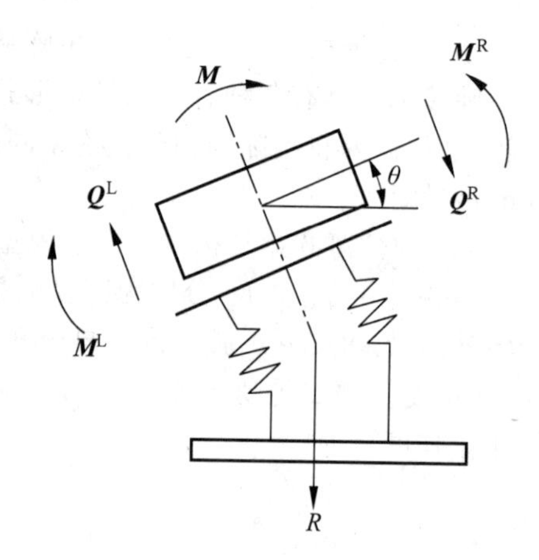

图 6-11　弹性转动支承模型

6.3.2　临界转速及振型的求解

传递矩阵能够反映单元或部件两端截面状态变量之间的传递关系。由于转子中单元的连续性特征，可利用连续条件，求得转子任意截面的状态变量与起始截面状态变量之间的关系，再由转子两端的边界条件建立求涡动频率的特征多项式，按照动力学一般方法中，求临界速度，求出此多项式的根，即转子的临界转速。求出临界转速后，再根据各截面状态变量之间的传递关系，即可递推得到整个转子的振型。

1. 临界转速及振型

以各向同性弹性支承盘轴转子系统为例，说明计算临界转速及振型的基本原理(步骤)。例如一个盘轴系统，其左端截面为初始截面，因此，左端的边界条件为

$$
M_1 = 0, \quad Q_1 = 0
$$

$$
\boldsymbol{Z}_1^\mathrm{L} = [y, \theta, 0, 0]^\mathrm{T} \tag{6-51}
$$

对于任意截面 $i(i=2,3,\cdots,N+1)$，有

$$\boldsymbol{Z}_i = \boldsymbol{T}_{i-1}\boldsymbol{Z}_{i-1} = \boldsymbol{T}_{i-1}\boldsymbol{T}_{i-2}\boldsymbol{Z}_{i-2} = \boldsymbol{T}_{i-1}\boldsymbol{T}_{i-2}\cdots\boldsymbol{T}_2\boldsymbol{T}_1\boldsymbol{Z}_1$$

$$= \boldsymbol{A}_{i-1}\boldsymbol{Z}_1 = \begin{bmatrix} a_{11} & a_{12} & a_{13} & a_{14} \\ a_{21} & a_{22} & a_{23} & a_{24} \\ a_{31} & a_{32} & a_{33} & a_{34} \\ a_{41} & a_{42} & a_{44} & a_{44} \end{bmatrix}_{i-1} \begin{bmatrix} y \\ \theta \\ 0 \\ 0 \end{bmatrix}_1 = \begin{bmatrix} a_{11} & a_{12} \\ a_{21} & a_{22} \\ a_{31} & a_{32} \\ a_{41} & a_{42} \end{bmatrix}_{i-1} \begin{bmatrix} y \\ \theta \end{bmatrix}_1 \tag{6-52}$$

在末端截面，$\boldsymbol{Z}_{n+1}=\boldsymbol{A}_n\boldsymbol{Z}_1$，其第 $N+1$ 单元左侧，即第 N 单元右侧边界条件是

$$M_{N+1}=0, \quad Q_{N+1}=0$$

利用边界条件，有

$$\begin{bmatrix} y \\ \theta \\ 0 \\ 0 \end{bmatrix}_{N+1} = \begin{bmatrix} a_{11} & a_{12} & a_{13} & a_{14} \\ a_{21} & a_{22} & a_{23} & a_{24} \\ a_{31} & a_{32} & a_{33} & a_{34} \\ a_{41} & a_{42} & a_{43} & a_{44} \end{bmatrix}_N \begin{bmatrix} y \\ \theta \\ 0 \\ 0 \end{bmatrix}_1 = \begin{bmatrix} a_{11} & a_{12} \\ a_{21} & a_{22} \\ a_{31} & a_{32} \\ a_{41} & a_{42} \end{bmatrix}_N \begin{bmatrix} y \\ \theta \end{bmatrix}_1 \tag{6-53}$$

其中，$\boldsymbol{A}_n=\boldsymbol{T}_n\boldsymbol{T}_{n-1}\cdots\boldsymbol{T}_2\boldsymbol{T}_1=[a_{ij}]_n$ 为从第 N 个盘轴单元到第一个盘轴单元传递矩阵的连乘，仍为 4×4 矩阵。由式(6-53)可得

$$\begin{bmatrix} a_{31} & a_{32} \\ a_{41} & a_{42} \end{bmatrix}_N \begin{bmatrix} y \\ \theta \end{bmatrix}_1 = \begin{bmatrix} 0 \\ 0 \end{bmatrix}$$

这是一个齐次方程组，其中各个元素是涡动频率的函数。其系数行列式

$$\Delta(\omega^2) = \begin{vmatrix} a_{31} & a_{32} \\ a_{41} & a_{42} \end{vmatrix}_N \tag{6-54}$$

称为剩余量。该齐次方程组存在非零解的条件是其系数行列式等于 0，即只有剩余量为 0 时才能满足。从而得到转子频率方程：

$$\Delta(\omega^2) = \begin{vmatrix} a_{31} & a_{32} \\ a_{41} & a_{42} \end{vmatrix} = 0 \tag{6-55}$$

为此，在剩余量符号发生变化所对应的频率范围内，可用二分法等再仔细搜索，就可以逐渐逼近并求出这一临界角速度。在求得转子的临界角速度之后，可利用边界条件：

$$Q_{N+1}=(a_{41})_N y_1 + (a_{42})_N \theta_1 = 0 \tag{6-56}$$

求出两个初参数 θ_1 及 y_1 之间的关系：

$$\theta_1 = -\left(\frac{a_{41}}{a_{42}}\right)_N y_1 = \alpha y_1 \tag{6-57}$$

$$\alpha = -\left(\frac{a_{41}}{a_{42}}\right)_N$$

上式中，求得转子的某阶临界角速度和临界转速后，由式(6-53)，得

$$\begin{bmatrix} y \\ \theta \end{bmatrix}_i = \begin{bmatrix} a_{11} & a_{12} \\ a_{21} & a_{22} \end{bmatrix}_{i-1} \begin{bmatrix} y \\ \theta \end{bmatrix}_1 = \begin{bmatrix} a_{11}+\alpha a_{12} \\ a_{21}+\alpha a_{22} \end{bmatrix}_i y_1, \quad i=2,3,\cdots,N \tag{6-58}$$

可求得各截面线位移和角位移 y 与 θ 的比例解，即对应于此阶临界转速的振型。为了便于比较，可令 $y_1=1$，则得到归一化振型。实际上，转子临界转速的频率方程是一个代数方程，

计算转子临界转速即是求代数方程的根。对于代数方程求根，有若干种数值算法，如二分法、牛顿迭代法等。

以下给出简要的计算步骤(二分法)。

(1) 首先，将转子轴系离散化，构成盘轴集中质量系统。

(2) 计算各节点、各轴段的几何、物理参数(单元轴长度、直径、弯曲刚度、节点质量、惯量或弹性支承的刚度)。

(3) 给定一初始试算频率 ω，计算传递矩阵：$\boldsymbol{A}_N=\boldsymbol{T}_N\boldsymbol{T}_{N-1}\cdots\boldsymbol{T}_2\boldsymbol{T}_1$。

(4) 设定一增量 $\Delta\omega$，重新计算传递矩阵 $\boldsymbol{A}_N=\boldsymbol{T}_N\boldsymbol{T}_{N-1}\cdots\boldsymbol{T}_2\boldsymbol{T}_1$。

(5) 计算剩余量 $\Delta(\omega^2)$，如果等于 0，则该试点 ω 即所求临界角速度。转第(8)步，否则继续下一步。

(6) 比较两次相邻 ω 与 $\omega+\Delta\omega$，算出剩余量。

(7) 如两次相邻剩余量同号，继续 $\omega+\Delta\omega$，重复第(4)步。如果两相邻剩余量异号，在 $[\omega,\omega+\Delta\omega]$ 区间采用二分法，减等步长，作为新的 ω，转回第(4)步重新搜索，直至 $|\Delta(\omega_{ci}^2)|<\delta$，给定误差，如 $\delta=10^{-6}$，此 ω_{ci} 即为所求。

(8) 继续转回第(3)步，求下一阶临界转速，直至求出所有要求的临界转速。

计算流程框图如图 6-12 所示。

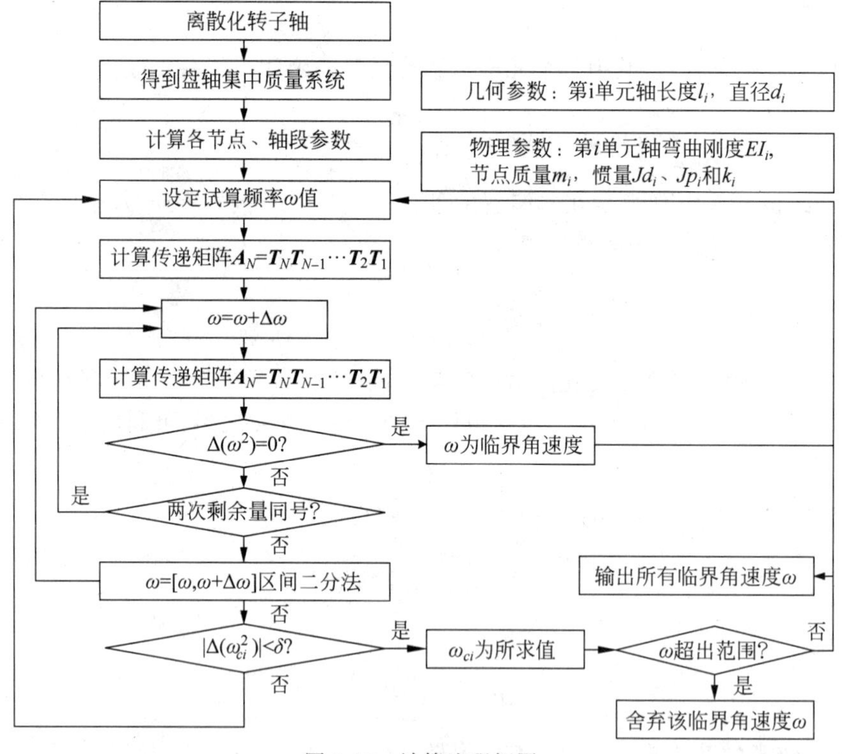

图 6-12 计算流程框图

以下是用一个算例来给出主要过程及结果形式。图 6-13 是某转子的简化模型。两侧各有一个弹性支承，两支承的参数相同。设支承刚度 $k_{\mathrm{p}}=2.45\times10^9\mathrm{N/m}$，轴承刚度 $k_{\mathrm{b}}=3.92\times10^9\mathrm{N/m}$，轴承质量 $M_{\mathrm{b}}=1.764\times10^4\mathrm{kg}$，转子的弹性模量 $E=130\mathrm{GPa}$，剪切弹性模

量 $G=44\text{GPa}$，转子总长 $l=9.4\text{m}$，密度 $\rho=7.55\times10^3\text{kg/m}^3$。转子各子轴段(包含 15 段子轴，见图 6-13)的直径和长度(给定初始数据)。以下给出分析该转子的前四阶临界转速和对应的振型的基本过程。

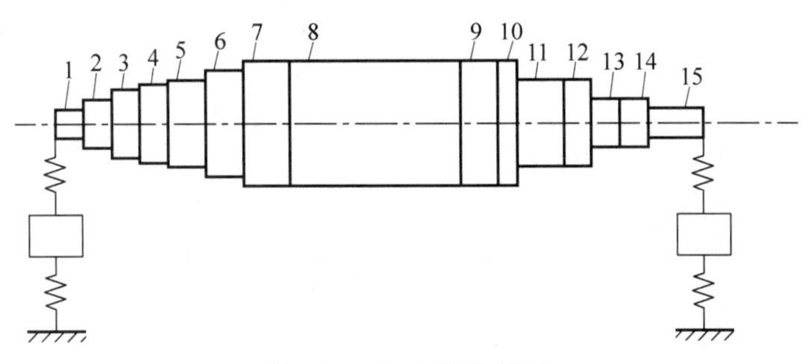

图 6-13　转子简化模型

可将此转子按软件程序划分成不同的盘轴单元系统。由于此转子的直径较大，应考虑转子的转动惯量和剪切变形对临界转速和振型的影响。经过计算，可求得此转子的前四阶临界角速度和相应的临界转速，见表 6-1。实际上，运用传递矩阵法计算的临界转速与实际结果的误差较小。说明传递矩阵法较为实用和准确。

表 6-1　临界转速计算结果

频 率 阶 次	临界角速度/(rad/s)	临界转速/(r/min)
1	93.571 855 07	893.545 411 3
2	287.543 175 2	274.835 108
3	459.953 305 7	4392.230 607
4	498.832 585 8	4763.500 390

可得，前四阶临界转速所对应的振型如图 6-14 所示。

利用上述解题步骤，同样可以求得刚性支承或各向异性支承的盘轴转子系统临界转速及振型。需要注意的是，当转子的支承各向异性时，要同时考虑转子在铅垂和水平两个平面内运动的耦合以及支承的阻尼作用。这时，系统内各个状态变量之间发生了相位差，状态变量的幅值随时间有增长或衰减。因此，用复数表示状态变量，具体可参考文献[1]。同时注意：真实状态变量如临界角速度，不是复数，每次求得状态变量的最后结果后，需要转换到实数域。

2. 不平衡响应分析

以各向同性转子的稳态不平衡响应分析为例说明。不平衡响应是转子在不平衡力和不平衡力矩的激励下所产生的涡动。求转子系统的不平衡响应，需要预知不平衡量大小及分布位置。设 N 个盘和 $N-1$ 段轴组成 N 个盘轴单元(第 N 段轴长 $l_n=0$)。

第 i 个盘节点上作用有不平衡力 $F_i=m_ir_i\omega^2$ 或 $F_i=U_i\omega^2$，其中：$U_i=m_ir_i$ 为不平衡质量矩。此处用 $\boldsymbol{B}$ 表示场矩阵，$\boldsymbol{D}$ 表示点矩阵。圆盘两边状态矢量之间传递关系为

$$\boldsymbol{Z}_i^{\mathrm{R}}=\boldsymbol{D}_i\boldsymbol{Z}_i^{\mathrm{L}}+\boldsymbol{F}_i \tag{6-59}$$

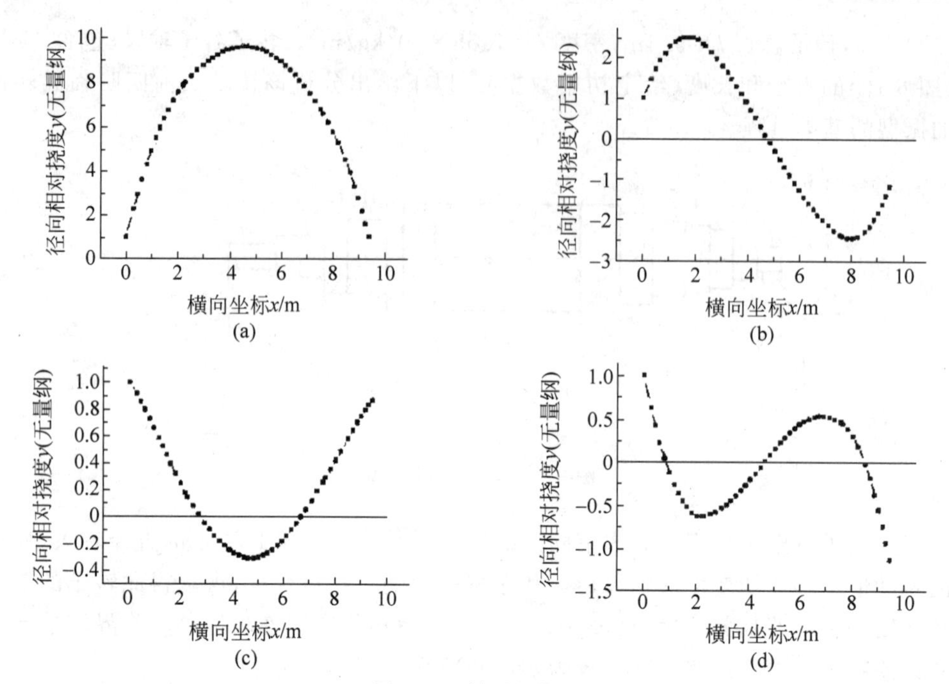

图 6-14　转子的振型

(a) 第一阶振型曲线；(b) 第二阶振型曲线；(c) 第三阶振型曲线；(d) 第四阶振型曲线

$$\begin{bmatrix} y \\ \theta \\ M \\ Q \end{bmatrix}_i^{\mathrm{R}} = \begin{bmatrix} 1 & 0 & 0 & 0 \\ 0 & 1 & 0 & 0 \\ 0 & (J_{\mathrm{p}} - J_{\mathrm{d}})\omega^2 & 1 & 0 \\ m\omega^2 - k_{sj} & 0 & 0 & 1 \end{bmatrix}_i \begin{bmatrix} y \\ \theta \\ M \\ Q \end{bmatrix}_i^{\mathrm{L}} + \begin{bmatrix} 0 \\ 0 \\ 0 \\ V_i \end{bmatrix}^2 \omega^2 \tag{6-60}$$

场传递关系 $\boldsymbol{Z}_{i+1}^{\mathrm{L}} = \boldsymbol{B}_i \boldsymbol{Z}_i^{\mathrm{R}}$ 与前面计算临界转速时相同,则单元(点和场)矩阵的传递关系：

$$\boldsymbol{Z}_{i+1}^{\mathrm{L}} = \boldsymbol{B}_i \boldsymbol{Z}_i^{\mathrm{R}} = \boldsymbol{F}_i(\boldsymbol{D}_i \boldsymbol{Z}_i^{\mathrm{L}} + \boldsymbol{F}_i) = \boldsymbol{B}_i \boldsymbol{D}_i \boldsymbol{Z}_i^{\mathrm{L}} + \boldsymbol{B}_i \boldsymbol{F}_i = \boldsymbol{T}_i \boldsymbol{Z}_i^{\mathrm{L}} + \boldsymbol{H}_i \tag{6-61}$$

其中：

$$\boldsymbol{T}_i = \boldsymbol{B}_i \boldsymbol{D}_i = \begin{bmatrix} 1 + \frac{l^3}{6EI}(1-v)(m\omega^2 - k_{sj}) & 1 + \frac{l^2}{2EI}(J_{\mathrm{p}} - J_{\mathrm{d}})\omega^2 & \frac{l^2}{2EI} & \frac{l^3}{6EI}(1-\gamma) \\ \frac{l^2}{2EI}(m\omega^2 - k_{sj}) & 1 + \frac{l}{EI}(J_{\mathrm{p}} - J_{\mathrm{d}})\omega^2 & \frac{l}{EI} & \frac{l^2}{2EI} \\ l(m\omega^2 - k_{sj}) & (J_{\mathrm{p}} - J_{\mathrm{d}})\omega^2 & 1 & l \\ (m\omega^2 - k_{sj}) & 0 & 0 & 1 \end{bmatrix}_i$$

$$\boldsymbol{H}_i = \boldsymbol{B}_i \boldsymbol{F}_i = \begin{bmatrix} \frac{l^3}{6EI}(1-\gamma) \\ \frac{l^2}{2EI} \\ l \\ 1 \end{bmatrix}_i U_i \omega^2$$

从而,从起始单元到终端单元的传递关系为

$$
\begin{cases}
\boldsymbol{Z}_2 = \boldsymbol{T}_1\boldsymbol{Z}_1 + \boldsymbol{H}_1 \\
\boldsymbol{Z}_3 = \boldsymbol{T}_2\boldsymbol{Z}_2 + \boldsymbol{H}_2 = \boldsymbol{T}_2(\boldsymbol{T}_1\boldsymbol{Z}_1 + \boldsymbol{H}_1) + \boldsymbol{H}_2 = \boldsymbol{T}_2\boldsymbol{T}_1\boldsymbol{Z}_1 + \boldsymbol{T}_2\boldsymbol{H}_1 + \boldsymbol{H}_2 \\
\boldsymbol{Z}_{i+1} = \boldsymbol{T}_i\boldsymbol{Z}_i + \boldsymbol{H}_i = \boldsymbol{T}_i(\boldsymbol{T}_{i-1}\boldsymbol{Z}_{i-1} + \boldsymbol{H}_{i-1}) \\
\qquad = \boldsymbol{T}_i\boldsymbol{T}_{i-1}\cdots\boldsymbol{T}_2\boldsymbol{T}_1\boldsymbol{Z}_1 + \boldsymbol{T}_i\boldsymbol{T}_{i-1}\cdots\boldsymbol{T}_2\boldsymbol{H}_1 + \boldsymbol{T}_i\boldsymbol{T}_{i-1}\cdots\boldsymbol{T}_3\boldsymbol{H}_2 + \\
\qquad\quad \boldsymbol{T}_i\boldsymbol{T}_{i-1}\cdots\boldsymbol{T}_4\boldsymbol{H}_3 + \cdots\boldsymbol{T}_i\boldsymbol{H}_{i-1} + \boldsymbol{H}_i \\
\qquad = \prod_{j=k+1}^{i}\boldsymbol{T}_j\boldsymbol{Z}_1 + \sum_{k=1}^{i}\prod_{j=k+1}^{i}\boldsymbol{T}_j\boldsymbol{H}_k = \boldsymbol{A}_i\boldsymbol{Z}_1 + \boldsymbol{B}_i \\
\boldsymbol{Z}_4 = \boldsymbol{T}_3\boldsymbol{Z}_3 + \boldsymbol{H}_3 = \boldsymbol{T}_3(\boldsymbol{T}_2\boldsymbol{Z}_2 + \boldsymbol{H}_2) + \boldsymbol{H}_3 = \boldsymbol{T}_3\boldsymbol{T}_2\boldsymbol{Z}_2 + \boldsymbol{T}_3\boldsymbol{H}_2 + \boldsymbol{H}_3 \\
\quad = \boldsymbol{T}_3\boldsymbol{T}_2(\boldsymbol{T}_1\boldsymbol{Z}_1 + \boldsymbol{H}_1) + \boldsymbol{T}_3\boldsymbol{H}_2 + \boldsymbol{H}_3 \\
\quad = \boldsymbol{T}_3\boldsymbol{T}_2\boldsymbol{T}_1\boldsymbol{Z}_1 + \boldsymbol{T}_3\boldsymbol{T}_2\boldsymbol{H}_1 + \boldsymbol{T}_3\boldsymbol{H}_2 + \boldsymbol{H}_3 \\
\boldsymbol{Z}_{N+1} = \boldsymbol{T}_N\boldsymbol{Z}_N + \boldsymbol{H}_N = \prod_{j=k+1}^{N}\boldsymbol{T}_j\boldsymbol{Z}_1 + \sum_{k=1}^{N}\prod_{j=k+1}^{N}\boldsymbol{T}_j\boldsymbol{H}_k = \boldsymbol{A}_N\boldsymbol{Z}_1 + \boldsymbol{B}_N
\end{cases}
\tag{6-62}
$$

其中：

$$
\boldsymbol{A}_i\boldsymbol{Z}_1 = \prod_{j}^{i}\boldsymbol{T}_j\boldsymbol{Z}_1,\quad \boldsymbol{B}_i = \sum_{k=1}^{i}\prod_{j=k+1}^{i}\boldsymbol{T}_j\boldsymbol{H}_k \tag{6-63}
$$

$\prod\limits_{j=k+1}^{i}$ 表示倒序，即求积指标 j 从高位到低位。因为：

$$
\boldsymbol{Z}_1^l = \begin{bmatrix} y \\ \theta \\ M \\ Q \end{bmatrix},\quad \boldsymbol{Z}_{N+1}^{\mathrm{L}} = \begin{bmatrix} y \\ \theta \\ M \\ Q \end{bmatrix}_{N+1} = \boldsymbol{Z}_N^{\mathrm{R}} = \begin{bmatrix} y \\ \theta \\ 0 \\ 0 \end{bmatrix}
$$

即

$$
\begin{bmatrix} M \\ Q \end{bmatrix}_{N+1} = \begin{bmatrix} 0 \\ 0 \end{bmatrix} \tag{6-64}
$$

所以有

$$
\boldsymbol{Z}_{i+1} = \boldsymbol{A}_i\boldsymbol{Z}_1 + \boldsymbol{B}_i = \begin{bmatrix} a_{11} & \cdots & a_{14} \\ \vdots & & \vdots \\ a_{41} & \cdots & a_{44} \end{bmatrix} \begin{bmatrix} y \\ \theta \\ 0 \\ 0 \end{bmatrix}_1 + \begin{bmatrix} b_1 \\ b_2 \\ b_3 \\ b_4 \end{bmatrix} = \begin{bmatrix} a_{11} & a_{12} \\ a_{21} & a_{22} \\ a_{31} & a_{32} \\ a_{41} & a_{42} \end{bmatrix} \begin{bmatrix} y \\ \theta \end{bmatrix}_1 + \begin{bmatrix} b_1 \\ b_2 \\ b_3 \\ b_4 \end{bmatrix} \tag{6-65}
$$

考虑终端边界条件，有

$$
\begin{bmatrix} a_{31} & a_{32} \\ a_{41} & a_{42} \end{bmatrix} \begin{bmatrix} y \\ \theta \end{bmatrix}_1 + \begin{bmatrix} b_3 \\ b_4 \end{bmatrix}_N = \begin{bmatrix} 0 \\ 0 \end{bmatrix} \tag{6-66}
$$

因此，可以求出

$$
\begin{bmatrix} y \\ \theta \end{bmatrix}_1 = -\begin{bmatrix} a_{31} & a_{32} \\ a_{41} & a_{42} \end{bmatrix}^{-1} \begin{bmatrix} b_3 \\ b_4 \end{bmatrix} \tag{6-67}
$$

从式(6-67)可解出左端起始截面 1 的位移 y_1 和转角 θ_1 后，代回式(6-59)，即可求出各

单元 i 的状态向量,即所求的不平衡响应。

同样,可以计算各向异性转子系统的不平衡响应。需要建立转子固定坐标系与动坐标系,设在不平衡力作用下,转轴的进动与转子的自转同步。通过建立盘轴单元模型方程、圆盘涡动微分方程,导出传递矩阵,求解不平衡响应。作为示例,如考虑油膜力的涡动微分方程,建立的节点计算模型如图 6-15 所示。图 6-15 中设圆盘在 xOz 平面内的转角为 θ_x,弯矩为 M_x、剪力为 Q_x;圆盘在 yOz 平面内的转角 θ_y,弯矩为 M_y、剪力为 Q_y。得第 i 节点考虑了油膜力的涡动微分方程为

$$\begin{cases} m\ddot{x}_c = Q_x^{\mathrm{L}} - Q_x^{\mathrm{R}} - k_{xx}x - k_{xy}y - c_{xx}\dot{x} - c_{xy}\dot{y} \\ m\ddot{y}_c = Q_y^{\mathrm{L}} - Q_y^{\mathrm{R}} - k_{yx}x - k_{yy}y - c_{yx}\dot{x} - c_{yy}\dot{y} \\ J_{\mathrm{d}}\ddot{\theta}_x + J_{\mathrm{p}}\omega\dot{\theta}_y = M_x^{\mathrm{R}} - M_x^{\mathrm{L}} \\ J_{\mathrm{d}}\ddot{\theta}_y + J_{\mathrm{p}}\omega\dot{\theta}_x = M_y^{\mathrm{R}} - M_y^{\mathrm{L}} \end{cases} \tag{6-68}$$

采用复数表示各状态变量,写出盘轴单元的传递矩阵,可进一步求出不平衡响应。

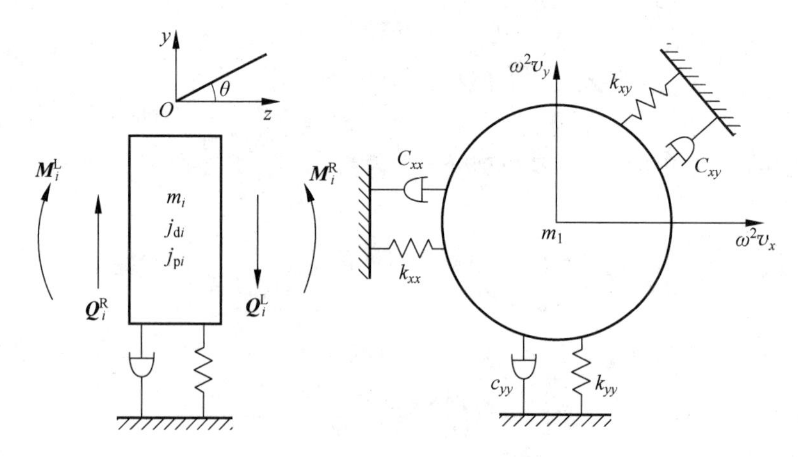

图 6-15　节点计算模型

6.3.3　传递矩阵法的改进和数值稳定性

在 Prohl 传递矩阵方法中,传递矩阵中的某些元素与 ω^2 有关。盘轴单元数目 N 越大,在计算高阶的频率与振型时,$[A]_N$ 中的元素将变得更大,使得在计算剩余量的行列式值和振型时,会出现两个接近大数相减的情况,从而使计算精度降低或出现失真现象。这在多跨大型轴系动力的计算中尤为突出。为了解决随着计算频率 ω 的增高会使计算精度降低这一问题,在 Prohl 传递矩阵法的基础上,发展出 Riccati 传递矩阵法,有较高的数值稳定性。

1. 元素分组和递推公式

Riccati 传递矩阵法把状态向量中的 r 个元素分为两组,有

$$\boldsymbol{Z}_i = \begin{bmatrix} \boldsymbol{f} \\ \boldsymbol{e} \end{bmatrix}_i \tag{6-69}$$

式中,$\boldsymbol{f}$ 为由起始状态 $\boldsymbol{Z}_1$ 中的 $r/2$ 个零值元素组成;$\boldsymbol{e}$ 为由其余 $r/2$ 个元素组成。

例如图 6-16 中的模型。将某个具有弹性支承的转子系统简化为 N 个无厚度刚性薄圆

盘和 $N-1$ 个无质量弹性轴段的盘轴单元组成的链状系统。圆盘变形与受力分析如图 6-17 所示。

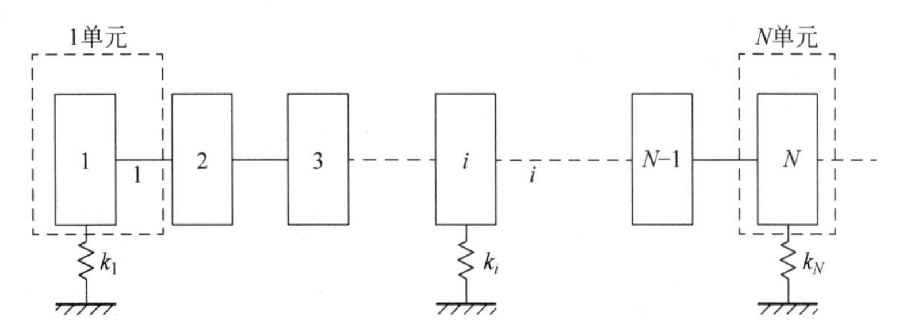

图 6-16　刚性薄圆盘弹性轴模型

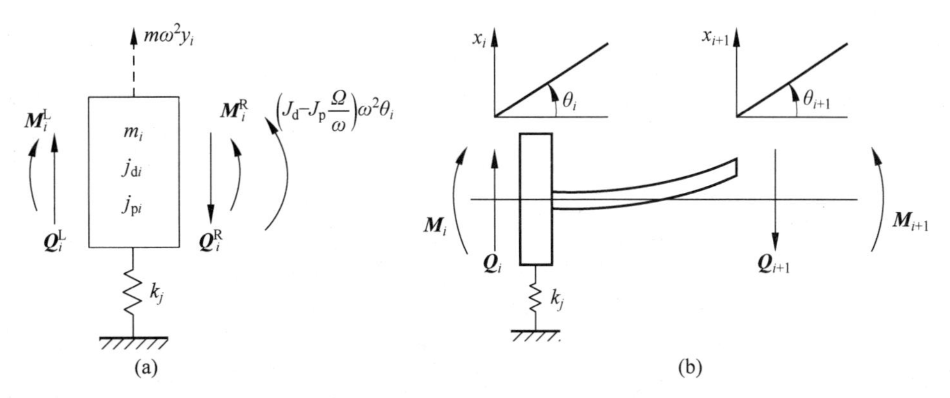

图 6-17　刚性薄圆盘弹性轴模型

(a) 刚性薄圆盘；(b) 盘轴单元

对于图 6-16，左端自由，M，Q 为零值元素，所以有

$$\boldsymbol{f}_1 = \begin{bmatrix} M \\ Q \end{bmatrix}_1 = \begin{bmatrix} 0 \\ 0 \end{bmatrix}$$

两组状态向量为

$$\boldsymbol{f}_i = [M, Q]_i^{\mathrm{T}}, \quad \boldsymbol{e}_i = [y, \theta]_i^{\mathrm{T}}$$

相邻截面状态向量之间的关系改写成

$$\begin{bmatrix} \boldsymbol{f} \\ \cdots \\ \boldsymbol{e} \end{bmatrix}_{i+1} = \begin{bmatrix} \boldsymbol{a} & \vdots & \boldsymbol{b} \\ \cdots\cdots & \vdots & \cdots\cdots \\ \boldsymbol{c} & \vdots & \boldsymbol{d} \end{bmatrix} \begin{bmatrix} \boldsymbol{f} \\ \cdots \\ \boldsymbol{e} \end{bmatrix}_i \tag{6-70}$$

对于盘轴单元，由刚性薄圆盘弹性轴的传递矩阵可知

$$[\boldsymbol{a}]_i = \begin{bmatrix} 1 & l \\ 0 & 1 \end{bmatrix}_i$$

$$[\boldsymbol{b}]_i = \begin{bmatrix} l(m\omega^2 - k_j) & (J_p - J_d)\omega^2 \\ m\omega^2 - k_j & 0 \end{bmatrix}_i \tag{6-71}$$

$$[\boldsymbol{b}]_i=\begin{bmatrix}\dfrac{l^2}{2EI} & \dfrac{l^3}{6EI}(1-\gamma)\\ \dfrac{l}{EI} & \dfrac{l^2}{2EI}\end{bmatrix}=[c]_i$$

$$[\boldsymbol{d}]_i=\begin{bmatrix}1+\dfrac{l^3(1-\gamma)(m^2-k_{sj})}{6EI} & l+\dfrac{l^2(J_p-J_d)\omega^2}{2EI}\\ \dfrac{l^2(m\omega^2-k_j)}{2EI} & 1+\dfrac{l(J_p-J_d)\omega^2}{EI}\end{bmatrix}_i \tag{6-72}$$

将相邻截面状态向量的关系式展开可得

$$\begin{cases}\boldsymbol{f}_{i+1}=[\boldsymbol{a}]_i\boldsymbol{f}_i+[\boldsymbol{b}]_i\boldsymbol{e}_i\\ \boldsymbol{e}_{i+1}=[\boldsymbol{c}]_i\boldsymbol{f}_i+[\boldsymbol{d}]_i\boldsymbol{e}_i\end{cases} \tag{6-73}$$

引入 Riccati 变换：

$$\boldsymbol{f}_i=\boldsymbol{S}_i\boldsymbol{e}_i \tag{6-74}$$

其中，$\boldsymbol{S}_i$ 为 Riccati 传递矩阵，它是一个$\dfrac{r}{2}\times\dfrac{r}{2}$的待定矩阵。整理式(6-73)、式(6-74)，可得

$$\boldsymbol{e}_i=[\boldsymbol{cS}+\boldsymbol{d}]_i^{-1}\boldsymbol{e}_{i+1} \tag{6-75}$$

$$\boldsymbol{f}_{i+1}=[\boldsymbol{aS}+\boldsymbol{b}]_i[\boldsymbol{cS}+\boldsymbol{d}]_i^{-1}\boldsymbol{e}_{i+1} \tag{6-76}$$

对比式(6-73)及式(6-76)可得

$$\boldsymbol{S}_{i+1}=[\boldsymbol{aS}+\boldsymbol{b}]_i[\boldsymbol{cS}+\boldsymbol{d}]_i^{-1} \tag{6-77}$$

这就是 Riccati 传递矩阵递推公式。

2. 临界转速求解方法

首先，频率方程式的建立步骤如下。

(1) 从左端开始分析。起始截面的边界条件：

$$\boldsymbol{f}_1=\boldsymbol{0},\quad \boldsymbol{e}_1\neq\boldsymbol{0}$$

将边界条件代入：

$$\boldsymbol{f}_1=\boldsymbol{S}_1\boldsymbol{e}_1$$

得到

$$[\boldsymbol{S}]_1=[\boldsymbol{0}]$$

由公式 $\boldsymbol{e}_i=[\boldsymbol{cS}+\boldsymbol{d}]_i^{-1}\boldsymbol{e}_{i+1}$，可依次递推得到$[\boldsymbol{S}]_2$，$[\boldsymbol{S}]_3$，…，$[\boldsymbol{S}]_{N+1}$。

(2) 右端面 $N+1$ 有：

$$\boldsymbol{f}_{N+1}=\boldsymbol{S}_{N+1}\boldsymbol{e}_{N+1} \tag{6-78}$$

边界条件：$\boldsymbol{f}_{N+1}=\boldsymbol{0}$，$\boldsymbol{e}_{N+1}\neq\boldsymbol{0}$

$$[\boldsymbol{S}]_{N+1}=[\boldsymbol{0}]$$

其非零解条件：$|\boldsymbol{S}|_{N+1}=0$

即

$$|\boldsymbol{S}|_{N+1}=\begin{vmatrix}s_{11} & s_{12}\\ s_{21} & s_{22}\end{vmatrix}_{N+1}=0$$

这就是 Riccati 方法的频率方程式，可用频率扫描法加以求解，画出剩余量$|S|_{N+1}$ 随频率变化的曲线(见图 6-18)，曲线和横坐标的各个交点就是所求的各阶临界角速度。

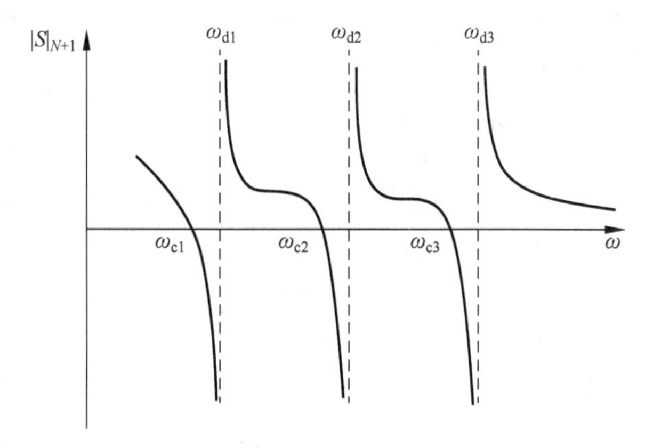

图6-18　剩余量曲线

3. 振型计算

对于如图6-16所示的刚性薄圆盘弹性轴模型(N个无厚度刚性薄圆盘和$N-1$个无质量弹性轴段的盘轴单元组成的链状系统)，因其最后一个部件N有$l_N=0$，故由式(6-75)知$\boldsymbol{e}_{N+1}=\boldsymbol{e}_N$。当求得某阶临界转速后，由式(6-78)的齐次式：

$$\begin{bmatrix} s_{11} & s_{12} \\ s_{21} & s_{22} \end{bmatrix}_{N+1} \begin{bmatrix} y \\ \theta \end{bmatrix}_N = [0]$$

可得

$$\theta_N = -\left(\frac{s_{11}}{s_{12}}\right)_{N+1}, \quad y_N = \mu y_N \tag{6-79}$$

其中：

$$\mu = -\left(\frac{s_{11}}{s_{12}}\right)_{N+1} \quad 或 \quad \mu = -\left(\frac{s_{21}}{s_{22}}\right)_{N+1}$$

从而

$$\boldsymbol{e}_N = \begin{bmatrix} y \\ \theta \end{bmatrix}_N = \begin{bmatrix} 1 \\ \mu \end{bmatrix} y_N \tag{6-80}$$

再由式(6-75)从右往左递推，就可求出该阶模态振型。这种方法适合编程计算。

需要补充说明的是奇点消除问题。剩余量曲线中含有许多异号"无穷奇点"，即剩余量从负无穷到正无穷或者从正无穷到负无穷，经历零点，形成剩余量异号区间，该区间与剩余量的根区间不是一一对应关系，也就是异号无穷型奇点ω_{di}与根零点ω_{ci}不重合。当用频率扫描法，如二分法搜索临界转速过程中引起错根，误将ω_{di}当成ω_{ci}或漏根。如在某些多跨轴系中，奇点与根的间隔很小，很易发生漏根现象。为解决这些问题，主要对剩余量加以改造，利用边界条件，使得剩余量曲线连续，不会产生奇点。消除奇点后，可进行临界速度的计算等。

6.4　复杂耦合转子系统的建模

在工程实际中，旋转机械系统往往有多个同心转动轴、平行轴。例如，航空发动机就有多个转速不同的内外同心套装的转子，每个转子还包含球铰或刚性支承等，转子支承系统复杂。这类大型复杂的旋转机械系统，难以直接应用转子结构的离散化方法。上述复杂系统需要分割成若干个子结构，采用“整体传递矩阵法”。

6.4.1　子结构划分及整体传递矩阵法

对于具有“多传动轴-多盘转子系统”的旋转机械，首先要分析各轴之间的具体连接方式(轴承或齿轮连接)，确定各轴之间的连接或耦合状态。按照整体传递矩阵法，当各转子状态向量为 $\boldsymbol{Z}_i$，则系统的状态向量为各转子状态向量的集合：

$$\boldsymbol{Z}=[Z_1,Z_2,Z_3,\cdots,Z_N] \tag{6-81}$$

(1) 非耦合单元。作为同一轴上与其他转轴不相连的各转子单元，即非耦合单元的传递矩阵，仅与单轴转子状态向量有关。

(2) 耦合单元。不同轴之间相连的转子单元，即耦合单元，其传递矩阵为考虑两轴连接刚度、阻尼及位移协调条件而得到的耦合传递矩阵。该传递矩阵将各轴的状态向量两两耦合在一起。对各轴转子分别建立传递矩阵方程，并计入各轴之间的耦合矩阵，即可得到多轴转子系统的整体传递矩阵方程，代入整体转子系统的边界条件进行求解，即可得到多轴转子系统的临界转速。求出临界转速之后，通过各盘轴单元的传递矩阵逆推，可求得对应各阶临界转速的振型向量，再由振型叠加法等算法，即可求得不平衡响应等动力响应。

整体传递矩阵法并不将多转子系统在耦合单元处分割开来，所以不会引入未知内力和位移，也不必建立分割处的平衡方程或变形协调条件，该方法流程清晰，便于编制模块化程序运算。

整体传递矩阵法的思路：

(1) 先把一个完整转子系统分割成若干子结构；

(2) 再把每个子结构划分单元；

(3) 为了使各子结构单元数相同，且逻辑对齐，在适当的位置添加虚单元(长度为0、质量为0的单元)；

(4) 把各个子结构的同一编号的截面状态参数放到同一个向量中，一起从左向右整体传递，各子结构连接处均作为弹性连接，用线刚度和力矩刚度近似表示连接处的边界条件(对于畸形结构也可采用同样的方法)，传递中若遇到耦合连接则乘以有关的耦合矩阵；

(5) 得到的频率方程数目只与子结构的数目有关，而与支承、铰链和耦合连接的数目无关；

(6) 对得到的频率方程用二分法或者弦割法扫描求解，可得到该转子系统的临界转速，进而可以求得对应于各阶临界转速的振型。

6.4.2　转子系统的传递矩阵

假设某系统有 n 个子结构(转子、畸形部分、机匣)，将各子结构均划分为 m 个单元，第 i 站的整体状态向量为

$$\boldsymbol{Z}_i=[Z^{\mathrm{I}},Z^{\mathrm{II}},\cdots,Z^n]_i^{\mathrm{T}} \tag{6-82}$$

其中，各子结构的状态向量为 $\boldsymbol{Z}^{\mathrm{I}},\boldsymbol{Z}^{\mathrm{II}},\cdots,\boldsymbol{Z}^n$，且有

$$\boldsymbol{Z}^i=[x^i,\theta^i,M^i,Q^i]^{\mathrm{T}}$$

将其相对应单元的传递矩阵放在同一方阵中，构成整体传递矩阵，第 i 单元的整体传递

矩阵以左对角阵形式写为

$$T_i = [t^j]_i$$

表示各子结构的单元传递矩阵为 $t^1, t^2, \cdots, t^n$。

假设在第 i 站和第 j 站存在耦合，则整个结构的传递形式为

$$Z_{m+1} = T_m \cdots T_j C_j T_{j-1} \cdots T_i C_i T_{i-1} \cdots T_1 Z_1 \tag{6-83}$$

式中，$Z_1, Z_2, \cdots, Z_m$ 代表各站的整体状态向量；$T_1, T_2, \cdots, T_m$ 代表各单元的整体传递矩阵；C_i 和 C_j 分别为第 i 站和第 j 站耦合矩阵。

在整体传递矩阵的传递过程中，如果遇到耦合点则乘以耦合矩阵。如此，整个结构在从最左端传递到最右端之后，得到

$$Z_{m+1} = T_{4n\times 4n} Z_1 \tag{6-84}$$

其中，Z_{m+1} 为最右自由端的整体状态向量；Z_1 为最左自由端的整体状态向量。根据自由端弯矩、剪力为 0 的边界条件，可得

$$D_{2n\times 2n} V_1 = 0 \tag{6-85}$$

其中，V_1 为左自由端整体状态向量中的未知参数组成的列向量；$D_{2n\times 2n}$ 为其系数矩阵。根据线性齐次方程组有非 0 解条件，可得

$$|D_{2n\times 2n}| = 0 \tag{6-86}$$

式(6-86)即此结构的频率方程，解此方程就可求得所需各阶临界转速，进而求得相应各阶振型。

6.4.3 计算临界转速及振型的编程设计步骤

整体传递矩阵法计算临界转速及振型的编程设计步骤：

(1) 输入和生成单元信息。包含：单元划分及编号；读入单元基本数据信息，如单元数、节点数、单元质量、极转动惯量、直径转动惯量、节点坐标、单元弹性模量、泊松比、外径、内径、单元支承信息、耦合单元信息、虚设单元信息(其质量和长度为 0)等；自动生成节点编号、单元长度、单元截面积、单元剪切模量。

(2) 计算剩余量。

(3) 二分法求解临界转速。

(4) 求解各阶振动主振型。

计算流程框图如图 6-19 所示。

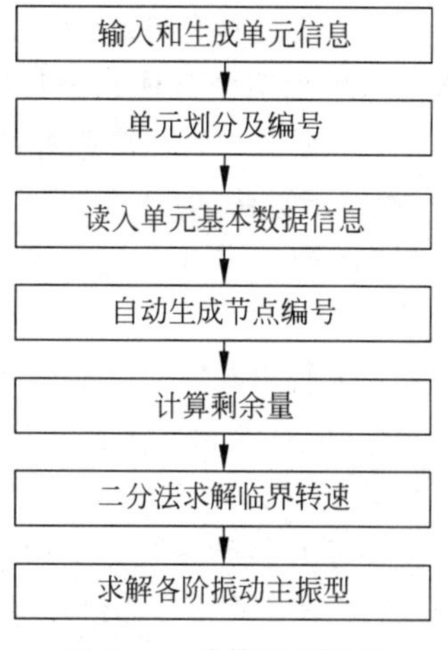

图 6-19　计算流程框图

6.5 非线性转子系统动力学建模分析

6.5.1 非线性转子动力学的重要性

大型高速转子系统或旋转机械，如汽轮发电机组，是电力系统中的原动机，也是能源生产的关键装备。近年来，汽轮发电机组的容量和运行参数不断提高，转子向大跨度、柔性、重载方向发展，例如生产或使用超临界(或超超临界)的 600MW 以上的大型机组，机组轴系在

运转过程中的稳定性,对于系统的安全至关重要。

机组轴系运行稳定性与机组设计、制造、运行控制均有关系。机组轴系失稳会导致严重的毁机事故。在国外(包括发达国家)均发生过相关的事故。例如,有一些机组在运行中出现低频分量的油膜涡动,在一定条件下发展为严重的油膜振荡,导致恶性断轴毁机事故。造成机组失稳的原因包含汽轮发电机组中存在油膜力、密封力、不均匀蒸汽间隙力等强非线性激振源。由于非线性油膜力是一种关键的非线性激励源,导致转子-轴承系统在一定条件下成为自激振动系统,在一定条件下使外界能量输入机组,导致机组发生激烈的振动,引发严重动力学问题和机器损坏。

对于大型旋转机械中存在的油膜力、密封力、不均匀蒸汽间隙力等非线性激励源,基于线性理论(采用线性化的刚度与阻尼特性系数的线性油膜力模型)的设计往往不能精确反映机组的运行规律。对于大型机组轴系稳定性的非线性动力学设计、建立转子-轴承系统的非线性动力学理论模型,深入揭示机组的运行规律,对提高旋转机械运行的稳定性、安全性、可靠性均具有现实意义。

6.5.2 非线性转子动力学研究内容及方法

非线性动力学理论的应用非常广泛。以应用非线性动力学理论研究大型汽轮发电机组转子-轴承-基础系统的非线性动力学行为为例,研究内容包含大型汽轮发电机组的低频振动分量及其失稳条件(油膜涡动及油膜振荡)、转子裂纹的在线诊断、气流-弹性耦合激起结构的颤振、气门机构的振动等。非线性转子动力学问题具有多种研究方法,比如:

(1) 研究具有确定性系数的弱非线性动力系统周期解。这些研究方法有摄动法(小参数法)、平均法(KB 法)、渐近法(KBM)、多尺度法等。

(2) 研究单自由度强非线性动力系统的渐近解。研究方法有广义的平均法、区域平均法、椭圆函数法、时间变换法、参数展开法、频闪法、增量谐波平衡法等。

(3) 研究多自由度系统的方法有改进的平均法、多频摄动法以及各种方法的综合运用等。

(4) 研究参数激励的非线性动力系统的响应、分岔和混沌问题。其常用方法有平均法、多尺度法、广义谐波平衡法以及 L-S 法、奇异性理论、中心流形理论、范式理论、幂级数法、数值计算法等。

由于在线性系统分析中,广泛采用模态变换方法对高维系统在模态空间中进行解耦、求解,许多学者就开展非线性系统的类似研究,提出非线性模态的概念。引用动力系统理论中不变流形的概念来定义非线性模态,将非线性模态定义为系统相空间中二维不变流形上的运动,分为相似模态和非相似模态。

(1) 相似模态。在 n 维构型空间中,在通过平衡位置直线上的运动。

(2) 非相似模态。在 n 维构型空间中,在通过平衡位置曲线上的运动。

认为非线性模态为系统模态空间中偶数维不变流形上的运动,并根据模态上的动力学方程,将非线性模态分为非耦合模态与内共振模态,并进一步提出构造非线性模态的规范形方法。

另外,范式理论得到应用,能够在平衡点附近通过坐标变换把微分方程化简,利用非线性变换将系统简化,只保留对系统的动力学行为起决定性作用的共振项。范式理论是微分方程定性研究的重要手段，也是含参数的微分方程动态研究的重要工具。

6.5.3　非线性油膜力模型

滑动轴承的非线性油膜力模型是转子-轴承系统非线性动力学分析的重要问题。油膜力的计算精度和计算速度将直接影响系统非线性动力学分析的计算精度和效率。具体的计算方法主要有两类：一类是采用有限元或有限差分法直接求解雷诺方程；另一类是解析法，即建立有假设条件的无限短或无限长轴承的非线性油膜力模型。前一类方法精度高，但计算速度较慢，而后一类方法计算速度快，但计算精度较低。

在工程实际中，由于大量使用轴承，轴承非稳态非线性油膜力建模十分重要。采用无限短轴承非线性油膜力模型，忽略了轴承的轴向压力流，油膜压力分布只取决于雷诺方程的右端项。无限长轴承非线性油膜力模型则完全忽略了端泄效应。实际滑动轴承设计中需控制最小油膜厚度和温升，一般实际滑动轴承长径比有其范围(如 $L/D=0.8\sim1.0$)。这些模型都是在雷诺方程的不同简化条件下得到的，与实际工况有不少的区别。

轴承主要是依靠元件间的滚动接触来支承转动零件的。滚动轴承可看作是一种高载荷流体动力摩擦副，不仅存在固体接触的弹性变形，而且有流体动力润滑油膜的影响，弹性变形与润滑油膜之间又相互耦合。因此滚动轴承动力学问题实际上是一个流固耦合问题。滚动轴承在正常工作情况下，滚动体与内外圈之间并非直接接触，而被一层润滑油膜所隔开，这一层润滑油膜对滚动轴承动力特性有着重要影响。滚动轴承与滑动轴承相比，具有摩擦阻力小、功率消耗小、结构设计简单、标准化及大批量生产的特点，且有优良的互换性和通用性，装配后一般不需反复调整。可采用脂润滑，避免配备专用的润滑系统，负荷、转速和工作温度的适应范围宽。随着新材料、制造工艺、润滑及结构设计等诸方面的研究，高速旋转转子系统轴承在振动、噪声、可靠性方面已有较大改善。

但是，采用传统非对称转子-轴承系统动力特性研究，都采用线性化的刚度与阻尼系数的油膜力模型，由于高速下非对称转子在油膜中的扰动不再是小扰动，原来的线性油膜力模型就不再适用了，已经不能满足现代工程设计的要求，由于采用的线性模型不够完善，对系统存在的一些非线性因素引起的动力学行为不能做出合理的解释，甚至得出错误的结论。因此，迫切需要研究非对称转子-轴承系统在非线性油膜力作用下的动力学行为，在非线性动力学理论研究的基础上，研究非线性油膜力、转子刚度不对称等因素对非对称转子系统稳定性的影响。

油膜振荡是汽轮机组的一种自激超常振动现象，由于其振动较大而且具有很强的破坏性，油膜振荡的动力学分析以及如何抑制油膜振荡发生是十分重要的问题。需要对实际机组的油膜失稳进行准确的分析，研究油膜失稳后转子的破坏机制并对故障进行防治。由于油膜失稳后转子-轴承系统的振动不再是同频振动，对偏心转子而言，转子的自转频率和涡动公转频率并不相同，由此而产生疲劳，再加上油膜振荡发生后，转子的振幅陡然增加并保持在较高的水平上，因此疲劳破坏将是转子产生裂纹最终导致破坏不可忽视的因素。对于转子-轴承系统油膜失稳后的疲劳破坏研究，需要在研究连续转子-轴承系统油膜振荡非线性动力学行为的基础上，采用耦合损伤理论对转子在油膜振荡情况下的疲劳损伤演化和裂纹萌生过程进行分析，以便为转子系统可靠性分析以及故障的防治提供理论依据。

6.5.4　动压密封力模型

密封的主要作用是为了防止在机组内部动、静配合面上由于压差而造成的工质泄漏。为了追求机组的高效率，不得不尽可能地减少密封间隙，而间隙的减少有增强密封力的动态激励效果，从而对转子稳定性带来不良影响。一些大型汽轮发电机组的高压转子在运行中所出现的亚同步振动，也与密封力及其结构设计有关。

高速、高压、大功率、高效率的叶轮机械常设计有迷宫式密封或环压式密封。密封力的形成机理与动压滑动轴承中的油膜力相似，两者都与高速旋转的转子对密封介质的卷吸作用有关，在转子与定子的小间隙区内形成了压力场，由于转子的偏心作用，压力场沿周向方向连续变化、分布不均匀，在水平和垂直方向上形成了合力并支承作用于转子，当激励力达到或超过一定值时，就会使转子产生强烈的振动。

研究表明，造成迷宫密封腔中压力沿周向分布不均匀的原因有多种，比如：

(1) 螺旋形流动效应；

(2) 三维流动效应；

(3) 二次流效应。

由于密封的相对间隙一般要比油膜间隙大得多，当被密封介质为气体时，其动力黏度一般远小于油润滑介质。此外，密封结构也比滑动轴承复杂。被密封介质在密封腔中内的流动通常处于湍流状态而不再是简单的层流。相对来说，流体润滑轴承力研究较为充分，密封力的研究不深入。目前，高性能、减振密封技术研究成为热点，对于许多高效、大功率叶轮机械发展较为关键。

6.5.5　转子非线性动力学问题降维求解

一般来说，数值积分是求解非线性转子动力学方程直接、常用的方法。有非线性油膜力的流体动压轴承-转子系统的振动特性，可按单盘挠性转子-轴承系统模型，建立非线性运动方程式，结合软件程序，处理轴承外弹性阻尼(各向同性、各向异性)的影响及多种外界干扰。但是，直接数值积分方法不便于研究系统动力学行为的规律性。需要运用较为复杂的改进方法，研究系统分岔及稳定性的规律。

非线性轴承支承的转子系统，是很典型的具有局部非线性的多自由度动力系统，由于系统参数的变化，系统的长时间动力学行为将表现为周期运动、概周期运动、倍周期运动、跳跃现象和混沌运动，即系统的失稳将导致一些复杂的运动。因此，要重点解决系统的周期解、稳定性及动力特性，实现动力学优化设计。

非线性动力学设计的核心问题是：考虑各种小间隙非线性激振源的作用，建立转子-轴承-基础系统非线性动力学的数学模型，并进行相应的参数识别，提出高维非线性系统的降维方法，计算分析非线性转子-轴承系统的分岔、混沌、稳定性、不平衡响应。必须综合考虑转子-轴承系统的各种参数，使所设计的转子在运行工况下具有最佳的稳定裕度。对上述数学模型表征的复杂大型高维系统，其降维求解可采用如下步骤：

(1) 由于转子-基础部分一般可按线性处理，非线性部分仅集中在轴承、密封、不均匀蒸汽间隙等局部环节，因而第一步可先对线性部分进行模态截断进行降维。

(2) 再对降维后的非线性系统求解或进一步降维求解。

如转子-轴承系统大部分自由度是属于线性的，只有在油膜力作用的少数自由度上表现为强非线性的特点，可利用子结构模态综合法来对系统进行降维。

另外，基于转子-轴承系统的局部非线性特性，可采用近似降维方法进行自由度缩减，如固定界面模态综合降维法、相空间投影及主相互作用模式降维方法、数学机械化降维方法。其中，固定界面模态综合降维法，是通过将子结构节点自由度凝聚到子结构分支主模态上，由这些保留的分支主模态及边界节点的自由度形成了整体结构的 Ritz 基，由此可将整体方程的维数大大缩减。该方法的关键是如何缩减整体结构的自由度，即设法使特征矩阵降阶的问题。特征矩阵降价主要有两种方法：一种是在子结构分析时，略去高阶分模态，只保留低阶模态，即所谓的各种模态综合技术；另一种是将结构分为主副自由度，利用平衡方程消去副自由度，达到矩阵降阶的目的。固定界面子结构模态综合法将结构分成若干子结构，子结构的刚度矩阵和质量矩阵按内部自由度和附加边界自由度处理，将界面自由度完全固定，可得到内坐标的自由振动方程，通过求解特征值问题，求得系统的主模态集。约束模态定义在附加边界自由度上的一组子结构静变形位移，约束模态是在界面完全固定的情况下，逐个释放界面自由度，使界面上某个被释放自由度的位移为单位位移。如果当复杂结构由若干部件组成，部件之间又用一定的连接件(如杆、弹簧)连接起来时，可将连接件作为连接子结构，建立具有连接子结构的固定界面模态综合法。

相空间投影及主相互作用模式方法，是一种构造低维模型刻画高维模型的方法，它能保留原非线性动力系统的主要特性，称为主相互作用模式(principal inleraction patterns，PIP)方法，该方法的本质是一种相空间投影的方法。通过傅里叶-迦辽金(Fourier-Galerkin)方法把偏微分方程转化为高维的常微分方程，再将此高维动力系统减缩成低维系统。

6.6 转子系统的平衡控制

6.6.1 转子平衡原理

挠性转子的不平衡量由两部分组成：一部分是由原始质量偏心 $a(x)$ 引起的 $u_0(x)$；另一部分是由转子弹性变形 $s(x)$ 引起的挠性不平衡量 $u_s(x)$，即

$$u_0(x)=m(x)a(x)$$

$$u_s(s)=m(s)s(x)$$

在刚性转子平衡时，由于只存在 $\boldsymbol{u}_0(x)$，我们知道可以用一个集中的校正量，达到静平衡，用两个校正平面达到动平衡。对于挠性不平衡能否用集中的校正量来消除和需要多少个校正量，这是研究挠性转子平衡的关键问题。如果我们试图用 m 个集中质量的校正量 $U_k(k=1,2,\cdots,m)$ 来平衡挠性转子(见图 6-20)，则完全平衡的条件是

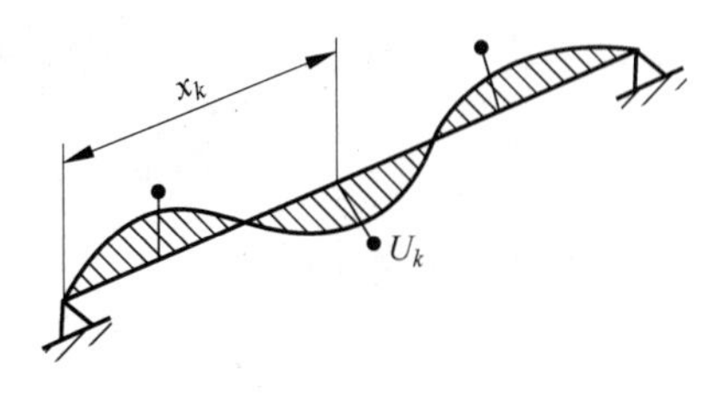

图 6-20 转子的集中校正量

$$\begin{cases}\int_0^l m(x)s_b(x)\mathrm{d}x+\boxed{\int_0^l u_0(x)\mathrm{d}x+\sum_{k=1}^m U_k=0}\\ \int_0^l xm(x)s_b(x)\mathrm{d}x+\boxed{\int_0^l xu_0(x)\mathrm{d}x+\sum_{k=1}^m x_kU_k=0}\end{cases} \tag{6-87}$$

式中，x_k 为校正量所在平面的坐标；虚线框内部分为刚性转子的平衡条件，这一部分可以通过在低速下进行刚性平衡来满足。$s_b(x)$是加了校正量以后转子的动挠度曲线。如果校正量 $U_k(k=1,2,\cdots,m)$能够消除挠性不平衡，则应满足

$$s_b(x)=0 \tag{6-88}$$

也就是若干集中的校正量产生的弹性变形与原始不平衡产生的弹性变形相抵消。集中的校正量可以用 δ 函数表示：

$$\delta(x-x_k)=\begin{cases}1, & x=x_k\\ 0, & x\neq x_k\end{cases}$$

于是有

$$U_k=U_k\delta(x-x_k) \tag{6-89}$$

把不平衡量展开成振型函数的线性组合式，在有集中校正量时的转子动挠度曲线方程为

$$\frac{\mathrm{d}^2}{\mathrm{d}x^2}\left[EI(x)\frac{\mathrm{d}^2s_b(x)}{\mathrm{d}x^2}\right]-m(x)\Omega^2s_b(x)=m(x)\Omega^2\sum_{n=1}^{\infty}C_n\Phi_n(x)+\Omega^2\sum_{k=1}^{m}U_k\delta(x-x_k) \tag{6-90}$$

把 $U_k\delta(x-x_k)$也按振型函数展开得

$$U_k\delta(x-x_k)=\sum_{n=1}^{\infty}m(x)B_{kn}\Phi_n(x) \tag{6-91}$$

在求第 r 阶的 B_{kr}(r 为 $1,2,\cdots,\infty$的任意整数)时，可以把等式两边乘以 $\Phi_r(x)$，再对 x 积分，然后利用振型函数的正交性求出。即

$$\int_0^l U_k\Phi_r(x)\delta(x-x_k)\mathrm{d}x=\int_0^l\sum_{n=1}^{\infty}B_{kn}m(x)\Phi_n(x)\Phi_r(x)\mathrm{d}x$$

即

$$U_k\Phi_r(x_k)=B_{kr}N_r$$

$$B_{kr}=\frac{U_k\Phi_r(x_k)}{N_r},\quad r=1,2,\cdots,\infty \tag{6-92}$$

式中，N_r 为第 r 阶正交模。将式(6-92)代入式(6-91)得

$$U_k\delta(x-x_k)=m(x)\sum_{n=1}^{\infty}\frac{U_k\Phi_n(x_k)}{N_n}\Phi_n(x) \tag{6-93}$$

将式(6-93)代入式(6-90)得

$$\begin{aligned}&\frac{\mathrm{d}^2}{\mathrm{d}x^2}\left[EI(x)\frac{\mathrm{d}^2s_b(x)}{\mathrm{d}x^2}\right]-m(x)\Omega^2s_b(x)\\&=m(x)\Omega^2\sum_{n=1}^{\infty}C_n\Phi_n(x)+m(x)\Omega^2\sum_{n=1}^{\infty}\sum_{k=1}^{m}\frac{U_k\Phi_n(x_k)}{N_n}\Phi_n(x)\end{aligned} \tag{6-94}$$

式(6-94)的解可分解得出

$$s_{\mathrm{b}}(x)=\sum_{n=1}^{\infty}\frac{\Omega^2}{\omega_n^2-\Omega^2}C_n\Phi_n(x)+\sum_{n=1}^{\infty}\sum_{k=1}^{m}\frac{\Omega^2}{\omega_n^2-\Omega^2}\frac{U_k\Phi_n(x_k)}{N_n}\Phi_n(x) \tag{6-95}$$

转子平衡条件是

$$s_{\mathrm{b}}(x)=0$$

或

$$\sum_{n=1}^{\infty}C_n\Phi_n(x)+\sum_{n=1}^{\infty}\sum_{k=1}^{m}\frac{U_k\Phi_n(x_k)}{N_n}\Phi_n(x)=0$$

对每一阶分量 $n=r$ 来说,应满足:

$$C_r+\sum_{k=1}^{m}\frac{U_k\Phi_r(x_k)}{N_r}=0$$

或

$$\sum_{k=1}^{m}U_k\Phi_r(x_k)=-C_rN_r=-\Psi_r,\quad r=1,2,\cdots,\infty \tag{6-96}$$

式(6-96)叫振型平衡方程式,有无穷多个。我们把刚性平衡条件和挠性平衡条件合起来写成矩阵形式,将 Ψ_r 表示为

$$\Psi_r=\int_0^l a(x)m(x)\Phi_r(x)\mathrm{d}x=\int_0^l u_0(x)\Phi_r(x)\mathrm{d}x \tag{6-97}$$

于是,得到转子的平衡条件为

$$\begin{bmatrix}1 & 1 & \cdots & 1\\ x_1 & x_2 & \cdots & x_m\\ \Phi_1(x_1) & \Phi_1(x_2) & \cdots & \Phi_1(x_m)\\ \Phi_2(x_1) & \Phi_2(x_2) & \cdots & \Phi_2(x_m)\\ \vdots & \vdots & & \vdots\\ \Phi_\infty(x_1) & \Phi_\infty(x_2) & \cdots & \Phi_\infty(x_m)\end{bmatrix}\begin{bmatrix}U_1\\ U_2\\ \vdots\\ U_m\end{bmatrix}=-\begin{bmatrix}\int_0^l u_0(x)\mathrm{d}x\\ \int_0^l xu_0(x)\mathrm{d}x\\ \int_0^l \Phi_1(x)u_0(x)\mathrm{d}x\\ \int_0^l \Phi_2(x)u_0(x)\mathrm{d}x\\ \vdots\\ \int_0^l \Phi_\infty(x)u_0(x)\mathrm{d}x\end{bmatrix} \tag{6-98}$$

式(6-98)表明,要完全平衡挠性转子,应满足无穷多个方程式,因此集中校正量的数目 m 在理论上为无穷多个,这就否定了能用若干集中的校正量完全平衡挠性转子的可能性。然而式(6-98)仍然给出了寻求解决挠性转子平衡的途径。

在前面的分析中,我们知道转子动挠度曲线在某一阶临界速度时,主要呈现该阶振型。任何一个转子只可能在某一有限的速度以下运行,速度不可能到无穷大。因此,在振型平衡条件中,只要满足转子运转速度以下的 N 阶振型平衡条件即可。所以在第 N 阶临界速度下运行的转子,应满足 $N+2$ 个平衡方程。也就是校正量的数目 $m=N+2$。这一结论对解决挠性转子平衡问题至关重要。在实际问题中,由于挠性平衡所加的校正量一般来说不太大,因此若转子是刚性平衡的,在挠性平衡时,有时可不考虑前两个方程,只取 N 个校正面。这样造成的刚性不平衡问题并不严重。采用 $N+2$ 个校正量叫 $N+2$ 法,采用 N 个校正量叫 N 法。

6.6.2 现场平衡与动平衡机

转子放在自身的机器上直接进行平衡称为现场平衡。该方法的优点是平衡不需专用的设备，平衡效果可直接显现，可用于挠性转子的动平衡。

平衡所需的传感器一般选用速度传感器，直接测量轴承座的振动；也可选用非接触位移传感器(常采用电涡流传感器)，直接测量轴的振动。平衡用仪表主要用来测量转速、幅值和相位，如图 6-21 所示。

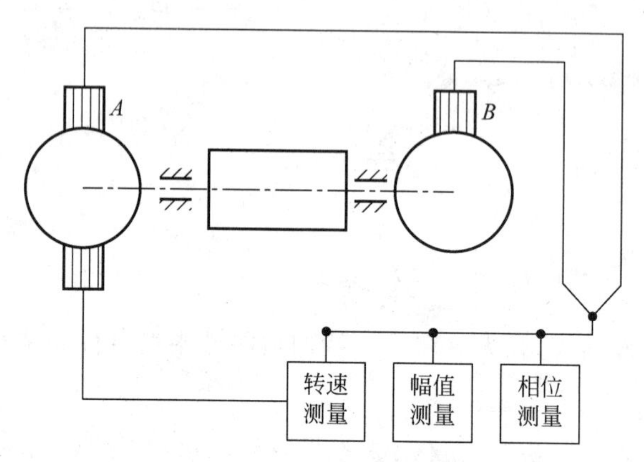

图 6-21　现场平衡测量示意图

对于刚性转子平衡，首先选定平衡转速，平衡转速可以是工作转速，也可以是其他选定的转速。同时确定两个测振点 A、B。A、B 两点可选在两个轴承盖上，也可直接选在轴颈上。测出平衡前 A、B 两点振动的原始值 $\boldsymbol{A}_0$、$\boldsymbol{B}_0$。$\boldsymbol{A}_0$、$\boldsymbol{B}_0$ 是向量，它包含幅值和相位。通常在转子上还标有基准信号，作为测量转速和相位的基准。再根据转子的结构选取两个校正平面Ⅰ、Ⅱ，加重半径分别为 r_1、r_2。先在平面Ⅰ上加一试重 Q_1(其质量大小为 Q_1，角度为 θ_{Q1})，并在平衡转速下测得两轴承的振动为 $\boldsymbol{A}_1$、$\boldsymbol{B}_1$。显然，$\boldsymbol{A}_1-\boldsymbol{A}_0$、$\boldsymbol{B}_1-\boldsymbol{B}_0$ 为平面上试重 Q_1 所引起的轴承振动的变化，称为试重 Q_1 的效果向量。单位试重引起的效果向量称为影响系数，即

$$\begin{cases}\boldsymbol{\alpha}_1=\dfrac{\boldsymbol{A}_1-\boldsymbol{A}_0}{Q_1}\\[2ex]\boldsymbol{\beta}_1=\dfrac{\boldsymbol{B}_1-\boldsymbol{B}_0}{Q_1}\end{cases}\tag{6-99}$$

之后，取走 Q_1，再在平面Ⅱ上加试重 Q_2(质量大小为 Q_2，角度为 θ_{Q2}，加重半径为 r_2)。同样测得轴承振动为 $\boldsymbol{A}_2$、$\boldsymbol{B}_2$，同理可得 $\boldsymbol{A}_2-\boldsymbol{A}_0$、$\boldsymbol{B}_2-\boldsymbol{B}_0$ 以及影响系数。

设校正平面Ⅰ、Ⅱ中所需的校正质量为 W_1、W_2，则 W_1、W_2 应满足下列方程：

$$\begin{cases}\boldsymbol{\alpha}_1W_1+\boldsymbol{\alpha}_2W_2=-\boldsymbol{A}_0\\\boldsymbol{\beta}_1W_1+\boldsymbol{\beta}_2W_2=-\boldsymbol{B}_0\end{cases}$$

即

$$\begin{bmatrix}\boldsymbol{\alpha}_1 & \boldsymbol{\alpha}_2\\\boldsymbol{\beta}_1 & \boldsymbol{\beta}_2\end{bmatrix}\begin{bmatrix}W_1\\W_2\end{bmatrix}=-\begin{bmatrix}\boldsymbol{A}_0\\\boldsymbol{B}_0\end{bmatrix}\tag{6-100}$$

其物理意义是加上 W_1、W_2 校正质量后，抵消了转子原来的不平衡。

在式(6-100)中，$\boldsymbol{\alpha}_1$、$\boldsymbol{\alpha}_2$、$\boldsymbol{\beta}_1$、$\boldsymbol{\beta}_2$、$\boldsymbol{A}_0$、$\boldsymbol{B}_0$ 均为已知数，即可求出 W_1 和 W_2。W_1 和 W_2 分别表示校正质量的大小，其相角分别为 θ_{W_1}、θ_{W_2}，加重半径为 r_1、r_2。

在转子上加上校正质量，重新转动转子，如振动已减小到满意的程度，则平衡结束，否则需再平衡或更换测点或修正影响系数。

动平衡机一般有支承系统、驱动系统、传感器及测试仪器、底座等几个基本组成部分。其中，测试仪器一般由解算电路，标定电路，幅值、相位、转速测量电路等组成。动平衡机的组成如图 6-22 所示。

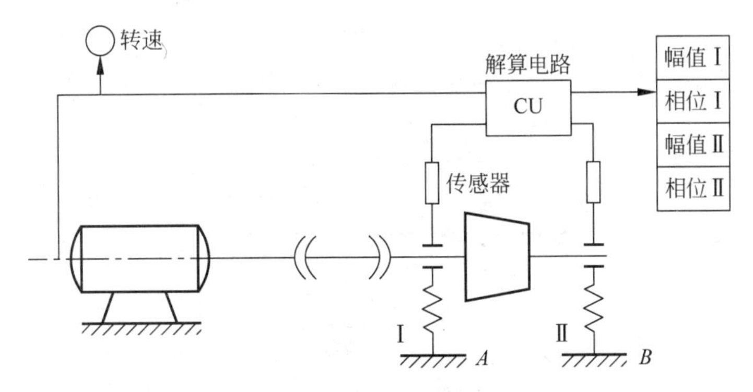

图 6-22　动平衡机的组成

其中支承系统是用以支承转子，并设计成在转子不平衡力的激发下作确定的振动。通过传感器把这种振动的振动信号转换成电信号。根据支承的动力特性，支承可分为硬支承和软支承两种。驱动系统是驱动转子以所选定的平衡转速转动。驱动方式有万向节驱动、带驱动、摩擦轮驱动、气驱动、磁驱动以及转子本身驱动等。传感器主要用以把支承系统的振动信号转换成电信号，通常采用速度传感器、电容传感器等。测试仪器电路、解算和标定电路将传感器送来的电信号加以分析和变换，分离左右两个校正平面的相互影响，并确定测量系统的灵敏度。相位、幅值、转速仪表用于指示出平衡转速下两校正面上应加的校正质量的大小和相位。有些动平衡机上还有加重(或去重)系统，能根据仪器显示的校正质量自动加重(或去重)。

刚性转子在动平衡机上平衡的关键是求解转动引起的离心惯性力及力矩，为抵消离心惯性力，在平面上配质量块，其产生的离心惯性力应与原质量的离心惯性力合力的大小相等，方向相反，力矩相抵消。要明确配重质量大小、角度。

挠性转子的动平衡往往是多平面、多转速平衡。挠性转子的动平衡与刚性转子的动平衡不同，在于其必须考虑转子的挠曲变形。在不同的转速下，离心力的大小不一样，因此转子有不同的挠曲变形。由于转子的挠曲改变了质量的分布情况，也就改变了离心力的分布。由此可见，挠性转子的不平衡状况是随转速而变化的。在某一转速下平衡好的转子，当转速变化，就会破坏原来的平衡状态。从理论上来说，要真正对挠性转子进行平衡，只有在沿转子的轴向无穷多个平面上加校正质量，把转子上每一平面上的偏心全部校正过来后，挠性转子才算完全平衡好。当然，在工程实际中，是不可能的。实际的平衡过程只能是在一个或几个转速下，在有限的几个校正平面内加校正质量。挠性转子平衡的方法很多，通常采用的有影响系数法和振型平衡法。

6.6.3 振型平衡法

振型平衡法是根据振型分离的原理对转子逐阶进行平衡的一种方法。转子在某一阶临界速度下，其挠度曲线主要是该阶的振型曲线，因此在某一阶临界速度下平衡转子，其结果就是平衡了该阶的振型分量。但是，每次平衡时必须保证本阶平衡所加的平衡量不破坏其他阶的平衡，即本阶所加的平衡量要与其他阶的振型正交。

现以图 6-23 上一个工作转速超过二阶临界转速的转子为例来说明振型法的平衡步骤。

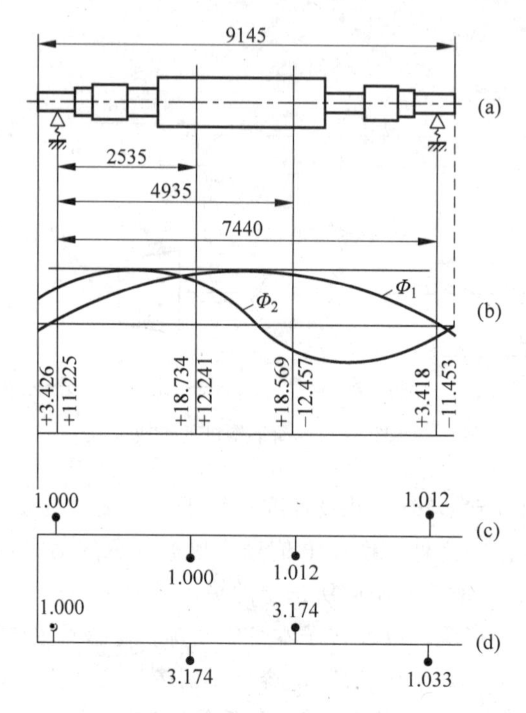

图 6-23 转子振型平衡法

(a) 转子；(b) 一、二阶振型；(c) 一阶平衡；(d) 二阶平衡

(1) 确定转子的临界速度、振型函数及平衡平面的位置。图 6-23(b)为振型函数 Φ_1、Φ_2，它们可用计算方法求得，也可用实验方法测出转子在临界转速时的挠度曲线。挠度曲线应和该阶振型曲线成比例。但实验法会遇到一些困难，因为未经平衡的转子有时会振动太大而不能达到所要求的临界速度。在采用 $N+2$ 法时，该转子应选择四个平衡平面，四个平面的位置可根据振型曲线来确定。四个平面的轴向坐标分别为 x_1，x_2，x_3，x_4。

(2) 在低于第一临界速度 70% 的转速范围内对转子作刚性平衡。

(3) 将转子开动到第一临界速度附近(约为第一临界速度的 90%)进行一阶平衡。这时所加的四个配重 $U_{1(\mathrm{I})} \sim U_{4(\mathrm{I})}$ 应满足如下关系式(下标(Ⅰ)表示第一阶平衡量)：

$$\begin{cases} U_{1(\mathrm{I})} + U_{2(\mathrm{I})} + U_{3(\mathrm{I})} + U_{4(\mathrm{I})} = 0 \\ x_1 U_{1(\mathrm{I})} + x_2 U_{2(\mathrm{I})} + x_3 U_{3(\mathrm{I})} + x_4 U_{4(\mathrm{I})} = 0 \\ \Phi_1(x_1) U_{1(\mathrm{I})} + \Phi_1(x_2) U_{2(\mathrm{I})} + \Phi_1(x_3) U_{3(\mathrm{I})} + \Phi_1(x_4) U_{4(\mathrm{I})} = -\Psi_1 \\ \Phi_2(x_1) U_{1(\mathrm{I})} + \Phi_2(x_2) U_{2(\mathrm{I})} + \Phi_2(x_3) U_{3(\mathrm{I})} + \Phi_2(x_4) U_{4(\mathrm{I})} = 0 \end{cases} \tag{6-101}$$

以上各式分别表示一阶平衡不应破坏已有的刚性平衡状态(前两式)、一阶振型平衡的条件、正交条件,即保证一阶振型平衡不影响二阶振型平衡。把 x_1,x_2,x_3,x_4 及对应的 $\Phi_1(x_1),\cdots,\Phi_1(x_4)$ 和 $\Phi_2(x_1),\cdots,\Phi_2(x_4)$ 的值代入式(6-101),可得如下结果:

$$U_{1(\mathrm{I})}=3.264\Psi_1$$
$$U_{2(\mathrm{I})}=-3.264\Psi_1$$
$$U_{3(\mathrm{I})}=-3.303\Psi_1$$
$$U_{4(\mathrm{I})}=3.303\Psi_1$$

这时所得的结果只是四个配重的比值,也就是说要达到平衡一阶振型而又不影响刚性平衡及其他阶振型平衡的目的,四个配重必须符合此比例关系。这四个配重均在过转子中心线的同一平面内。

(4) 配重的绝对量及相位可用试加法来确定。方法是:先在不加任何平衡量的情况下开机达到平衡一阶所需的转速,记录下初始的轴承振动值及相位 $\boldsymbol{A}_0$($\boldsymbol{A}_0$ 可为某一轴承振动量),然后在转子上按所算出的比例加上总量为 P_1 的一组试重 $U_{10(\mathrm{I})}\sim U_{40(\mathrm{I})}$,再在同样转速时记录下振动幅值与相位 $\boldsymbol{A}_1$。根据 $\boldsymbol{A}_0$ 和 $\boldsymbol{A}_1$ 可以计算出试重的效应系数 $\boldsymbol{\alpha}_1$:

$$\boldsymbol{\alpha}_1=\frac{\boldsymbol{A}_1-\boldsymbol{A}_0}{P_1} \tag{6-102}$$

$\boldsymbol{\alpha}_1$ 是个向量,其大小表示单位总加重对振动幅值的影响,其相位表示加重平面和由于加重所产生的振动之间的相位差。应加的平衡总量 Q_1 应满足:

$$\boldsymbol{\alpha}_1 Q_1+\boldsymbol{A}_0=\boldsymbol{0} \tag{6-103}$$

即

$$Q_1=-\frac{\boldsymbol{A}_0}{\boldsymbol{\alpha}_1}=\frac{\boldsymbol{A}_0}{\boldsymbol{A}_0-\boldsymbol{A}_1}P_1 \tag{6-104}$$

式中,$\boldsymbol{A}_0/\boldsymbol{\alpha}_1$ 为复数表示的向量除法,即 $\dfrac{\boldsymbol{A}_0}{\boldsymbol{\alpha}_1}=\dfrac{r_1}{r_2}\mathrm{e}^{i(\theta_1-\theta_2)}$,其中 $r_{1、2}$ 为向量长度、θ_1、θ_2 为方向角。

各平面应加平衡量则相应为 $U_{10(1)}\sim U_{40(1)}$ 乘以 $\dfrac{Q_1}{P_1}$。

(5) 将转子开动到第二阶临界速度附近作第二阶振型平衡。方法和步骤(3)相同,不过此时配重的比例关系应按下式计算:

$$\begin{cases}U_{1(\mathrm{II})}+U_{2(\mathrm{II})}+U_{3(\mathrm{II})}+U_{4(\mathrm{II})}=0\\ x_1U_{1(\mathrm{II})}+x_2U_{2(\mathrm{II})}+x_3U_{3(\mathrm{II})}+x_4U_{4(\mathrm{II})}=0\\ \Phi_1(x_1)U_{1(\mathrm{II})}+\Phi_1(x_2)U_{2(\mathrm{II})}+\Phi_1(x_3)U_{3(\mathrm{II})}+\Phi_1(x_4)U_{4(\mathrm{II})}=0\\ \Phi_2(x_1)U_{1(\mathrm{II})}+\Phi_2(x_2)U_{2(\mathrm{II})}+\Phi_2(x_3)U_{3(\mathrm{II})}+\Phi_2(x_4)U_{4(\mathrm{II})}=-\Psi_2\end{cases} \tag{6-105}$$

由此式可解出

$$\begin{cases}U_{1(\mathrm{II})}=1.821\Psi_2\\ U_{2(\mathrm{II})}=-5.718\Psi_2\\ U_{3(\mathrm{II})}=5.799\Psi_2\\ U_{4(\mathrm{II})}=-1.822\Psi_2\end{cases}$$

(6) 确定二阶平衡量的大小和相位,方法与步骤(4)类似。

用振型平衡法平衡后,转子上存在两组平衡量,它们分别在不同的相位上。由上述的平衡步骤可知振型平衡法要求先知道振型,由于振型的计算及测量往往不准确,会使平衡效果受影响。

思　考　题

6.1　高速转子系统有何特征?转子系统不平衡与受迫振动如何描述?

6.2　转子系统建模的基本方法有哪些?

6.3　如何建立多圆盘挠性转子系统的振动方程?

6.4　结合实例,试述传递矩阵法的一般步骤。

6.5　以弹性支承盘轴转子系统为例,说明计算临界转速及振型的基本原理、步骤。

6.6　结合工程实际,试述复杂耦合转子系统的建模方法。

第7章　变质量系统与航天器动力学建模

7.1　概　　述

在工程技术领域和自然界中，有些物体在运动过程中，它们的质量连续地变化，有些构件的质心位置和转动惯量也是变化的。例如，火箭在喷射气体而获得推力向前运动的过程中，火箭本身的质量在连续地减小；喷气式飞机在飞行过程中不断地有空气进入，同时又把这部分空气与燃料的燃烧产物以很高的速度喷射出去；星体在宇宙空间运动时，由于俘获宇宙中星际间的一些物质而使其质量增加，或因放射而使其质量不断地减小等。物体在运动中或有外来的质量连续地加入其中，或体内的一些质量连续地从其中分离出去，或者兼而有之，使其质量随时间连续地变化，我们称这类物体为变质量物体。变质量动力学研究变质量系统和含变质量构件的系统动力学问题。

广义上的航天器包括导弹、运载火箭、人造地球卫星、深空探测器等一类航天器。这类航天器在运动描述、动力学建模方法上有共性。对于飞行动力学建模与分析，需要具有牢固的力学理论基础、清晰的力学分析思路，选用恰当的力学方法建立飞行器的运动模型。例如，在建立卫星相对于地球的轨道运动方程时，可不对地球作静止的假设，而是以地球和卫星组成的两体系统作为研究对象，建立卫星相对于地球的运动方程。为了将工程问题转化为数学力学模型，需要用到坐标变换或力学原理。航天器建模过程可能涉及多个方程，例如把航天器作为一个刚体时，通常是由牛顿第二定律建立质心运动的动力学方程(弹道方程、轨道方程)，由相对于质心的动量矩定理建立刚体相对于质心的转动方程(姿态方程)。

7.2　变质量刚体的动力学方程

根据力学可知，物体可以看成为一个质点系。如果各质点间的距离(相对位置)不变，则物体称为刚体。在变质量构件中，有一些微粒要离开物体或附加进来，这些微粒和质点与其他质点间的相对位置会发生改变。但如果我们认为那些分离的微粒自分离开始就不再属于所研究的质点系，或者那些要附加进来的微粒只是在加入以后才算作所研究的质点系，这样就得到了变质量刚体的概念。这个刚体的质量、质心位置和转动惯量是变化的。换句话说，把变质量构件看成这样的刚体：其中有些微粒离开它，一旦离开它就不再属于该刚体了，而所研究的构件中剩下的各质点间相对位置仍保持不变；如果有些微粒要加进去，则一旦附加进去，就属于该刚体的一部分。例如，印刷机中缠在心轴上的纸卷和心轴成为一个刚体转动，而纸卷表面一层的纸带逐渐被拉出，可以认为被拉出去的纸就不再属于刚体了，纸卷和心轴可以看成一变质量刚体。

对于变质量刚体可以推导其动力学方程式。设在瞬时 t 时，研究两个质点系(见图7-1)：①质量为 m_i，向径为 r_i 的质点组成的刚体(质点系 A)；②占据同一位置的微粒质点(质点

系 B)，在相应的点 i 有质量 $\mathrm{d}m_i$。以 $\boldsymbol{v}_i=\dot{\boldsymbol{r}}_i$ 与 $\boldsymbol{u}_i$ 分别表示 m_i 和 $\mathrm{d}m_i$ 的绝对速度。在瞬间 $t+\mathrm{d}t$ 时，每一对 m_i 和 $\mathrm{d}m_i$ 看成为一个系统内质点，即 $\mathrm{d}m_i$ 附加进入所研究的刚体中。对于质点系 A 中任一点 i 可列出方程：

$$m_i\frac{\mathrm{d}\boldsymbol{v}_i}{\mathrm{d}t}=\boldsymbol{F}_{\mathrm{E}i}+\boldsymbol{F}_{\mathrm{I}i}+\boldsymbol{F}_{\mathrm{T}i}+\boldsymbol{F}_{\mathrm{N}i} \tag{7-1}$$

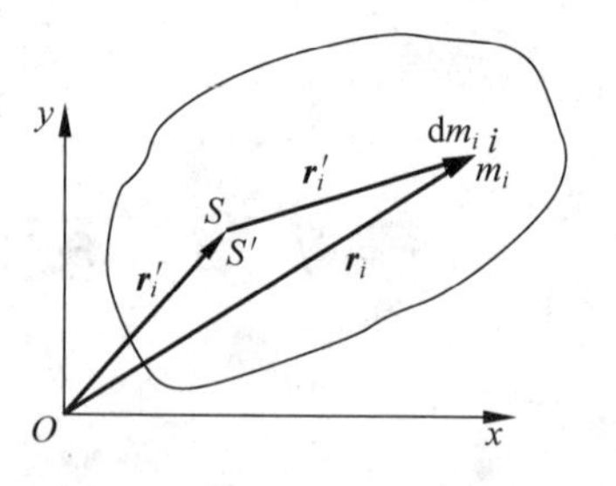

图 7-1　质点系的质量变化

式中，$\boldsymbol{F}_{\mathrm{E}i}$ 为质点 i 上受的外力；$\boldsymbol{F}_{\mathrm{I}i}$ 为质点 i 上受的内力；$\boldsymbol{F}_{\mathrm{T}i}$ 为点 i 上所受的冲力；$\boldsymbol{F}_{\mathrm{N}i}$ 为质点 i 上所受的约束反力。

当然，并不是在所有质点上都同时存在外力、冲力和约束反力。如果在其中某些点上无外力，则在这些点上 $\boldsymbol{F}_{\mathrm{E}i}$ 为 $\mathbf{0}$。同样，也可能冲力、约束反力为 0。对整个质点系来讲有

$$\sum_{i=1}^{n}m_i\frac{\mathrm{d}\boldsymbol{v}_i}{\mathrm{d}t}=\boldsymbol{F}_{\mathrm{E}}+\boldsymbol{F}_{\mathrm{T}}+\boldsymbol{F}_{\mathrm{N}} \tag{7-2}$$

式中，$\boldsymbol{F}_{\mathrm{E}}=\sum\boldsymbol{F}_{\mathrm{E}i}$ 为外力的主向量；$\boldsymbol{F}_{\mathrm{T}}=\sum\boldsymbol{F}_{\mathrm{T}i}$ 为冲力的主向量；$\boldsymbol{F}_{\mathrm{N}}=\sum\boldsymbol{F}_{\mathrm{N}i}$ 为约束反力的主向量。这里有 $\sum\boldsymbol{F}_{\mathrm{I}i}=\mathbf{0}$，即所有内力之和为 0。

现在来看式(7-2)的左边项 $\sum\limits_{i=1}^{n}m_i\dfrac{\mathrm{d}\boldsymbol{v}_i}{\mathrm{d}t}$。设物体的质心位于点 S，它的向径以 $\boldsymbol{r}_S$ 表示。变质量刚体中各质点的距离虽不变，但因质量发生变化，所以质心的位置将是变动的，即质心 S 将相对于刚体变动。设瞬时和质心 S 重合的刚体上的点为 S'，其向径为 $\boldsymbol{r}_{S'}$，则

$$\sum_{i=1}^{n}m_i\boldsymbol{r}_i=m\boldsymbol{r}_{S'} \tag{7-3}$$

$$\sum_{i=1}^{n}m_i\boldsymbol{r}'_i=\mathbf{0} \tag{7-4}$$

式中，$\boldsymbol{r}_i'$ 为自点 S' 到点 i 的向量；$m=\sum\limits_{i=1}^{n}m_i$；$\boldsymbol{r}_i'=\boldsymbol{r}_i-\boldsymbol{r}_{S'}$。设点 i 的速度为 $\boldsymbol{v}_i$，加速度为 $\boldsymbol{a}$，则

$$\sum_{i=1}^{n}m_i\boldsymbol{v}_i=m\boldsymbol{v}_{S'} \tag{7-5}$$

$\boldsymbol{v}_{S'}$ 为点 S' 的速度，即质心 S 的牵连速度。式(7-5)证明如下：

$$\sum_{i=1}^{n}m_i\boldsymbol{v}_i=\sum_{i=1}^{n}m_i(\boldsymbol{v}_{S'}+\omega\boldsymbol{r}'_i)=\sum_{i=1}^{n}m_i\boldsymbol{v}_{S'}+\sum_{i=1}^{n}(\boldsymbol{\omega}m_i\boldsymbol{r}'_i)$$

$$=m\boldsymbol{v}_{S'}+\boldsymbol{\omega}\times\sum_{i=1}^{n}m_i\boldsymbol{r}'_i=m\boldsymbol{v}_{S'}$$

式中，$\boldsymbol{\omega}$ 为刚体的角速度。同样可得

$$\sum_{i=1}^{n}m_i\boldsymbol{a}_i=m\boldsymbol{a}_{S'} \tag{7-6}$$

$\boldsymbol{a}_{S'}$ 为点 S' 的加速度，即质心 S 的牵连加速度。这是因为

$$\sum_{i=1}^{n}m_i\boldsymbol{a}_i=\sum_{i=1}^{n}m_i(\boldsymbol{a}_{S'}+\boldsymbol{\varepsilon}\times\boldsymbol{r}'_i-\boldsymbol{\omega}^2\boldsymbol{r}'_i)$$

$$= m\boldsymbol{a}_{S'} + \boldsymbol{\varepsilon} \times \left[\sum_{i=1}^{n} m_i \boldsymbol{r}'_i\right] - \boldsymbol{\omega}^2 \sum_{i=1}^{n} m_i \boldsymbol{r}'_i = m\boldsymbol{a}_{S'}$$

式(7-6)也可写为

$$\sum_{i=1}^{n} m_i \frac{\mathrm{d}\boldsymbol{v}_i}{\mathrm{d}t} = m\boldsymbol{a}_{S'} \tag{7-7}$$

把式(7-7)代入式(7-2)得

$$m\boldsymbol{a}_{S'} = \boldsymbol{F}_{\mathrm{E}} + \boldsymbol{F}_{\mathrm{T}} + \boldsymbol{F}_{\mathrm{N}} \tag{7-8}$$

式(7-8)即为移动动力学方程式。除此以外,变质量刚体还有转动,转动的动力学方程式可类似地求得。

以 $\boldsymbol{r}'_i$ 与式(7-1)进行矢量积运算,并对 $i=1,2,\cdots,n$ 求和得

$$\begin{aligned}\sum_{i=1}^{n}\left(\boldsymbol{r}'_i \times m_i \frac{\mathrm{d}\boldsymbol{v}_i}{\mathrm{d}t}\right) &= \sum_{i=1}^{n} \boldsymbol{r}'_i \times (\boldsymbol{F}_{\mathrm{E}i} + \boldsymbol{F}_{\mathrm{I}i} + \boldsymbol{F}_{\mathrm{T}i} + \boldsymbol{F}_{\mathrm{N}i}) \\ &= \boldsymbol{M}_{\mathrm{E}} + \boldsymbol{M}_{\mathrm{T}} + \boldsymbol{M}_{\mathrm{N}}\end{aligned} \tag{7-9}$$

式中,$\boldsymbol{M}_{\mathrm{E}}$ 为所有外力对点 S' 的力矩之和;$\boldsymbol{M}_{\mathrm{T}}$ 为所有冲力对点 S' 的力矩之和;$\boldsymbol{M}_{\mathrm{N}}$ 为所有约束反力对点 S' 的力矩之和。上式左边项简化为

$$\sum_{i=1}^{n}\left(\boldsymbol{r}'_i \times m_i \frac{\mathrm{d}\boldsymbol{v}_i}{\mathrm{d}t}\right) = \sum_{i=1}^{n}[\boldsymbol{r}'_i \times m_i(\boldsymbol{a}_{S'} + \boldsymbol{\varepsilon} \times \boldsymbol{r}'_i - \boldsymbol{\omega}^2 \boldsymbol{r}'_i)] \tag{7-10}$$

因为

$$\sum_{i=1}^{m}(\boldsymbol{r}'_i \times m_i \boldsymbol{a}_{S'}) = \left(\sum_{i=1}^{n} m\boldsymbol{r}'_i\right) \times \boldsymbol{a}'_S = 0$$

$$\sum_{i=1}^{n} \boldsymbol{r}'_i \times m_i(\omega^2 \boldsymbol{r}'_i) = \boldsymbol{\omega}^2 \sum_{i=1}^{n}(m_i \boldsymbol{r}'_i \times \boldsymbol{r}'_i) = \mathbf{0}$$

$$\sum_{i=1}^{n}(\boldsymbol{r}'_i \times m_i \boldsymbol{\varepsilon} \times \boldsymbol{r}'_i) = \left(\sum_{i=1}^{n} m_i \boldsymbol{r}_i'^2\right)\boldsymbol{\varepsilon} = J_{S'}\boldsymbol{\varepsilon}$$

其中,$J_{S'} = \sum_{i=1}^{n} m_i r_i'^2$ 为构件对点 S' 的转动惯量。所以式(7-10)可写为

$$J_{S'}\boldsymbol{\varepsilon} = \boldsymbol{M}_{\mathrm{E}} + \boldsymbol{M}_{\mathrm{T}} + \boldsymbol{M}_{\mathrm{N}} \tag{7-11}$$

式(7-11)即为构件的转动动力学方程式,它和式(7-8)一起决定了构件的运动。应当注意的是,在式(7-8)中的 m 是变化的,质心位置 S 也是变化的,因而点 S' 也是改变的。同样,在式(7-11)中 $J_{S'}$ 为变量。

7.3　变质量构件的动力学方程

在前面推导式(7-8)及式(7-11)时,认为质点对刚体没有相对运动。但在更一般情况下,构件中某些质点可能对刚体有相对运动发生。例如在图 7-2 所示的火箭简图中,外壳和机器看成为刚体,另外,燃料(变质量质点)燃烧后相对于火箭喷管逐渐加速运行并喷出,使火箭产生冲力。这些质点给管壁上的力为相互作用力,它们在离开火箭前相对于刚体运动。对这种情况可作如下研究。在瞬时 t 研究两个质点系:①刚体 1,它包括火箭中的壳体、机器等不变部分。刚体中质点 A_i 的质量设为 m_{i1}。②变质量质点系 2,瞬时和刚体上点 A_i

重合的质点的质量为 m_{i2}(见图 7-3)。火箭中的燃料以及燃气相当于质点系 2。建立固定坐标系 Oxy 及固结于刚体上的动坐标系 O_{1x1y1}。

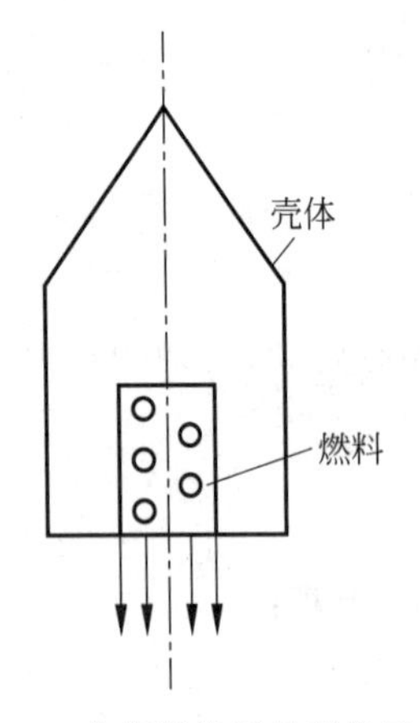

图 7-2　火箭燃烧质量变化示意图

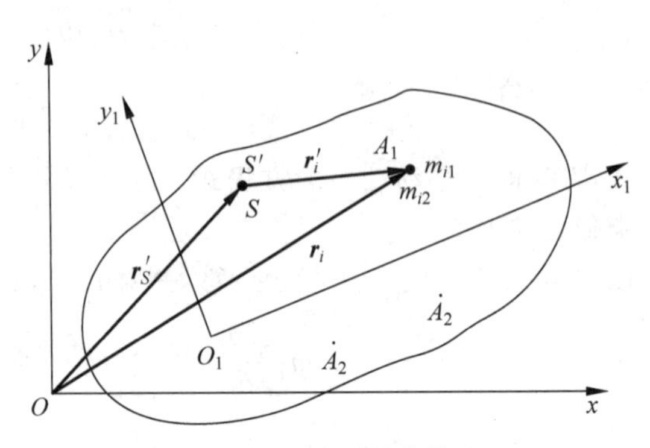

图 7-3　变质量构件

设点 A_i 的向径为 $\boldsymbol{r}_i$；m_{i1} 和 m_{i2} 间的相互作用力为 $\boldsymbol{F}_i$ 及 $-\boldsymbol{F}_i$，是一对作用力和反作用力；刚体上点 A_i 的绝对速度为 $\boldsymbol{v}_i$，质点 m_{i2} 相对于 m_{i1} 有相对运动，质点 m_{i2} 的绝对速度为 $\boldsymbol{v}_{i2}$；作用在 m_{i1} 上的力有外力 $\boldsymbol{F}_{Ei1}$、内力(即刚体质点系 1 中其他质点给它的力) $\boldsymbol{F}_{Li1}$、约束反力 $\boldsymbol{F}_{Ni1}$，作用在 m_{i2} 上的力有外力 $\boldsymbol{F}_{Ei2}$、内力(即质点系 2 中其他质点给它的力) $\boldsymbol{F}_{Li2}$、冲力 $\boldsymbol{F}_{Ti}$。当然，并不是对每一质点均有这些力，例如，约束反力只在某些点上才有，上述假设给出了一般情况。对于质点 m_{i1} 有

$$m_{i1}\frac{\mathrm{d}\boldsymbol{v}_i}{\mathrm{d}t}=\boldsymbol{F}_{Ei1}+\boldsymbol{F}_{Ii1}+\boldsymbol{F}_{Ni1}+\boldsymbol{F}_i \tag{7-12}$$

对于质点 m_{i2} 有

$$m_{i2}\frac{\mathrm{d}\boldsymbol{v}_{i2}}{\mathrm{d}t}=\boldsymbol{F}_{Ei2}+\boldsymbol{F}_{Ii2}+\boldsymbol{F}_{Ti}-\boldsymbol{F}_i \tag{7-13}$$

其中，$\boldsymbol{F}_{Ti}=\dfrac{\mathrm{d}m_{i2}}{\mathrm{d}t}(\boldsymbol{u}_{i2}-\boldsymbol{v}_{i2})$，$\boldsymbol{u}_{i2}$ 为微粒 $\mathrm{d}m_{i2}$ 的绝对速度，$\boldsymbol{v}_{i2}$ 为质点系 2 中与点 A_i 重合点的速度，即质点 m_{i2} 的速度。

$\dfrac{\mathrm{d}\boldsymbol{v}_{i2}}{\mathrm{d}t}=a_{i2}$，它等于牵连加速度 $\boldsymbol{a}_{i1}=\dfrac{\mathrm{d}\boldsymbol{v}_i}{\mathrm{d}t}$、相对加速度 $\boldsymbol{a}_i^{\mathrm{r}}$ 及哥氏加速度 $\boldsymbol{a}_i^{\mathrm{k}}$ 之和，即

$$\frac{\mathrm{d}\boldsymbol{v}_{i2}}{\mathrm{d}t}=\boldsymbol{a}_{i2}=\frac{\mathrm{d}\boldsymbol{v}_i}{\mathrm{d}t}+\boldsymbol{a}_i^{\mathrm{r}}+\boldsymbol{a}_i^{\mathrm{k}} \tag{7-14}$$

把式(7-14)代入式(7-13)，并和式(7-12)相加消去 $\boldsymbol{F}_i$，得

$$m_{i1}\frac{\mathrm{d}\boldsymbol{v}_i}{\mathrm{d}t}+m_{i2}\left[\frac{\mathrm{d}\boldsymbol{v}_i}{\mathrm{d}t}+\boldsymbol{a}_i^{\mathrm{r}}+\boldsymbol{a}_i^{\mathrm{k}}\right]=(\boldsymbol{F}_{Ei1}+\boldsymbol{F}_{Ei2})+(\boldsymbol{F}_{Ii1}+\boldsymbol{F}_{Ii2})+\boldsymbol{F}_{Ni1}+\boldsymbol{F}_{Ti} \tag{7-15}$$

或

$$m_i\frac{\mathrm{d}\boldsymbol{v}_i}{\mathrm{d}t}=\boldsymbol{F}_{Ei}+\boldsymbol{F}_{Ii}+\boldsymbol{F}_{Ni}+\boldsymbol{F}_{Ti}-m_{i2}(\boldsymbol{a}_i^{\mathrm{r}}+\boldsymbol{a}_i^{\mathrm{k}}) \tag{7-16}$$

其中

$$m_i = m_{i1} + m_{i2}$$
$$\boldsymbol{F}_{\mathrm{E}i} = \boldsymbol{F}_{\mathrm{E}i1} + \boldsymbol{F}_{\mathrm{E}i2}$$
$$\boldsymbol{F}_{\mathrm{I}i} = \boldsymbol{F}_{\mathrm{I}i1} + \boldsymbol{F}_{\mathrm{I}i2}$$
$$\boldsymbol{F}_{\mathrm{N}i} = \boldsymbol{F}_{\mathrm{N}i1}$$

令

$$\begin{aligned}\boldsymbol{R}_i &= \boldsymbol{F}_{\mathrm{T}i} - m_{i2}\boldsymbol{a}_i^{\mathrm{r}} - m_{i2}\boldsymbol{a}_i^{\mathrm{k}} \\ &= \boldsymbol{F}_{\mathrm{T}i} + \boldsymbol{F}_i^{\mathrm{r}} + \boldsymbol{F}_i^{\mathrm{k}}\end{aligned}$$

其中，$\boldsymbol{F}_i^{\mathrm{r}} = -m_{i2}\boldsymbol{a}_i^{\mathrm{r}}$ 为相对运动惯性力；$\boldsymbol{F}_i^{\mathrm{k}} = -m_{i2}\boldsymbol{a}_i^{\mathrm{k}}$ 为哥氏惯性力；$\boldsymbol{R}_i$ 为附加力，它等于冲力、相对运动惯性力和哥氏惯性力之和。这样式(7-16)就成为

$$m_i \frac{\mathrm{d}\boldsymbol{v}_i}{\mathrm{d}t} = \boldsymbol{F}_{\mathrm{E}i} + \boldsymbol{F}_{\mathrm{I}i} + \boldsymbol{F}_{\mathrm{N}i} + \boldsymbol{R}_i \tag{7-17}$$

此式可以这样理解：在瞬时 t，把变质量质点假想地固结到刚体上点 A_i，组成一个新的质点。这个质点具有质量 m_i 作用在其上的力有 $\boldsymbol{F}_{\mathrm{E}i}$、$\boldsymbol{F}_{\mathrm{L}i}$、$\boldsymbol{F}_{\mathrm{N}i1}$ 和 $\boldsymbol{R}_i$，即除了作用于 m_{i1}、m_{i2} 上的外力、内力、约束反力外还要加上附加力。对这个质点列出的动力学方程式即为式(7-17)。

对所有质点列出式(7-17)所示的动力学方程，总和起来，并考虑到内力之和等于 0，可得

$$\sum_{i=1}^{n} m_i \frac{\mathrm{d}\boldsymbol{v}_i}{\mathrm{d}t} = \boldsymbol{F}_{\mathrm{E}} + \boldsymbol{F}_{\mathrm{N}} + \boldsymbol{R} \tag{7-18}$$

式中，$\boldsymbol{F}_{\mathrm{E}} = \sum \boldsymbol{F}_{\mathrm{E}i}$，$\boldsymbol{F}_{\mathrm{N}} = \sum \boldsymbol{F}_{\mathrm{N}i}$，$\boldsymbol{R} = \sum \boldsymbol{R}_i$ 分别为作用于变质量构件上的所有外力、约束反力和附加力的矢量和。根据式(7-18)可得变质量构件的瞬时质心动力学方程式：

$$m\boldsymbol{a}_{S'} = \boldsymbol{F}_{\mathrm{E}} + \boldsymbol{F}_{\mathrm{N}} + \boldsymbol{R} \tag{7-19}$$

$\boldsymbol{a}_{S'}$ 为在瞬时 t，质心 S（包括不变和变质量系的总质心）的牵连加速度，即与它重合的动坐标系上点 S' 的加速度。与固定质量构件的动力学方程式相比，式(7-19)除了右边多了一项附加力外，还要注意 m 是变化的，而且质心位置也是变化的。与移动动力学方程式相比，式(7-19)右边项以 $\boldsymbol{R}$ 替代 $\boldsymbol{F}_{\mathrm{T}}$；即不仅有冲力，还因为有质点对刚体的相对运动，因而还产生相对运动惯性力和哥氏惯性力。如果质点对刚体无相对运动，则 $\boldsymbol{a}_i^{\mathrm{r}} = \boldsymbol{0}$，$\boldsymbol{a}_i^{\mathrm{k}} = \boldsymbol{0}$，式(7-19)变为移动动力方程式，因此前述变质量为所研究的一般情况中的一个特例。

另一个特例是：质点 m_{i2} 虽然对刚体有相对运动，但无质量变化（无微粒 $\mathrm{d}m_{i2}$ 分离出去或附加进来）。这时构件的总质量虽然不变，但构件的质心位置却是变化的。此时式(7-19)中 $\boldsymbol{R}$ 只包含相对运动惯性力和哥氏惯性力（如果刚体作平移，则无哥氏惯性力），m 为常数，但点 S' 的位置是变化的。与转动动力学方程式类似，可得构件对点 S' 的转动方程式。把式(7-18)各项对质心取矩，总和起来，并考虑到内力之矩的和等于 0，可得

$$\sum_{i=1}^{n}\left(\boldsymbol{r}'_i \times m_i \frac{\mathrm{d}\boldsymbol{v}_i}{\mathrm{d}t}\right) = \sum_{i=1}^{n} \boldsymbol{r}'_i \times (\boldsymbol{F}_{\mathrm{E}i} + \boldsymbol{F}_{\mathrm{I}i} + \boldsymbol{F}_{\mathrm{N}i} + \boldsymbol{R}_i)$$

或

$$J_{S'}\boldsymbol{\varepsilon} = \boldsymbol{M}_{\mathrm{E}} + \boldsymbol{M}_{\mathrm{N}} + \boldsymbol{M}_{\mathrm{R}} \tag{7-20}$$

式中，$J_{S'}$为瞬时t构件对点S'的转动惯量；$\boldsymbol{M}_E$、$\boldsymbol{M}_N$、$\boldsymbol{M}_R$分别为所有外力、约束反力和附加力对点S'的力矩；$\boldsymbol{\varepsilon}$为构件的角加速度(刚体或动坐标的角加速度)。

7.4 变质量系统动力学建模

变质量系统是总质量或(和)质量分布随时间而变化的系统，其动力学建模分析过程与传统的力学建模有较大的区别。以下以一个实例分析过程来说明。

图7-4表示一绕垂直轴z旋转的吊杆1，图中xy平面为水平面。在吊杆上有一行走小车2，设小车2以等速度u_0相对于吊杆移动。吊杆受常驱动力矩M作用，如小车质量为m_2，吊杆的质量为m_1，质心位于点S_1，对质心的转动惯量为J_{S1}，若忽略摩擦，建立吊杆的动力学方程式，并求出角速度ω与时间t的函数关系。

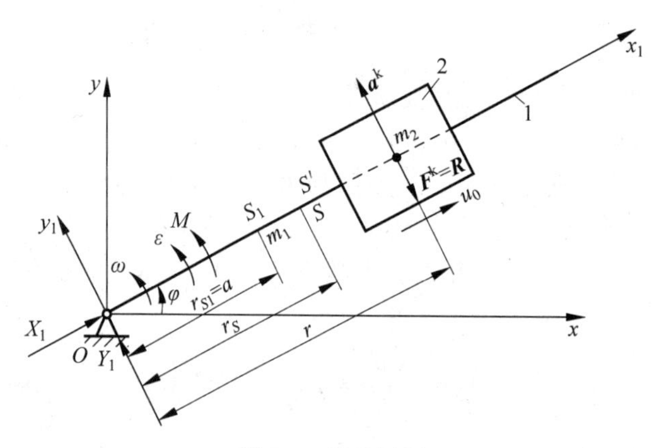

图7-4 运动吊杆

首先，把小车和吊杆看成一个变质量构件。由于小车在吊杆上行走，虽然小车和吊杆的总质量没有发生变化，但总质心S的位置和系统对总质心的转动惯量是变化的。把小车(质量为m_2)看成瞬时固定在吊杆(刚体)上，并加以附加力$\boldsymbol{R}$，写出其质心的动力学方程及转动方程式。附加力$\boldsymbol{R}$等于冲力、相对运动惯性力和哥氏惯性力之和。由于没有微粒质量附加进来或分离出去，所以冲力为0；小车相对于吊杆沿x_1方向作等速运动，所以仍$a^r=0$，亦即相对运动惯性力$\boldsymbol{F}^r=0$，因此附加力中只有哥氏惯性力$\boldsymbol{F}^k$，它的大小等于$2m_2u_0\omega$，方向如图7-4所示。

作用在吊杆和小车上的外力只有驱动力矩M，并设M为常量。约束反力为$\boldsymbol{F}_N$，它在x_1、y_1方向的分量分别为X_1、Y_1。设总质心在点S，瞬时和它重合的吊杆上的点为S'。点S'的加速度(即总质心点S的牵连加速度)在x_1、y_1方向的分量分别为$a_{S'x1}$、$a_{S'y1}$，则沿x_1方向的移动动力学方程式为

$$(m_1+m_2)a_{S'x1}=X_1 \tag{7-21}$$

沿y_1方向的移动运动方程式为

$$(m_1+m_2)a_{S'y1}=Y_1-2m_2u_0\omega \tag{7-22}$$

转动方程式为

$$J_{S'}\varepsilon=M-2m_2u_2\omega(r-r_S)-Y_1r_S \tag{7-23}$$

其中，$J_{S'}$ 为系统对点 S' 的转动惯量；r_S 为质心 S 到点 O 的距离；r 为小车质心到点 O 的距离。由于小车相对吊杆作匀速运动，故

$$r = r_0 + u_0 t \tag{7-24}$$

当 $t=0$ 时，r_0 为小车的起始位置。显然

$$a_{S'x1} = -\omega^2 r_S$$

$$a_{S'y1} = \varepsilon r_S$$

ε 为吊杆的角加速度。

通过上式整理，消去 Y_1 得

$$\begin{aligned} J_{S'}\varepsilon + (m_1 + m_2) r_S^2 \varepsilon &= M - 2m_2 u_0 \omega (r - r_S) - 2m_2 u_0 \omega r_S \\ &= M - 2m_2 u_0 \omega r \end{aligned} \tag{7-25}$$

或

$$J_0 \varepsilon = M - 2m_2 u_0 \omega r \tag{7-26}$$

其中

$$J_0 = J_{S'} + (m_1 + m_2) r_S^2 \tag{7-27}$$

而

$$J_{S'} = J_{S1} + m_1 (r_S - a)^2 + m_2 (r - r_S)^2 \tag{7-28}$$

其中，$a = r_{S1}$，为点 S_1 到点 O 的距离。因 S' 和质心 S 瞬时重合，故有

$$(m_1 + m_2) r_S = m_1 a + m_2 r \tag{7-29}$$

代入式(7-27)并化简后得

$$J_0 = J_{S1} + m_1 a^2 + m_2 r^2 \tag{7-30}$$

故式(7-26)可改写为

$$(J_{S1} + m_1 a^2 + m_2 r) \frac{d\omega}{dt} = M - 2m_2 u_0 \omega r \tag{7-31}$$

而

$$\frac{d\omega}{dt} = \frac{d\omega}{dr}\frac{dr}{dt} = u_0 \frac{d\omega}{dr} \tag{7-32}$$

所以有

$$(J_{S1} + m_1 a^2 + m_2 r^2) u_0 \frac{d\omega}{dr} + 2m_2 u_0 r\omega = M \tag{7-33}$$

或

$$\frac{d}{dr}[(J_{S1} + m_1 a^2 + m_2 r^2)\omega] = \frac{M}{u_0} \tag{7-34}$$

积分得

$$(J_{S1} + m_1 a^2 + m_2 r^2)\omega = \frac{M}{u_0} r + C \tag{7-35}$$

当 $t=0$ 时，$r=r_0$，$\omega=\omega_0$，代入式(7-35)得

$$C = (J_{S1} + m_1 a^2 + m_2 r_0^2)\omega_0 - \frac{M}{u_0} r_0$$

故

$$(J_{S1}+m_1a^2+m_2r^2)\omega=\frac{M}{u_0}(r-r_0)+(J_{S1}+m_1a^2+m_2r_0^2)\omega_0$$

小车相对吊杆作匀速运动，以 $r=r_0+u_0t$ 代入，即得 ω 与 t 的函数关系：

$$\omega=\frac{Mt+(J_{S1}+m_1a^2+m_2r_0^2)\omega_0}{J_{S1}+m_1a^2+m_2(r_0+u_0t)^2} \tag{7-36}$$

通过实例分析可知，变质量系统是总质量或(和)质量分布随时间而变化的系统，其动力学建模分析过程与传统的力学建模有较大的区别。重点是，首先要确定变质量构件，分析其总质量变化或其总质心的位置和系统对总质心的转动惯量变化情况，往往要处理质量在某个瞬时固定在其他物体上，并加以附加力来写出其质心的动力学方程及转动方程式。

7.5　工程装备系统中的变质量动力学分析

随着科学技术的发展，现代装备中产生大量含变质量构件的系统。例如，拴着绳子的提升设备，在物体上升时由于绳索长度变化而质量变化；船在装载和卸载时质量变化等。图 7-5(a)所示印刷机中使用的纸卷在印刷过程中，由于纸的减少而使卷筒连同其上的纸的质量和转动惯量发生变化，成为一个作回转运动的变质量构件。为使纸带的进给量和拉紧力均匀以保证印刷质量，需要加适当的制动器(用挂重制动器)，在一些更精确的计算中，甚至要考虑纸卷偏心的影响。图 7-5(b)所示为浇铸罐示意图。在浇铸时，罐及其内部的液体金属的总质量及质心位置(相对于罐的位置)、转动惯量均在变化，为达到均匀浇铸，就要把浇铸罐及金属液看作是具有变质量的构件，研究其运动规律，调节挂钩的运动速度。再如，常见的振动筛机构，振动筛作往复运动，在运动过程中，筛子连同其上的物料(载荷)的总质量逐渐减小，而在装料时则重量增加，故在研究筛子运动时，可把筛子及其上的物料看成是一变质量移动构件。还有高炉料斗提升器的情况，当挂钩将料斗沿轨道升起时，在卸载曲线上料斗前后轮将沿不同的轨道运动，从而使料斗翻转倒料。料的质量将改变，料和料斗的质心相对料斗会移动。在研究料斗卸载过程的动力学时，可把料斗考虑为作平面一般运动的变质量构件。

(a)

(b)

图 7-5　含变质量构件的系统示意图

从上述例子中，可以看出很多机械存在着含变质量构件的机构。

7.5.1 等效力与等效转动惯量

前面讨论了变质量构件的动力学方程，当这些构件组成机构后，和由不变质量构件组成的单自由度机构一样，可对每一构件列出移动和绕质心转动的动力学方程式，把它们联立组成方程组，通过连接的运动副中作用力和反作用力大小相等、方向相反的关系，消去各约束反力，解出各构件的运动。但这样求解是较为复杂的，使用等效力（或等效力矩）、等效质量（或等效转动惯量）的概念来求解更为方便。

最常用和最简单的机构是单自由度机构，在这种机构中只有一个广义坐标。设机构由 p 个运动构件组成，约束为理想约束，则对每一构件可写出能量形式的方程并将它们相加得到

$$\sum_{j=1}^{p} \mathrm{d}^* E_j = \sum_{j=1}^{p} \mathrm{d}W_{\mathrm{E}j} + \sum_{j=1}^{p} \mathrm{d}W_{\mathrm{R}j} \tag{7-37}$$

$$\mathrm{d}W_{\mathrm{E}j} = \left[\sum_{i=1}^{n} \boldsymbol{F}_{\mathrm{E}i} \cdot \boldsymbol{v}_i \mathrm{d}t\right]_j \tag{7-38}$$

$$\mathrm{d}W_{\mathrm{R}j} = \left[\sum_{i=1}^{n} \boldsymbol{R}_i \cdot \boldsymbol{v}_i \mathrm{d}t\right]_j \tag{7-39}$$

式中，j 表示第 j 个构件；n 为组成第 j 个构件的质点数目；i 表示第 j 构件中第 i 个质点；方括号外的下角标 j 为构件号；v_i 为第 i 个质点的速度。为计算书写方便，采用局部微分符号 d^*，表示在做这种局部微分时，暂时认为质量为常量。

应用等效力矩（或等效力）的概念，我们可以把所有外力用一等效力矩 M_e 来表示。等效力矩所做的功率和各外力在设想的刚体运动中所做的功率相等。若取绕定轴转动的构件为等效构件，其角位移 φ 作为广义坐标，则在单自由度机构中，j 构件设想刚体上各点的位置 $\boldsymbol{r}_i$ 和速度 $\boldsymbol{v}_i$ 均为广义坐标 φ 的函数，即

$$\boldsymbol{r}_i = \boldsymbol{r}_i(\varphi) \tag{7-40}$$

$$\boldsymbol{v}_i = \frac{\mathrm{d}\boldsymbol{r}_i}{\mathrm{d}t} = \frac{\mathrm{d}\boldsymbol{r}_i}{\mathrm{d}\varphi}\frac{\mathrm{d}\varphi}{\mathrm{d}t} = \omega\frac{\mathrm{d}\boldsymbol{r}_i}{\mathrm{d}\varphi} \tag{7-41}$$

设 $M_{\mathrm{e}j}$ 为构件 j 上所有外力的等效力矩，则

$$\begin{aligned} M_{\mathrm{e}j}\omega &= \left[\sum_{i=1}^{n} \boldsymbol{F}_{\mathrm{E}i} \cdot \boldsymbol{v}_i\right]_j = \left[\sum_{i=1}^{n} \boldsymbol{F}_{\mathrm{E}i} \cdot \omega\frac{\mathrm{d}\boldsymbol{r}_i}{\mathrm{d}\varphi}\right]_j \\ &= \omega\left[\sum_{i=1}^{n} \boldsymbol{F}_{\mathrm{E}i} \cdot \frac{\mathrm{d}\boldsymbol{r}_i}{\mathrm{d}\varphi}\right]_j \end{aligned} \tag{7-42}$$

$$M_{\mathrm{e}j} = \left[\sum_{i=1}^{n} \boldsymbol{F}_{\mathrm{E}i} \cdot \frac{\mathrm{d}\boldsymbol{r}_i}{\mathrm{d}\varphi}\right]_j = \left[\sum_{i=1}^{n} \boldsymbol{F}_{\mathrm{E}i} \cdot \left(\frac{\boldsymbol{v}_i}{\omega}\right)\right]_j \tag{7-43}$$

而

$$\mathrm{d}W_{\mathrm{E}j} = \sum_{i=1}^{n} [\boldsymbol{F}_{\mathrm{E}i} \cdot \boldsymbol{v}_i \mathrm{d}t]_j = M_{\mathrm{e}j}\omega\mathrm{d}t = M_{\mathrm{e}j}\mathrm{d}\varphi$$

对整个机构有

$$\sum_{j=1}^{p} \mathrm{d}W_{\mathrm{E}j} = \sum_{j=1}^{p} M_{\mathrm{e}j}\mathrm{d}\varphi = M_\mathrm{e}\mathrm{d}\varphi$$

式中

$$M_{\mathrm{e}}=\sum_{j=1}^{p} M_{\mathrm{e}j}=\sum_{i=1}^{p}\left[\sum_{i=1}^{n} \boldsymbol{F}_{\mathrm{E}i} \cdot \frac{\boldsymbol{v}_{i}}{\omega}\right]_{j}$$

为作用在整个机构中的外力的等效力矩。

类似地可求得所有附加力 $\boldsymbol{R}_i$ 的等效力矩之和 M_{eR}：

$$M_{\mathrm{eR}}=\sum_{j=1}^{p} M_{\mathrm{eR}j}$$

$$M_{\mathrm{eR}j}=\left[\sum_{i=1}^{n} \boldsymbol{R}_{i} \cdot \frac{\boldsymbol{v}_{i}}{\omega}\right]_{j} \tag{7-44}$$

7.5.2 力矩形式的动力学方程

把它们代入式(7-37)的右边，得

$$\mathrm{d}^{*}\left(\sum_{j=1}^{p} E_{j}\right)=\left(M_{\mathrm{e}}+M_{\mathrm{eR}}\right) \mathrm{d} \varphi \tag{7-45}$$

式(7-45)，左边项中，$\sum_{j=1}^{p} E_j$，是所有构件在相应的牵连运动中的动能之和。根据等效转动惯量的概念(即等效转动惯量所具有的动能和$\sum_{j=1}^{p} E_j$ 相等)，把整个机构的质量简化为等效转动惯量 J_e：

$$\frac{1}{2} J_{\mathrm{e}} \omega^{2}=\sum_{j=1}^{p} E_{j}=\sum_{j=1}^{p} \frac{1}{2}\left[m_{j} v_{S'j}^{2}+J_{S_j'} \omega_{j}^{2}\right]$$

$$J_{\mathrm{e}}=\sum_{j=1}^{p}\left[m_{j}\left(\frac{v_{S'j}}{\omega}\right)^{2}+J_{S'j}\left(\frac{\omega_{j}}{\omega}\right)^{2}\right] \tag{7-46}$$

代入式(7-46)得

$$\frac{\mathrm{d}^{*}}{\mathrm{d} \varphi}\left(\frac{1}{2} J_{\mathrm{e}} \omega^{2}\right)=M_{\mathrm{e}}+M_{\mathrm{e}R}$$

$$J_{\mathrm{e}} \omega \frac{\mathrm{d}^{*} \omega}{\mathrm{d} \varphi}+\frac{\omega^{2}}{2} \frac{\mathrm{d}^{*} J_{\mathrm{e}}}{\mathrm{d} \varphi}=M_{\mathrm{e}}+M_{\mathrm{e}R} \tag{7-47}$$

因为 ω 和质量无关，所以有

$$\frac{\mathrm{d}^{*} \omega}{\mathrm{d} \varphi}=\frac{\mathrm{d} \omega}{\mathrm{d} \varphi}$$

$$J_{\mathrm{e}} \omega \frac{\mathrm{d} \omega}{\mathrm{d} \varphi}+\frac{\omega^{2}}{2} \frac{\mathrm{d}^{*} J_{\mathrm{e}}}{\mathrm{d} \varphi}=M_{\mathrm{e}}+M_{\mathrm{e}R} \tag{7-48}$$

或

$$J_{\mathrm{e}} \frac{\mathrm{d} \omega}{\mathrm{d} t}+\frac{\omega^{2}}{2} \frac{\mathrm{d}^{*} J_{\mathrm{e}}}{\mathrm{d} \varphi}=M_{\mathrm{e}}+M_{\mathrm{e}} R \tag{7-49}$$

式(7-49)为力矩形式的动力学方程式。要注意的是，J_e 不仅是 φ 的函数，也和质量变化规律有关。$\frac{\mathrm{d}^{*} J_{\mathrm{e}}}{\mathrm{d} \varphi}$是暂时认为质量不变而对 φ 求导所得的局部导数。由式(7-47)得

$$\frac{\mathrm{d}^* J_{\mathrm{e}}}{\mathrm{d}\varphi}=\sum_{j=1}^{p}\left[m_j \frac{\mathrm{d}}{\mathrm{d}\varphi}\left(\frac{v_{S'j}}{\omega}\right)^2+J_{S'j} \frac{\mathrm{d}}{\mathrm{d}\varphi}\left(\frac{\omega_j}{\omega}\right)^2\right] \tag{7-50}$$

式中，m_j，$J_{S'j}$ 仍为视为变量。

在具有变质量构件的机械系统动力分析中，比较困难的是附加力的计算。不过，在绝大部分实际问题中，机构仅有一个构件是变质量构件，而且在具体问题中，往往附加力 $\boldsymbol{R}$ 的表达式比一般表达式要简单得多。例如，当质点在构件中没有相对运动时则相对运动惯性力及哥氏惯性力为 0，只需要计算冲力。当没有质量附加进来或分离出去，而只有质点在构件内部移动时，这时构件质量虽然没有变化，但质量分布改变了，转动惯量和质心位置是变化的。在这种情况下，冲力为 0，只需计算相对运动惯性力和哥氏惯性力。

7.5.3　往复式推料机动力学分析

在矿山、建筑工地、打谷场等均常见输送物料装置，这类装置在工作过程中，由于物料的质量变化，装置系统会出现变质量问题(见图 7-6(a))。按照机构学来分析，还有往复式推料机(见图 7-6(b)，该类机构在运动时，可利用滑块推动矿物等物料。滑块的质量由于在运动过程中附加在它上面的矿物质量增加而增加。设在曲柄上有驱动力矩 M_1，在滑块上有阻力 F_3 作用，且认为 F_3 和 M_1 为常数，需要建立该类机构的动力学方程式，分析其动态特性等。

(a)

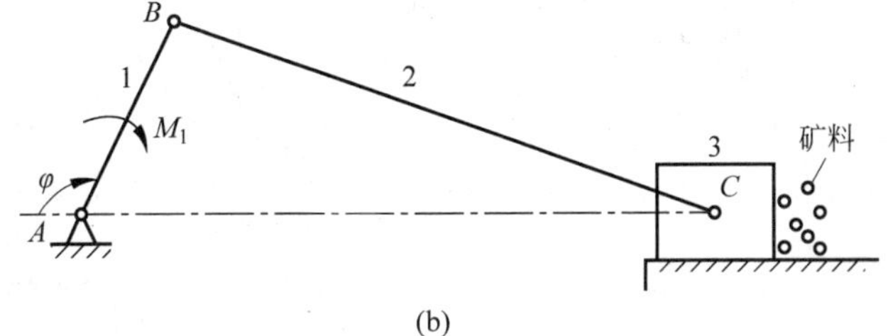

(b)

图 7-6　往复式推料机

1) 分析滑块 3 的质量变化规律

随着滑块位移的增加，推动的质量增多。增加的质量和位移成正比，于是有

$$m_3=m_{30}+\mu s_3 \tag{7-51}$$

式中，m_{30} 为滑块的不变质量；s_3 为滑块 3 的位移(从左边极限位置算起)；μ 为在滑块作单位位移时，被推动矿物的质量，设它为常数。

2) 计算等效力矩

设以曲柄为等效构件，其角速度为 ω，滑块的速度为 v_3，则

$$M_{\mathrm{ed}}=M_1,\quad M_{\mathrm{er}}=-F_3 \frac{v_3}{\omega},\quad M_{\mathrm{e}}=M_1-F_3 \frac{v_3}{\omega}$$

M_{ed} 及 M_{er} 分别表示驱动力和阻力的等效力矩。

现在求附加力的等效力矩。设矿物原来静止不动，即 $u=0$。附加质量和滑动一起运动，设它们和滑块无相对运动，即滑块可看作一变质量刚体。故有

$$\boldsymbol{R}_3=\boldsymbol{F}_{T3}=\frac{\mathrm{d}m_3}{\mathrm{d}t}(\boldsymbol{u}-\boldsymbol{v}_3)=-\frac{\mathrm{d}m_3}{\mathrm{d}t}\boldsymbol{v}_3$$

$$M_{eR}=\boldsymbol{R}_3\cdot\frac{\boldsymbol{v}_3}{\omega}=-\frac{\mathrm{d}m_3}{\mathrm{d}t}\frac{v_3^2}{\omega}$$

而

$$\frac{\mathrm{d}m_3}{\mathrm{d}t}=\frac{\mathrm{d}m_3}{\mathrm{d}S_3}\frac{\mathrm{d}S_3}{\mathrm{d}t}=\mu v_3 \tag{7-52}$$

故

$$M_{eR}=-\frac{\mu v_3^3}{\omega} \tag{7-53}$$

3）计算等效转动惯量 J_e

$$J_e=J_1+J_{S2}\left(\frac{\omega^2}{\omega}\right)^2+m_2\left(\frac{v_{S2}}{\omega}\right)^2+(m_{30}+\mu S_3)\left(\frac{v_3}{\omega}\right)^2 \tag{7-54}$$

式中，J_1 为曲柄对轴 A 的转动惯量；m_2 为构件 2 的质量；J_{S2} 为构件 2 对其质心 S_2 的转动惯量；v_{S2} 为构件 2 质心 S_2 的速度；ω_2 为构件 2 的角速度。

4）建立力矩形式的动力学方程式

$$J_e\frac{\mathrm{d}\omega}{\mathrm{d}t}+\frac{\mathrm{d}^*J_e}{\mathrm{d}\varphi}\frac{\omega^2}{2}=M_1-F_3\frac{v_3}{\omega}-\mu\frac{v_3^3}{\omega} \tag{7-55}$$

其中

$$\frac{\mathrm{d}^*J_e}{\mathrm{d}\varphi}=J_{S2}\frac{\mathrm{d}}{\mathrm{d}\varphi}\left(\frac{\omega_2}{\omega}\right)^2+m_2\frac{\mathrm{d}}{\mathrm{d}\varphi}\left(\frac{v_{S2}}{\omega}\right)^2+(m_{30}+\mu S_3)\frac{\mathrm{d}}{\mathrm{d}\varphi}\left(\frac{v_3}{\omega}\right)^2 \tag{7-56}$$

由于 J_e 及 $\frac{\mathrm{d}^*J_e}{\mathrm{d}\varphi}$ 均为 φ 的函数，而 $\frac{\mathrm{d}\omega}{\mathrm{d}t}$ 可写成 $\frac{\mathrm{d}\omega}{\mathrm{d}t}=\omega\frac{\mathrm{d}\omega}{\mathrm{d}\varphi}$，$M_e+M_{cR}=M_1-F_3\frac{v_3}{\omega}-\mu\frac{v_3^3}{\omega}$，$\varphi$ 与 ω 的函数，写成 $M_e(\omega,\varphi)$，所以动力学方程式将具有如下形式：

$$\frac{\mathrm{d}\omega}{\mathrm{d}\varphi}=\frac{M_e(\omega,\varphi)-\frac{\mathrm{d}^*J_e}{\mathrm{d}\varphi}(\varphi)\frac{\omega_2}{2}}{J_e(\varphi)\omega}=f(\omega,\varphi) \tag{7-57}$$

这是一个一阶非线性微分方程，可以应用解非线性方程的数值解法（例如龙格-库塔方法）求解。

7.6　导弹运动方程的一般形式

导弹运动方程可描述作用在导弹上的力、力矩和导弹运动参数之间的关系，它由描述导弹质心运动和弹体姿态运动的动力学方程和其他辅助方程组成。

7.6.1　质心运动方程

首先，以有翼导弹为例，将导弹看作一个刚体时，用牛顿方法建立动力学方程较为方便。取地面坐标系（此时看成惯性坐标系）为参考坐标系。在重力 $\boldsymbol{G}$、推力 $\boldsymbol{P}$ 和空气动力 $\boldsymbol{R}$ 作用下，导弹质心运动的动力学方程的矢量形式为

$$m\frac{\mathrm{d}\boldsymbol{V}_k}{\mathrm{d}t}=\boldsymbol{G}+\boldsymbol{P}+\boldsymbol{R} \tag{7-58}$$

式中，m 为导弹质量；$\boldsymbol{V}_{\mathrm{k}}$ 为导弹质心的速度。应用中需要将该方程投影在某一坐标系中。

活动坐标系投影形式的质心运动方程。

取某个活动坐标系 S_{m} 作为投影坐标系。设坐标系 S_{m} 具有角速度$\boldsymbol{\omega}_{\mathrm{m}}$，航迹速度矢量 $\boldsymbol{V}_{\mathrm{k}}$ 在坐标系 S_{m} 中的分量列阵为

$$\boldsymbol{V}_{\mathrm{km}}=[V_{\mathrm{k},x\mathrm{m}} \quad V_{\mathrm{k},y\mathrm{m}} \quad V_{\mathrm{k},z\mathrm{m}}]^{\mathrm{T}} \tag{7-59}$$

角速度$\boldsymbol{\omega}_{\mathrm{m}}$ 在坐标系 S_{m} 中的分量列阵为

$$\boldsymbol{\omega}_{\mathrm{mm}}=[\omega_{x\mathrm{m}} \quad \omega_{y\mathrm{m}} \quad \omega_{z\mathrm{m}}]^{\mathrm{T}} \tag{7-60}$$

按照在活动坐标系中矢量导数的一般公式，动力学方程在坐标系 S_{m} 中的矩阵形式可表示为

$$\frac{\mathrm{d}\boldsymbol{V}_{\mathrm{km}}}{\mathrm{d}t}+\boldsymbol{\omega}_{\mathrm{mm}}^{\times}\boldsymbol{V}_{\mathrm{km}}=\frac{1}{m}(\boldsymbol{G}_{\mathrm{m}}+\boldsymbol{P}_{\mathrm{m}}+\boldsymbol{R}_{\mathrm{m}}) \tag{7-61}$$

式中定义

$$\boldsymbol{\omega}_{\mathrm{mm}}^{\times}=\begin{bmatrix} 0 & -\omega_{z\mathrm{m}} & \omega_{y\mathrm{m}} \\ \omega_{z\mathrm{m}} & 0 & -\omega_{x\mathrm{m}} \\ -\omega_{y\mathrm{m}} & \omega_{x\mathrm{m}} & 0 \end{bmatrix} \tag{7-62}$$

式(7-61)中考虑到重力、推力和空气动力，写成在特定坐标变换条件的一般形式，为

$$\frac{\mathrm{d}\boldsymbol{V}_{\mathrm{km}}}{\mathrm{d}t}+\boldsymbol{\omega}_{\mathrm{mm}}^{\times}\boldsymbol{V}_{\mathrm{km}}=\frac{1}{m}(\boldsymbol{L}_{\mathrm{mg}}\boldsymbol{G}_{\mathrm{g}}+\boldsymbol{L}_{\mathrm{mb}}\boldsymbol{P}_{\mathrm{b}}+\boldsymbol{L}_{\mathrm{ma}}\boldsymbol{R}_{\mathrm{a}}) \tag{7-63}$$

其中，$\boldsymbol{L}_{\mathrm{mg}}$、$\boldsymbol{L}_{\mathrm{mb}}$、$\boldsymbol{L}_{\mathrm{ma}}$ 为特定的坐标变换，在下文中给出关于坐标变换的描述、规定。

式(7-63)也是导弹质心运动的动力学方程的一般形式(在任意给定坐标系 S_{m} 上投影方程)。

7.6.2　关于坐标变换

坐标变换是指一个矢量在两个不同坐标系上分量列阵之间的关系。

在飞行动力学中，力、位移、角速度、动量矩等物理量是矢量。在实际使用中，常用坐标系上的投影表示矢量。设某坐标系 $Ox_{\mathrm{a}}y_{\mathrm{a}}z_{\mathrm{a}}$，简记 S_{a}，其单位矢量为 $\boldsymbol{i}_{\mathrm{a}}$，$\boldsymbol{j}_{\mathrm{a}}$，$\boldsymbol{k}_{\mathrm{a}}$。则任意一个矢量可表示为

$$\boldsymbol{u}=\boldsymbol{u}_{x\mathrm{a}}\boldsymbol{i}_{\mathrm{a}}+\boldsymbol{u}_{y\mathrm{a}}\boldsymbol{j}_{\mathrm{a}}+\boldsymbol{u}_{z\mathrm{a}}\boldsymbol{k}_{\mathrm{a}} \tag{7-64}$$

$[u_{x\mathrm{a}} \quad u_{y\mathrm{a}} \quad u_{z\mathrm{a}}]^{\mathrm{T}}$ 为矢量 $\boldsymbol{u}$ 在坐标系 S_{a} 上的分量列阵，即

$$\boldsymbol{u}_{\mathrm{a}}=[u_{x\mathrm{a}} \quad u_{y\mathrm{a}} \quad u_{z\mathrm{a}}]^{\mathrm{T}}$$

在明确坐标系的情况下，矢量的分量列阵与矢量一一对应，有时也称分量列阵为矢量。

矢量 $\boldsymbol{u}$ 和矢量$\boldsymbol{v}$ 的点乘积可以表示为

$$\boldsymbol{u}\cdot\boldsymbol{v}=(\boldsymbol{u}_{x\mathrm{a}}\boldsymbol{i}_{\mathrm{a}}+\boldsymbol{u}_{y\mathrm{a}}\boldsymbol{j}_{\mathrm{a}}+\boldsymbol{u}_{z\mathrm{a}}\boldsymbol{k}_{\mathrm{a}})\cdot(\boldsymbol{v}_{x\mathrm{a}}\boldsymbol{i}_{\mathrm{a}}+\boldsymbol{v}_{y\mathrm{a}}\boldsymbol{j}_{\mathrm{a}}+\boldsymbol{v}_{z\mathrm{a}}\boldsymbol{k}_{\mathrm{a}})=\boldsymbol{u}_{\mathrm{a}}^{\mathrm{T}}\boldsymbol{v}_{n}=\boldsymbol{v}_{\mathrm{a}}^{\mathrm{T}}\boldsymbol{u}_{\mathrm{a}}$$

矢量 $\boldsymbol{u}$ 和矢量$\boldsymbol{v}$ 的叉乘积可以表示为

$$\boldsymbol{w}=\boldsymbol{u}\times\boldsymbol{v}=(\boldsymbol{u}_{y\mathrm{a}}\boldsymbol{v}_{z\mathrm{a}}-\boldsymbol{u}_{z\mathrm{a}}\boldsymbol{v}_{y\mathrm{a}})\boldsymbol{i}_{\mathrm{a}}+(\boldsymbol{u}_{z\mathrm{a}}\boldsymbol{v}_{x\mathrm{a}}-\boldsymbol{u}_{x\mathrm{a}}\boldsymbol{v}_{z\mathrm{a}})\boldsymbol{j}_{\mathrm{a}}+(\boldsymbol{u}_{x\mathrm{a}}\boldsymbol{v}_{y\mathrm{a}}-\boldsymbol{u}_{y\mathrm{a}}\boldsymbol{v}_{x\mathrm{a}})\boldsymbol{k}_{\mathrm{a}}$$

写成矩阵形式：

$$\boldsymbol{w}_{\mathrm{a}}=[\boldsymbol{u}\times\boldsymbol{v}]_{\mathrm{a}}=\boldsymbol{u}_{\mathrm{a}}^{\times}\boldsymbol{v}_{\mathrm{a}}$$

其中，$\boldsymbol{u}_{\mathrm{a}}^{\times}$ 称为矢量 $\boldsymbol{u}$ 在坐标系 S_{a} 中的叉乘矩阵，定义为

$$\boldsymbol{u}_{\mathrm{a}}^{\times}=\begin{bmatrix} 0 & -\boldsymbol{u}_{z\mathrm{a}} & \boldsymbol{u}_{y\mathrm{a}} \\ \boldsymbol{u}_{z\mathrm{a}} & 0 & -\boldsymbol{u}_{x\mathrm{a}} \\ -\boldsymbol{u}_{y\mathrm{a}} & \boldsymbol{u}_{x\mathrm{a}} & 0 \end{bmatrix}$$

注意，叉乘矩阵具有性质

$$[\boldsymbol{u}_{a}^{\times}]^{T}=-\boldsymbol{u}_{a}^{\times}$$

航天器在飞行过程中，有多种作用力矢量，且可表示在不同的坐标系中，如地球引力在地球固连坐标系上表示、发动机推力在本体坐标系上表示、空气动力在气流速度坐标系上表示。为了建立航天器的动力学模型方程，需要将不同坐标系中的矢量变换到统一坐标系中，即进行坐标变换。例如，矢量 $\boldsymbol{u}$ 在坐标系 S_a、S_b 上表示(见图 7-7)：

$$\boldsymbol{u}=u_{xb}\boldsymbol{i}_{b}+u_{yb}\boldsymbol{j}_{b}+u_{zb}\boldsymbol{k}_{b}=u_{xa}\boldsymbol{i}_{a}+u_{ya}\boldsymbol{j}_{a}+u_{za}\boldsymbol{k}_{a} \tag{7-65}$$

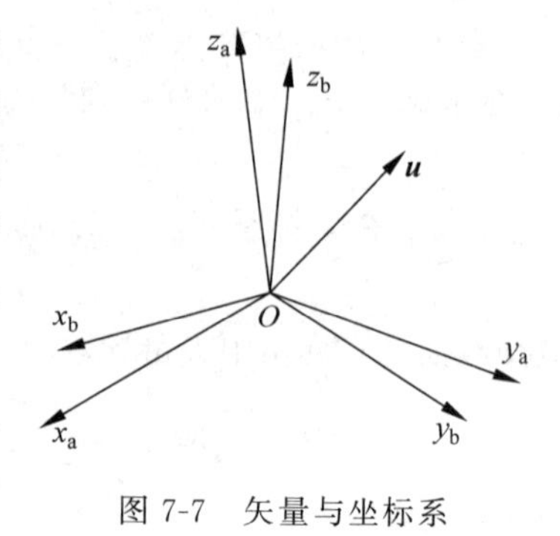

图 7-7　矢量与坐标系

按照矢量乘积的相关性质，可知：

$$\begin{bmatrix}u_{xb}\\u_{yb}\\u_{zb}\end{bmatrix}=\begin{bmatrix}\boldsymbol{i}_a\cdot\boldsymbol{i}_b & \boldsymbol{j}_a\cdot\boldsymbol{i}_b & \boldsymbol{k}_a\cdot\boldsymbol{i}_b\\ \boldsymbol{i}_a\cdot\boldsymbol{j}_b & \boldsymbol{j}_a\cdot\boldsymbol{j}_b & \boldsymbol{k}_a\cdot\boldsymbol{j}_b\\ \boldsymbol{i}_a\cdot\boldsymbol{k}_b & \boldsymbol{j}_a\cdot\boldsymbol{k}_b & \boldsymbol{k}_a\cdot\boldsymbol{k}_b\end{bmatrix}\begin{bmatrix}u_{xa}\\u_{ya}\\u_{za}\end{bmatrix} \tag{7-66}$$

由 S_a 到 S_b 的变换矩阵为

$$\boldsymbol{L}_{ba}=\begin{bmatrix}\boldsymbol{i}_a\cdot\boldsymbol{i}_b & \boldsymbol{j}_a\cdot\boldsymbol{i}_b & \boldsymbol{k}_a\cdot\boldsymbol{i}_b\\ \boldsymbol{i}_a\cdot\boldsymbol{j}_b & \boldsymbol{j}_a\cdot\boldsymbol{j}_b & \boldsymbol{k}_a\cdot\boldsymbol{j}_b\\ \boldsymbol{i}_a\cdot\boldsymbol{k}_b & \boldsymbol{j}_a\cdot\boldsymbol{k}_b & \boldsymbol{k}_a\cdot\boldsymbol{k}_b\end{bmatrix} \tag{7-67}$$

坐标变换矩阵具有传递性质。如矢量 $\boldsymbol{u}$ 在坐标系 S_a、S_b 和 S_c 上表示，其坐标变换关系为

$$\boldsymbol{u}_b=\boldsymbol{L}_{ba}\boldsymbol{u}_a,\quad \boldsymbol{u}_c=\boldsymbol{L}_{cb}\boldsymbol{u}_b,\quad \boldsymbol{u}_c=\boldsymbol{L}_{ca}\boldsymbol{u}_a$$

则

$$\boldsymbol{u}_c=\boldsymbol{L}_{cb}\boldsymbol{u}_b=\boldsymbol{L}_{cb}\boldsymbol{L}_{ba}\boldsymbol{u}_a$$

也可以得出

$$\boldsymbol{L}_{ca}=\boldsymbol{L}_{cb}\boldsymbol{L}_{ba} \tag{7-68}$$

对于坐标系绕自身轴的旋转称为基元旋转。如图 7-8 所示，坐标系 $Ox_ay_az_a(S_a)$绕 x_a 轴转过 α 角度成为坐标系 S_b 的一个基元旋转。

这个旋转可用以下方法表示：

$$Ox_ay_az_a(S_a)\xrightarrow{\boldsymbol{L}_x(\alpha)}Ox_by_bz_b(S_b)$$

由 S_a 到 S_b 变换矩阵(基元旋转矩阵)，表示如下：

$$\boldsymbol{L}_x(\alpha)=\begin{bmatrix}1 & 0 & 0\\0 & \cos\alpha & \sin\alpha\\0 & -\sin\alpha & \cos\alpha\end{bmatrix}$$

一般来说，可以通过先后 3 个基元旋转，实现一般的坐标变换。如图 7-9 所示，S_a 通过 3 次旋转到达坐标系 S_b。

(1) $Ox_ay_az_a$ 绕 z_a 轴转过角 Ψ 成为 $Ox'y'z$；

(2) 再绕 y'轴转过角 θ 成为 $Ox_by'z''$；

(3) 继续转过 φ 角成为 S_b。

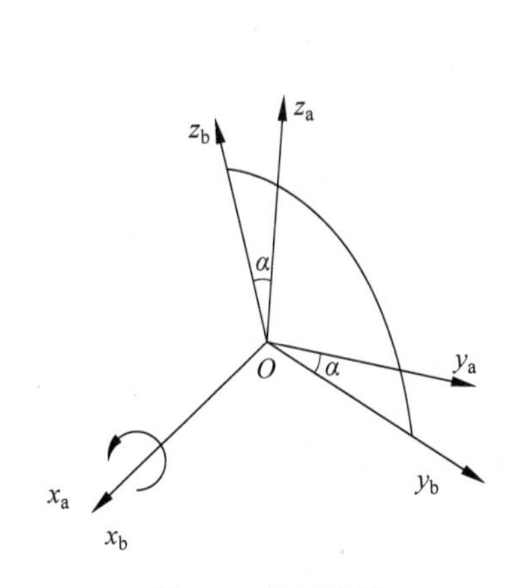

图 7-8　基元旋转

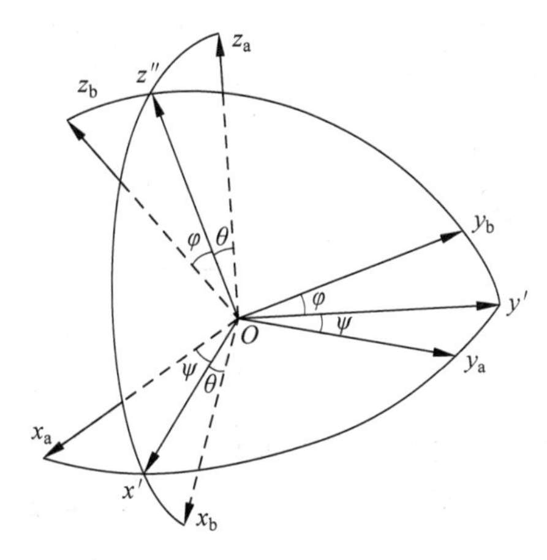

图 7-9　一般坐标变换

上述变换过程表示为

$$Ox_a y_a z_a \xrightarrow{\boldsymbol{L}_z(\Psi)} Ox'y'z_a \xrightarrow{\boldsymbol{L}_y(\theta)} Ox_b y'z'' \xrightarrow{\boldsymbol{L}_x(\varphi)} Ox_b y_b z_b$$

或者

$$S_a \xrightarrow{\boldsymbol{L}_z(\Psi)} O \xrightarrow{\boldsymbol{L}_y(\theta)} O \xrightarrow{\boldsymbol{L}_x(\varphi)} S_b$$

$$S_a \xrightarrow{[\boldsymbol{L}_x(\varphi)\boldsymbol{L}_y(\theta)\boldsymbol{L}_z(\Psi)]} S_b$$

由 $S_a \sim S_b$ 的变换矩阵为

$$\boldsymbol{L}_{ba} = \boldsymbol{L}_x(\varphi)\boldsymbol{L}_y(\theta)\boldsymbol{L}_z(\Psi) \tag{7-69}$$

展开为

$$\boldsymbol{L}_{ba} = \begin{bmatrix} \cos\theta\cos\Psi & \cos\theta\sin\Psi & -\sin\theta \\ \sin\varphi\sin\theta\cos\Psi - \cos\varphi\sin\Psi & \sin\varphi\sin\theta\sin\Psi + \cos\varphi\cos\Psi & \sin\varphi\cos\theta \\ \cos\varphi\sin\theta\cos\Psi + \sin\varphi\sin\Psi & \cos\varphi\sin\theta\sin\Psi - \sin\varphi\cos\Psi & \cos\varphi\cos\theta \end{bmatrix} \tag{7-70}$$

类似的,可以进行运动坐标系中矢量导数的描述。如在飞行动力学中,描述一个坐标系相对另一个坐标系的角速度,如图 7-10 所示为坐标系相对转动的运动学关系。

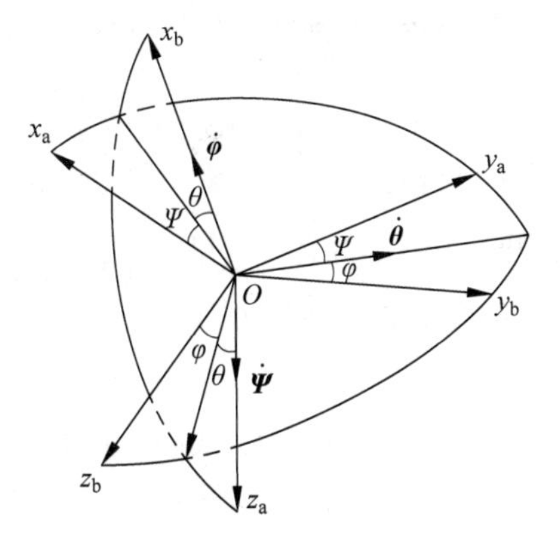

图 7-10　坐标系相对转动的运动学关系

设由坐标系 S_a 到坐标系 S_b 的变换是通过 3-2-1 次序的基元旋转实现的，如图 7-10 所示，则坐标系 S_b 相对于坐标系 S_a 的角速度矢量可表示为

$$\boldsymbol{\omega}=\boldsymbol{\omega}_{ba}=\dot{\boldsymbol{\Psi}}+\dot{\boldsymbol{\theta}}+\dot{\boldsymbol{\varphi}} \tag{7-71}$$

由坐标系 S_a 到坐标系 S_b 的变换可以表示为

$$Ox_ay_az_a \xrightarrow{\boldsymbol{L}_z(\Psi)} Ox'y'z_a \xrightarrow{\boldsymbol{L}_y(\theta)} Ox_by'z'' \xrightarrow{\boldsymbol{L}_x(\varphi)} Ox_by_bz_b$$

或

$$S_a \xrightarrow{\boldsymbol{L}_z(\Psi)} S_1 \xrightarrow{\boldsymbol{L}_y(\theta)} S_2 \xrightarrow{\boldsymbol{L}_x(\varphi)} S_b$$

其中，S_1 和 S_2 为两个中间坐标系。于是式(7-71)的投影形式可以写成

$$\boldsymbol{\omega}_b=\dot{\boldsymbol{\Psi}}_b+\dot{\boldsymbol{\theta}}_b+\dot{\boldsymbol{\varphi}}_b \tag{7-72}$$

由图 7-10 可以看出

$$\dot{\boldsymbol{\Psi}}_1=\begin{bmatrix}0\\0\\\dot{\Psi}\end{bmatrix},\quad \dot{\boldsymbol{\theta}}_2=\begin{bmatrix}0\\\dot{\theta}\\0\end{bmatrix},\quad \dot{\boldsymbol{\varphi}}_b=\begin{bmatrix}\dot{\varphi}\\0\\0\end{bmatrix}$$

所以

$$\begin{aligned}\boldsymbol{\omega}_b&=\dot{\boldsymbol{\Psi}}_b+\dot{\boldsymbol{\theta}}_b+\dot{\boldsymbol{\varphi}}_b\\&=\boldsymbol{L}_{b2}\boldsymbol{L}_{21}\dot{\boldsymbol{\Psi}}_1+\boldsymbol{L}_{b2}\dot{\boldsymbol{\theta}}_2+\dot{\boldsymbol{\varphi}}_b\end{aligned} \tag{7-73}$$

而

$$\boldsymbol{L}_{b2}=\boldsymbol{L}_x(\varphi),\quad \boldsymbol{L}_{21}=\boldsymbol{L}_y(\theta)$$

所以

$$\begin{aligned}\boldsymbol{\omega}_b&=\boldsymbol{L}_{b2}\boldsymbol{L}_{21}\dot{\boldsymbol{\Psi}}_1+\boldsymbol{L}_{b2}\dot{\boldsymbol{\Psi}}_2+\dot{\boldsymbol{\varphi}}_b\\&=\boldsymbol{L}_x(\varphi)\boldsymbol{L}_y(\theta)\dot{\boldsymbol{\Psi}}_1+\boldsymbol{L}_x(\varphi)\dot{\boldsymbol{\theta}}_2+\dot{\boldsymbol{\varphi}}_b\end{aligned} \tag{7-74}$$

即

$$\begin{bmatrix}\omega_{xb}\\\omega_{yb}\\\omega_{zb}\end{bmatrix}=\begin{bmatrix}1&0&0\\0&\cos\varphi&\sin\varphi\\0&-\sin\varphi&\cos\varphi\end{bmatrix}\begin{bmatrix}\cos\theta&0&-\sin\theta\\0&1&0\\\sin\theta&0&\cos\theta\end{bmatrix}\begin{bmatrix}0\\0\\\dot{\Psi}\end{bmatrix}+$$

$$\begin{bmatrix}1&0&0\\0&\cos\varphi&\sin\varphi\\0&-\sin\varphi&\cos\varphi\end{bmatrix}\begin{bmatrix}0\\\dot{\theta}\\0\end{bmatrix}+\begin{bmatrix}\dot{\varphi}\\0\\0\end{bmatrix}=\begin{bmatrix}\dot{\varphi}-\dot{\Psi}\sin\theta\\\dot{\theta}\cos\varphi+\dot{\Psi}\sin\varphi\cos\theta\\-\dot{\theta}\sin\varphi+\dot{\Psi}\cos\varphi\cos\theta\end{bmatrix} \tag{7-75}$$

进一步可以得到求解欧拉角变化规律的运动学方程

$$\begin{bmatrix}\dfrac{d\varphi}{dt}\\\dfrac{d\theta}{dt}\\\dfrac{d\Psi}{dt}\end{bmatrix}=\begin{bmatrix}\omega_{xb}+\tan\theta(\omega_{yb}\sin\varphi+\omega_{zb}\cos\varphi)\\\omega_{yb}\cos\varphi-\omega_{zb}\sin\varphi\\(\omega_{yb}\sin\varphi+\omega_{zb}\cos\varphi)/\cos\theta\end{bmatrix} \tag{7-76}$$

注意：当 $\theta=90°$时，方程会出现奇异。所以，用欧拉角表示坐标变换是有条件的。

推广来看，在太阳系中观察，地球的运动可以分解为地心的平动（公转），以及地球绕地心的转动（自转）。地心惯性坐标系、地心旋转坐标系之间关系如图 7-11 所示。

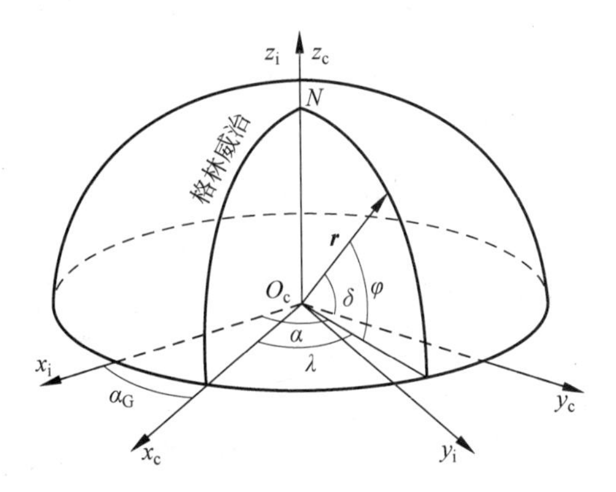

图 7-11　地心惯性坐标系与地心旋转坐标系

春分点地心惯性坐标系（S_i）到地心赤道旋转坐标系（S_e）的变换关系是

$$S_i \xrightarrow{\boldsymbol{L}_z(\alpha_G)} S_e$$

其中，α_G 称为 Greenwich 赤经。由于地球的旋转，此角是随时间变化的，即

$$\alpha_G=\alpha_{G0}+\omega_E(t-t_0) \tag{7-77}$$

两坐标系的变换矩阵为

$$\boldsymbol{L}_{ei}=\boldsymbol{L}_z(\alpha_G)=\begin{bmatrix}\cos\alpha_G & \sin\alpha_G & 0\\ -\sin\alpha_G & \cos\alpha_G & 1\\ 0 & 0 & 1\end{bmatrix} \tag{7-78}$$

将地球看作是以地球轴（南北极连线）为轴线所旋成的一个椭球体。通过地球轴的剖面是椭圆，垂直于地球轴的剖面是圆。地球的扁平率为

$$f=\frac{R_E-R_P}{R_E}=\frac{1}{298.257} \tag{7-79}$$

式中，R_E 为赤道半径；R_P 为极半径。

在椭球形地球的上空，飞行器质心 C 的地理位置确定方法如图 7-12 所示。

在地球上空，飞行器质心 C 的地理位置可通过参数 h（高度）、B（角度，下垂点的大地维度）和 Λ（地理经度）确定。如图 7-12 所示。C 到 C' 的连线为当地铅垂线，C' 为下垂点，$h=CC'$ 为飞行器质心距离地面的高度，角度 φ_c 为地心纬度。

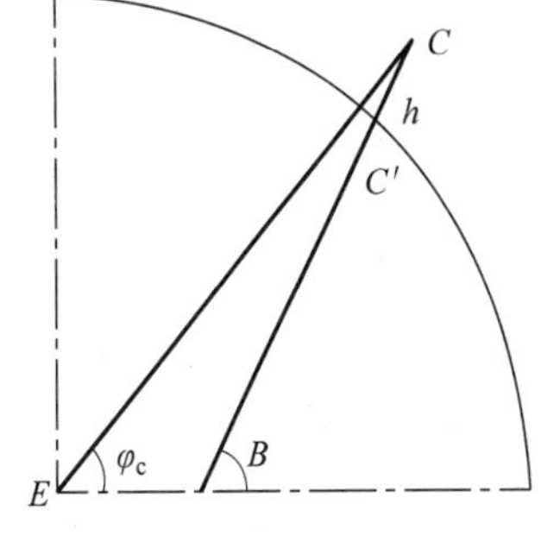

图 7-12　飞行器位置描述

当已知飞行器质心的地心距离 r 和地心纬度 φ_c 时，高度 h 和下垂点的大地维度 B 的计算公式为

$$h=r-R_E\left[1-f\sin^2\varphi_c-\frac{f^2}{2}\sin^2(2\varphi_c)\left(\frac{R_E}{r}-\frac{1}{4}\right)\right] \tag{7-80}$$

$$\sin(B-\varphi_c)=\frac{R_E}{r}\left[f\sin(2\varphi_c)+f^2\sin(4\varphi_c)\left(\frac{R_E}{r}-\frac{1}{4}\right)\right] \tag{7-81}$$

7.6.3 关于力和力矩

作用在导弹上的力和力矩有多种。作用在导弹上的外力有重力、推力和空气动力。

1. 重力

由于在分析中,先可认为大地是一惯性平面,所以作用在导弹上的重力始终与地面垂直向下,即沿 Oy_g 轴的负方向。又由于有翼导弹飞行在稠密大气层内,飞行高度的变化对重力大小的影响不计。于是,作用于导弹的重力大小为

$$G=mg_0 \tag{7-82}$$

式中,m 为导弹的瞬时质量;g_0 为地面处的重力加速度,$g_0=9.81\text{m/s}^2$。

需要指出的是,地球引力的精确描述很复杂。对于椭球形地球模型,引力为有势力,势函数近似为

$$U(r,\varphi_c)=\frac{\mu}{r}\left[1-J_2\left(\frac{R_E}{r}\right)^2\frac{1}{2}(3\sin^2\varphi_c-1)\right] \tag{7-83}$$

式中,$J_2=0.00108263$,为二阶带谐系数;$\mu=3.986005\times10^{14}\text{m}^3/\text{s}^2$,为地球引力常数。

因而地球引力加速度的径向分量(向上)g_r、子午向分量(水平向北)g_m 和纬度向分量(水平向东)g_p 分别为

$$\begin{cases}g_r=\dfrac{\partial U}{\partial_r}=-\dfrac{\mu}{r^2}+1.5J_2R_E^2\mu\dfrac{3\sin^2\varphi_c-1}{r^4}\\ g_m=\dfrac{1}{r}\dfrac{\partial U}{\partial\varphi_c}=1.5J_2R_E^2\mu\dfrac{\sin(2\varphi_c)}{r^4}\\ g_p=\dfrac{1}{r\cos\varphi_c}\dfrac{\partial U}{\partial\lambda}=0\end{cases} \tag{7-84}$$

对于圆球形地球:

引力势为

$$U=\frac{\mu}{r} \tag{7-85}$$

引力加速度分量为

$$g_r=-\frac{\mu}{r^2},\quad g_m=0,\quad g_p=0$$

2. 推力

飞行器的推进系统(发动机)的推力特性各不相同。一般来说,发动机推力 $\boldsymbol{P}$ 取决于飞行速度 $\boldsymbol{V}$(或马赫数 Ma)、飞行高度 h(因为大气密度 ρ、压力 $\boldsymbol{P}$ 和温度 T 都随高度 h 而变化)、迎角 α 等运动参数,其函数式为

$$\boldsymbol{P}=\boldsymbol{P}(Ma,h,\alpha,\cdots) \tag{7-86}$$

具体的函数关系可查询所采用的发动机的性能手册。

推力的方向和作用线的位置是在弹体坐标系(S_b)上定义的,推力 $\boldsymbol{P}$ 的矩阵形式为

$$\boldsymbol{P}_{\mathrm{b}}=\begin{bmatrix}P_{x\mathrm{b}}\\P_{y\mathrm{b}}\\P_{z\mathrm{b}}\end{bmatrix}\tag{7-87}$$

推力 $\boldsymbol{P}$ 对导弹质心的矩可以表示为

$$\boldsymbol{M}(\boldsymbol{P})_{\mathrm{b}}=\begin{bmatrix}M_{x\mathrm{b}}(\boldsymbol{P})\\M_{y\mathrm{b}}(\boldsymbol{P})\\M_{z\mathrm{b}}(\boldsymbol{P})\end{bmatrix}\tag{7-88}$$

3. 空气动力

作用在导弹上的空气动力是面分布力。将面分布的空气动力向导弹质心简化，得到一主矢量 $\boldsymbol{R}$（空气动力）和一主矩 $\boldsymbol{M}$（空气动力矩）。主矢量 $\boldsymbol{R}$（空气动力）在气流坐标系中定义，其分量列阵含升力 Y、阻力 X、侧向力 Z：

$$\boldsymbol{R}_{\mathrm{a}}=\begin{bmatrix}-X\\Y\\Z\end{bmatrix}\tag{7-89}$$

主矩 $\boldsymbol{M}$（空气动力矩）可在导弹本体坐标系中定义，其分量列阵顺序含三个分量（俯仰力矩、偏航力矩、滚转力矩）：

$$\boldsymbol{M}_{\mathrm{b}}=\begin{bmatrix}M_{x\mathrm{b}}\\M_{y\mathrm{b}}\\M_{z\mathrm{b}}\end{bmatrix}\tag{7-90}$$

另外，影响空气动力 $\boldsymbol{R}$ 和动力矩 $\boldsymbol{M}$ 的因素还有飞行速度、飞行高度、攻角、侧滑角等运动参数，以及风速 $\boldsymbol{V}_{\mathrm{w}}$ 等。其函数为

$$\begin{cases}\boldsymbol{R}=\boldsymbol{R}(\boldsymbol{V},\rho,\alpha,\beta,\cdots)\\\boldsymbol{M}=\boldsymbol{M}(\boldsymbol{V},\rho,\alpha,\beta,\cdots)\end{cases}\tag{7-91}$$

飞行器空气动力计算有专门课程或书籍讲述，可参考相关文献、书籍。

7.6.4 在地面坐标系及本体坐标系的方程形式

地面坐标系 S_{g} 是惯性坐标系，角速度叉乘矩阵为零。导弹质心运动的动力学方程的一般形式改写成为

$$\frac{\mathrm{d}\boldsymbol{V}_{\mathrm{kg}}}{\mathrm{d}t}=\frac{1}{m}(\boldsymbol{L}_{\mathrm{gb}}\boldsymbol{P}_{\mathrm{b}}+\boldsymbol{L}_{\mathrm{gb}}\boldsymbol{L}_{\mathrm{ba}}\boldsymbol{R}_{\mathrm{a}}+\boldsymbol{G}_{\mathrm{g}})\tag{7-92}$$

即

$$\begin{bmatrix}\mathrm{d}\boldsymbol{V}_{\mathrm{k},x\mathrm{g}}/\mathrm{d}t\\\mathrm{d}\boldsymbol{V}_{\mathrm{k},y\mathrm{g}}/\mathrm{d}t\\\mathrm{d}\boldsymbol{V}_{\mathrm{k},z\mathrm{g}}/\mathrm{d}t\end{bmatrix}=\frac{1}{m}\boldsymbol{L}_{\mathrm{gb}}\left[\begin{bmatrix}P_{x\mathrm{b}}\\P_{y\mathrm{b}}\\P_{z\mathrm{b}}\end{bmatrix}+\boldsymbol{L}_{\mathrm{ba}}\begin{bmatrix}-X\\Y\\Z\end{bmatrix}\right]+\begin{bmatrix}0\\-g\\0\end{bmatrix}\tag{7-93}$$

式中，$\boldsymbol{L}_{\mathrm{gb}}=\boldsymbol{L}_{\mathrm{bg}}^{\mathrm{T}}$，由地面坐标系到弹体坐标系的变换矩阵得出；$\boldsymbol{L}_{\mathrm{ba}}$ 也由本体坐标系与气流速度坐标系的关系来确定。以下分别给出相关矩阵和关系式。

首先来看导弹本体坐标系。导弹本体坐标系 $Ox_{\mathrm{b}}y_{\mathrm{b}}z_{\mathrm{b}}$（记作 S_{b}）是与导弹本体固定联

系的(见图 7-13)。原点 O 在导弹的质心；Ox_{b} 轴沿导弹结构纵轴，指向头部为正；Oy_{b} 在导弹纵向对称面内，垂直于 Ox_{b} 轴，向上为正；Oz_{b} 轴则按右手法则确定。

本体坐标系相对地面坐标系的运动，可以用来确定导弹的姿态和导弹相对地面的转动角速度。有些作用在导弹上的力(如发动机的推力)，用此坐标系进行分解比较方便。本体坐标系随导弹一起运动，是一个动坐标系。本体坐标系与地面坐标系的关系，可以用三个欧拉角来确定。工程上习惯采用 2-3-1 顺序(见图 7-14)。

$$S_{\mathrm{g}} \xrightarrow{L_y(\Psi)} O \xrightarrow{L_z(\vartheta)} O \xrightarrow{L_x(\gamma)} S_{\mathrm{b}}$$

这三个角为导弹的姿态角，分别称为偏航角、俯仰角和滚转角。其定义如下：

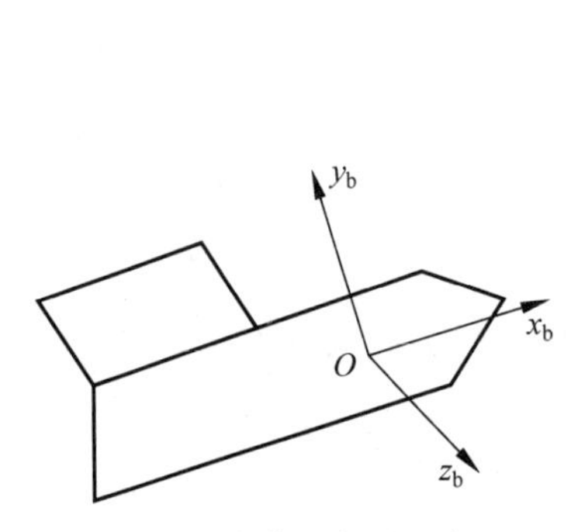

图 7-13　本体坐标系示意图

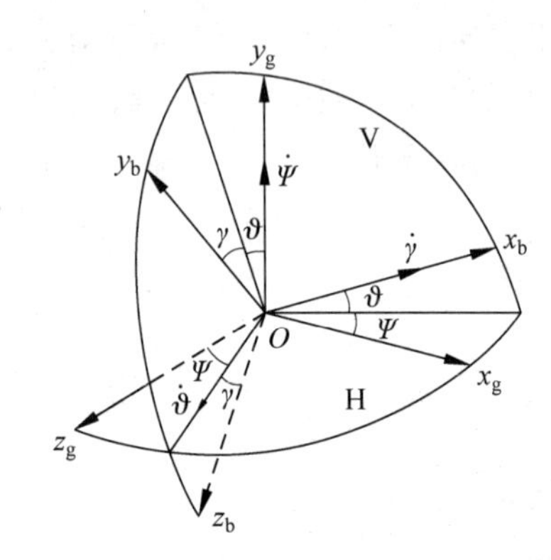

图 7-14　本体坐标系与地面坐标系

偏航角 Ψ：导弹的纵轴 Ox_{b} 在水平面上的投影与地面坐标系 Ax_{g} 轴的夹角。从上向地面看，由 Ax_{g} 轴逆时针方向转至导弹纵轴投影线为正。

俯仰角 ϑ：导弹的纵轴 Ox_{b} 与水平面之间的夹角。导弹的纵轴指向水平面之上时为正。

滚动角 γ：导弹的 $Ox_{\mathrm{b}}y_{\mathrm{b}}$ 平面与包含 Ox_{b} 轴的铅垂面之间的夹角。从弹体头部向尾部看，包含 Ox_{b} 轴的铅垂面逆时针方向转向 $Ox_{\mathrm{b}}y_{\mathrm{b}}$ 平面为正。

地面坐标系到弹体坐标系的变换矩阵为

$$\begin{aligned}
\boldsymbol{L}_{\mathrm{bg}} &= \boldsymbol{L}_x(\gamma)\boldsymbol{L}_z(\vartheta)\boldsymbol{L}_y(\Psi) \\
&= \begin{bmatrix} 1 & 0 & 0 \\ 0 & \cos\gamma & \sin\gamma \\ 0 & -\sin\gamma & \cos\gamma \end{bmatrix}
\begin{bmatrix} \cos\vartheta & \sin\vartheta & 0 \\ -\sin\vartheta & \cos\vartheta & 0 \\ 0 & 0 & 1 \end{bmatrix}
\begin{bmatrix} \cos\Psi & 0 & -\sin\Psi \\ 0 & 1 & 0 \\ \sin\Psi & 0 & \cos\Psi \end{bmatrix} \\
&= \begin{bmatrix} \cos\vartheta\cos\Psi & \sin\vartheta & -\cos\vartheta\sin\Psi \\ -\sin\vartheta\cos\Psi\cos\gamma + \sin\Psi + \sin\gamma & \cos\vartheta\cos\gamma & \sin\vartheta\sin\Psi\cos\gamma + \cos\Psi\sin\gamma \\ \sin\vartheta\cos\Psi\sin\gamma + \sin\Psi\sin\gamma & -\cos\vartheta\sin\gamma & -\sin\theta\sin\Psi\sin\gamma + \cos\Psi\cos\gamma \end{bmatrix}
\end{aligned} \tag{7-94}$$

本体坐标系相对地面坐标系的角速度就是导弹的角速度，可以表示为

$$\omega_{\mathrm{bg}} = \dot{\Psi} + \dot{\vartheta} + \dot{\gamma} \tag{7-95}$$

其在本体坐标系上的分量列阵为

$$
\boldsymbol{\omega}_{\mathrm{bgb}} = \boldsymbol{L}_z(\gamma)\boldsymbol{L}_z(\vartheta)\begin{bmatrix}0\\ \dot{\Psi}\\ 0\end{bmatrix} + \boldsymbol{L}_x(\gamma)\begin{bmatrix}0\\ 0\\ \dot{\vartheta}\end{bmatrix} + \begin{bmatrix}\dot{\gamma}\\ 0\\ 0\end{bmatrix}
$$

$$
= \begin{bmatrix}\dot{\Psi}\sin\vartheta + \dot{\gamma}\\ \dot{\Psi}\cos\vartheta\cos\gamma + \dot{\vartheta}\sin\gamma\\ -\dot{\Psi}\cos\vartheta\sin\gamma + \dot{\vartheta}\cos\gamma\end{bmatrix} = \begin{bmatrix}1 & \sin\vartheta & 0\\ 0 & \cos\vartheta\cos\gamma & \sin\gamma\\ 0 & -\cos\vartheta\sin\gamma & \cos\gamma\end{bmatrix}\begin{bmatrix}\dot{\gamma}\\ \dot{\Psi}\\ \dot{\vartheta}\end{bmatrix} \tag{7-96}
$$

导弹飞行中，涉及几个速度参数，其定义如下：航迹速度 $\boldsymbol{V}_{\mathrm{k}}$——导弹质心相对于大地的速度；风速 $\boldsymbol{V}_{\mathrm{w}}$——在导弹飞行位置上大气相对大地的速度；气流速度 $\boldsymbol{V}_{\mathrm{a}}$——导弹质心相对于导弹飞行位置上大气的速度。这三个速度的关系如下（见图 7-15）：

$$
\boldsymbol{V}_{\mathrm{k}} = \boldsymbol{V}_{\mathrm{a}} + \boldsymbol{V}_{\mathrm{w}}
$$

通常所说的导弹速度 $\boldsymbol{V}$ 是指航迹速度 $\boldsymbol{V}_{\mathrm{k}}$。

气流速度坐标系 $Ox_{\mathrm{a}}y_{\mathrm{a}}z_{\mathrm{a}}$（记作 S_{a}）的原点 O 取在导弹的质心上；Ox_{a} 轴与气流速度 $\boldsymbol{V}_{\mathrm{a}}$ 方向相同；Oy_{a} 轴位于导弹纵向对称面内，垂直于 Ox_{a} 轴，向上为正；Oz_{a} 轴则按右手法则确定。气流速度坐标系确定了大气来流相对本体坐标系的方向，主要用来确定作用在导弹上的空气动力。阻力、升力和侧向力就是空气动力在气流速度坐标系三个轴上的分量。本体坐标系与气流速度坐标系的关系可以由两个欧拉角来确定。工程上习惯采用顺序（见图 7-16）：

$$
S_{\mathrm{a}} \xrightarrow{\boldsymbol{L}_y(\beta)} O \xrightarrow{\boldsymbol{L}_z(\alpha)} S_{\mathrm{b}} \tag{7-97}
$$

式中，α 为攻角，β 为侧滑角。其定义如下：

攻角 α：气流速度 $\boldsymbol{V}_{\mathrm{a}}$ 在导弹的纵向对称面上的投影与纵轴 Ox_{b} 之间的夹角。纵轴位于投影线的上方为正。

侧滑角 β：气流速度 $\boldsymbol{V}_{\mathrm{a}}$ 与导弹的纵向对称面间的夹角。气流速度指向导弹纵向对称面右侧（即 Oz_{b} 正向一侧）为正。

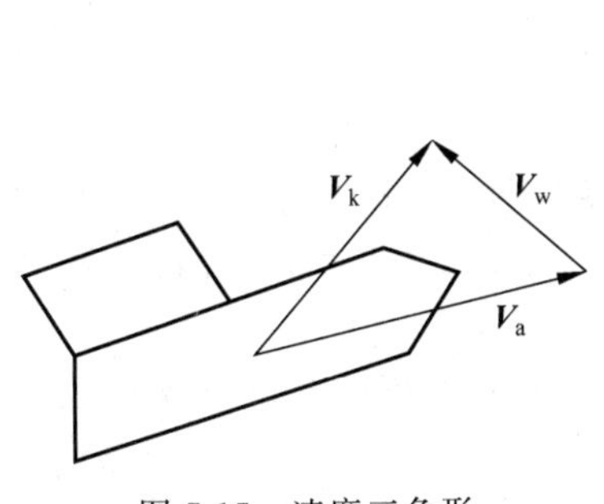

图 7-15　速度三角形

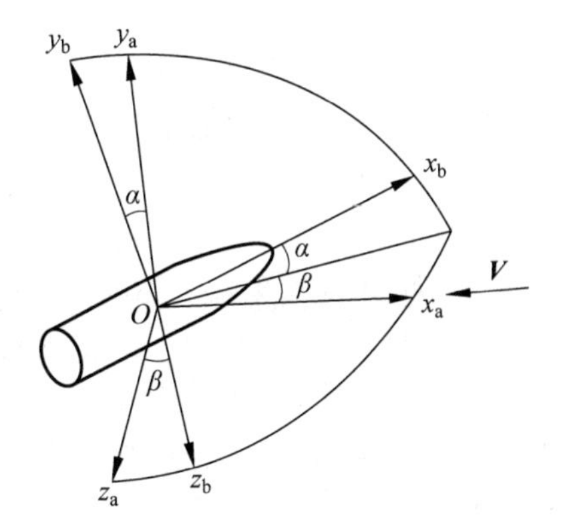

图 7-16　本体坐标系与气流速度坐标系

本体坐标系与气流速度坐标系的关系

$$
\boldsymbol{L}_{\mathrm{ba}} = \boldsymbol{L}_x(\alpha)\boldsymbol{L}_y(\beta)
$$

$$=\begin{bmatrix}\cos\alpha & \sin\alpha & 0\\ -\sin\alpha & \cos\alpha & 0\\ 0 & 0 & 1\end{bmatrix}\begin{bmatrix}\cos\beta & 0 & -\sin\beta\\ 0 & 1 & 0\\ \sin\beta & 0 & \cos\beta\end{bmatrix}$$

$$=\begin{bmatrix}\cos\alpha\cos\beta & \sin\alpha & -\cos\alpha\sin\beta\\ -\sin\alpha\cos\beta & \cos\alpha & \sin\alpha\sin\beta\\ \sin\beta & 0 & \cos\beta\end{bmatrix} \tag{7-98}$$

气流速度在本体坐标系中的分量列阵为

$$\begin{bmatrix}V_{a,xb}\\ V_{a,yb}\\ V_{a,zb}\end{bmatrix}=\boldsymbol{L}_{ba}\begin{bmatrix}V_a\\ 0\\ 0\end{bmatrix}=\begin{bmatrix}V_a\cos\beta\cos\alpha\\ -V_a\cos\beta\sin\alpha\\ V_a\sin\beta\end{bmatrix} \tag{7-99}$$

由此可以求出攻角 α 和侧滑角 β 的表达式。

$$\begin{cases}V_a^2=V_{a,xb}^2+V_{a,yb}^2+V_{a,zb}^2\\ \sin\beta=\dfrac{V_{a,zb}}{V_a}\\ \tan\alpha=-\dfrac{V_{a,yb}}{V_{a,xb}}\end{cases} \tag{7-100}$$

式(7-100)是导弹质心运动的动力学方程在地面坐标系中的分量形式。在地面坐标系中建立导弹运动方程在形式上最为简单。以下给出在本体坐标系中的投影形式。

取飞行器本体坐标系 S_b 作为投影坐标系。该坐标系的角速度在其上的分量列阵为

$$\boldsymbol{\omega}_{bb}=[\boldsymbol{\omega}_{xb}\quad \boldsymbol{\omega}_{yb}\quad \boldsymbol{\omega}_{zb}]^T \tag{7-101}$$

航迹速度的分量为

$$\boldsymbol{V}_{kb}=[\boldsymbol{V}_{k,xb}\quad \boldsymbol{V}_{k,yb}\quad \boldsymbol{V}_{k,zb}]^T \tag{7-102}$$

导弹的质心运动方程写为

$$\frac{d\boldsymbol{V}_{kb}}{dt}\boldsymbol{\omega}_{bb}^{\times}\boldsymbol{V}_{kb}=\frac{1}{m}[\boldsymbol{P}_b+\boldsymbol{L}_{ba}\boldsymbol{R}_a+\boldsymbol{L}_{bg}\boldsymbol{G}_g] \tag{7-103}$$

即

$$\begin{bmatrix}dV_{k,xb}/dt\\ dV_{k,yb}/dt\\ dV_{k,zb}/dt\end{bmatrix}=\begin{bmatrix}\omega_{zb}V_{k,yb}-\omega_{yb}V_{k,zb}\\ \omega_{xb}V_{k,zb}-\omega_{zb}V_{k,xb}\\ \omega_{yb}V_{k,xb}-\omega_{xb}V_{k,yb}\end{bmatrix}+\frac{1}{m}\left[\begin{bmatrix}P_{xb}\\ P_{yb}\\ P_{zb}\end{bmatrix}+\boldsymbol{L}_{ba}\begin{bmatrix}-X\\ Y\\ Z\end{bmatrix}\right]+\boldsymbol{L}_{bg}\begin{bmatrix}0\\ -g\\ 0\end{bmatrix} \tag{7-104}$$

式中，$\boldsymbol{L}_{gb}=\boldsymbol{L}_{bg}^T$，由地面坐标系到弹体坐标系的变换矩阵得出；$\boldsymbol{L}_{ba}$ 也由本体坐标系与气流速度坐标系的关系来确定，同上。角速度分量 ω_{xb}、ω_{yb}、ω_{zb} 可由绕质心转动动力学方程求得。

需要注意的是，质心运动方程还可以有在航迹坐标系中的投影形式等，建立方程的方法与上述类似。

7.6.5 绕质心转动的动力学方程及求解过程

1. 动力学方程

刚体绕质心转动的动力学方程为

$$\dot{\boldsymbol{h}}_{c} = \boldsymbol{M}_{c} \tag{7-105}$$

在任意给定的投影坐标系 S_{m} 上，刚体对其质心的动量矩可以表示为分量列阵

$$\boldsymbol{h}_{cm} = \boldsymbol{J}_{c}\boldsymbol{\omega}_{m} \tag{7-106}$$

当取投影坐标系为本体坐标系 S_{b}，式中的惯性矩阵 J_{c} 不变，动力学方程为

$$\boldsymbol{J}_{c}\dot{\boldsymbol{\omega}}_{bb} + \boldsymbol{\omega}_{bb}^{\times}\boldsymbol{J}_{c}\boldsymbol{\omega}_{bb} = \boldsymbol{M}_{cb} \tag{7-107}$$

式中

$$\boldsymbol{J} = \begin{bmatrix} J_{x} & -J_{xy} & -J_{xz} \\ -J_{yx} & J_{y} & -J_{yz} \\ -J_{zx} & -J_{zy} & J_{z} \end{bmatrix}, \quad \boldsymbol{\omega}_{bb}^{\times} = \begin{bmatrix} 0 & -\omega_{zb} & \omega_{yb} \\ \omega_{zb} & 0 & -\omega_{xb} \\ -\omega_{yb} & \omega_{xb} & 0 \end{bmatrix}$$

$$\boldsymbol{\omega}_{bb} = \begin{bmatrix} \omega_{xb} \\ \omega_{yb} \\ \omega_{zb} \end{bmatrix}, \qquad \boldsymbol{M}_{cb} = \begin{bmatrix} M_{xb} \\ M_{yb} \\ M_{zb} \end{bmatrix}$$

如果本体坐标系 S_{b} 为主轴坐标系(即轴 Ox_{b}，Oy_{b}，Oz_{b} 为惯性主轴)，则

$$\boldsymbol{J} = \begin{bmatrix} J_{x} & 0 & 0 \\ 0 & J_{y} & 0 \\ 0 & 0 & J_{z} \end{bmatrix}$$

式(7-107)可简化为

$$\begin{cases} J_{x}\dfrac{\mathrm{d}\omega_{xb}}{\mathrm{d}t} + (J_{z} - J_{y})\omega_{zb}\omega_{yb} = M_{xb} \\ J_{y}\dfrac{\mathrm{d}\omega_{yb}}{\mathrm{d}t} + (J_{x} - J_{z})\omega_{xb}\omega_{zb} = M_{yb} \\ J_{z}\dfrac{\mathrm{d}\omega_{zb}}{\mathrm{d}t} + (J_{y} - J_{x})\omega_{yb}\omega_{xb} = M_{zb} \end{cases} \tag{7-108}$$

轴对称型导弹的方程就是这种形式。

如果导弹是面对称型的(关于导弹纵向平面 $x_{b}y_{b}$ 对称)，则 $J_{yz} = J_{zx} = 0$，那么式(7-108)成为

$$\begin{cases} J_{x}\dfrac{\mathrm{d}\omega_{xb}}{\mathrm{d}t} - J_{xy}\dfrac{\mathrm{d}\omega_{yb}}{\mathrm{d}t} + (J_{z} - J_{y})\omega_{zb}\omega_{yb} + J_{xy}\omega_{xb}\omega_{zb} = M_{xb} \\ J_{y}\dfrac{\mathrm{d}\omega_{yb}}{\mathrm{d}t} - J_{xy}\dfrac{\mathrm{d}\omega_{xb}}{\mathrm{d}t} + (J_{x} - J_{z})\omega_{xb}\omega_{zb} + J_{xy}\omega_{zb}\omega_{yb} = M_{yb} \\ J_{z}\dfrac{\mathrm{d}\omega_{zb}}{\mathrm{d}t} + (J_{y} - J_{x})\omega_{yb}\omega_{xb} + J_{xy}(\omega_{yb}^{2} - \omega_{xb}^{2}) = M_{zb} \end{cases} \tag{7-109}$$

另外，在建立导弹的基本方程中，运用导弹质心运动学方程，把位置的变化率与速度相联系。在工程应用中往往还需要知道描述导弹姿态的参数，要建立导弹角速度与姿态角之间的关系，用导弹绕质心转动的运动学方程呈现。另外还有导弹质量方程，由于导弹在飞行过程中，发动机消耗燃料。严格地讲，应该按变质量力学进行分析，采用牛顿第二定律的表达式，将 $\boldsymbol{F}$ 表示为作用在变质量系统上的外力($\boldsymbol{F}$ 是作用在导弹上的外力的矢量和)。导弹质量变化可以用微分方程表示。对于变质量问题方程，通常用数值计算方法求解导弹的运

动方程。需要注意的是,随着质量的变化,飞行器的转动惯量和惯性矩也发生变化。它不仅是质量的函数,而且还取决于燃料箱的位置和燃料消耗顺序。与此同时,飞行器质心(重心)位置也发生变化。在用质量方程修正导弹瞬时质量时,是否也要对转动惯量和惯性矩以及质心的位置进行修正,应结合工程实际,根据质量变化对这些量的影响程度决定。在气动力计算中,需要运用动力学方程等求出导弹的攻角和侧滑角。

2. 方程的求解过程

导弹的运动学和动力学分析,涉及的参数和条件因素较多,需要用到坐标变换方法及其他方面的认识,需要对方程的求解过程进行分析,按照求解基本流程去开展相关工作。以在本体坐标系中投影导弹质心运动动力学方程的为例来说明,其他的方程,如质心运动动力学方程是在其他坐标系中投影的,可类比此过程进行分析。

(1) 在时刻 t 已知条件

风速 $\boldsymbol{V}_{wg}=[V_{w,xg} \quad V_{w,yg} \quad V_{w,zg}]^{T}$;

导弹的速度 $\boldsymbol{V}_{kb}=[V_{k,xb} \quad V_{k,yk} \quad V_{k,zb}]^{T}$;

质心位置 $\boldsymbol{R}_{g}=[x_{g} \quad y_{g} \quad z_{g}]^{T}$;

角速度 $\boldsymbol{\omega}_{bb}=[\omega_{xb} \quad \omega_{yb} \quad \omega_{zb}]$;

姿态角 γ,Ψ,ϑ;

主动力和主动力矩

$$\boldsymbol{P}_{b}=\begin{bmatrix} P_{xb} \\ P_{yb} \\ P_{zb} \end{bmatrix}, \quad \boldsymbol{M}(\boldsymbol{P})_{b}=\begin{bmatrix} M_{xb}(\boldsymbol{P}) \\ M_{yb}(\boldsymbol{P}) \\ M_{zb}(\boldsymbol{P}) \end{bmatrix}$$

导弹质量和惯性矩阵 $m,\boldsymbol{J}$。

(2) 由式(7-94),可得变换矩阵

$$\boldsymbol{L}_{bg}=\begin{bmatrix} \cos\vartheta\cos\Psi & \sin\vartheta & -\cos\vartheta\sin\Psi \\ -\sin\vartheta\cos\Psi\cos\gamma+\sin\Psi\sin\gamma & \cos\vartheta\cos\gamma & \sin\vartheta\sin\Psi\cos\gamma+\cos\Psi\sin\gamma \\ \sin\vartheta\cos\Psi\sin\gamma+\sin\Psi\cos\gamma & -\cos\vartheta\sin\gamma & -\sin\vartheta\sin\Psi\sin\gamma+\cos\Psi\cos\gamma \end{bmatrix}$$

(3) 计算

$$\boldsymbol{V}_{wb}=\boldsymbol{L}_{bg}\boldsymbol{V}_{wg}$$

$$\boldsymbol{V}_{ab}=\boldsymbol{V}_{kb}-\boldsymbol{V}_{wb}$$

(4) 由式(7-100),计算攻角和侧滑角

$$V_{a}^{2}=V_{a,xb}^{2}+V_{a,yb}^{2}+V_{a,zb}^{2}$$

$$\sin\beta=\frac{V_{a,zb}}{V_{a}}$$

$$\tan\alpha=-\frac{V_{a,xb}}{V_{a,xb}}$$

(5) 计算气动力,求得

$$\boldsymbol{R}_{a}=\begin{bmatrix} -X \\ Y \\ Z \end{bmatrix}, \quad \boldsymbol{M}_{b}=\begin{bmatrix} M_{xb} \\ M_{yb} \\ M_{zb} \end{bmatrix}$$

(6) 对式(7-105)、式(7-109)求数值积分。

$$\begin{bmatrix} \mathrm{d}V_{\mathrm{k},x\mathrm{b}}/\mathrm{d}t \\ \mathrm{d}V_{\mathrm{k},y\mathrm{b}}/\mathrm{d}t \\ \mathrm{d}V_{\mathrm{k},z\mathrm{b}}/\mathrm{d}t \end{bmatrix} = \begin{bmatrix} \omega_{z\mathrm{b}}V_{\mathrm{k},y\mathrm{b}} - \omega_{y\mathrm{b}}V_{\mathrm{k},z\mathrm{b}} \\ \omega_{x\mathrm{b}}V_{\mathrm{k},z\mathrm{b}} - \omega_{z\mathrm{b}}V_{\mathrm{k},x\mathrm{b}} \\ \omega_{y\mathrm{b}}V_{\mathrm{k},x\mathrm{b}} - \omega_{x\mathrm{b}}V_{\mathrm{k},y\mathrm{b}} \end{bmatrix} + \frac{1}{m}\left[\begin{bmatrix} P_{x\mathrm{b}} \\ P_{y\mathrm{b}} \\ P_{z\mathrm{b}} \end{bmatrix} + \boldsymbol{L}_{\mathrm{ba}}\begin{bmatrix} -X \\ Y \\ Z \end{bmatrix}\right] + \boldsymbol{L}_{\mathrm{bg}}\begin{bmatrix} 0 \\ -g \\ 0 \end{bmatrix}$$

$$\begin{cases} J_x \dfrac{\mathrm{d}\omega_{x\mathrm{b}}}{\mathrm{d}t} + (J_z - J_y)\omega_{z\mathrm{b}}\omega_{y\mathrm{b}} = M_{x\mathrm{b}} \\ J_y \dfrac{\mathrm{d}\omega_{y\mathrm{b}}}{\mathrm{d}t} + (J_x - J_z)\omega_{x\mathrm{b}}\omega_{z\mathrm{b}} = M_{y\mathrm{b}} \\ J_z \dfrac{\mathrm{d}\omega_{z\mathrm{b}}}{\mathrm{d}t} + (J_y - J_x)\omega_{y\mathrm{b}}\omega_{x\mathrm{b}} = M_{z\mathrm{b}} \end{cases} \tag{7-110}$$

得到下一时刻$(t+\Delta t)$的速度和角速度。

求数值积分,得到下一时刻$(t+\Delta t)$的速度和角速度。

$$\boldsymbol{V}_{\mathrm{kb}} = [\boldsymbol{V}_{\mathrm{k},x\mathrm{b}} \quad \boldsymbol{V}_{\mathrm{k},y\mathrm{b}} \quad \boldsymbol{V}_{\mathrm{k},z\mathrm{b}}]^{\mathrm{T}}$$

$$\boldsymbol{\omega}_{\mathrm{bb}} = [\omega_{x\mathrm{b}} \quad \omega_{y\mathrm{b}} \quad \omega_{z\mathrm{b}}]^{\mathrm{T}}$$

(7) 计算

$$\boldsymbol{V}_{\mathrm{kg}} = \boldsymbol{L}_{\mathrm{gb}}\boldsymbol{V}_{\mathrm{kb}}$$

结合下式

$$\begin{bmatrix} \mathrm{d}x_{\mathrm{g}}/\mathrm{d}t \\ \mathrm{d}y_{\mathrm{g}}/\mathrm{d}t \\ \mathrm{d}z_{\mathrm{g}}/\mathrm{d}t \end{bmatrix} = \begin{bmatrix} V_{\mathrm{k},x\mathrm{g}} \\ V_{\mathrm{k},y\mathrm{g}} \\ V_{\mathrm{k},z\mathrm{g}} \end{bmatrix}$$

积分可得质心位置

$$\boldsymbol{R}_{\mathrm{g}} = [x_{\mathrm{g}} \quad y_{\mathrm{g}} \quad z_{\mathrm{g}}]^{\mathrm{T}}$$

(8) 由导弹绕质心转动的运动学方程分析,得

$$\begin{bmatrix} \dot{\gamma} \\ \dot{\Psi} \\ \dot{\vartheta} \end{bmatrix} = \begin{bmatrix} 1 & -\tan\vartheta\cos\gamma & \tan\vartheta\sin\gamma \\ 0 & \dfrac{\cos\gamma}{\cos\vartheta} & -\dfrac{\sin\gamma}{\cos\vartheta} \\ 0 & \sin\gamma & \cos\gamma \end{bmatrix} \begin{bmatrix} \omega_{x\mathrm{b}} \\ \omega_{y\mathrm{b}} \\ \omega_{z\mathrm{b}} \end{bmatrix}$$

积分求得姿态角$\boldsymbol{\gamma}$,$\boldsymbol{\Psi}$,$\boldsymbol{\vartheta}$。

(9) 通常用数值方法求解导弹运动方程。在一个时间步长内,可以认为其质量不变。但在计算过程中要利用以下公式修正导弹的质量。设 m_0 为导弹初始质量,t_0 为发动机开始工作时间,t_{f} 为发动机工作结束时间。导弹在飞行过程中,发动机消耗燃料,应按变质量动力学分析,设 $m_{\mathrm{s}}(t)$为导弹瞬时质量对时间微分,则

$$m = m_0 - \int_{t_0}^{t_{\mathrm{f}}} m_{\mathrm{s}}(t)\mathrm{d}t$$

求得下一时刻的质量。也可根据导弹质量分布变化求惯性矩阵 $\boldsymbol{J}$。

重复第(1)步。

7.6.6　滚转导弹、运载火箭的运动方程

1. 滚转导弹方程

滚转导弹是指飞行过程中绕其纵轴旋转的一类导弹。这类导弹的飞行距离不太远,可

以把地面当作一惯性平面。建立滚转导弹运动方程时，认为导弹为一刚体。与有翼导弹方程建立时相同，可将滚转导弹的运动等效为刚体在惯性参考系中的运动。建立滚转导弹的运动方程，必须明确选择描述导弹运动的方法和参数，分析作用在导弹上的外力，并将运动学方程、动力学方程投影在适当的坐标系上。与有翼导弹相比，要注意描述滚转导弹的姿态不同，以及作用在滚转导弹上的气动力如何表示和计算。

取地面坐标系为参考坐标系。导弹质心运动动力学方程的矢量形式为

$$m\frac{\mathrm{d}\boldsymbol{V}_{\mathrm{k}}}{\mathrm{d}t}=\boldsymbol{G}+\boldsymbol{P}+\boldsymbol{F}_{\mathrm{c}}+\boldsymbol{R} \tag{7-111}$$

式中，m 为导弹质量；$\boldsymbol{V}_{\mathrm{k}}$ 为导弹质心的速度；$\boldsymbol{G}$ 为重力；$\boldsymbol{P}$ 为推力；$\boldsymbol{F}_{\mathrm{c}}$ 为操纵力；$\boldsymbol{R}$ 为气动力。

也可以根据需要将方程投影在不同坐标系上，得到相应的投影形式。通常在航迹坐标系 S_{k} 中投影。

$$m\frac{\mathrm{d}\boldsymbol{V}_{\mathrm{kk}}}{\mathrm{d}t}+m\boldsymbol{\omega}_{\mathrm{kk}}^{\times}\boldsymbol{V}_{\mathrm{kk}}=\boldsymbol{L}_{\mathrm{kg}}(\boldsymbol{G}_{\mathrm{g}}+\boldsymbol{L}_{\mathrm{gb1}}\boldsymbol{P}_{\mathrm{b1}}+\boldsymbol{L}_{\mathrm{gb1}}\boldsymbol{F}_{\mathrm{cb1}}+\boldsymbol{L}_{\mathrm{gb1}}\boldsymbol{L}_{\mathrm{b1a1}}\boldsymbol{R}_{\mathrm{a1}}) \tag{7-112}$$

式中的各项可以通过坐标变换关系等确定。

导弹绕质心转动的动力学方程，取准弹体坐标系 S_{b1} 为投影坐标系。导弹对其质心的动量矩在准弹体坐标系 S_{b1} 上的分量列阵可以表示为

$$\boldsymbol{h}_{\mathrm{cb1}}=\boldsymbol{J}_{\mathrm{b1}}\boldsymbol{\omega}_{\mathrm{b1}}$$

式中，$\boldsymbol{J}_{\mathrm{b1}}$ 是导弹在准弹体坐标系 S_{b1} 上的惯性矩阵。由于导弹相对准弹体坐标系有滚转运动，$\boldsymbol{J}_{\mathrm{b1}}$ 不一定是常值矩阵。将动量矩定理表达式

$$\dot{\boldsymbol{h}}_{\mathrm{c}}=\boldsymbol{M}_{\mathrm{c}} \tag{7-113}$$

在准弹体坐标系 S_{b1} 上投影，并考虑动量矩在准弹体坐标系 S_{b1} 上的分量列阵关系式，有

$$\frac{\mathrm{d}\boldsymbol{J}_{\mathrm{b1}}}{\mathrm{d}t}\boldsymbol{\omega}_{\mathrm{b1}}+\boldsymbol{J}_{\mathrm{b1}}\frac{\mathrm{d}\boldsymbol{\omega}_{\mathrm{b1}}}{\mathrm{d}t}+\boldsymbol{\omega}_{\mathrm{b1b1}}^{\times}\boldsymbol{J}_{\mathrm{b1}}\boldsymbol{\omega}_{\mathrm{b1}}=\boldsymbol{M}_{\mathrm{cb1}} \tag{7-114}$$

弹体坐标系的角速度与准弹体坐标系的角速度之间有关系。

2. 运载火箭方程

关于运载火箭(弹道导弹)动力学方程求解要对其运动特性进行分析。运载火箭作为一种运载工具，执行由地球表面上发射航天器或运送武器的任务。运载火箭的运动描述，取地球固连坐标系为参考坐标系，建立运载火箭相对地球运动的方程。运载火箭的飞行时间远小于地球公转周期，可以不计地球的公转运动，即可以认为地心是惯性空间中一固定参考点；但在实际运载火箭建模中，应考虑地球的自转。所以，参考坐标系为定轴转动坐标系。运载火箭飞行距离较远，地球对它的引力的大小、方向会发生变化(平面大地模型已不再适用)，采用球形大地模型。建立运动方程时，可以将运载火箭看成刚体。所以，建立运载火箭运动方程可以等效为在定轴匀速转动坐标系中建立刚体的运动方程。

弹道导弹与运载火箭运动的区别在于：弹道导弹需再入大气层，运载火箭不再入。从动力学方程来看，火箭运动方程适用于弹道导弹。但针对弹道导弹的建模，需要增加再入段方程。

1）发射段质心的运动方程

以发射段质心的运动方程为例。发射段方程是在发射坐标系中建立的。在固连于地球的任何坐标系上建立火箭质心的相对运动动力学方程都是相同的。为了分析方便，建立火箭相对地球的运动方程时，取地心赤道旋转坐标系 S_{e} 为参考坐标系。火箭质心相对坐标

系 S_e 运动的动力学方程为

$$m\boldsymbol{a}_r = \boldsymbol{Q}_e + \boldsymbol{Q}_c + \boldsymbol{P} + \boldsymbol{A} + m\boldsymbol{g} \tag{7-115}$$

或

$$m\boldsymbol{a}_r = -m\boldsymbol{a}_e - ma_c + \boldsymbol{P} + \boldsymbol{A} + m\boldsymbol{g} \tag{7-116}$$

式中，m 是火箭质量；$\boldsymbol{P}$ 是作用在飞行器上的发动机推力；$\boldsymbol{A}$ 是空气动力；$\boldsymbol{g}$ 为牵连加速度；a_c 为科氏加速度。

飞行器对地球的相对运动的动力学方程的矢量形式

$$\frac{\mathrm{d}\boldsymbol{V}_k}{\mathrm{d}t} = \boldsymbol{g} + \frac{\boldsymbol{P}+\boldsymbol{R}}{m} - 2\boldsymbol{\omega}_e \times \boldsymbol{V}_k - \boldsymbol{\omega}_e \times (\boldsymbol{\omega}_e \times \boldsymbol{R})$$

上式方程在发射坐标系 S_1 上的投影形式，写成

$$\frac{\mathrm{d}\boldsymbol{V}_{k1}}{\mathrm{d}t} = \boldsymbol{g}_1 + \frac{1}{m}\boldsymbol{L}_{1b}[\boldsymbol{P}_b + \boldsymbol{L}_{ba}\boldsymbol{R}_a] - 2\boldsymbol{\omega}_{e1}^{\times}\boldsymbol{V}_{k1} - \boldsymbol{\omega}_{e1}^{\times}\boldsymbol{\omega}_{e1}^{\times}\boldsymbol{R}_1 \tag{7-117}$$

2）再入段质心运动方程

弹头进入大气层至落地段称为再入段。弹头重新进入大气层的点称为再入点。一般认为再入点离地面高度为 70～100km，再入点的速度很高。弹头再入运动过程中所受外力很复杂，在此将外力以引力、气动力、操纵力三种形式给出，认为是已知的。再入段的运动方程也是在地球固连坐标系中建立的。通常投影在再入地面坐标系上。图 7-17 为再入地面坐标系几何关系图。

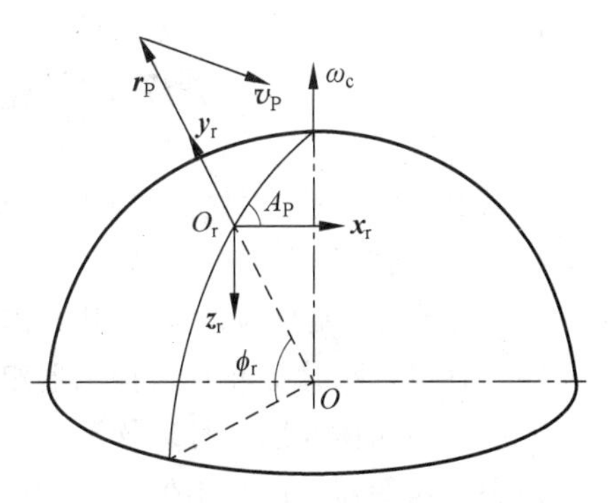

图 7-17　再入地面坐标系几何关系图

如图所示，P 为再入点，O 为地心，O_r 为 P 到 O 的连线与地球参考椭球体表面的交点。$S_r(O_r x_r y_r z_r)$ 为再入地面坐标系。再入速度为 $\boldsymbol{v}_P$（相对于地面的速度）。再入段质心运动动力学方程在再入地面坐标系上的投影形式为

$$\frac{\mathrm{d}\boldsymbol{V}_{kr}}{\mathrm{d}t} = \boldsymbol{g}_r + \frac{1}{m}\boldsymbol{L}_{rb}[\boldsymbol{P}_{cb} + \boldsymbol{L}_{ba}\boldsymbol{A}_a] - 2\boldsymbol{\omega}_{er}^{\times}\boldsymbol{V}_{kr} - \boldsymbol{\omega}_{er}^{\times}\boldsymbol{\omega}_{er}^{\times}\boldsymbol{R}_r \tag{7-118}$$

式中，m 是火箭质量；$\boldsymbol{P}_c$ 是作用在弹头上的操纵力；$\boldsymbol{A}$ 是空气动力；$\boldsymbol{g}$ 是地球的引力加速。$\boldsymbol{L}_{rb}$、$\boldsymbol{L}_{ba}$ 表示由坐标系之间的变换关系矩阵。对应各式如下：

$$\boldsymbol{R} = \boldsymbol{r}_{O_r} + \boldsymbol{r}$$

$$\boldsymbol{R}_r = \boldsymbol{L}_{re}\boldsymbol{r}_{O_r e} + \boldsymbol{r}_r$$

$$\boldsymbol{R}_r = [R_{xr} \quad R_{yr} \quad R_{zr}]^{\mathrm{T}}$$

$$\boldsymbol{r}_r = [x_r \quad y_r \quad z_r]^{\mathrm{T}}$$

$$\boldsymbol{r}_{O_r e} = \begin{bmatrix} R_{O_r}\cos\varphi_r\cos\Lambda_r \\ R_{O_r}\cos\varphi_r\sin\Lambda_r \\ R_{O_r}\sin\varphi_r \end{bmatrix} = \begin{bmatrix} x_{eO_r} \\ y_{eO_r} \\ z_{eO_r} \end{bmatrix}$$

$$\varphi_P \approx \Phi_P + f\sin(2\Phi_P)$$

$$R_{O_r} = R_E \frac{1 - f\tan\varphi_P}{\sqrt{1 - f(2-f)\cos^2\varphi_P}}$$

$$\begin{cases} \boldsymbol{g}_r = \boldsymbol{L}_{re}\boldsymbol{g}_e \\ \boldsymbol{R}_e = \boldsymbol{r}_{O_r e} + \boldsymbol{L}_{er}\boldsymbol{r}_r \end{cases}$$

$$\begin{bmatrix} x_e \\ y_e \\ z_e \end{bmatrix} = \begin{bmatrix} x_{eO_r} \\ y_{eO_r} \\ z_{eO_r} \end{bmatrix} + \begin{bmatrix} x_r \\ y_r \\ z_r \end{bmatrix}$$

$$\boldsymbol{\omega}_{cr} = \boldsymbol{L}_{re}[0 \quad 0 \quad \omega_e]^T = \omega_e \begin{bmatrix} \cos A_P \cos\Phi_r \\ -\sin A_P \cos\Phi_r \\ -\sin\Phi_r \end{bmatrix} = \omega_e \begin{bmatrix} \bar{n}_1 \\ \bar{n}_2 \\ \bar{n}_3 \end{bmatrix}$$

7.7　深空探测器动力学方程

地球卫星的运动主要受地球引力作用，作用在卫星上的其他力，相比地球引力要小得多，故可按摄动力处理。一般地，卫星在地球引力作用下的运动是二体问题。如果系统由 N 个质量体组成，质量体之间有引力作用，系统不受来自系统外的力的作用，则此称为 N 体问题，如由地球、月球和月球探测器组成的系统为三体问题，由太阳、地球、月球和探测器组成的系统为四体问题。月球探测器、火星探测器等深空探测器要脱离地球飞向其他天体。作用在深空探测器上的力不但有地球的引力，还有月球、太阳或其他天体的引力。建立描述深空探测器的运动方程较为复杂，需要做一定的简化，方程的解也较为复杂。

7.7.1　圆型限制性三体问题的运动微分方程

设空间有三个质点 m_1、m_2 和 m_3，三质点间的相对于惯性空间一参考点 O 的定位矢量如图 7-18 所示。

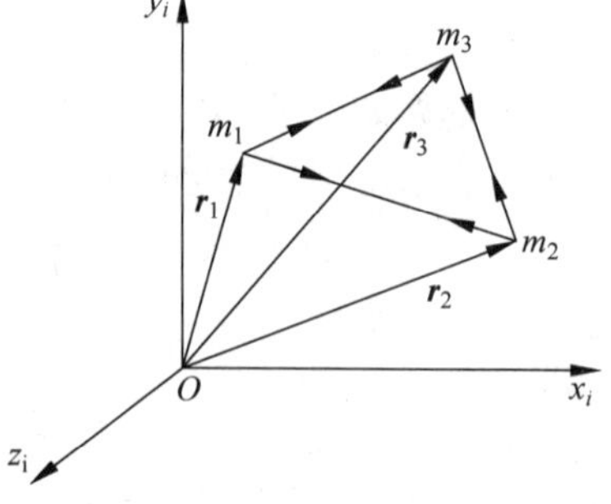

图 7-18　三质点间的相对定位矢量

设由这三个质点所组成的系统不受外界力作用，质点间只存在引力。由牛顿第二定律，描述该三体问题各质点的动力学方程：

$$\begin{cases} \dfrac{d^2\boldsymbol{r}_1}{dt^2} = \dfrac{Gm_2}{\rho_{12}^3}\boldsymbol{\rho}_{12} + \dfrac{Gm_3}{\rho_{13}^3}\boldsymbol{\rho}_{13} \\ \dfrac{d^2\boldsymbol{r}_2}{dt^2} = \dfrac{Gm_3}{\rho_{23}^3}\boldsymbol{\rho}_{23} - \dfrac{Gm_1}{\rho_{12}^3}\boldsymbol{\rho}_{12} \\ \dfrac{d^2\boldsymbol{r}_3}{dt^2} = -\dfrac{Gm_1}{\rho_{13}^3}\boldsymbol{\rho}_{13} - \dfrac{Gm_2}{\rho_{23}^3}\boldsymbol{\rho}_{23} \end{cases} \tag{7-119}$$

式中

$$\begin{cases}\boldsymbol{\rho}_{12}=\boldsymbol{r}_2-\boldsymbol{r}_1\\ \boldsymbol{\rho}_{23}=\boldsymbol{r}_3-\boldsymbol{r}_2\\ \boldsymbol{\rho}_{13}=\boldsymbol{r}_3-\boldsymbol{r}_1\end{cases} \tag{7-120}$$

给定初始条件：

$$\begin{cases}\boldsymbol{r}_1^{(0)}=\boldsymbol{r}_1(t_0), & \boldsymbol{r}_2^{(0)}=\boldsymbol{r}_2(t_0), & \boldsymbol{r}_3^{(0)}=\boldsymbol{r}_3(t_0)\\ \dot{\boldsymbol{r}}_1^{(0)}=\left.\dfrac{\mathrm{d}\boldsymbol{r}_1(t)}{\mathrm{d}t}\right|_{t=t_0}, & \dot{\boldsymbol{r}}_2^{(0)}=\left.\dfrac{\mathrm{d}r_2(t)}{\mathrm{d}t}\right|_{t=t_0}, & \dot{\boldsymbol{r}}_3^{(0)}=\left.\dfrac{\mathrm{d}r_3(t)}{\mathrm{d}t}\right|_{t=t_0}\end{cases}$$

则三体问题的解为

$$\begin{cases}\boldsymbol{r}_1(t)=\boldsymbol{r}_1(\boldsymbol{r}_1^{(0)},\boldsymbol{r}_2^{(0)},\boldsymbol{r}_3^{(0)};\ \dot{\boldsymbol{r}}_1^{(0)},\dot{\boldsymbol{r}}_1^{(0)},\dot{\boldsymbol{r}}_1^{(0)};\ t)\\ \boldsymbol{r}_2(t)=\boldsymbol{r}_2(\boldsymbol{r}_1^{(0)},\boldsymbol{r}_2^{(0)},\boldsymbol{r}_3^{(0)};\ \dot{\boldsymbol{r}}_1^{(0)},\dot{\boldsymbol{r}}_1^{(0)},\dot{\boldsymbol{r}}_1^{(0)};\ t)\\ \boldsymbol{r}_3(t)=\boldsymbol{r}_3(\boldsymbol{r}_1^{(0)},\boldsymbol{r}_2^{(0)},\boldsymbol{r}_3^{(0)};\ \dot{\boldsymbol{r}}_1^{(0)},\dot{\boldsymbol{r}}_1^{(0)},\dot{\boldsymbol{r}}_1^{(0)};\ t)\end{cases} \tag{7-121}$$

$$\begin{cases}\dot{\boldsymbol{r}}_1(t)=\dot{\boldsymbol{r}}_1(\boldsymbol{r}_1^{(0)},\boldsymbol{r}_2^{(0)},\boldsymbol{r}_3^{(0)};\ \dot{\boldsymbol{r}}_1^{(0)},\dot{\boldsymbol{r}}_1^{(0)},\dot{\boldsymbol{r}}_1^{(0)};\ t)\\ \dot{\boldsymbol{r}}_2(t)=\dot{\boldsymbol{r}}_2(\boldsymbol{r}_1^{(0)},\boldsymbol{r}_2^{(0)},\boldsymbol{r}_3^{(0)};\ \dot{\boldsymbol{r}}_1^{(0)},\dot{\boldsymbol{r}}_1^{(0)},\dot{\boldsymbol{r}}_1^{(0)};\ t)\\ \dot{\boldsymbol{r}}_3(t)=\dot{\boldsymbol{r}}_3(\boldsymbol{r}_1^{(0)},\boldsymbol{r}_2^{(0)},\boldsymbol{r}_3^{(0)};\ \dot{\boldsymbol{r}}_1^{(0)},\dot{\boldsymbol{r}}_1^{(0)},\dot{\boldsymbol{r}}_1^{(0)};\ t)\end{cases} \tag{7-122}$$

对于地球-月球-月球探测器组成的三体问题，探测器质点 m 的质量相对其他两个质点（m_1 和 m_2）的质量小得多，这类三体问题称为限制性三体问题。在限制性三体问题中，探测器的存在不会改变地-月（二体问题）的运动，探测器是在地-月的引力作用下运动。所以，研究限制性体问题，可从解决两个大质量构成的二体问题的解入手。

如图 7-19 所示的二体问题的运动微分方程为

$$\begin{cases}m_1\dfrac{\mathrm{d}^2\boldsymbol{r}_1}{\mathrm{d}t^2}=\dfrac{Gm_1m_2}{r^3}\boldsymbol{r}\\ m_2\dfrac{\mathrm{d}^2\boldsymbol{r}_2}{\mathrm{d}t^2}=-\dfrac{Gm_2m_1}{r^3}\boldsymbol{r}\end{cases} \tag{7-123}$$

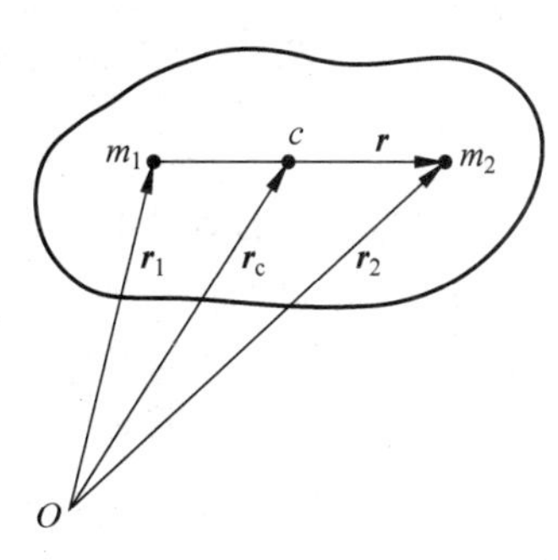

图 7-19　二体问题

上述两式相加，有

$$\frac{\mathrm{d}^2\boldsymbol{r}_c}{\mathrm{d}t^2}=0$$

式中，

$$\boldsymbol{r}_c=\frac{1}{m_1+m_2}(m_1\boldsymbol{r}_1+m_2\boldsymbol{r}_2)$$

积分可得

$$\begin{cases}\dot{\boldsymbol{r}}_c=\boldsymbol{c}_1\\ \dot{\boldsymbol{r}}_c=\boldsymbol{c}_1t+\boldsymbol{c}_2\end{cases}$$

式中，c_1，c_2 为积分常数。

根据牛顿力学理论，可取二体问题的质心为惯性参考点，得到

$$m_1\boldsymbol{r}_1+m_2\boldsymbol{r}_2=\boldsymbol{0}$$

可得

$$\boldsymbol{r}_1 = -\frac{m_2}{m_1}\boldsymbol{r}_2 \tag{7-124}$$

于是，动力学方程写成

$$\begin{cases} \dfrac{\mathrm{d}^2\boldsymbol{r}_1}{\mathrm{d}t^2} = -\dfrac{\mu_1}{r_1^3}\boldsymbol{r}_1 \\ \dfrac{\mathrm{d}^2\boldsymbol{r}_2}{\mathrm{d}t^2} = -\dfrac{\mu_2}{r_2^3}\boldsymbol{r}_2 \end{cases} \tag{7-125}$$

其中：

$$\begin{cases} \mu_1 = \dfrac{Gm_2^3}{(m_1+m_2)^2} \\ \mu_2 = \dfrac{Gm_1^3}{(m_1+m_2)^2} \end{cases}$$

可见，二体问题中两个质点组成的系统的质心 c 在空间作惯性运动，可以取其为惯性参考点。两个质点的轨迹都是以点 c 为焦点的椭圆，两椭圆在同一平面内。在运动过程中，两质点的连线始终过点 c，两质点到 c 的距离满足特定关系式，两椭圆运动的角速度可由下式确定：

$$\omega^2 = \frac{G(m_1+m_2)}{(r_1+r_2)^3} \tag{7-126}$$

当空间两质量体 m_1、m_2 的运动形成之后，运动平面和角速度 ω 即可确定。于是，可以取绕 c 点的定轴转动坐标系为动坐标系，研究航天器相对动坐标系的运动。

7.7.2　两质点之间距离不变的限制性三体问题

如果质点 m_1 和 m_2 之间的距离不变，质点 m_1 和 m_2 绕它们的质心 c 的运动都是平面圆运动，质点 m_1 相对质点 m_2 的运动也是平面圆运动。则称此问题为圆型限制性三体问题。

如图 7-20 所示，建立定轴转动坐标系 $Oxyz$。若取定轴转动坐标系为参考坐标系，则航天器 m 的相对运动动力学方程为

$$\boldsymbol{a}_{\mathrm{r}} = \boldsymbol{F}_1 + \boldsymbol{F}_2 - \boldsymbol{a}_{\mathrm{e}} - \boldsymbol{a}_{\mathrm{c}} \tag{7-127}$$

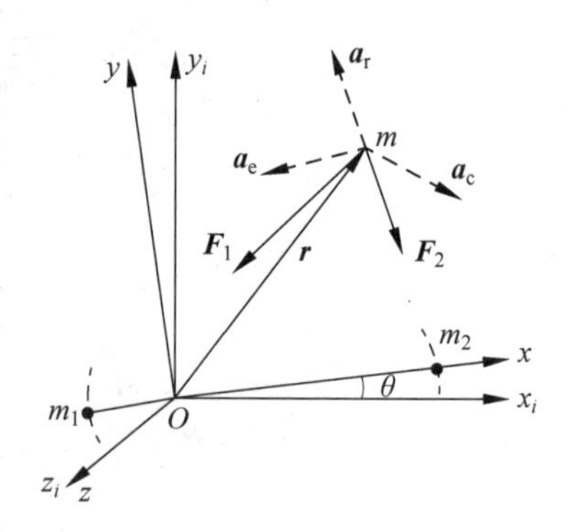

图 7-20　质点之间相对运动分析

式中，$\boldsymbol{F}_1$ 和 $\boldsymbol{F}_2$ 分别为 m_1 和 m_2 对航天器的引力加速度；$\boldsymbol{a}_{\mathrm{e}}$ 和 $\boldsymbol{a}_{\mathrm{c}}$ 为牵连加速度和哥氏加速度。各项在坐标系中的分量形式为

$$\boldsymbol{a}_{\mathrm{r}} = \begin{bmatrix} \ddot{x} \\ \ddot{y} \\ \ddot{z} \end{bmatrix}, \quad \boldsymbol{a}_{\mathrm{e}} = \begin{bmatrix} -\omega^2 x \\ -\omega^2 y \\ 0 \end{bmatrix}, \quad \boldsymbol{a}_{\mathrm{c}} = \begin{bmatrix} -2\omega\dot{y} \\ 2\omega\dot{x} \\ 0 \end{bmatrix}$$

$$\boldsymbol{F}_1 = -\frac{Gm_1}{R_1^3}\begin{bmatrix} x+L_1 \\ y \\ z \end{bmatrix}, \quad \boldsymbol{F}_2 = -\frac{Gm_2}{R_2^3}\begin{bmatrix} x-L_2 \\ y \\ x \end{bmatrix}$$

式中，R_1 为 $m_1 \sim m$ 的距离；R_2 为 m_2 指向 m 的距离；G 为万有引力常数；$\frac{\mathrm{d}\theta}{\mathrm{d}t}=\omega=$常值；$L_1$ 是 $m_1 \sim O$ 点的距离；L_2 是 $m_2 \sim O$ 点的距离。

将方程(7-127)在坐标系 $Oxyz$ 中写成坐标分量形式：

$$\begin{cases} \ddot{x}-2\omega\dot{y}-\omega^2 x=\dfrac{\partial U}{\partial x} \\ \ddot{y}+2\omega\dot{x}-\omega^2 y=\dfrac{\partial U}{\partial y} \\ \ddot{z}=\dfrac{\partial U}{\partial z} \end{cases} \tag{7-128}$$

其中：

$$U=\frac{Gm_1}{R_1}+\frac{Gm_2}{R_2}$$

$$R_1=\sqrt{(x+L_1)^2+y^2+z^2},\quad R_2=\sqrt{(x-L_2)^2+y^2+z^2}$$

式中，L_1 为从 $O \sim m_1$ 的距离；L_2 为从 $O \sim m_2$ 的距离。ω、L_1 和 L_2 都是定值。式(7-128)为圆型限制性三体问题的动力学方程，是非线性方程，为了进一步分析其性质，可将此方程归一化。

有些深空探测问题可以近似为圆型限制性三体问题。如地-月-探测器所组成的三体问题中，月球相对地球运动轨道的偏心率只有 0.0549，可以近似为圆型限制性三体问题；日-地-探测器所组成的三体问题中，地球相对太阳运动轨道的偏心率只有 0.016 72，也可以近似为圆型限制性三体问题。

以下讨论两质点之间距离变化的限制性三体问题。如果质点 m_1 和 m_2 之间的距离为变化量，质点相对于其质心 c 的相对运动为椭圆，可称此类问题为椭圆型限制性三体问题。由于动坐标系的角速度不是常数，$\frac{\mathrm{d}\theta}{\mathrm{d}t}\neq$常值，牵连加速度具有切向分量、法向分量。牵连加速度和科氏加速度分量为

$$\boldsymbol{a}_{\mathrm{e}}=\begin{bmatrix} -\dot{\theta}^2 x \\ -\dot{\theta}^2 y \\ 0 \end{bmatrix}+\begin{bmatrix} -\ddot{\theta}y \\ \ddot{\theta}x \\ 0 \end{bmatrix},\quad \boldsymbol{a}_{\mathrm{c}}=\begin{bmatrix} -2\dot{\theta}\dot{y} \\ 2\dot{\theta}\dot{x} \\ 0 \end{bmatrix}$$

相应方程在坐标系 $Oxyz$ 中的分量形式为

$$\begin{cases} \ddot{x}-2\dot{\theta}\dot{y}-\dot{\theta}^2 x-\ddot{\theta}y=\dfrac{\partial U}{\partial x} \\ \ddot{y}+2\dot{\theta}\dot{x}-\dot{\theta}^2 y+\ddot{\theta}x=\dfrac{\partial U}{\partial y} \\ \ddot{z}=\dfrac{\partial U}{\partial z} \end{cases}$$

其中，$U=\frac{Gm_1}{R_1}+\frac{Gm_2}{R_2}$；$R_1=\sqrt{(x+L_1)^2+y^2+z^2}$；$R_2=\sqrt{(x-L_2)^2+y^2+z^2}$。$L_1$ 为从 $O \sim m_1$ 的距离；L_2 为从 $O \sim m_2$ 的距离；ω、L_1 和 L_2 是由两个质量 m_1 和 m_2 的运动所确

定的已知量。

对于上述非线性方程，难以求得解析解。如果能求得首次积分，也可为运动分析提供很大帮助。具体来说，可以采用能量守恒等原理，得到首次积分，进而分析运动。有一些特殊解（平动点）是可以得到的，它们对于进一步研究三体问题很有用。平动点是指相对于动参考系保持静止的点，即相对坐标不随时间变化。可以得到太阳-地球系统和地球-月球系统的5个拉格朗日点的具体参数。有分析指出，拉格朗日点指受两大物体引力作用下，能使小物体稳定的点。一个小物体在两个大物体的引力作用下在空间中的一点，在该点处，小物体相对于两大物体基本保持静止。在每个由两大天体构成的系统中，按推论有5个拉格朗日点，但只有两个是稳定的，即小物体在该点处即使受外界引力的摄扰，仍然有保持在原来位置处的倾向，每个稳定点同两大物体所在的点构成一个等边三角。天文学上有发现运动于木星轨道上的小行星在木星和太阳的作用下处于拉格朗日点上。

思 考 题

7.1 工程装备系统中的变质量动力学分析有哪些关键步骤？结合实例说明建立模型方程和求解的步骤和方法。

7.2 导弹运动方程建立的过程如何？

7.3 运载火箭方程建立的过程如何？

7.4 什么是三体问题？如何建立圆型、椭圆型限制性三体问题的方程？

第8章　动力学系统控制

8.1　概　　述

稳定性是反映系统性能优劣的重要指标，为了达成稳定性目标，往往要求开发各种技术措施来减少动力或振动对系统结构本身的损害，或者减少动力或振动对系统外围设备的影响。总的来说，动力学控制可以根据有无外部能源供给来分类，有主动控制和被动控制两大类方法。如果对于某个振动问题，采用某一类技术不太奏效，可以采用复合技术来作为控制对策。目前，这些减振技术或理论在汽车发动机悬置部件优化设计等方面已有较为有效的应用成果。

系统振动的被动控制技术，或称为无源减振技术，如隔振、动力减振、摩擦减振和冲击减振等。这种技术结构简单，且经济性、可靠性好。减振技术的实现途径，可通过在振动物体上附加特殊装置或材料，使其在与振动体相互作用过程中吸收或消耗振动能量，从而降低振动体的振动强度。但该类技术对低频、超低频及宽频带随机振动的控制效果有限。

系统振动的主动控制技术依靠附加的能源提供能量来支持减振装置工作，又称有源减振技术，其适应性强，尤其是适用于超低频、宽频带振动抑制，逐步受到工程界的重视。主动减振装置主要有传感单元、控制单元和作动单元等基本部分组成。目前，大型发电机组的转子-轴承系统的振动控制、大型柔性结构（机器人柔性手臂）的振动控制、高速飞机机翼颤振抑制等方面已采用一些有效的主动减振技术。主动减振在航空、航天、精密仪表、车辆工程和高层建筑与大跨度桥梁等方面不断得到推广应用。

从工程实践来看，有一些振动控制元件是常用的，包括：

(1) 隔振技术元件。主要是用来切断振动传递，常用的隔振元件有板簧、卷簧、橡胶垫、空气弹簧等。许多精密仪器的隔振台就是为了不让周围环境的振动传到仪器上来。车辆发动机的橡胶垫则是为了不让发动机的振动传到车身上去。

(2) 阻尼技术元件。主要是用来降低共振振幅，工业产品中大量使用的金属材料内部阻尼非常小，可对其表面进行阻尼处理，如在金属表面贴上黏弹性材料层，提高整个结构的阻尼系数，或者把黏弹性材料粘贴在两个薄板之间，形成一种三明治结构，这种方法称为约束阻尼层处理技术。

(3) 吸振技术元件。主要是应用动力吸振器，在原有系统上安装一个由质量-弹簧-阻尼元件组成的附加振动系统（子系统），调节子系统的固有频率及其阻尼特性，降低原有系统在该频率处的振动，把原有系统的振动能量转移到子系统中并消耗掉，吸振措施是控制单频或窄带振动的重要方法。

另外，现代设计理论提出，可把上述技术运用在产品设计阶段，通过引入计算机辅助工程（CAE）技术对结构进行不断修改和动态优化，降低对外界激励的响应，从源头上避免振动问题。特别地，有一类动力学控制问题要特别注意，即系统的共振问题。例如，某个单自由度系统的频率响应曲线如图 8-1 所示。

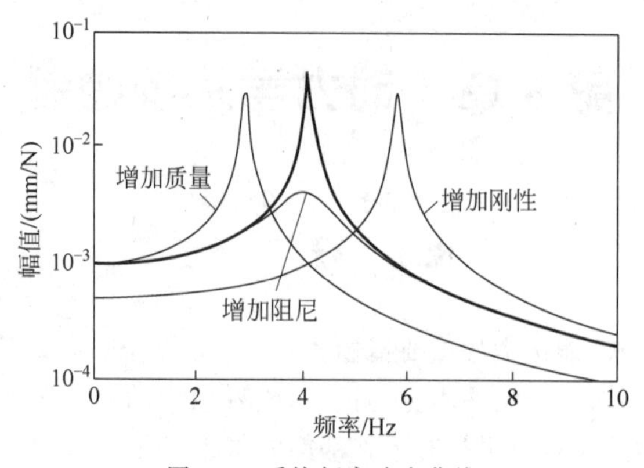

图 8-1　系统频率响应曲线

该系统的固有频率约为 4Hz,如果外界激励力也为 4Hz,就会引起共振。可有以下一些应对方法：

(1) 增加质量。可以通过增加质量减小频率,避免共振。

(2) 增加刚性。增加刚性来增大频率,设法避开激励力频率,避免共振。

(3) 增加阻尼。通过增加阻尼也可以抑制共振问题。

但在设计过程中,要注意,仅仅增加质量会导致系统的成本增加,出现能耗过高等问题,这些相互矛盾的因素,要在动力学建模仿真和产品设计中综合考虑。

8.2　动力吸振器设计及建模

动力学吸振器得到较多的应用,可设计出被动式动力吸振器、主动式动力吸振器。此处,先做基本原理及模型分析。

8.2.1　有阻尼吸振器模型

为了将主系统的振动能量转移出去,设计一个带有阻尼环节的子系统,这种安装在主振动系统上的子振动系统称为动力吸振器。图 8-2 为一个动力吸振器的模型。

主系统由质量 M 和弹簧 K 组成,其固有振动角频率为 Ω。动力吸振器子系统是由质量 m、弹簧 k、阻尼 c 所组成。图 8-2 所示的二自由度系统的振动方程：

$$\begin{cases} M\ddot{x}_1 + c(\dot{x}_1 - \dot{x}_2) + Kx_1 + k(x_1 - x_2) = F \\ m\ddot{x}_2 + c(\dot{x}_2 - \dot{x}_1) + k(x_1 - x_2) = 0 \end{cases} \tag{8-1}$$

设简谐激励力为

$$F(t) = F_0 e^{j\omega t} \tag{8-2}$$

则系统响应表示为

$$x_1 = X_1 e^{j\omega t}, \quad x_2 = X_2 e^{j\omega t}$$

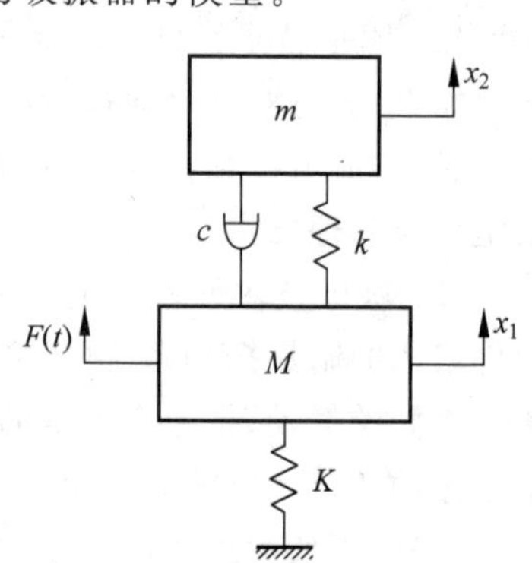

图 8-2　动力吸振器的模型

代入二自由度系统的振动方程可以导出：

$$X_1=\frac{-m\omega^2+\mathrm{j}\omega c+k}{(-M\omega^2+\mathrm{j}\omega c+K+k)(-m\omega^2+\mathrm{j}\omega c+k)-(\mathrm{j}\omega c+k)^2}F_0 \tag{8-3}$$

可以进一步应用$\left|\frac{a+\mathrm{j}b}{c+\mathrm{j}b}\right|=\sqrt{\frac{a^2+b^2}{c^2+d^2}}$的关系，推出主振动系统的振幅大小：

$$|X_1|=\sqrt{\frac{(k-m\omega^2)^2+(\omega c)^2}{[(K-M\omega^2)(k-m\omega^2)-mk\omega^2]^2+[K-(M+m)\omega^2]^2(\omega c)^2}}F_0 \tag{8-4}$$

将式(8-4)各项同除以$(Mm)^2$，并引入以下各项：

质量比：$\mu=\frac{m}{M}$；阻尼比：$\zeta=\frac{c}{2\sqrt{mk}}=\frac{c}{2m\omega_n}$；强迫振动频率比：$\lambda=\frac{\omega}{\Omega_n}$；固有频率比：$\gamma=\frac{\omega_n}{\Omega_n}$。

设静变形为

$$X_{st}=\frac{F_0}{K} \tag{8-5}$$

整理可得

$$\frac{|X_1|}{|X_{st}|}=\sqrt{\frac{(\gamma^2-\lambda^2)^2+(2\lambda\gamma\zeta)^2}{[(1-\lambda^2)(\gamma^2-\lambda^2)-\mu\gamma^2\lambda^2]^2+[1-(1+\mu)\lambda^2]^2(2\lambda\gamma\zeta)^2}} \tag{8-6}$$

式(8-6)称为动力吸振器作用下的主振动系统的振幅倍率。

由式(8-6)可知，如给出质量比μ和固有频率比γ，计算出振幅或振幅比等，并可绘制出阻尼比-振幅倍率曲线，即几种不同阻尼比情况下的振幅倍率曲线，如图 8-3 所示。

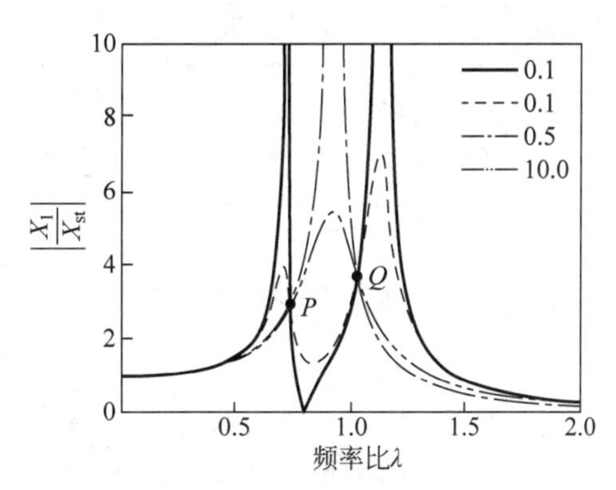

图 8-3　振幅倍率曲线($\mu=0.2,\gamma=0.8$)

讨论以下几种情况：

(1) 当阻尼无限大时，相当于动力吸振器被固定在主振动系上，从而变成一个无阻尼单自由度系统的振动，共振振幅为无限大。

(2) 当阻尼为 0 时，动力吸振器的作用是将原系统的共振频率分解为两个新的共振频率，振幅仍为无限大。

(3) 阻尼值在区间(0,+∞)内，寻求最优值。在图 8-3 中，不同阻尼比的曲线有两个共同的交点 P、Q。P、Q 点的位置不受阻尼的影响，称为定点现象。利用定点现象进行动力吸振器的最优设计方法分为几个步骤。首先，从图 8-3 观察，要使主振动系的振幅最小，设法使 P、Q 点等高，并且使它们为曲线上的最高点；另外一种情况，P、Q 点的位置不受阻尼的影响，却受固有频率比 γ 的影响。因此，动力学吸振器优化设计的第一个任务就是寻找最佳固有频率比 γ，以及 P、Q 点等高，优化设计的下一步则是寻找最佳阻尼，使得 P、Q 点为曲线上的最高点。

对于图 8-2 所示的系统模型，可以代入具体的参数计算有阻尼动力消振器系统的幅频响应等。例如，设 $K=k_1, M=m_1, k=k_2, m=m_2, F(t)=F_1\sin\omega t$，则可得到如图 8-4 所示的力学模型。

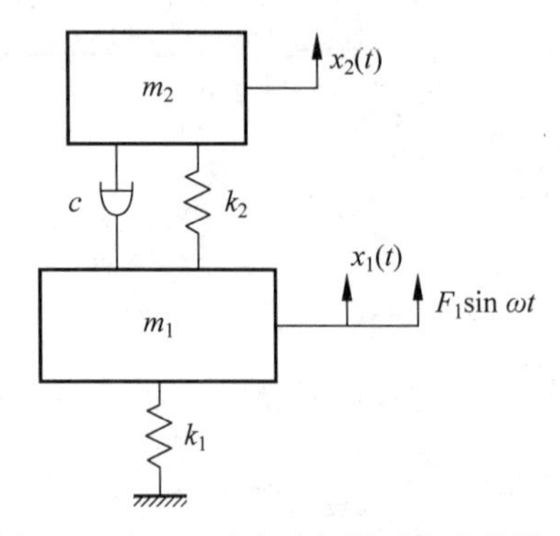

图 8-4　有阻尼动力消振器系统力学模型

由主系统和含有阻尼元件的阻尼减振器构成的二自由度系统，分析阻尼对其减振效果的影响。该系统的运动方程为

$$\begin{cases} m_1\ddot{x}_1(t)+c[\dot{x}_1(t)-\dot{x}_2(t)]+(k_1+k_2)x_1(t)-k_2x_2(t)=F_1\sin\omega t \\ m_2\ddot{x}_2(t)+c[\dot{x}_2(t)-\dot{x}_1(t)]+k_2[x_2(t)-x_1(t)]=0 \end{cases} \tag{8-7}$$

令 $\zeta=\dfrac{c}{2\sqrt{k_2m_2}}$，$\omega_a=\omega_n$，$\mu=1/20$，主系统的幅频响应曲线如图 8-5 所示。

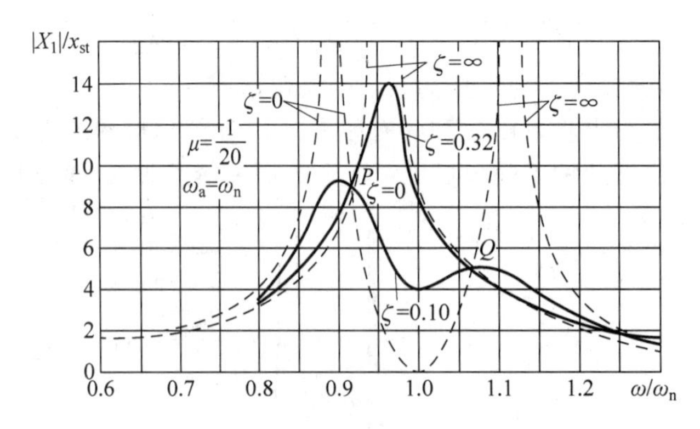

图 8-5　主系统的幅频响应曲线

可见，当 $\zeta=0$，则为无阻尼吸振器的情况；当 $\zeta\to+\infty$，两质量 m_1、m_{12} 之间没有相对运动，系统成为一个单自由度的情况，其幅频曲线只有一个峰。当阻尼介于 0 和 $+\infty$ 之间时，主系统的频率响应曲线则介于上述两种情况之间。图中给出了 $\zeta=0.10$、$\zeta=0.32$ 时的两条曲线，可以看到，阻尼的存在使 m_1 的共振振幅减小。而在有阻尼的情况下，当 $\omega=\omega_n$ 时，并不能完全消除主系统的振幅，而且这时主系统的振幅随阻尼的增大而增大。另外，图 8-5 中的所有曲线都交于 P、Q 两点，这表明，对应于 P、Q 两点的频率，$|X_1|$ 值与阻尼无关。

8.2.2　无阻尼动力减振器

如图 8-6 所示。单自由度系统中 m_1 为机器的等效质量，k_1 为其安装刚度或地基的刚度。设机器上受到不平衡质量的激励或外加激励 $F_1\sin\omega t$，而机器在铅垂方向上的振动位移为 $x(t)$。对于这种结构，若激励的频率 ω 接近系统的自然频率 ω_n，激起强烈的共振，机器无法正常工作。虽然可采用加平衡质量进行平衡，或改变系统自然频率防止共振等，但是，在工程实际中由于环境等条件限制，以上措施往往难以施行或奏效，则可采用附加减振装置的方法。即在原系统上外加一个质量为 m_2、刚度为 k_2 的子系统与原系统构成一个二自由度系统，如图 8-6(b)所示。

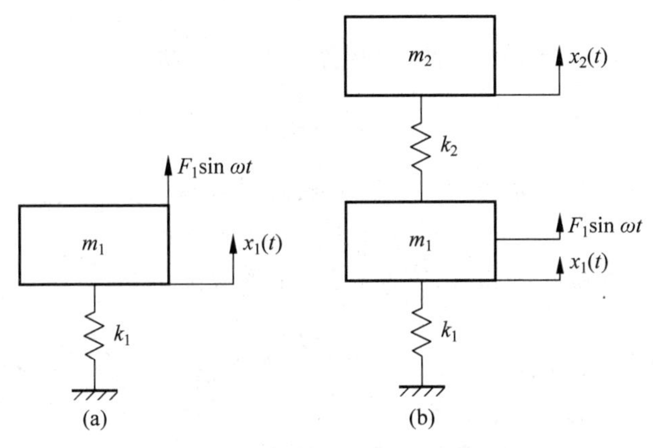

图 8-6　无阻尼动力减振器

(a) 单自由度系统；(b) 二自由度系统

通过选择适当的参数 m_2、k_2，可使 m_1（机器）的振幅降为零。这里 m_1 与 k_1 为主系统，而 m_2、k_2 构成减振器。该二自由度系统的运动方程写成

$$\begin{cases} m_1\ddot{x}_1(t)+(k_1+k_2)x_1(t)-k_2x_2(t)=F_1\sin\omega t \\ m_2\ddot{x}_2(t)-k_2x_1(t)+k_2x_2(t)=0 \end{cases} \tag{8-8}$$

上述方程的稳态解为

$$x_1(t)=X_1\sin\omega t,\quad x_2(t)=X_2\sin\omega t \tag{8-9}$$

式中

$$\begin{cases} X_1=\dfrac{(k_2-\omega^2m_2)F_1}{(k_1+k_2-\omega^2m_1)(k_2-\omega^2m_2)-k_2^2} \\ X_2=\dfrac{k_2F_1}{(k_1+k_2-\omega^2m_1)(k_2-\omega^2m_2)-k_2^2} \end{cases} \tag{8-10}$$

引入下列符号：

$x_{st}=F_1/k_1$，为主系统的静变形；

$\omega_n=\sqrt{k_1/m_1}$，为主系统的自然频率；

$\omega_a=\sqrt{k_2/m_2}$，为减振器的自然频率；

$\mu=m_2/m_1$，为减振器质量与主系统质量之比。

式(8-10)可写为

$$\begin{cases} X_1=\dfrac{[1-(\omega/\omega_a)^2]x_{st}}{[1+\mu(\omega_a/\omega_n)^2-(\omega/\omega_n)^2][1-(\omega/\omega_a)^2]-\mu(\omega_a/\omega_n)^2} \\ X_2=\dfrac{x_{st}}{[1+\mu(\omega_a/\omega_n)^2-(\omega/\omega_n)^2][1-(\omega/\omega_a)^2]-\mu(\omega_a/\omega_n)^2} \end{cases} \tag{8-11}$$

由式(8-11)可见，当 $\omega_a=\sqrt{k_2/m_2}=\omega$，有

$$X_1=0,\quad X_2=-\left(\frac{\omega_n}{\omega_a}\right)\frac{x_{st}}{\mu}=-\frac{F_1}{k_2}$$

相应地，有

$$x_1(t)=0,\quad x_2(t)=-\frac{F_1}{k_2}\sin\omega t$$

由此对主系统及减振器的运动分析，此时的主系统静止不动，而减振器以一定规律运动，即

$$x_2(t)=-\frac{F_1}{k_2}\sin\omega t \tag{8-12}$$

另外，此时主系统上所受合力为零。因为减振器对主系统的作用力 $k_2x_2(t)=-F_1\sin\omega t$，主系统上作用的激振力 $F_1(t)=F_1\sin\omega t$。两者大小相等、方向相反，主系统上所受合力为零。

可进一步分析反共振现象。当 $\omega=\omega_a=\omega_n$ 时，$X_1=0$，可完全消除机器的振动。X_1/x_{st} 与 ω/ω_n 之间的关系如图 8-7 所示，该关系称为主系统的振幅频率响应曲线。

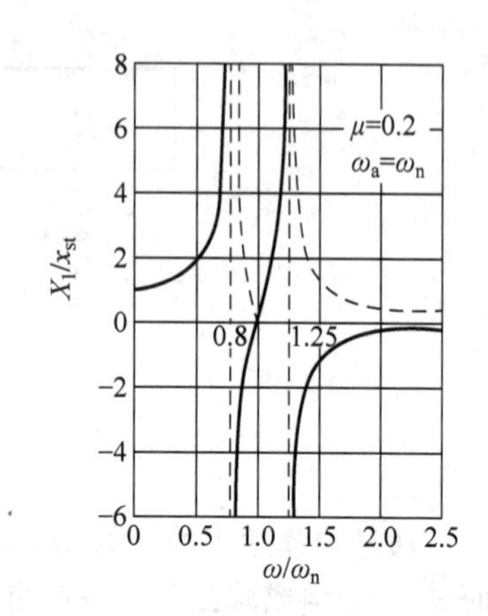

图 8-7　主系统的振幅频率响应曲线

采用减振器，使系统由一个自由度变为两个自由度，原来的一个共振频率就分裂为两个共振频率。因此，当激振力的频率在较大范围内改变时，减振器的使用则有可能增加共振的机会。令式(8-11)中分母为零，即得频率方程。

$$[1+\mu(\omega_a/\omega_n)^2-(\omega/\omega_n)^2][1-(\omega/\omega_a)^2]-\mu(\omega_a/\omega_n)^2=0 \tag{8-13}$$

在 $\omega_n=\omega_a$ 时，式(8-13)成为

$$[1+\mu-(\omega/\omega_n)^2][1-(\omega/\omega_a)^2]-\mu=0 \tag{8-14}$$

即

$$\lambda^4-(2+\mu)\lambda^2+1=0 \tag{8-15}$$

式中，$\lambda^2=(\omega/\omega_n)^2$。解得

$$\begin{cases}\lambda_1^2\\ \lambda_2^2\end{cases}=\frac{2+\mu\pm\sqrt{(2+\mu)^2-4}}{2}=1+\frac{\mu}{2}\pm\sqrt{\frac{\mu^2}{4}+\mu} \tag{8-16}$$

而两个自然频率为

$$\begin{cases}\omega_1^2\\ \omega_2^2\end{cases}=\omega_n^2\left(1+\frac{\mu}{2}\pm\sqrt{\frac{\mu^2}{4}+\mu}\right) \tag{8-17}$$

由式(8-17)可见，加了减振器后系统的两个共振频率 ω_1、ω_2 分别大于和小于原来单自由度系统的共振频率 ω_n。

上述减振装置设计中并未加入阻尼，这种系统只有当 $\omega=\omega_a=\omega_n$ 时才能获得良好的减振效果，因此被称为“调谐”减振器。利用类似的途径，已经有不少具体的减振措施是采用该类吸振器设计的基本原理。

当然，为了改善在激振频率 ω 偏离减振器谐振频率 $\omega_a=\omega_n$ 时的减振效果，其方法之一是在减振装置中加入某种特定的阻尼。

按照有阻尼的模型分析，可以求得最优同调频率比。也就是说，当动力吸振器的固有频率为主振动系固有频率的 $1/(1+\mu)$ 倍时，两个定点 P、Q 的振幅相等。可以求得 P、Q 点在

频率轴上的位置，得到定点的振幅。

需要说明的是，以上推导动力吸振器的最优设计准则，着眼点是主振动系的振幅，讨论的是单自由度系统的振动控制。质量比($\mu=m/M$)是吸振器的质量与主振动系的实际质量之比。对于弹性连续体结构的振动控制，M 并不是结构的整体质量，而是指吸振器安装位置的等效质量。

影响动力吸振器性能的因素还有阻尼性能的经时变化、主振动系本身动特性的变化、外部动载荷的变化。动力吸振器质量越大，其控制效果越好，但会与产品的节能和低成本要求矛盾，因此，要对结构本身进行优化设计。

在工程实际中，需要振动控制的地方往往阻尼很小，上述针对无阻尼系统的动力吸振器设计方法还是具有很大的实用价值。如果考虑主振动系的阻尼，不能简单套用定点(P、Q 点)理论，需要运用数值方法进行优化设计。

8.2.3　几种减振方案与模型设计

1. 旋转机械被动隔振

按照被动隔振的基本原理，被动隔振技术的特点是将减振材料加在机器与基础之间，这样可以减弱机器工作过程中对基础的影响，或者用于减弱基础运动对机器的作用。单级被动减振常用于旋转机械的设计。如图 8-8 所示为旋转机械被动减振。

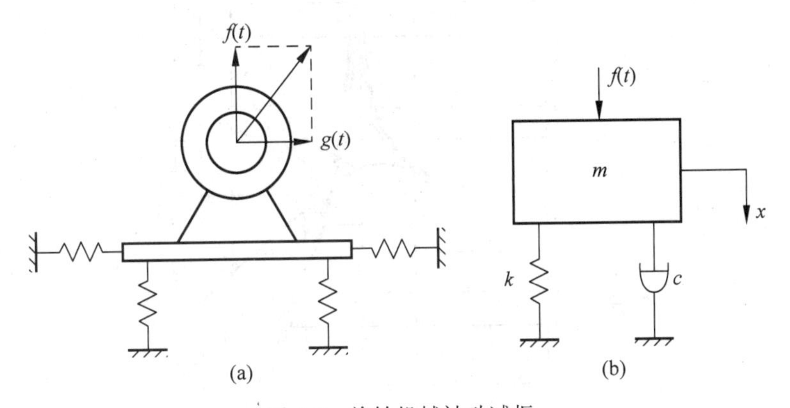

图 8-8　旋转机械被动减振

旋转机械在工作过程中产生的离心力，可能对基础有较大的振动激励作用，但由于采用了被动减振技术(减振器变形)，使得旋转机械离心力对基础的扰动减小。

图 8-8(b)为垂直方向的纵向振动模型，旋转机械质量为 m，减振器刚度系数为 k，阻尼系数为 c，机器沿垂直方向位移为 x，偏心质量离心力的垂直分量为 $f(t)$：

$$m\ddot{x}+c\dot{x}+kx=f(t) \tag{8-18}$$

对于该单级隔振系统，输入量是 $f(t)$。设输出量是 $f(t)$作用给基础后的扰动力 $n(t)$。扰动力 $n(t)$，可由下式确定：

$$n(t)=c\dot{x}+kx \tag{8-19}$$

按照控制理论，将上述两式进行拉氏变换，扰动力对激振力的传递函数：

$$G_1(s)=\frac{cs+k}{ms^2+cs+k} \tag{8-20}$$

将 $s=\mathrm{j}\omega$ 代入(8-19),扰动力对激振力的频率特性:

$$G(\mathrm{j}\omega)=\frac{\mathrm{j}c\omega+k}{-m\omega^2+\mathrm{j}c\omega+k} \tag{8-21}$$

可将上述频率特性化为幅频特性和相频特性分析。幅频特性表示线性系统对简谐激励响应的灵敏度,即幅频特性曲线可用来评价减振性能的品质指标,评价受简谐激励的系统的减振能力。将式(8-20)分解为实部和虚部,经整理可得幅频特性的解析式:

$$R(\omega)=\sqrt{\frac{\omega_{\mathrm{n}}^2(1+4\zeta^2\omega^2)}{(\omega_{\mathrm{n}}^2-\omega^2)^2+4\zeta^2\omega_{\mathrm{n}}^2\omega^2}} \tag{8-22}$$

定义频率比(激振频率与减振系统无阻尼固有频率之比):

$$g=\frac{\omega}{\omega_{\mathrm{n}}} \tag{8-23}$$

用 $T_{\mathrm{a}}(g)$表示幅频特性 $R(\omega)$,经整理可得以频率比为变量的单级减振系统的绝对率传递公式:

$$T_{\mathrm{a}}(g)=\sqrt{\frac{1+4\zeta^2g^2}{(1-g^2)^2+4\zeta^2g^2}} \tag{8-24}$$

式中,$T_{\mathrm{a}}(g)$为绝对传递率;ζ 为阻尼参数。

作为示例,图 8-9 为某单级被动减振系统的绝对传递率曲线。

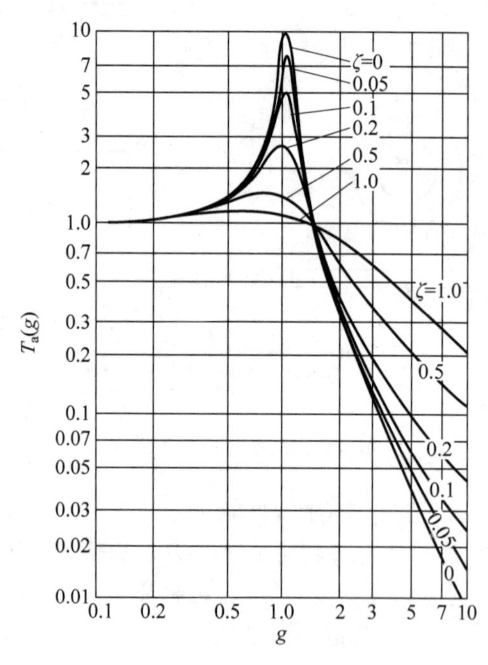

图 8-9 绝对传递率曲线

图 8-9 坐标按对数值均匀刻度来表示,由图可见,当频率比大于$\sqrt{2}$时,隔振系统才有较好的减振性能,且频率比越大,减振能力越强。

2. 阻尼减振设计

按照阻尼减振技术的功能来看,阻尼是将机械振动能量转变成热能或其他形式的能量耗散掉或损耗掉,从而达到减振的目的,以提高机械结构的抗振性、增强系统的动态稳定性。

阻尼减振技术装置有黏滞阻尼减振器、固体阻尼材料减振器等。黏滞阻尼减振器如图 8-10 所示，设主系统由 m_1、k_1 组成，而黏滞阻尼减振器由 m_2 和黏滞阻尼器 c 组成。黏滞阻尼减振器可以在某一频率范围内工作，这种减振器常做成扭转形式，用来降低扭振系统的振动。

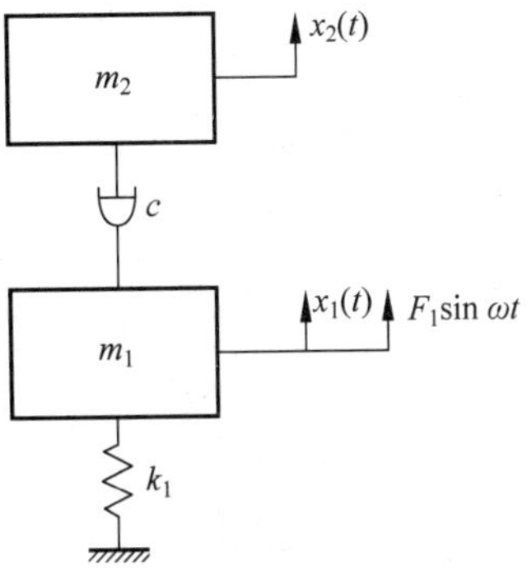

图 8-10　黏滞阻尼减振器

另外，固体阻尼材料减振器的材料的内阻尼具有能抑制振动的功能，选择具有高阻尼的材料贴附在振动结构上形成阻尼层，就可起到耗散振动能量、抑制振动的作用。工程中常用高分子材料聚合物作为阻尼结构材料。

流体摩擦减振是利用增加阻尼力来抑制原系统的振动响应。对于单自由度有阻尼振动系统，可以导出振动位移对激振力的传递函数。而当振动系统受到常值力作用时，静态位移确定。可进一步定义阻尼消振系统的动力放大系数如下：

$$A(g)=\frac{x_0}{x_{\mathrm{st}}}=\frac{1}{[(1-g^2)^2+4\zeta^2 g^2]^{1/2}} \tag{8-25}$$

式中，ζ 为振动系统的阻尼比；g 为频率比。图 8-11 所示为阻尼比为参数的幅频响应曲线示例。

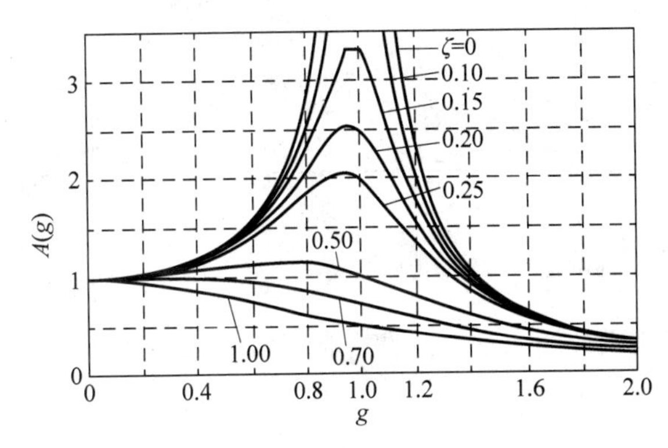

图 8-11　阻尼消振系统的动力放大系数

单自由度的阻尼消振系统的动力放大系数实际上是系统位移对激振力的幅频特性。如增加阻尼，动力放大系数在整个频带上都会降低，因此，阻尼消振可对随机振动在内的宽带振动进行抑制。增大阻尼对于共振抑制最为明显，不仅可以用于单自由度系统，也可以用于多自由度系统和弹性振动系统。

3. 多重动力吸振器

在设计方面，可以将一个动力吸振器的质量一分为二或四等，形成多重动力吸振器，如图 8-12 所示。

其最优设计原则为

最优同调：$\gamma_{\mathrm{opt1}}=\dfrac{\omega_{\mathrm{n1}}}{\Omega_{\mathrm{n}}}=0.403(\mu+0.13)^{-0.434}$，　$\gamma_{\mathrm{opt2}}=\dfrac{\omega_{\mathrm{n2}}}{\Omega_{\mathrm{n}}}=1.04-0.72\mu$

最优阻尼：$\zeta_{\mathrm{opt1}}=(0.0568\mu)^{0.285}-0.065$，　$\zeta_{\mathrm{opt2}}=(0.327\mu)^{0.377}-0.062$

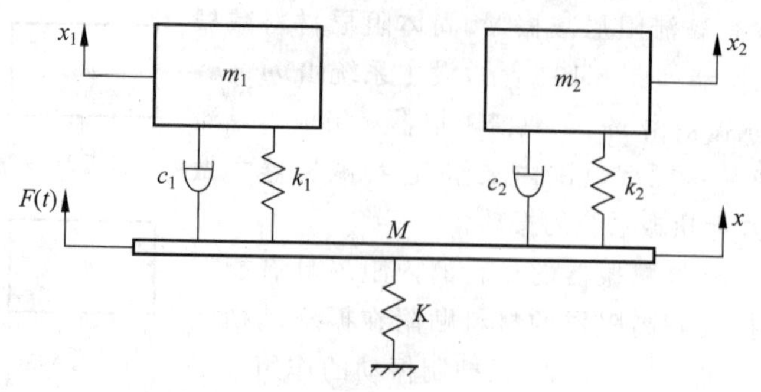

图 8-12　多重动力吸振器(二重动力型)

$$\text{最大振幅倍率：}\left|\frac{X_1}{X_{st}}\right|_{max}=0.827(0.02+\mu)^{-0.62}$$

由图 8-13 可见,二重动力吸振器的控制效果要更好。

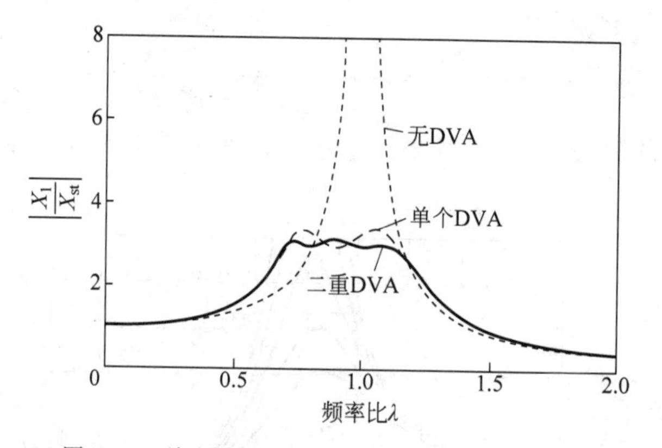

图 8-13　单个动力吸振器与二重动力吸振器比较

图 8-14 为利用板簧设计的二重动力吸振器,可通过板簧长度调节与黏性弹性材料厚度调节,实现最优设计。

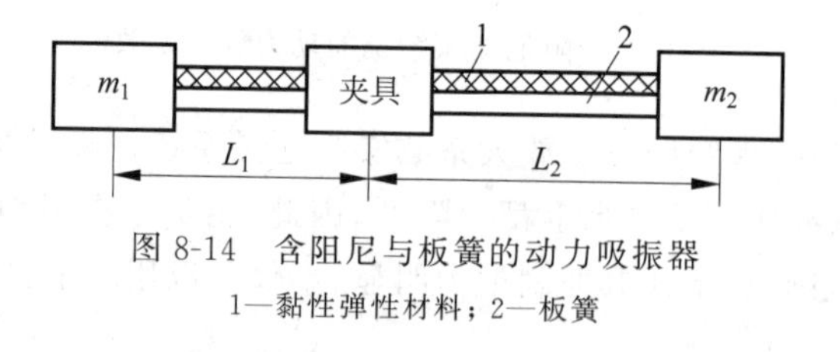

图 8-14　含阻尼与板簧的动力吸振器

1—黏性弹性材料；2—板簧

采用动力减振器实现减振需要一些条件,例如,当机器设备因某一确定性干扰频率激励而产生振动响应,具有安装辅助质量的可能(可通过在该设备上附加一个辅助质量,用弹簧元件和阻尼元件使之与主质量相连接)。当主系统振动时,这个辅助质量也随之振动,可利用辅助质量的动力作用,使其加到主系统上的动力(力矩)与激振力(或力矩)互相抵消,使主系统的振动得到抑制。具备上述特征和功能的附加系统就称为动力减振器。

4. 冲击吸振器设计

作为利用附加质量控制主振动系振动的又一种方式,图 8-15 所示为冲击吸振器的模型。图 8-15(a)是只有一个冲击块的模型,图 8-15(b)是粒子冲击吸振器(称为豆包阻尼)。

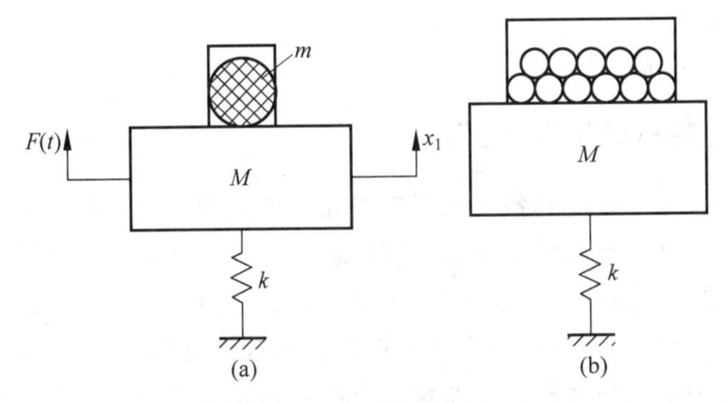

图 8-15　冲击吸振器的模型

图 8-16 为微粒冲击吸振器的阻尼效果示例(一定质量比情况下),该研究在粒子总质量与主振动系的质量之比保持相同的情况下,用铅、不锈钢、普通钢、丙烯酸树脂等做成的阻尼球体分别进行系统振动的实验,实验表明,粒子冲击吸振器均具有良好的阻尼效果。而且对于同一类阻尼球体,粒子的个体越多,阻尼效果越好。

图 8-17 为冲击块减振器的动力学模型。在振动体上安装一个起冲击作用的冲击块,利用两物体相互碰撞后动能损失的原理,实现振动能量的消耗。当系统振动时,冲击块将反复地冲击振动体,消耗振动能量,达到减振的目的。

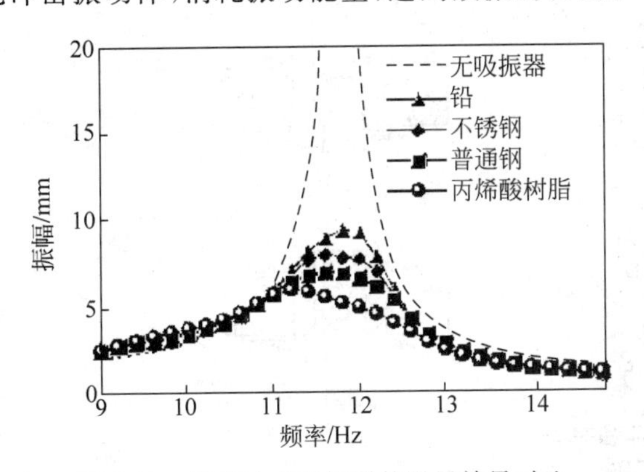

图 8-16　微粒冲击吸振器的阻尼效果对比

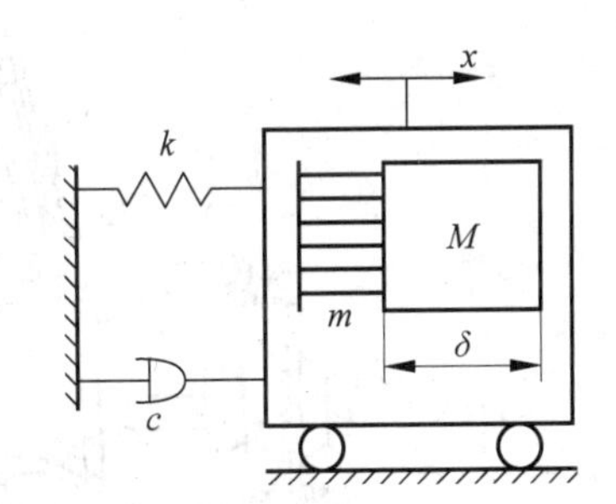

图 8-17　冲击块减振器的动力学模型

从冲击消振的原理来看,由于存在冲击与碰撞作用,冲击消振系统是非线性振动系统。可先设主振动系统受到简谐激振力作用,列写两次碰撞之间的冲击消振系统动力学方程,并利用初始条件,得到活动质量 m 与主质量 M 位移的解析式,求出冲击消振的周期解。冲击消振的周期解是否存在取决于其周期运动的稳定性,具体推导过程从略。

8.3　隔振元件特征及其模型

工程实际中,利用无源减振或振动控制原理,可以设计各类型减振器,如:

(1) 弹性件与黏性阻尼件并联的减振器。

(2) 弹性件与阻尼件串并联的减振器。

(3) 橡胶元件减振器。

(4) 积层橡胶减振器。

(5) 空气弹簧减振器。

8.3.1 弹簧类隔振材料、元件

隔振材料或隔振元件必须具备支承运转设备动力负载、又有良好弹性恢复的能力。工程中常用弹簧类隔振材料有金属弹簧(螺旋弹簧、钢板弹簧和扭杆弹簧)、气体弹簧、橡胶、软木、毡类等。金属弹簧隔振器刚度范围大、承载力大、性能稳定,在通用机械、矿山机械、交通车辆上应用较多。其缺点是阻尼小,抑制共振振幅的效果有限,而且在高频激励下易形成驻波。气体弹簧可分为空气弹簧和油气弹簧。空气弹簧是在橡胶气囊密封容器中充入压缩气体,利用气体的可压缩性实现其弹性作用。具体结构设计可分为双曲囊式空气弹簧和膜式空气弹簧两种。空气弹簧具有较理想的非线性弹性特性,其刚度和承载力等可调节,固有频率低,使用寿命长,具有轴向、横向和旋转方向的综合隔振作用。目前,在一些振动机械中采用囊式空气弹簧隔振器,在汽车悬架系统中可采用膜式空气弹簧隔振器。

油气弹簧以油液作为传力介质、以氮气等作为弹性介质。通常油气弹簧液压缸内安装有阻尼阀装置,当油液流过阻尼阀时,将产生一定的阻尼力,进而衰减系统的振动能量。油气弹簧的结构如图 8-18 所示。

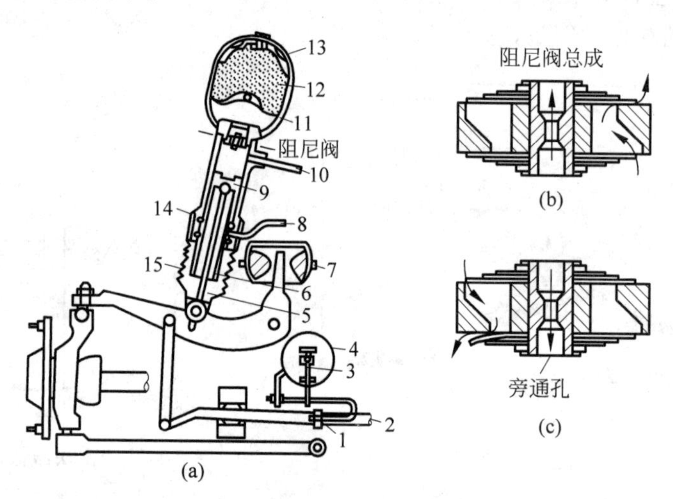

图 8-18 油气弹簧结构示意图

(a) 结构图;(b) 压缩行程;(c) 拉伸行程

1—控制杆卡座;2—抗侧倾杆;3—控制杆平衡杆;4—高度调节阀;5—活塞杆;6—活塞;7—限位块;8—回油管;9—缸体;10—进油管;11—隔膜;12—氮气;13—球形弹簧;14—密封圈;15—防尘罩

油气弹簧主要用在军用车辆、矿用车辆和豪华轿车上。其中液压缸中的油液除传递压力外,它还具有车身高度调节、车身减振、悬架刚性闭锁、辅助密封气体及润滑零件、调节气室容积等功能。

另外,有时采用复合弹簧隔振器结构,其是由金属螺旋弹簧和橡胶复合为一体的弹性体,具有力学性能稳定、承受载荷大、隔振降噪效果好等优点,适用于矿山、冶金、煤炭等行业的大型振动设备。车辆所使用的弹簧有其特殊性,轿车的悬架系统有的使用卷簧(载货汽车

则多用板簧)。卷簧可以承受压缩、拉伸以及扭转载荷。在隔振系统中,主要使用压缩弹簧。高级轿车或高速列车也有在悬架系统中采用空气弹簧,减少振动并增加乘坐舒适性。空气弹簧结构优化设计很关键,其上下两个气囊由人工橡胶制成,可以通过调节气囊内空气压力,达到改变弹簧的刚性,其隔振性能好、调节方便。实践中,依据弹簧内部空气压缩与扩张变化时间的长、短,划分为静态和动态两种。

8.3.2 橡胶减振元件

橡胶隔振器可分为压缩型、剪切型、压缩-剪切复合型等。其优点是阻尼比大、可制成不同形状(便于有效利用空间),但其静载荷量不能过大,稳定性差。其中金属橡胶隔振器的材料是一种匀质的弹性多孔材料,是使用特定的工艺方法将一定质量的、呈螺旋状态的金属丝经拉伸展开并有序地排放在冲压模具中,然后用冷冲压成形方法的一种新型功能减振材料。金属橡胶具有质量轻、耐高低温、耐腐蚀、阻尼大、性能稳定等优点。

在工程实践中,橡胶垫是典型的减振元件,如一些汽车发动机的弹性支承,悬架系统与车体结合的各种衬套,高架公路与桥墩的结合部所用的坐垫,高楼地基免振处理所用的积层橡胶垫等。目前也已成功应用于航天、航空领域。

1. 橡胶非线性特征

橡胶是一种超弹性材料,其应力-应变曲线具有非线性特征,建立这类弹性元件的模型参数,可通过拉伸实验直接测量整个橡胶部件的载荷-变形曲线。通过加振实验,测得橡胶垫的动态性能曲线。设动态激励力为 F,位移为 x,则动刚性为

$$k_C = F/x$$

通常,这是一个复数,用实部和虚部表示为

$$k_C(\omega) = k(\omega) + jH(\omega) \tag{8-26}$$

实部代表激励力与位移响应同相的部分,虚部代表激励力与位移响应成 90°相位差部分。前者在一个周期里所做的功为 0,对应于能量的储存与释放,而后者在一个周期里所做的功不为 0,对应于由于内摩擦消耗掉的能量(转化为热能)。因此,式(8-26)中,k 代表橡胶的刚度,H 反映了橡胶的阻尼特性。式(8-26)可以写成:

$$k_C(\omega) = k(\omega)(1 + jh) \tag{8-27}$$

其中,$h = H(\omega)/k(\omega)$称为橡胶的损耗因子。

当橡胶垫受到动态载荷作用时,所表现出来的刚度以及阻尼特性还会随着加载频率的变化而发生变化。用线性弹簧元素模型来简化,只能用某个代表频率上的刚度和损耗因子来代表橡胶垫的特性。更为复杂的模型化方法则是利用 Maxwell 模型来近似表现橡胶随频率及温度变化的动特性。

2. 橡胶材料本构关系的确定

汽车发动机与车身底盘弹性连接的重要部件——悬置元件,其具有承载、隔离振动和高频噪声向车体传递等功能。另外,为了保证汽车在不平路面行驶、突然加减速、转弯等工况下,发动机始终保持在设计位置,使整个发动机不因发动机与车架之间的相对运动过大而受损,悬置元件在低频要求悬置元件具有大刚度大阻尼,以抑制发动机的振动位移幅值,而在高频时悬置元件应具有小刚度小阻尼,以降低发动机的振动传递率和高频噪声。

发动机悬置元件通常是把橡胶硫化到各种形状金属骨架上面所制成。橡胶悬置元件通

过橡胶分子和分子之间以及橡胶分子和填充剂之间的相互作用产生的内摩擦衰减作用，有效地隔除发动机的振动。

对橡胶悬置元件进行力学分析时，可将橡胶材料视为超弹性材料，其试样在外力作用下产生远大于其弹性极限应变量的应变，卸载时这种应变可自动恢复，即在此过程中的变形是弹性变形。橡胶材料的非线性弹性特性用基于各向同性、等温性假说的超弹性力学模型来描述。超弹性材料的工程应力-应变本构关系由应变能函数对应不变量的导数来表达，应变能函数的一般形式为

$$W = C_1(\lambda_1^2 + \lambda_2^2 + \lambda_3^2 - 3) + C_2(\lambda_1^{-2} + \lambda_2^{-2} + \lambda_3^{-2} - 3) \tag{8-28}$$

式中，λ_1，λ_2、λ_3 是主伸长比；C_1，C_2 是常数。

在利用有限元方法对橡胶悬置进行分析时，可获得该元件的应力云图，确定结构在整个加载过程中的应力集中区，进一步确定裂纹产生的初始位置、破坏面等。

8.3.3 液压悬置结构

对于汽车发动机悬置类型的隔振设计，要求很高。对于发动机燃烧引起的振动噪声、怠速振动，其刚性和阻尼要小，但是，轮胎高速转动会引起发动机晃动，则要求发动机的共振幅度小，即悬置的刚性和阻尼要大。传统的橡胶悬置很难达到设计要求。可采用液压悬置设计方案，如图 8-19 所示。

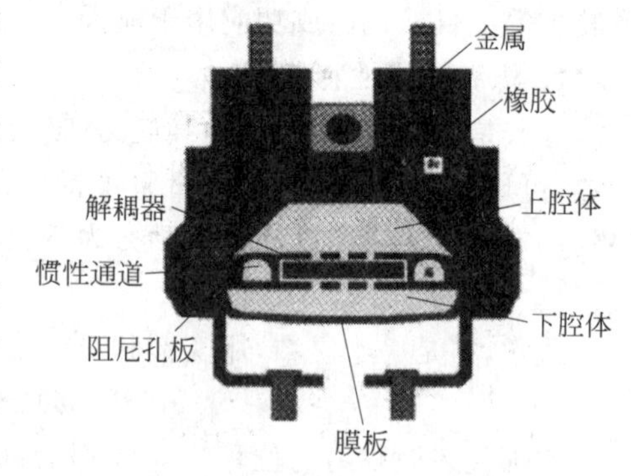

图 8-19　液压悬置设计方案

这种设计方案，主要是在橡胶主体内部布置了两个腔体，上腔体、下腔体均注入液体（水和防冻剂），两个腔体之间设有惯性通道元件，元件上有阻尼孔，液体可以通过孔在两个腔室之间实现流动。当发动机在外界激励下发生共振时，液体沿着惯性通道的运动会产生很强的动刚性和阻尼作用，降低发动机振幅。对于发动机本身产生的高频振动（刚体振动），两个空腔间的液体流动直接经过解耦器，惯性通道被短路。此时，刚性仅为橡胶本体的刚性，阻尼作用仅剩下橡胶的内摩擦作用，从而不至于引起隔振性能的恶化。解耦器的设计与制造要求较高。

8.3.4 空气脉动阻尼设计

空气脉动阻尼主要是利用空气的反抗力来控制振动。如图 8-20 所示是一个两端固支薄板结构。其背面与刚体的基础结构之间有一个间隙，形成了一个空气层。在外力激励下，板发生振动。当板上、下振动时，空气层发生排气与吸气流动。由于空气的黏性及压缩性会产生抵抗薄板振动的阻尼力和弹性力，从而起到控制振动的作用。

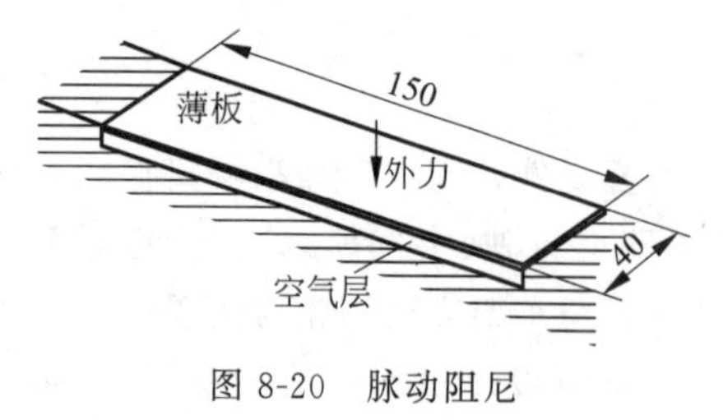

图 8-20　脉动阻尼

8.4　振动的主动控制

主动控制系统常用闭环控制，主要由受控对象、传感器、作动器、控制器、外界能源等组成。外界能源为液压油源、气源或电源等。

主动控制技术通过系统状态或输出反馈，产生一定的控制作用来主动改变受控对象的闭环零、极点配置或参数，从而使系统满足预定的动态特性要求。具体的实现途径有：

(1) 避免共振。在线测试激振力和振动系统的响应，根据这些信息调整系统的结构参数(如刚度)，以改变振动系统的模态参数，或改变系统的工作状态(如机器的转速)，从而改变激振力的频率，以避免共振。

(2) 减小或主动隔离振动的传递。将控制系统的执行机构置于地基和隔振对象之间，通过施加合适的控制力，以抵消或减轻激振力。

(3) 吸收振动系统的振动能量。由控制系统的执行机构(或施力装置)产生阻尼力，吸收振动系统的振动能量，以抑制振动；或者是将控制系统与动力减振器相结合，以达到有效减振的目的。

主动减振或振动的主动控制，要实现对振动传递抑制，其关键技术是采用适当的控制作动器、设计控制算法。对于要完全主动减振(由作动器直接作用于振动接受结构实现减振)或主被动混合减振(将作动器与被动减振装置并联或串联)的设计方案，当采用作动器和被动减振并联的主被动混合减振装置时，如果作动器发生失效，主被动混合减振装置仍可以利用被动减振进行正常工作。

在系统建模中，要用到速度反馈控制理论。利用反馈控制结构的次级系统，产生与被控结构的振动速度成正比的作用力，并将其作用在该结构上以改变结构的阻尼，从而改变结构的振动响应性质。类似地，也可以使次级系统的作用力正比于结构的振动加速度或位移，以改变振动系统的等效质量或弹性参数，实现主动减振；另外，采用波动控制理论，从波动的线性叠加与干涉效应出发，得到振动能量吸收与抵消效能，目的是要消除或隔离振动能量从振源向某些结构的传递，降低结构的振动传递率。

当前，对振动控制器鲁棒控制设计在主动减振技术中的应用，要考虑受控对象与控制器之间的相互联系；还有智能作动器设计，即利用智能材料作为作动器制成的减振平台在精密加工、精密测量中得到应用。智能型作动器主要包括由压电材料、电致伸缩材料、磁致伸缩材料、形状记忆合金、电流变流体等制成的作动器。传统作动器如液体作动、气体作动以及电气作动，由于其体积大、质量大，因此多用于地面及固定系统的主动减振。

与振动的被动控制相比，主动控制方法基本思想是利用人为附加的外力对结构进行激振，可使得产生的振动与原有振动的振幅相同但相位相反，从而抵消掉原有的振动。主动控制涉及自动控制理论的基本原理、主动隔振系统、主动吸振系统设计等诸多方面。

8.4.1　反馈控制系统

一般地，构成一个控制系统，需要有以下几个基本组成部分。

(1) 传感器系统。可以测量到物体状态量。对于结构振动控制而言，常用压电式加速度传感器，速度和位移可以由加速度的积分运算得到。

(2) 控制器系统。对信号进行分析处理。如计算机类的 CPU 装置(如 digital signal processor,DSP)。

(3) 执行器系统。实际完成控制动作。有液压式、气动式、压电式和电磁式等执行器。

随着微电子、工程结构材料以及控制系统设计与分析软件(如 MATLAB)等新技术的发展,振动的主动控制获得较大进展。

对于单输入/输出系统,利用传递函数可以表述系统的特征。

图 8-21 所示的反馈控制系统,$u(t)$为输入,$x(t)$为输出。通过引入偏差信号:

$$e(t)=u(t)-x(t) \tag{8-29}$$

把它作为控制输入对系统进行干预。另外,为了提高控制系统的性能,还需要引入校正环节或称补偿环节。常用的有串联校正和反馈校正(也称并联校正)。对于校正器需进行设计,这也是控制系统设计的重要组成部分。

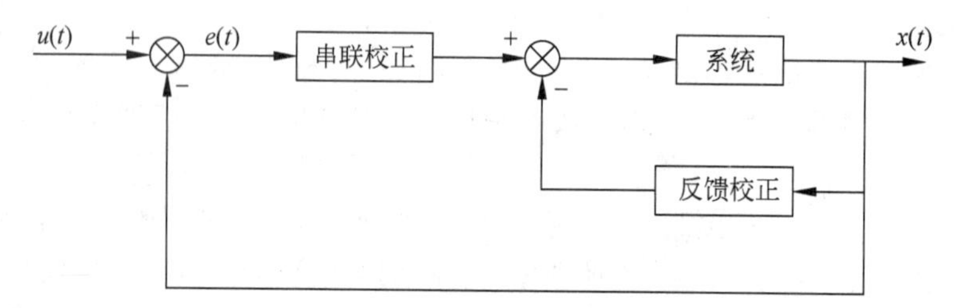

图 8-21　反馈控制系统

一般地,线性系统的微分方程式可表示为

$$x^{(n)}(t)+a_{n-1}x^{(n-1)}(t)+a_{n-2}x^{(n-2)}(t)+\cdots+a_0x(t)$$
$$=b_mu^{(m)}(t)+b_{m-1}u^{(m-1)}(t)+\cdots+b_0u(t) \tag{8-30}$$

式中,左边代表系统的响应输出,右边表示外部输入,上标代表微分次数。

在式(8-30)中各个系数未知的情况下,可以用单位脉冲函数激励系统得到系统的冲击响应函数 $g(\tau)$,再由卷积公式求得在任意外部激励下的响应,即

$$x(t)=\int_0^t u(t-\tau)g(\tau)\mathrm{d}\tau=g(t)u(t) \tag{8-31}$$

考虑到卷积运算不简便,通常运用拉氏变换把时域信号转换为拉氏域信号进行处理,然后应用拉氏逆变换求得时域响应。假定初始条件为 0,上述拉氏变换为

$$(s^n+a_{n-1}s^{n-1}+a_{n-2}s^{n-2}+\cdots+a_0)X(s)=(b_ms^m+b_{m-1}s^{m-1}+\cdots+b_0)U(s) \tag{8-32}$$

输出信号的拉氏变换与输入信号的拉氏变换之间有以下关系:

$$X(s)=\frac{b_ms^m+b_{m-1}s^{m-1}+\cdots+b_0}{s^n+a_{n-1}s^{n-1}+a_{n-2}s^{n-2}+\cdots+a_0}U(s)=G(s)U(s) \tag{8-33}$$

式中,$G(s)$为系统的传递函数。

$$G(s)=\frac{b_ms^m+b_{m-1}s^{m-1}+\cdots+b_0}{s^n+a_{n-1}s^{n-1}+a_{n-2}s^{n-2}+\cdots+a_0} \tag{8-34}$$

这样,时域中的输入/输出信号的复杂关系可变换为拉氏域的乘积关系。在此基础上,可以分析控制系统的稳定性。

按照控制系统原理，系统的稳定性是其内在性质，与外界干扰或激励无关，只是在外在激励下，不稳定系统通过发散现象，其不稳定的性质会显现出来。由许多工程实际看，引入反馈控制之后，也会引起系统的不稳定性。因此，在激励系统之前，应该对其稳定性及其变化进行研判。

描述系统特征的线性齐次方程式：

$$x^{(n)}(t)+a_{n-1}x^{(n-1)}(t)+a_{n-2}x^{(n-2)}(t)+\cdots+a_0x(t)=0 \tag{8-35}$$

若能找到方程式的所有特解，则通解为这些特解的线性组合。

令：

$$x=\mathrm{e}^{\lambda t}$$

λ 为常数，代入以上方程，得

$$\lambda^n+a_{n-1}\lambda^{n-1}+a_{n-2}\lambda^{n-2}+\cdots+a_0\lambda=0 \tag{8-36}$$

这是一个 n 次代数方程，有 n 个根，对应于方程式(8-35)的 n 个特解为 $\mathrm{e}^{\lambda_1 t},\mathrm{e}^{\lambda_2 t},\cdots,\mathrm{e}^{\lambda_n t}$，通解可以表示为

$$x(t)=C_1\mathrm{e}^{\lambda_1 t}+C_2\mathrm{e}^{\lambda_2 t}+\cdots+C_n\mathrm{e}^{\lambda_n t} \tag{8-37}$$

其中，$C_1,C_2,\cdots,C_n$ 为常数，λ 为系统的特征值。

一般来说，振动微分高阶方程式的根(特征值)为复数，可表示为

$$\lambda_i=\alpha_i+\mathrm{j}\beta_i,\quad i=1,2,\cdots,n$$

如果有一个根的实部大于 0，则随着时间的增加，式(8-34)所示的响应的振幅会越来越大，也就是说，系统趋于发散。只有当所有根的实部小于 0 时，响应才会收敛。因此，控制系统稳定性的条件是：系统特征值的实部小于 0。按照控制理论，直接令传递函数 $G(s)$ 的分母为 0，即可求得系统的特征值。这里，$s=\lambda$。

$$s^n+a_{n-1}s^{n-1}+a_{n-2}s^{n-2}+\cdots+a_0s=0 \tag{8-38}$$

式(8-38)为控制系统的特征方程。

工程上判定稳定性的方法常用奈奎斯特图解法。奈奎斯特图是在以横轴为实部，纵轴为虚部构成的平面上，绘制出频率从 $-\infty$ 到 $+\infty$ 变化时的传递函数，作为判定稳定性的几何方法。此外，利用开环传递函数的伯德图，即幅频特性曲线和相频特性曲线，也可以判断闭环系统的稳定性。只有对于稳定系统，输出信号才有可能跟踪目标信号。

为了改进控制系统的稳定性及精度等性能，往往在原有的反馈控制的基础上增加适当的校正环节。例如，有的不稳定系统，可增加一个速度反馈的并联校正环节，系统变为可控。系统的状态可观测性及可控性分析也十分重要。

8.4.2　状态的可观测性、可控性

基于状态空间的现代控制理论为多输入多输出系统问题提供了有效的工具。若一个单自由度振动系统，其运动方程为

$$m\ddot{x}(t)+c\dot{x}(t)+kx(t)=F(t) \tag{8-39}$$

写成

$$\ddot{x}(t)=-\frac{c}{m}\ddot{x}(t)-\frac{k}{m}x(t)+\frac{1}{m}F(t) \tag{8-40}$$

写成矩阵形式：

$$\begin{Bmatrix} \ddot{x} \\ \dot{x} \end{Bmatrix} = \begin{bmatrix} -c/m & -k/m \\ 1 & 0 \end{bmatrix} \begin{Bmatrix} \dot{x} \\ x \end{Bmatrix} + \begin{bmatrix} 1 & 0 \\ 0 & 1 \end{bmatrix} \begin{bmatrix} F/m \\ 0 \end{bmatrix} \tag{8-41}$$

则得

$$\dot{\boldsymbol{x}}(t) = \boldsymbol{A}\boldsymbol{x}(t) + \boldsymbol{B}\boldsymbol{u}(t) \tag{8-42}$$

其中，$\boldsymbol{x} = \begin{bmatrix} \dot{x} \\ x \end{bmatrix}$，$\boldsymbol{A} = \begin{bmatrix} -c/m & -c/m \\ 1 & 0 \end{bmatrix}$，$\boldsymbol{B} = \begin{bmatrix} 1 & 0 \\ 0 & 1 \end{bmatrix}$，$\boldsymbol{u} = \begin{bmatrix} F/m \\ 0 \end{bmatrix}$。

式(8-42)称为状态方程，$\boldsymbol{x}$ 为状态向量，$\boldsymbol{A}$、$\boldsymbol{B}$ 为状态矩阵。

系统的响应(输出向量方程式)为

$$\boldsymbol{y}(t) = \boldsymbol{C}\boldsymbol{x}(t) + \boldsymbol{D}\boldsymbol{u}(t) \tag{8-43}$$

式中，$\boldsymbol{C}$ 为观测矩阵；$\boldsymbol{D}$ 一般为 $\boldsymbol{0}$ 矩阵。方程式(8-42)、式(8-43)称为线性系统在状态空间上的描述。

可控性是指对于方程式(8-42)所示的系统，如果控制函数 $\boldsymbol{u}(t)$可以把系统的某个状态量从初始值 x_0 转移到 x_1，则称系统的该状态量是可控的。如果每个状态量都可控，则称系统的状态完全可控。可见，状态量可控性反映了系统输入控制其状态的能力。

可观测性是指对于方程式(8-43)所示的系统响应，如果控制函数 $\boldsymbol{u}(t)=0$，在任意时间段上，对于系统的某个非零初始状态量 x_0，响应 $y(t)\neq 0$，则称这个状态可观测，否则，称为不可观测。如果除了零状态以外没有不可观测的状态，则称系统是完全可观测的。显然，状态量可观测性代表了系统输出反映其状态的能力。

例如，将激振器安装在振动的节点位置(振幅为 0 的部位)，则控制力无法改变结构的振动状态，即不可控；同样，如果把加速度传感器安装在振动的节点位置，则无法测量到振动的水平，即不可观测。

总之，可控性及可观测性的代数判断准则为：设线性系统的状态矩阵 $\boldsymbol{A}$ 为 $n\times n$ 的矩阵，$\boldsymbol{B}$ 为 $n\times k$ 的矩阵，$\boldsymbol{C}$ 为 $r\times n$ 的矩阵，可构成以下新的矩阵

可控制性矩阵：$\boldsymbol{M}=[\boldsymbol{B} \quad \boldsymbol{AB} \quad \boldsymbol{A}^2\boldsymbol{B} \quad \cdots \quad \boldsymbol{A}^{n-1}\boldsymbol{B}]_{n\times nk}$

可观测性矩阵：$\boldsymbol{N}=[\boldsymbol{C}^{\mathrm{T}} \quad \boldsymbol{A}^{\mathrm{T}}\boldsymbol{C}^{\mathrm{T}}(\boldsymbol{A}^2)^{\mathrm{T}}\boldsymbol{C}^{\mathrm{T}} \quad \cdots \quad (\boldsymbol{A}^{n-1})^{\mathrm{T}}\boldsymbol{C}^{\mathrm{T}}]_{n\times nr}$

如果矩阵 $\boldsymbol{M}$ 的秩为 n，则称系统可控；如果矩阵 $\boldsymbol{N}$ 的秩为 n，则称系统可观测。

8.4.3 最优控制

线性系统的最优控制问题是使二次型的评价函数 J 达到最小(least quadratic cost function)，即

$$J = \frac{1}{2}\int_0^{+\infty} (\boldsymbol{x}^{\mathrm{T}}\boldsymbol{Q}\boldsymbol{x} + \boldsymbol{u}^{\mathrm{T}}\boldsymbol{R}\boldsymbol{u})\mathrm{d}t \tag{8-44}$$

其中，$\boldsymbol{Q}$、$\boldsymbol{R}$ 是系数矩阵。如果 $\boldsymbol{Q}$ 为半正定矩阵、$\boldsymbol{R}$ 为正定矩阵，且已知系统是可控的，则最优控制向量由以下状态反馈来决定

$$\boldsymbol{u}(t) = -\boldsymbol{K}\boldsymbol{x}(t) \tag{8-45}$$

其中增益矩阵

$$\boldsymbol{K} = \boldsymbol{R}^{-1}\boldsymbol{B}^{\mathrm{T}}\boldsymbol{P} \tag{8-46}$$

这里，$\boldsymbol{P}$ 为下列 Riccati 方程的对称正定解

$$\boldsymbol{A}^{\mathrm{T}}\boldsymbol{P} + \boldsymbol{P}\boldsymbol{A} - \boldsymbol{P}\boldsymbol{B}\boldsymbol{R}^{-1}\boldsymbol{B}^{\mathrm{T}}\boldsymbol{P} + \boldsymbol{Q} = 0 \tag{8-47}$$

可得闭环系统的状态方程为

$$\dot{\boldsymbol{x}}(t)=(\boldsymbol{A}-\boldsymbol{KB})\boldsymbol{x}(t) \tag{8-48}$$

该方程的解为

$$\boldsymbol{x}(t)=\mathrm{e}^{(A-KB)t}\boldsymbol{x}_0 \tag{8-49}$$

式中，$\boldsymbol{x}_0$ 为初始状态量。闭环系统的特征方程为

$$\boldsymbol{A}-\boldsymbol{KB}=0 \tag{8-50}$$

其根就是特征值。特征值均具有负实部，则闭环系统稳定。最优控制的关键是状态反馈。可以证明，只要系统可控且可观测，则可以通过状态反馈任意改变系统的特征值；即使原有系统的特征值具有正实部，即不稳定，也可以通过适当的反馈增益矩阵 $\boldsymbol{K}$ 使新系统变得稳定。图 8-22 是引入状态反馈的控制系统的流程图。

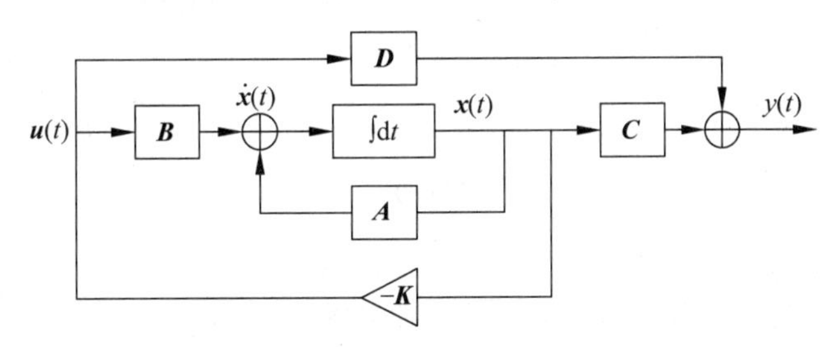

图 8-22　引入状态反馈控制系统的流程

上述分析过程为 LQ 最优控制理论，其前提是建立在所有状态量的反馈基础之上的。也就是说，要获得最优控制效果，必须测量到所有的状态量并反馈回去。对于实际的控制系统设计来说，这样的要求条件很高。在工程实际中，要考虑传感器安装位置、降低成本等，可能无法满足所有要求或者没有必要获得所有状态量的信息。在这种情况下，可以应用准最优控制理论代替 LQ 最优控制理论。

8.4.4　单自由度系统的振动控制

基于状态反馈的单自由度振动控制系统如图 8-23 所示。

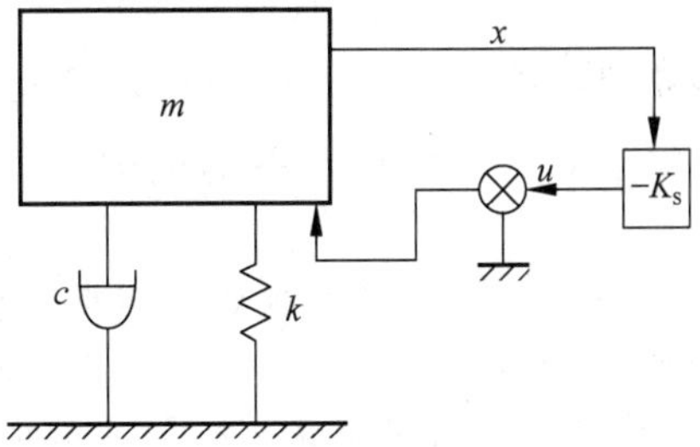

同时考虑上外力 $F(t)$ 与控制力 $u(t)$ 的运动方程为

$$m\ddot{x}(t)+c\dot{x}(t)+kx(t)=F(t)+u(t) \tag{8-51}$$

图 8-23　单自由度振动控制系统模型

控制力 $u(t)$ 是由位移、速度、加速度等状态量的反馈构成的，表示为

$$u(t)=-K_{\mathrm{a}}\ddot{x}(t)-K_{\mathrm{v}}\dot{x}(t)-K_{\mathrm{d}}x(t) \tag{8-52}$$

代入运动方程，得

$$(m+K_{\mathrm{a}})\ddot{x}(t)+(c+K_{\mathrm{v}})\dot{x}(t)+(k+K_{\mathrm{d}})x(t)=F(t) \tag{8-53}$$

可见，状态反馈控制是通过调整原有系统的特性（质量、阻尼、刚性）来抵御外部激励的。因此，在控制系统设计阶段，可以暂不考虑外部激励的影响，而只针对系统本身的特性来进行。这样，仅在控制力作用下的系统的运动方程为

$$m\ddot{x}(t)+c\dot{x}(t)+kx(t)=u(t) \tag{8-54}$$

所对应的状态方程为

$$\dot{\boldsymbol{x}}(t)=\boldsymbol{A}\boldsymbol{x}(t)+\boldsymbol{B}u(t) \tag{8-55}$$

其中，$\dot{\boldsymbol{x}}=\begin{bmatrix}\ddot{x}\\ \dot{x}\end{bmatrix}$，$\boldsymbol{x}=\begin{bmatrix}\dot{x}\\ x\end{bmatrix}$，$\boldsymbol{A}=\begin{bmatrix}-c/m & -c/k\\ 1 & 0\end{bmatrix}$，$\boldsymbol{B}=\begin{bmatrix}1/m\\ 0\end{bmatrix}$

系统的响应方程为

$$\boldsymbol{y}(t)=\boldsymbol{C}\boldsymbol{x}(t) \tag{8-56}$$

若选取 $\boldsymbol{C}=[0,1]$，即可得到位移响应。

根据 LQ 最优控制理论：控制信号 $u(t)$应使以下二次型评价函数达到最小：

$$J=\frac{1}{2}\int_0^{+\infty}(\boldsymbol{x}^{\mathrm{T}}(t)Qx(t)+Ru^2(t))\mathrm{d}t \tag{8-57}$$

这里取 $\boldsymbol{Q}=\begin{bmatrix}1 & 0\\ 0 & 0\end{bmatrix}$。评价函数变为

$$J=\frac{1}{2}\int_0^{+\infty}(\dot{x}^2(t)+Ru^2(t))\mathrm{d}t \tag{8-58}$$

可见，最优控制的目标是使系统的动能最小。由于只有一个控制力，R 是一个标量，通过调节它的值，可以改变控制能量的大小以及控制效果。

如果选取：

$$\boldsymbol{Q}=\begin{bmatrix}0 & 0\\ 0 & 1\end{bmatrix}$$

则评价函数变为

$$J=\frac{1}{2}\int_0^{+\infty}(x^2(t)+Ru^2(t))\mathrm{d}t \tag{8-59}$$

即把系统的弹性势能作为优化目标。为了达到同样的控制效果，需要同时具有速度反馈和位移反馈，而且反馈增益很大，即所需要的控制能量很大。因此，对于振动控制来说，在选取加权矩阵 $\boldsymbol{Q}$ 时，最好是把与速度项对应的值选为 1，其余选为 0。

上述基于 LQ 最优控制理论的振动控制设计方法，也可推广到多自由度系统，进行有效的振动控制。

8.4.5 主动动力吸振器

一般来说，利用附加质量的被动式动力吸振器适用范围有限(对于稳定的窄带振动有效)，但当系统特性发生变化以至于偏离最优同调频率时，减振效果会变差。当动力吸振器的质量给定后，最大的减振效果也就确定。若要想获得更大的减振效果，只有增大吸振器的质量，这又与轻量化的要求相矛盾。因此，采用主动动力吸振器设计方案往往十分重要。

主动动力吸振器的二自由度模型如图 8-24 所示。

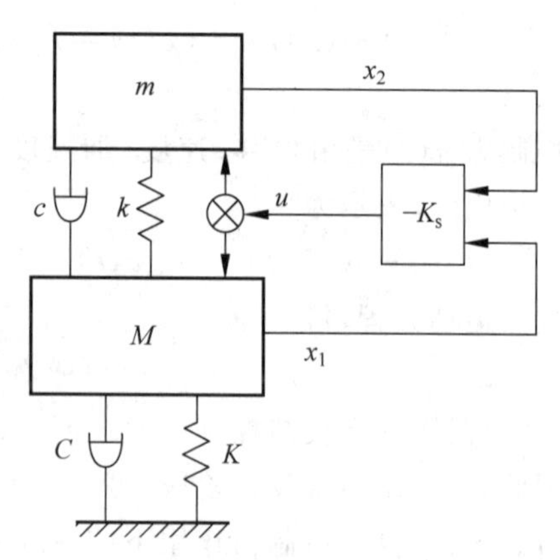

图 8-24　主动动力吸振器模型

设 u 为控制力信号。控制器在主振动系上施加作用力的同时，反作用力作用在吸振器上，系统的运动方程：

$$\begin{cases} M\ddot{x}_1 + C\dot{x}_1 + c(\dot{x}_1 - \dot{x}_2) + Kx_1 + k(x_1 - x_2) = u \\ m\ddot{x}_2 + c(\dot{x}_2 - \dot{x}_1) + k(x_2 - x_1) = -u \end{cases} \tag{8-60}$$

写成

$$\begin{cases} \ddot{x}_1 = -\left(\dfrac{C}{M} + \dfrac{c}{M}\right)\dot{x}_1 + \dfrac{c}{M}\dot{x}_2 - \left(\dfrac{K}{M} + \dfrac{k}{M}\right)x_1 + \dfrac{k}{M}x_2 + \dfrac{1}{M}u \\ \ddot{x}_2 = \dfrac{c}{m}\dot{x}_1 - \dfrac{c}{m}\dot{x}_2 + \dfrac{k}{m}x_1 - \dfrac{k}{m}x_2 - \dfrac{1}{m}u \end{cases} \tag{8-61}$$

引入以下变量：

质量比：$\mu = m/M$

主振动系的固有频率：$\Omega_n = \sqrt{K/M}$

阻尼比：$\zeta_1 = C/(2\sqrt{MK}) = C/(2M\Omega_n)$

吸振器的固有频率：$\omega_n = \sqrt{k/m}$

阻尼比：$\zeta_2 = c/(2\sqrt{Mk}) = c/(2m\omega_n)$

进一步整理，得

$$\begin{cases} \ddot{x}_1 = -2(\Omega_n\zeta_1 + \omega_n\zeta_2\mu)\dot{x}_1 + 2\omega_n\zeta_2\mu\dot{x}_2 - (\Omega_n^2 + \omega_n^2\mu)x_1 + \omega_n^2\mu x_2 + \dfrac{1}{M}u \\ \ddot{x}_2 = 2\omega_n\zeta_2\dot{x}_1 - 2\omega_n\zeta_2\dot{x}_2 + \omega_n^2 x_1 - \omega_n^2 x_2 - \dfrac{1}{m}u \end{cases} \tag{8-62}$$

定义状态向量为

$$\boldsymbol{x} = [\dot{x}_1 \quad \dot{x}_2 \quad x_1 \quad x_2]^{\mathrm{T}} \tag{8-63}$$

得系统的状态方程为

$$\begin{aligned} \dot{\boldsymbol{x}} &= \boldsymbol{A}\boldsymbol{x} + \boldsymbol{B}u \\ \boldsymbol{y} &= \boldsymbol{C}\boldsymbol{x} \end{aligned} \tag{8-64}$$

其中：

$$\boldsymbol{A} = \begin{bmatrix} -2(\Omega_n\zeta_1 + \omega_n\zeta_2\mu) & 2\omega_n\zeta_2\mu & -(\Omega_n^2 + \omega_n^2\mu) & \omega_n^2\mu \\ 2\omega_n\zeta_2 & -2\omega_n\zeta_2 & \omega_n^2 & -\omega_n^2 \\ 1 & 0 & 0 & 0 \\ 0 & 1 & 0 & 0 \end{bmatrix}$$

$$\boldsymbol{B} = \begin{bmatrix} \dfrac{1}{M} & -\dfrac{1}{m} & 0 & 0 \end{bmatrix}^{\mathrm{T}}$$

$$\boldsymbol{C} = [0 \quad 0 \quad 1 \quad 0]$$

根据最优控制理论，控制信号 $u(t)$ 应使以下二次型评价函数达到最小：

$$J = \frac{1}{2}\int_0^{+\infty} (\boldsymbol{x}^{\mathrm{T}}\boldsymbol{Q}\boldsymbol{x} + Ru^2)\mathrm{d}t \tag{8-65}$$

这里取

$$\boldsymbol{Q} = \begin{bmatrix} 1 & 0 & 0 & 0 \\ 0 & 0 & 0 & 0 \\ 0 & 0 & 0 & 0 \\ 0 & 0 & 0 & 0 \end{bmatrix}$$

则

$$J=\frac{1}{2}\int_{0}^{+\infty}(\dot{x}_{1}^{2}(t)+Ru^{2}(t))\mathrm{d}t \tag{8-66}$$

即把主振动系的动能作为最小化目标，通过求解 Riccati 方程，可以得到最优反馈增益矩阵。

图 8-25 为某个主振动系的频率响应曲线实例。通过与无控制的振动曲线相比，可见，利用主动控制可以明显提高振动的控制效果，而不需要增加吸振器的质量。此外，实践表明，即使主振动系的特性发生一定的变化，该方法仍能维持良好的控制效果。

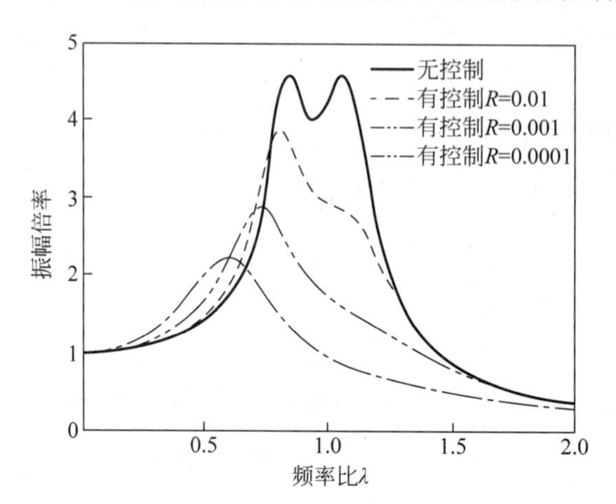

图 8-25 主动动力吸振器作用下的主振动系的频率响应

对于实际的主动动力吸振器设计，还应考虑元器件本身的性能及信号检测方法，如把吸振器与主振动系之间的相对位移作为状态反馈量，状态方程作相应变形，控制设计方法相同，过程更加简洁。

8.4.6 主动隔振系统

隔振是消除振动影响的重要手段，但被动隔振的效果发挥往往有诸多限制，可选用空气弹簧作为支撑元件减振效果难以满足超精密技术的发展要求。许多情况下，需要选用主动隔振设计方案。图 8-26 为主动隔振系统的模型。

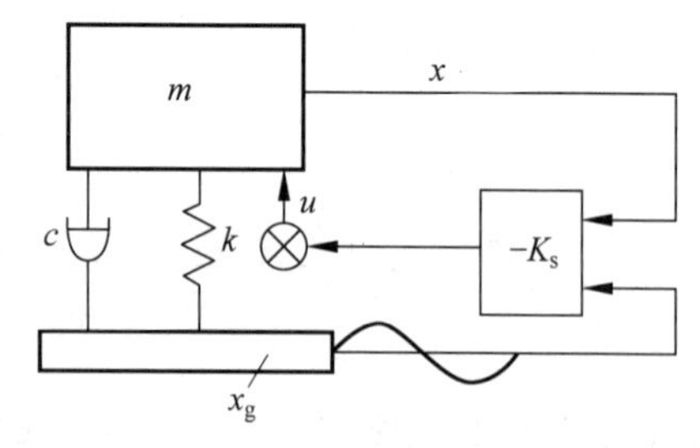

图 8-26 主动隔振系统的模型

这是一种主动隔振设计方案。隔振台用一个刚体质量 m 代表，其振动位移用 x 表示，地基的背景振动用 x_g 表示。该系统的运动方程为

$$m\ddot{x}+c(\dot{x}-\dot{x}_{g})+k(x-x_{g})=F+u \tag{8-67}$$

式中，F 为作用在隔振台上的干扰力，u 为主动控制力。对该方程进行变形，得

$$\begin{aligned}\ddot{\boldsymbol{x}}&=-\frac{c}{m}\dot{\boldsymbol{x}}-\frac{k}{m}\boldsymbol{x}+\frac{c}{m}\dot{\boldsymbol{x}}_{\mathrm{g}}+\frac{k}{m}\boldsymbol{x}_{\mathrm{g}}+\frac{1}{m}\boldsymbol{F}+\frac{1}{m}\boldsymbol{u}\\&=-2\zeta\omega_{\mathrm{n}}\dot{\boldsymbol{x}}-\omega_{\mathrm{n}}^{2}\boldsymbol{x}+2\zeta\omega_{\mathrm{n}}\dot{\boldsymbol{x}}_{\mathrm{g}}+\omega_{\mathrm{n}}^{2}\boldsymbol{x}_{\mathrm{g}}+\frac{1}{m}\boldsymbol{F}+\frac{1}{m}\boldsymbol{u}\end{aligned} \tag{8-68}$$

其中，隔振台的固有频率 ω_{n} 和阻尼比 ζ 为

$$\omega_n=\sqrt{k/m},\quad \zeta=c/(2\sqrt{mk})=c/(2m\omega_n)$$

定义状态向量、输入向量和输出向量分别为

$$\boldsymbol{x}=[\dot{x}\quad x]^{\mathrm{T}},\quad \boldsymbol{u}=[\dot{x}_g\quad x_g\quad F\quad u]^{\mathrm{T}},\quad \boldsymbol{y}=[\dot{x}\quad x\quad x_g]^{\mathrm{T}}$$

可得系统的状态方程为

$$\begin{cases}\dot{\boldsymbol{x}}=\boldsymbol{A}\boldsymbol{x}+\boldsymbol{B}\boldsymbol{u}\\ \boldsymbol{y}=\boldsymbol{C}\boldsymbol{x}+\boldsymbol{D}\boldsymbol{u}\end{cases}\tag{8-69}$$

其中

$$\boldsymbol{A}=\begin{bmatrix}-2\omega_n\zeta & -\omega_n^2\\ 1 & 0\end{bmatrix},\quad \boldsymbol{B}=\begin{bmatrix}2\omega_n\zeta & \omega_n^2 & 1/m & 1/m\\ 0 & 0 & 0 & 0\end{bmatrix},$$

$$\boldsymbol{C}=\begin{bmatrix}1 & 0\\ 0 & 1\\ 0 & 0\end{bmatrix},\quad \boldsymbol{D}=\begin{bmatrix}0 & 0 & 0 & 0\\ 0 & 0 & 0 & 0\\ 0 & 1 & 0 & 0\end{bmatrix}$$

在得到系统状态方程后，可按最优控制理论设计出状态反馈控制，或采用古典控制理论来设计主动隔振系统，在位移反馈系统中，引入速度反馈校正和 PI 校正环节。把隔振台与地面的相对位移作为反馈信号。图 8-27 是所设计的控制系统的 MATLAB/Simulink 模型。

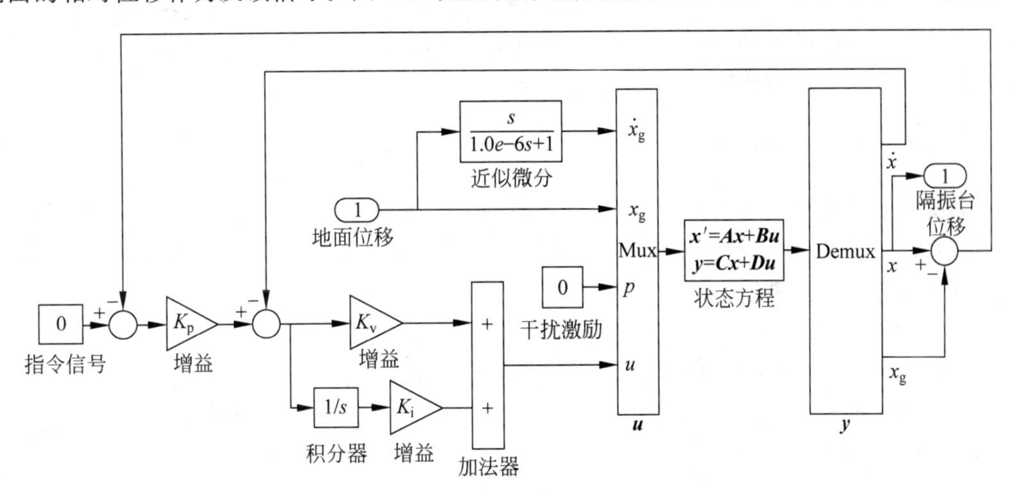

图 8-27　主动隔振控制模型

通过编制 MATLAB 计算程序，也可以得到振动传递率结果。一般来说，引入主动控制后，可以有效降低共振频率处的传递率，同时保证高频段的隔振性能不恶化。这就是主动隔振系统的优点。

总之，对于系统的主动控制，可根据有限元模型或机构解析模型得来的结构的动特性，用状态空间的表现方法纳入 MATLAB/Simulink 控制模型中去，可以在考虑结构动特性的情况下对控制参数进行调整。另外，相关的分析软件（如 Nastran、Abaqus、Adams）具有传递函数的表现功能，也可把控制系统导入有限元或多体动力学软件中，可以考察控制系统对结构动特性的影响。

另外，关于多自由度系统模态主动控制也值得研究。需要建立多自由度系统的状态空间方程，对于低于 10 个自由度的系统，控制系统设计可在物理坐标上进行。对于大规模系统，要检测出所有状态量并加以控制较困难。为了有效设计反馈控制系统，一般是先建立低阶振动系统模型。为了进行模态控制设计，首先把系统状态方程转换到模态坐标上。利用坐标变换求解。对于线性系统来说，最优控制问题是使二次型评价函数达到最小，如果已知系统是可控的，则最优控制向量由状态反馈决定，可得模态坐标上的闭环系统的状态方程。

总的来看，每个模态可以单独控制，实际中不可能也没必要对每个模态都控制，因此应该对系统进行降阶处理。假定只对前 p 阶模态进行控制，并且在 r 个位置测量振动，在 q 个位置进行控制（即使用 r 个传感器和 q 个执行器），由于结构响应主要由低阶模态决定，可以近似地求解。模态控制的实际实现中，传感器和执行器（激振器）不能设置在对象模态的节点位置，否则，该模态将不可观测或不可控。对于模态控制来说，模态形状在一个或几个点上受到控制力的抑制，则整个模态将会得到控制。因此，用较少的激振器可以控制远多于其数目的模态。另外，多自由度系统的控制设计，还有集中参数建模及状态反馈控制等。

8.5 激振源的动力控制

在大多数情况下，振动是有害的，它已成为影响工程装备或产品动态性能的关键问题之一，因此，对设备或工程结构，如何有效地控制振动就显得非常必要和迫切。振动控制的基本方法是围绕振动产生、能量传输过程的基本环节（振源、传输途径以及受保护对象）入手。对于激振源的动力控制研究也十分重要。

8.5.1 振源分析

激发振动的力源或运动源称为振源，工程装备系统中的激振方式或激振源多种多样，如转子的不平衡、往复质量的不平衡、传动系统的缺陷或误差、工作载荷的波动、附加动载荷、外界环境引起的激励等。

1. 转子的不平衡

主要是指系统的旋转质量不平衡。如系统中的旋转部件（轴系部件）是典型的“转子”。当转子的质量中心与其回转轴线不重合，即出现偏心（偏心矩为 e）时，就会产生惯性离心力，离心力对系统构成激振。其产生的激振力写成

$$f(t)=me\omega^2\sin\omega t \tag{8-70}$$

由式(8-70)可见，转子不平衡引起的激振力幅值大小与转子的角速度 ω 的平方成正比。

2. 往复质量的不平衡

这种振源是系统设备（如柴油机、空气压缩机）中做往复运动部件的惯性力。一般地，这种激振力的基频等于每秒往复次数的两倍。除基频成分外，还可能含有各种高次谐波。至于激振力的幅值，则视往复部件的质量及其运动与转向的平稳性而定，并无一定规律。另外，在含有连杆机构、凸轮机构或间隙运动机构的系统中，由于在工作行程中还有速度的变化，还会引起惯性力，并激起装置的振动与噪声。

3. 传动系统的缺陷或误差

对于齿轮、蜗轮、丝杠等传动机构，若制造不良或安装不正确，会产生周期性的激振力。传动皮带的接缝通过皮带轮或张紧轮时，也会引起周期性的冲击。此外，联轴节、间歇机构等传动装置包含传动的不均匀性，从而会引起周期性的激振力，链传动由于多边形效应引起

的速度周期性波动和冲击是其固有特性，液压传动中油泵造成的流体脉动以及电动机中的转矩脉动也可能产生一种周期性的激励。对于上述传动系统的各种缺陷或误差导致的激振力，如欲估计其振动幅值，需要根据具体情况分析，其激励频率可按照传动机构的工作原理等加以估算。

4. 工作载荷的波动

机器工作载荷的波动会引起各种类型的激振力：如金属切削机床上加工余量或切削面积的不均匀性会引起切削力的相应变化，形成具有各种规律的连续或阶跃式的激励；冲床、锻锤一类的设备，在工作过程中会产生冲击激励。此外，破碎机(见图 8-28)等设备的载荷的随机波动会形成一种随机激励。图 8-28 所示为颚式破碎机的机构运动简图。该颚式破碎机由 4 个构件组成，分别是机架 1、曲柄(偏心轴)2、动颚 3 和肘板 4。带轮与偏心轴 2 固连成一个整体，它是运动和动力输入构件，为原动件。其余构件都是从动件。当带轮和偏心轴 2 绕轴 A 转动时，驱使输出构件动颚 3 作平面复杂运动，从而将矿石轧碎。

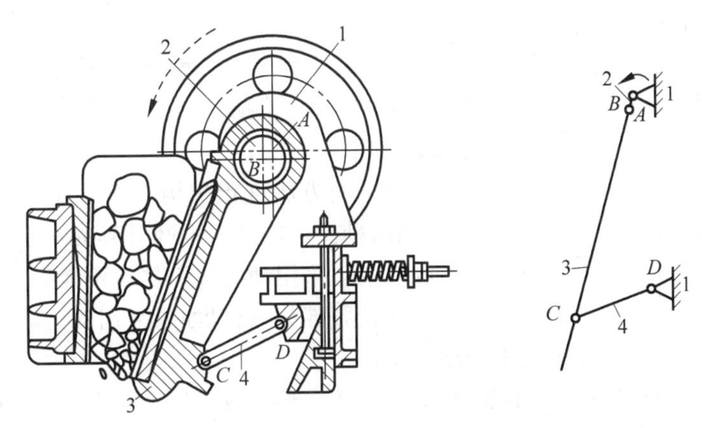

图 8-28　颚式破碎机的机构及运动简图

要根据各种机器的工作原理及其载荷的变化方式，推算出所产生激励的规律。

5. 外界环境引起的激励

路面的不平对车辆轮悬挂系统的激励，海浪对船体的激励(见图 8-29(a))，风力对大型建筑的激励(见图 8-29(b))等，这类激励多属于随机性的，有赖于对各种环境条件的统计数据与经验，才能对其激励的统计特性做出判断。

(a)

(b)

图 8-29　外界环境引起的激励

以上所述，均属于强迫振动或自由振动的振源。除此之外，在机器设备中还会出现一种“自激振动”，其形成的机理与发生的规律均不同于强迫振动或自由振动。

8.5.2 振源的判断与抑制

在工程实际中，系统可能面临多种因素形成的激振源。但究竟是哪一种或哪几种因素起主导作用，则与系统本身的性质有关，为了能有效地抑制振源，必须了解各种振源的特点，并据之判明主要振源的存在。判断主要激振源的基本方法是：

（1）实测设备或结构的振动信号，分析其频率、幅值及时域中的特点，与估算出的上述各种可能的振源的特点相比较，从而找出起主导作用的振源。

（2）振源的频率估计。对于线性系统的响应频率，其等于激励的频率，因此，按实测的振动频率来判断可能的振源是切实有效的方法。由于不平衡回转质量的激励幅值随机器运转速度的增加而急剧上升，因此可以用改变机器运转速度而测量振幅变化的办法来判断是否由于不平衡质量引起的振动。

（3）启、停过程动力学分析。可采用分别启、停机器与设备的各个部件或各种运动，并观察其振动的变化，从而找出确切的振源。

（4）对于旋转零件的不平衡问题，可进行一定程度的平衡，但旋转零件的不平衡总是难以完全消除。因此，要正确分析与判断转子的结构、工况及类型，对于刚性转子和柔性转子应分别制定出合理的平衡标准并采取相应的平衡方法。

（5）对于往复式机械的振动，也可采用平衡方法进行机构平衡。往复式机械的惯性激振力，并不一定是简谐激励，而通常为周期激励。可经过傅里叶分解为一系列频率为基频整数倍的各阶分量。对于这种多频率激励的情况，采用动力减振器是不能完全消除其振动的，但由频谱分析可知，其振动能量主要集中在低频部分，所以如果采用动力减振器将机器的低频振动消除，就可以明显减小主机振动。

从振源上消除或减小机器的振动十分重要。要把振动完全消除于振源处，十分困难。为此，必须采取阻尼、隔振等措施，控制振源振动向周围传输。控制振动的传输要采取隔振技术与切断振动的传输途径。其中，切断振动的传输途径，可在振动波传播的路径开设防振沟，以阻隔振动的传播。图 8-30 为其应用示意图。一般而言，沟的深度 h 越大，隔振效果越显著，而沟的宽度 b 则影响有限。

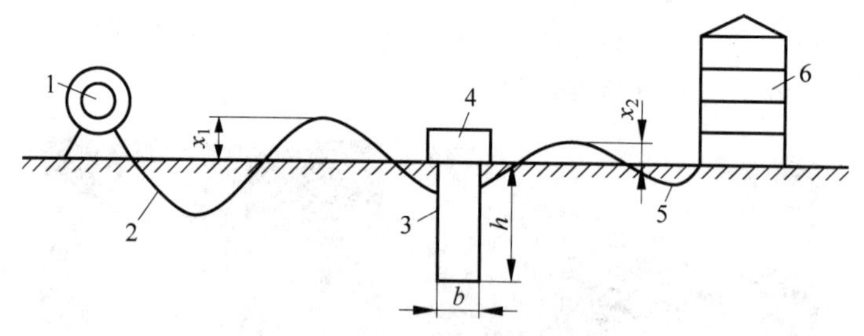

图 8-30 防振沟应用示意图

1—振源；2—沟前波；3—防振沟；4—盖板；5—沟后波；6—建筑物

8.5.3 机器振动向周围传播的模型分析

如图 8-31 所示，振动的机器简化成一个刚体质量 m，它与基础结构（固定不动，如地面）

之间的结合简化为一个弹簧和阻尼元件。作用在机器上的激励力可以来自外界，也可能产生于机器内部（如旋转部件的偏心所引起的作用力）。设激励力：

$$F(t)=F_0\sin\omega t \tag{8-71}$$

机器对基础结构的作用力为 F_t，它分为两个部分，即

$$F_t=F_k+F_c \tag{8-72}$$

其中，F_k 为从弹簧元件传来的作用力，F_c 为从阻尼元件传来的作用力。

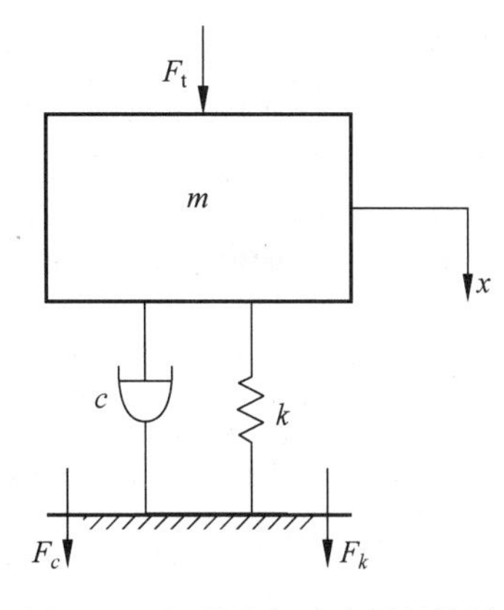

图 8-31　机器的振动向周围传播

按照振动理论，机器的稳态振动响应写为

$$x=X\sin(\omega t-\psi) \tag{8-73}$$

其中幅频特性和相频特性分别为

$$X=\frac{X_{st}}{\sqrt{(1-\beta^2)^2+(2\zeta\beta)^2}} \tag{8-74}$$

$$\psi=\arctan\frac{2\zeta\beta}{1-\beta^2} \tag{8-75}$$

式中：$X_{st}=\dfrac{F_0}{k}$，$\beta=\dfrac{\omega}{\omega_n}$，$\omega_n=\sqrt{\dfrac{k}{m}}$，$\zeta=\dfrac{c}{2\sqrt{mk}}$。

传到基础结构上的力为

$$\begin{aligned}F_t&=kx+c\dot{x}=kX\sin(\omega t-\psi)+c\omega X\cos(\omega t-\psi)\\&=X\sqrt{k^2+(c\omega)^2}\sin(\omega t-\psi+\theta)\end{aligned} \tag{8-76}$$

其中，$\theta=\arctan(c\omega/k)=\arctan(2\zeta\beta)$。

将式(8-74)、式(8-75)代入上式，整理：

$$F_t=F_0\frac{\sqrt{1+(2\zeta\beta)^2}}{\sqrt{(1-\beta^2)^2+(2\zeta\beta)^2}}\sin(\omega t-\psi+\theta) \tag{8-77}$$

以 F_{tm} 表示上述传递力的幅值，则有

$$\frac{F_{tm}}{F_0}=\frac{\sqrt{1+(2\zeta\beta)^2}}{(1-\beta^2)^2+(2\zeta\beta)^2} \tag{8-78}$$

定义式(8-78)为力的传递率，即激励力传递到基础结构上力的比率。传递到基础结构上的力与激励力之间的相位差为

$$\varphi=\theta-\psi=\arctan(2\zeta\beta)-\arctan\frac{2\zeta\beta}{1-\beta^2}$$

在实际工程中，如果机器与基础结构之间设计为刚性结合，即得弹簧刚度为无穷大：

$$\omega_n=\sqrt{k/m}=+\infty,\quad \beta=\omega/\omega_n=0,\quad F_{tm}/F_0=1$$

即振动传递率的幅值等于1。说明作用在机器上的激励力全部（100%）地传递到了基础结构上，振动传递问题变成单纯的静态力的传递问题。

另外，弹性支撑刚度的选择要注意，如果弹性支撑的刚度恰好使得物体在激励力的作用下产生共振，则传递到基础结构上的力远远大于激励力本身的幅值。因此，隔振设计必须选

择适当的柔性支撑，把机器与基础结构相结合，构成低频振动系统，使得机器工作在远远大于该系统的固有频率的领域。在共振区域，增加弹性支撑的阻尼，可以有效地抑制振动传递率的增加，一般来说，适当的阻尼设计对于隔振系统来说十分重要。

8.5.4 基础结构向机器振动传递的模型分析

设基础结构的强制振动为简谐振动，其位移表示为

$$u = U\sin\omega t \tag{8-79}$$

图 8-32 为基础向机器振动传递的模型。

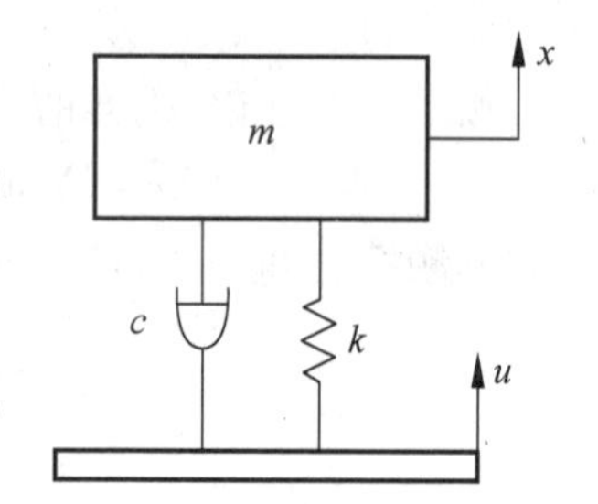

图 8-32 基础向机器振动传递

系统的运动方程为

$$m\ddot{x} + c(\dot{x} - \dot{u}) + k(x - u) = 0 \tag{8-80}$$

写成

$$\begin{aligned} m\ddot{x} + c\dot{x} + kx &= c\dot{u} + ku = c\omega U\cos\omega t + kU\sin\omega t \\ &= A\sin(\omega t + \theta) \end{aligned} \tag{8-81}$$

其中

$$A = U\sqrt{(c\omega)^2 + k^2} = Uk\sqrt{1 + (2\zeta\beta)^2}$$

$$\theta = \arctan(c\omega/k) = \arctan(2\zeta\beta)$$

按照单自由度系统强迫振动运动方程求解，式(8-81)的稳态形式振动解为

$$x = U\frac{\sqrt{1 + (2\zeta\beta)^2}}{\sqrt{(1 - \beta^2)^2 + (2\zeta\beta)^2}}\sin(\omega t - \psi + \theta) \tag{8-82}$$

采用 X_t 表示上述位移的幅值，则有

$$\frac{X_t}{U} = \frac{\sqrt{1 + (2\zeta\beta)^2}}{\sqrt{(1 - \beta^2)^2 + (2\zeta\beta)^2}} \tag{8-83}$$

式(8-83)定义为位移传递率，即基础振动传递到设备上的比率。设备的振动与基础结构的振动之间的相位差为

$$\varphi = \theta - \psi = \arctan(2\zeta\beta) - \arctan\frac{2\zeta\beta}{1 - \beta^2} \tag{8-84}$$

可见，位移传递率与力传递率形式与前述情况相同。同样地，弹性支撑刚度的选择要注意，隔振设计必须选择适当的柔性支撑。对于安装在地板上的机器设备来说，与基础结构(地基)相比，其质量很小，基础结构可以看作为具有无限大质量的刚体。这种基础结构在建模时被当作刚体的近似，在很多实际情况中是合理的。

8.5.5 基础结构的动态特性分析

在有些情况下，基础结构在建模时被当作刚体的近似，这种近似或假设就不能成立。例如某个型号的车辆，其发动机约为 300kg，安装在 1000kg 的车体上，就不能简单地将车体简化为具有无限大质量的刚体。同样地，安装在船体上的大型柴油发动机和安装在机翅下的飞机发动机，其发动机的质量远大于安装部位本体结构的质量，也不能简单地将支持结构简化为上述刚体。

由于要考虑支持结构的动特性，可将支持结构简化化为一个由质量 M 和弹簧 K 组成

的系统。如图 8-33 所示，整个振动系统为一个二自由度系统。整个系统的运动方程为

$$\begin{cases} m\ddot{x}_1 + c(\dot{x}_1 - \dot{x}_2) + k(x_1 - x_2) = F(t) \\ M\ddot{x}_2 + Kx_2 + c(\dot{x}_2 - \dot{x}_1) + k(x_2 - x_1) = 0 \end{cases} \tag{8-85}$$

重点是分析基础结构的振动以及传递到其上的力，设激励力：

$$F(t) = F_0 e^{j\omega t} \tag{8-86}$$

按照复指数表示方法，位移表示为

$$x_1 = x_{1m} e^{j\omega t}, \quad x_2 = x_{2m} e^{j\omega t}$$

代入方程式：

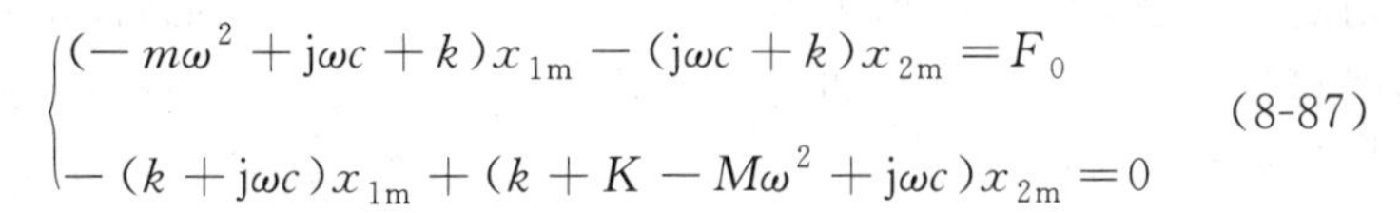

$$\begin{cases} (-m\omega^2 + j\omega c + k)x_{1m} - (j\omega c + k)x_{2m} = F_0 \\ -(k + j\omega c)x_{1m} + (k + K - M\omega^2 + j\omega c)x_{2m} = 0 \end{cases} \tag{8-87}$$

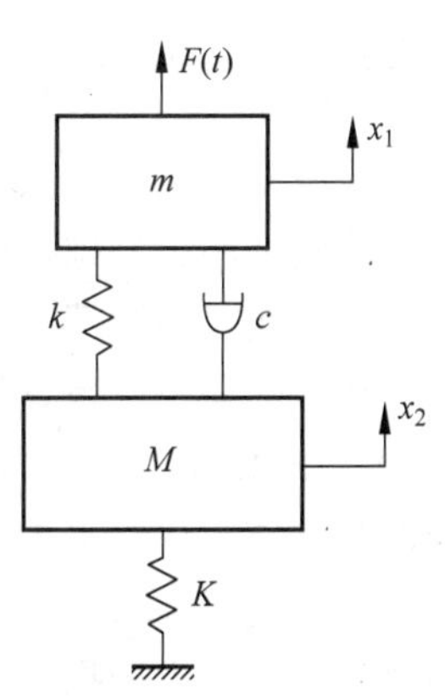

图 8-33　支承结构模型

求解上述式子，有

$$\begin{cases} x_{1m} = \dfrac{(k + K - M\omega^2 + j\omega c)F_0}{(k - m\omega^2 + j\omega c)(k + K - M\omega^2 + j\omega c) - (k + j\omega c)^2} \\ x_{2m} = \dfrac{(k + j\omega c)F_0}{(k - m\omega^2 + j\omega c)(k + K - M\omega^2 + j\omega c) - (k + j\omega c)^2} \end{cases} \tag{8-88}$$

传递到基础结构 M 上去的力的大小为

$$F_{tm} = |(x_{1m} - x_{2m})(k + j\omega c)| = |x_{1m} - x_{2m}| \sqrt{k^2 + (\omega c)^2} \tag{8-89}$$

整理得

$$F_{tm} = F_0 \sqrt{\frac{\omega_m^4 + (2\zeta\omega\omega_m)^2}{\left[\omega_m^2 - \omega^2 - \dfrac{\mu\omega^2}{\omega_M^2 - \omega^2}\omega_m^2\right]^2 + \left[2\zeta\omega\omega_m\left(1 - \dfrac{\mu\omega^2}{\omega_M^2 - \omega^2}\right)\right]^2}} \tag{8-90}$$

其中，$\omega_m = \sqrt{k/m}$ 为设备系统单独的固有频率；$\omega_M = \sqrt{K/M}$ 为基础结构单独的固有频率，$\zeta = c/(2\sqrt{mk})$ 为阻尼比，$\mu = m/M$ 为质量比。进一步引入无量纲参数 $\beta = \omega/\omega_m$，$\gamma = \omega_m/\omega_M$ 可得力的传递率为

$$T_r = \frac{F_{tm}}{F_0} = \sqrt{\frac{1 + (2\zeta\beta)^2}{\left(1 - \beta^2 - \dfrac{\mu\gamma^2\beta^2}{1 - \gamma^2\beta^2}\right)^2 + \left[2\zeta\beta\left(1 - \dfrac{\mu\gamma^2\beta^2}{1 - \gamma^2\beta^2}\right)\right]^2}} \tag{8-91}$$

在式中，分母中有一项 $\dfrac{\mu\gamma^2\beta^2}{1-\gamma^2\beta^2}$，讨论：

(1) $\gamma^2\beta^2 = 1$，即 $\omega = \omega_M$ 时，式(8-91)的分母为无限大，力传递率为 0；

(2) $\gamma^2\beta^2 \gg 1$，即 $\omega \gg \omega_M$ 的领域，$\mu\gamma^2\beta^2/(1-\gamma^2\beta^2) \approx -\mu$，式(8-91)可以近似为

$$T_r = \frac{F_{tm}}{F_0} = \sqrt{\frac{1 + (2\zeta\beta)^2}{(1 - \beta^2 + \mu)^2 + [2\zeta\beta(1 + \mu)]^2}} \tag{8-92}$$

由于在工程实际中，参数 M、K 也并不容易给出，可建立用阻抗 Z 代表基础结构的振动模型。

8.5.6　振源隔振效果的判断

在振源与需要防振的设备之间，安放若干个具有一定弹性和阻尼性能的隔振装置，将振源与基础之间或基础与防振设备之间的刚性连接改成柔性连接，这些都能阻隔并减弱振动能量的传递。多数情况下，机器本身是振源，为了降低振源对其周围设备的影响，用隔振器将其与基础隔离开来，以减小振源传递给基础的力，并使设备本身的振动减小。判断隔振效果，可用隔振系数或力传递率，表示采用隔振器后设备传递给支承的最大动载荷(幅值)与未隔振时设备传递给支承的最大动载荷(幅值)的比值，这个比值小于 1 才有隔振效果。在工程应用中，若将精密机床等直接安装在地基上，则地基的振动全部直接传给机床。若在机床和地基之间加上隔振器，则地基的振动将通过隔振器才能传给机床。如果传到机床的振动小于地基的振动，隔振器就起到了隔振作用。可以建立机床-隔振器简化模型(单自由度隔振系统)。通过求解隔振的隔振系数(位移传递率)，判断隔振的量化效果。

另外，隔振系统的隔振特性可由隔振系数随系统各参数的变化规律，绘制系统隔振特性曲线来分析。为此，以频率比为横坐标，隔振系数为纵坐标，阻尼比为参变数，可绘制如图 8-34 所示的曲线图。

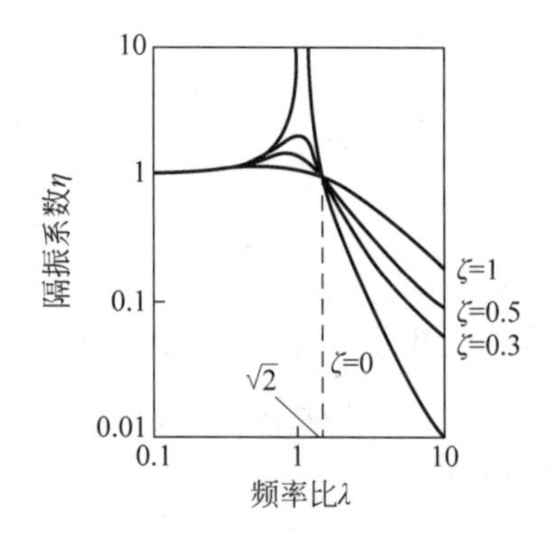

图 8-34　单自由度系统隔振特性曲线

由图得到以下结论：

(1) 隔振系统真正起隔振作用的条件：$\lambda>\sqrt{2}$。

(2) 隔振系统未起作用。当 $\lambda\ll 1$ 时，$\eta\approx 1$，激励几乎全部通过隔振系统，隔振系统未起作用。

(3) 隔振系统非但未起作用，反而放大了激励。当 $\lambda\approx 1$ 时，即激励的频率等于或接近隔振系统的自然频率时，$\eta>1$，这表明隔振系统非但未起作用，反而放大了激励，这是由于发生了共振的缘故，设计隔振系统时必须避免这种情况。

(4) 在隔振装置不起作用的范围内，增大阻尼可抑制振动，特别当共振时，阻尼的作用更加明显。在 $\lambda<\sqrt{2}$ 时，ζ 越大，则 η 越小。为此，隔振装置必须综合分析、结构优化设计。

8.6　非线性振动系统解析与周期运动稳定性

在振动系统中，非线性振动一般是指恢复力与位移不成正比或阻尼力与速度不成线性比例的系统的振动。在工程上，应用线性振动理论处理，有时会引起较大误差，甚至会出现本质上的差异。非线性振动在系统振动分析与动态设计中具有十分重要的价值。典型的非线性振动系统的运动方程如下式所示：

$$m\ddot{x}+f(\dot{x})+f(x)=P(t) \tag{8-93}$$

如果弹性力 $f(x)$ 与位移 x 之比不是线性关系，即弹性刚度 $k(x)=\mathrm{d}f/\mathrm{d}x$ 不是常数，则该系统具有非线性弹性力项。如果 $k(x)$ 随位移的增加而增加，则弹性力为硬特性的，反之为软特性的。例如，空气弹簧一般是硬特性的，而橡胶块则常表现出软特性。由多个弹簧组成的弹簧组在不同的运动区段上相应的刚度不同，则会构成分段线性系统。当物体在空气或液体介质中以较大速度运动时，阻尼力项可与速度的平方成正比。当物体运动界面处存在干摩擦时，由于在速度为零点处摩擦力会突变，这些都是阻尼非线性的情况。有些情况下阻尼还可以做正功，可以积累能量，这种阻尼称为负阻尼，系统将具有自激振动性质。除了弹性力和阻尼力具有非线性特性外，许多情况下惯性力、外激励都可以具有非线性特性。

8.6.1 固有频率特性

线性系统的固有频率不依赖于运动的初始条件，只与系统的参量有关。非线性振动系统则不然。由于刚度随变形大小而变化，因而系统的固有频率也随运动幅度大小而变化。刚度随变形增大而增大的弹簧，称为渐硬弹簧；反之，称为渐软弹簧。渐硬非线性系统的固有频率随振幅变大而变大；渐软非线性系统则相反。

8.6.2 非线性振动的求解

非线性振动的跳跃现象、亚谐共振、同步现象、参变激发等都有典型的例子。例如倒立摆支点沿铅垂方向做适当振动时，摆的上铅垂平衡位置有可能变成稳定的。对于非线性振动系统，由于叠加原理不再适用，因而非线性问题没有通用的一般解法，通常只能用一些特殊方法来探索非线性系统的运动。非线性振动的分析方法分为定性和定量两类。定性方法是研究方程解的存在性、唯一性以及解的周期性和稳定性等，定量方法是研究如何求出方程的精确解或近似解。用解析的方法去求非线性振动方程的精确解，一般仅对少数特殊的少自由度的情况才有效，对于大多数单自由度和多自由度非线性振动系统，一般只能求其近似解。非线性振动系统的近似求解方法有以下几种：①等效线性化法；②里兹-迦辽金法；③谐波平衡法；④迭代法；⑤传统小参数法；⑥多尺度法；⑦平均法；⑧渐近法；⑨能量法。另外，数值方法也广泛应用于非线性振动系统的分析求解，无论对单自由度系统或是多自由度系统，都是一种十分有效的方法。

非线性振动系统的定常解通常包括周期解、平衡点解、拟周期解和混沌解，对应着不同的运动形式。对于非线性振动系统在周期性外激励作用下的周期运动及其稳定性的研究，是十分重要的。对该系统周期运动的稳定性进行讨论，可以等价为对系统的周期为 T 的不动点的稳定性进行分析。

要关注系统运行状态，提高系统的动态精度。在一些情况下，特别是对轻型高速机械，由于构件本身的变形或者运动副中的间隙的影响，使机械运动达不到预期的精度，在这种情况下，机械的运动状态不仅和作用力有关，还和机械运动的速度有关，我们称之为“动态精度”。研究构件的弹性变形、运动副间隙对机械运动的影响是机械动力学研究的一个重要方面。机械中的动载荷往往是机件磨损和损坏的重要因素。要确定运动副及机件所受的动载荷，必须进行动力学分析。开展系统的动力学设计和主动控制，包括驱动部件的选择，构件参数(质量分布、刚度)设计，机械惯性力平衡设计等。动力学性能的主动控制要注意系统的工作环境是变化的，因此需要采用相应的手段来控制其动力学特性，以保证系统在不同条件下按预期要求工作。控制的因素包括输入的动力、系统的参数或外加控制力等。在分析控制方法的有效性和控制参数的范围等问题上，均需要动力学分析。

思　考　题

8.1　结合实例，描述几种减振方案与动力吸振器设计模型。

8.2　常用的隔振元件有何特征？如何简化建模？

8.3　什么是主动控制技术？主要通过控制哪些参数或配置来使系统满足预定的动态特性要求？具体的实现途径有哪些？

8.4　工程装备系统中的激振方式或激振源有哪些？如何进行振源控制？

8.5　非线性振动分析对动态设计有何重要意义？如何建立非线性振动系统方程并进行解析？

第9章　动力学系统仿真

9.1　概　　述

现代系统的实际工作状态往往是十分复杂的。要深入了解系统的运动情况以及它们的动态行为，可以直接制作样机进行动力学实验，并根据样机实验的结果进行改进设计，但是，这种实物样机的实验要求高，成本昂贵，准备周期长，占地面积大，各方面的支撑条件必须满足1∶1的样机实验，本身就是一项复杂的工程。当系统较为复杂、结构尺寸很大或者在太空等特殊环境下，一般采用制作模型样机进行实验，称为实验模型。无论是等比例实物模型实验或者实验模型都需要较大的投入，虽然也很有必要，但是在样机设计和研究的过程中，需要应用模拟模型进行仿真。随着计算机技术的发展，应用模拟模型对系统建立力学模型、数学模型，依靠计算机对于数学模型进行分析研究和计算，可以预测未来系统的真实运动状况和动力学特性，这就是以数字计算机为主要工具的数字仿真技术，也可称为动力学问题的计算机仿真，其中的模型可称为仿真模型。

数值仿真的关键问题是模型的准确性和计算方法的有效性。计算方法所依据的是数值计算原理，将描述的系统动力学特征的微分方程等进行离散化处理，然后运用计算机进行运动学和动力学的计算。其关键是寻找合适的、能够对数学模型进行离散化的数值计算方法，并且对系统求其数值解，通过数值解的结果来表达系统的动力学特性。

工程实际结构一般都比较复杂，几何建模工作量大，进行动力学分析需要做好建模、仿真和后处理等一系列工作。近年来，逐步发展的虚拟样机技术，是一项计算机辅助工程技术。虚拟样机技术的核心是通过求解代数方程组，确定引起系统及其各构件运动所需的作用力及其反作用力等，利用计算机系统的辅助分析技术进行系统动态分析，以确定系统及其各构件在任意时刻的位置、速度和加速度。虚拟样机技术在概念设计阶段可以对整个系统进行完整的分析，可以观察并试验各组成部件的相互运动情况。由于使用系统仿真软件可在各种虚拟环境中模拟系统的运动，可以较方便地修改设计，仿真实验不同的设计方案，对整个系统不断改进，直至获得优化设计方案以后，再作出实物样机或物理样机。计算机可视化技术及动画技术的发展为这项技术提供了技术环境。该技术受到人们的关注与重视，而且相继出现了各种分析软件。

当然，虚拟样机技术的真正实现或者真正能解出令人信服的可靠结果，需要许多技术的综合，特别是多体系统运动学与动力学建模理论、求解动力学问题有效的快速数值算法等，而且商业软件中处理间隙接触等问题的功能有限，一般需要用户根据接口要求编制自己的子程序或者根据用户定制功能，将间隙运动副接触碰撞模型等做成动态链接库供调用，在数值计算方面必须要注重开展一些原创性工作，不断提高数值方法求解的速度和精度。

简单的机械系统可以给出动力学微分方程的解析解，对于复杂的机械系统，往往很难用解析方法求解，只能借助微分方程的数值解。对于微分方程的数值方法有多种，不同的数值方法求解的速度和精度不同，因而在进行机械系统动力学数字仿真时，必须对于各种算法加以选择，从而达到优化的仿真效果。

以下给出几个系统动力学数值仿真算法基本步骤，之后是特定仿真软件简介及应用实例。

9.2 含弹性构件运动系统的数值解法

对于含弹性构件机械系统，如考虑轴扭转变形时传动系统动力学设计、周期运动构件的动力学设计、考虑运动副间隙的机械系统动力学分析等，就会涉及大量的具有周期性变系数的二阶线性微分方程的求解。

例如，对于由 N 个轴组成的多级串联齿轮传动系统，如图 9-1(a)所示，可用等效方法简化成一单轴系统，即图 9-1(b)。简化步骤叙述如下。

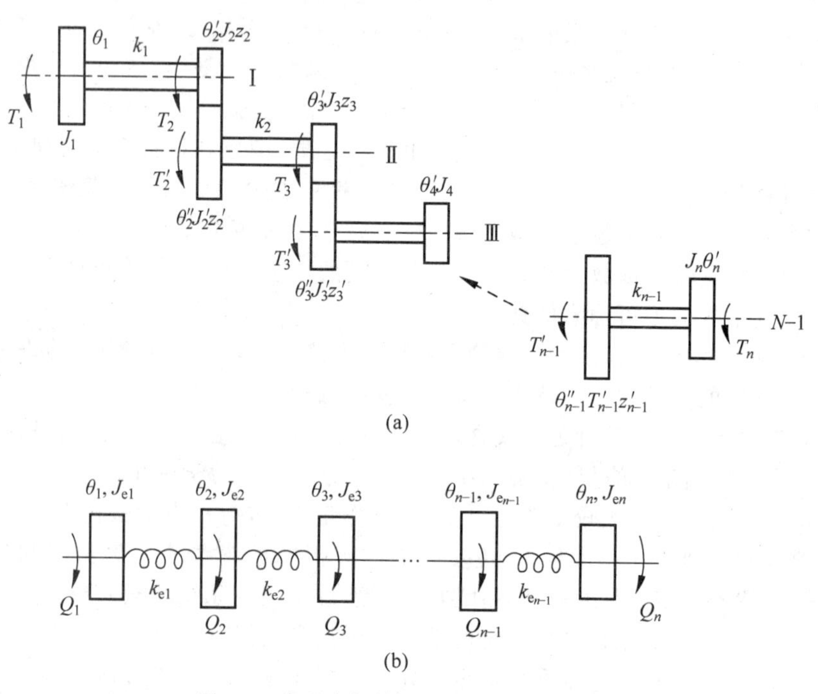

图 9-1　串联齿轮传动系统等效力学模型

应用达朗贝尔原理，可建立图 9-1(b)等效模型的动力学方程。为了书写方便起见，在不至于混淆的情况下，把等效转动惯量、等效力矩、等效刚度等符号中的下标“e”省略。这样对每一个轮盘写出其动力学方程：

$$\begin{cases} J_1\ddot{\theta}_1 = Q_1 - k_1(\theta_1 - \theta_2) \\ J_2\ddot{\theta}_2 = Q_2 + k_1(\theta_1 - \theta_2) - k_2(\theta_2 - \theta_3) \\ J_3\ddot{\theta}_3 = Q_3 + k_2(\theta_2 - \theta_3) - k_3(\theta_3 - \theta_4) \\ \quad\vdots \\ J_{n-1}\ddot{\theta}_{n-1} = Q_{n-1} + k_{n-2}(\theta_{n-2} - \theta_{n-1}) - k_{n-1}(\theta_{n-1} - \theta_n) \\ J_n\ddot{\theta}_n = Q_n + k_{n-1}(\theta_{n-1} - \theta_n) \end{cases} \tag{9-1}$$

有了动力学方程，可以利用它来求解在已知外力和系统参数情况下，启动过程中各轮的真实运动，研究由于弹性和惯性引起的运动不同步问题；也可用来求解系统参数设计和外加控制力矩等问题。

为了用振型分析法研究无外力作用时系统的自由振动，将式(9-1)表示成矩阵形式：

$$\begin{bmatrix} J_1 & 0 & 0 & \cdots & 0 \\ 0 & J_2 & 0 & \cdots & 0 \\ \vdots & & & & \\ 0 & 0 & \cdots & & J_n \end{bmatrix} \begin{bmatrix} \ddot{\theta}_1 \\ \ddot{\theta}_2 \\ \vdots \\ \ddot{\theta}_n \end{bmatrix} + \begin{bmatrix} k_1 & -k_1 & 0 & \cdots & & & 0 \\ -k_1 & k_1-k_2 & -k_2 & 0 & \cdots & & 0 \\ 0 & -k_2 & k_2+k_3 & k_3 & 0 & \cdots & 0 \\ \vdots & & & & & & \\ 0 & 0 & \cdots & & & -k_{n-1} & k_{n-1} \end{bmatrix} \begin{bmatrix} \ddot{\theta}_1 \\ \ddot{\theta}_2 \\ \vdots \\ \ddot{\theta}_n \end{bmatrix}$$

$$= \begin{bmatrix} Q_1 \\ Q_2 \\ \vdots \\ Q_n \end{bmatrix} \tag{9-2}$$

$$\boldsymbol{J}\ddot{\boldsymbol{\theta}} + \boldsymbol{K}\boldsymbol{\theta} = \boldsymbol{Q} \tag{9-3}$$

在无外力作用时，故有

$$\boldsymbol{J}\ddot{\boldsymbol{\theta}} + \boldsymbol{K}\boldsymbol{\theta} = \boldsymbol{0} \tag{9-4}$$

按照数值分析的过程，对于一般情况，设方程为

$$\frac{\mathrm{d}^2 y}{\mathrm{d}x^2} + (a - 2d\cos 2x)y = f(x) \tag{9-5}$$

式中，$f(x)$是周期为 π 的函数；a、d 为常数。

9.2.1　齐次方程的解

1. 解的一般形式

齐次方程为

$$\frac{\mathrm{d}^2 y}{\mathrm{d}x^2} + (a - 2d\cos 2x)y = 0 \tag{9-6}$$

或

$$\frac{\mathrm{d}^2 y}{\mathrm{d}x^2} + py = 0 \tag{9-7}$$

$$p = a - 2d\cos 2x$$

设方程有一组线性无关的解 y_1，y_2，则因 p 是周期为 π 的 x 的函数，所以 $y_i^* = y_1(x+\pi)$，$y_2^* = y_2(x+\pi)$亦必为方程(9-7)的解。

y_1^* 和 y_2^* 亦可用 y_1，y_2 的线性组合来表示：

$$\begin{cases} y_1^* = \alpha_1 y_1 + \alpha_2 y_2 \\ y_2^* = \beta_1 y_1 + \beta_2 y_2 \end{cases} \tag{9-8}$$

式中，α_1、α_2、β_1、β_2 为常数。

也可选用另一组解 Y_1、Y_2 来代替 y_1、y_2，使它能写成更简单的形式

$$Y_j^* = Y_j(x+\pi) = \varphi_i Y_j(x), \quad j=1,2 \tag{9-9}$$

式中，φ_j 为常数。而 $Y_j = \nu_{j1} y_1 + \nu_{j2} y_2$ 为 y_1、y_2 的线性组合。只要合理选择 φ_j、ν_{j1}、ν_{j2}，就可以做到这一点。这可由以下推导说明。

$$\begin{aligned} Y_j^* &= Y_j(x+\pi) = \nu_{j1} y_1(x+\pi) + \nu_{j2} y_2(x+\pi) \\ &= \nu_{j1}(\alpha_1 y_1 + \alpha_2 y_2) + \nu_{j2}(\beta_1 y_1 + \beta_2 y_2) \end{aligned}$$

式(9-9)的右边为

$$\varphi_j Y_j = \varphi_j(\nu_{j1} y_1 + \nu_{j2} y_2)$$

把以上两式代入式(9-9)并经整理后得

$$[(\alpha_1 - \varphi_j)\nu_{j1} + \beta_1 \nu_{j2}] y_1 + [\alpha_2 \nu_{j1} + (\beta_2 - \varphi_j)\nu_{j2}] y_2 = 0$$

因为 y_1 和 y_2 线性无关，上式要成立必有

$$\begin{cases} (\alpha_1 - \varphi_j)\nu_{j1} + \beta_1 \nu_{j2} = 0 \\ \alpha_2 \nu_{j1} + (\beta_2 - \varphi_j)\nu_{j2} = 0 \end{cases} \tag{9-10}$$

因 ν_{j1} 和 ν_{j2} 不同时为 0，故

$$\begin{vmatrix} \alpha_1 - \varphi_j & \beta_1 \\ \alpha_2 & \beta_2 - \varphi_j \end{vmatrix} = 0$$

或

$$\varphi_j^2 - (\alpha_1 + \beta_2)\varphi_j + (\alpha_1 \beta_2 - \beta_1 \alpha_2) = 0 \tag{9-11}$$

解出 φ_j 的两个值，代入式(9-10)可得相应的 ν_{j1}，ν_{j2}。在这一组数值下，可以满足式(9-9)。

现在来研究 Y_j。如果把 φ_j 用指数形式表示，即

$$\varphi_j = \mathrm{e}^{\mu_j \pi} \tag{9-12}$$

以 $\mathrm{e}^{-(x+\pi)\mu_j}$ 同时乘式(9-9)的左右两边得

$$\mathrm{e}^{-(x+\pi)\mu_j} Y_j(x+\pi) = \mathrm{e}^{-x\mu j} Y_j(x)$$

上式表明 $\mathrm{e}^{-x\mu_j} Y_j(x)$ 是以 π 为周期的函数。令

$$\phi_j(x) = \mathrm{e}^{-\mu_j x} Y_j(x)$$

或

$$Y_j(x) = \mathrm{e}^{\mu_j x} \phi_j(x) \tag{9-13}$$

式中，$\phi_j(x)$ 是以 π 为周期的函数。所以式(9-7)所示的微分方程的解有式(9-13)的形式，它的一般解为

$$y = A\mathrm{e}^{\mu_1 x} \phi_1(x) + B\mathrm{e}^{\mu_2 x} \phi_2(x) \tag{9-14}$$

式中，A、B 为常数。

对于方程(9-6)，由于 y 项前的系数 $p(x)$ 为偶函数，即 $p(-x) = p(x)$，所以若 $y_1 = \mathrm{e}^{\mu x} \phi(x)$ 为式(9-6)的一个解，则 $y_2 = \mathrm{e}^{-\mu x} \phi(-x)$ 为其另一个解。这是因为如 y_1 为其解，则有

$$\frac{\mathrm{d}^2 y_1(x)}{\mathrm{d}x^2} + p(x) y_1(x) = 0$$

令

$$v = -x$$

$$\frac{d^2 y_1(v)}{dv^2}+p(v)y_1(v)=0$$

因为

$$\frac{d^2 y_1(v)}{dv^2}=\frac{d^2 y_1(v)}{dx^2},\quad p(v)=p(x)$$

故有

$$\frac{d^2 y_1(-x)}{dx^2}+p(x)y_1(-x)=0$$

即 $y_1(-x)$亦满足式(9-6)。所以当系数为偶函数时,具有下列形式的解:

$$y=A\mathrm{e}^{\mu x}\phi(x)+B\mathrm{e}^{-\mu x}\phi(-x) \tag{9-15}$$

以后我们将只讨论这种情况,并且只研究稳定情况。显然只有在 $\mu=\mathrm{i}\beta(\mathrm{i}=\sqrt{-1}$,$\beta$ 为某一实数)时,解才是稳定的。因为 $\phi(x)$为周期函数,它不可能随 x 的增长无限增加。A,B 为常数,故稳定性完全取决于 μ。如 μ 为复数形式($\mu=\alpha+\mathrm{i}\beta$),不论 α 为正或负,式(9-15)中 $\mathrm{e}^{\alpha x}$ 或 $\mathrm{e}^{-\alpha x}$ 会随 x 的增加而无限增大(或减小),因而是不稳定解。以后我们将只限于稳定解的情况。

方程(9-6)的稳定解将为

$$y=A\mathrm{e}^{\mathrm{i}\beta x}\phi(x)+B\mathrm{e}^{-\mathrm{i}\beta x}\phi(-x) \tag{9-16}$$

或

$$y=Ay_1+By_2$$

$$y_1=\mathrm{e}^{\mathrm{i}\beta x}\phi(x)$$

$$y_2=\mathrm{e}^{-\mathrm{i}\beta x}\phi(-x)$$

$\phi(x)$是周期为 π 的函数,它可以展成傅里叶级数。这时有

$$\begin{cases} y_1=\mathrm{e}^{\mu x}\sum\limits_{r=-\infty}^{+\infty}C_{2r}\mathrm{e}^{2r\mathrm{i}x} \\ y_2=\mathrm{e}^{-\mu x}\sum\limits_{r=-\infty}^{+\infty}C_{2r}\mathrm{e}^{-2r\mathrm{i}x} \end{cases} \tag{9-17}$$

$$y=A\mathrm{e}^{\mu x}\sum_{r=-\infty}^{+\infty}C_{2r}\mathrm{e}^{2r\mathrm{i}x}+B\mathrm{e}^{-\mu x}\sum_{r=-\infty}^{+\infty}C_{2r}\mathrm{e}^{-2r\mathrm{i}x} \tag{9-18}$$

有稳定解时,则有

$$\mu=\mathrm{i}\beta \tag{9-19}$$

2. 系数 μ、C_{2r} 间的关系

为求系数 μ、C_{2r} 间的关系,可把式(9-17)中的 y_1 代入原方程(9-6)(对于 y_2 也可得同样的结果)。把 y_1 对 x 求导一次和二次,即

$$\frac{dy_1}{dx}=\mu\mathrm{e}^{\mu x}\sum_{r=-\infty}^{+\infty}C_{2r}\mathrm{e}^{2r\mathrm{i}x}+\mathrm{e}^{\mu x}\sum_{r=-\infty}^{+\infty}C_{2r}(2r\mathrm{i})\mathrm{e}^{2r\mathrm{i}x}$$

$$\begin{aligned}\frac{d^2 y_1}{dx^2}&=\mu^2\mathrm{e}^{\mu x}\sum_{r=-\infty}^{+\infty}C_{2r}\mathrm{e}^{2r\mathrm{i}x}+\mu\mathrm{e}^{\mu x}\sum_{r=-\infty}^{+\infty}4r\mathrm{i}C_{2r}\mathrm{e}^{2r\mathrm{i}x}+\mathrm{e}^{\mu x}\sum_{r=-\infty}^{+\infty}(2r\mathrm{i})^2C_{2r}\mathrm{e}^{2r\mathrm{i}x}\\&=\mathrm{e}^{\mu x}\sum_{r=-\infty}^{+\infty}[\mu^2+4\mu r\mathrm{i}+(2r\mathrm{i})^2]C_{2r}\mathrm{e}^{2r\mathrm{i}x}\end{aligned}$$

$$=e^{\mu x}\sum_{r=-\infty}^{+\infty}[(\mu+2ri)^2C_{2r}e^{2rix}]$$

代入式(9-6)得

$$e^{\mu x}\left[\sum_{r=-\infty}^{+\infty}(\mu+2ri)^2C_{2r}e^{2rix}+(a-2d\cos 2x)\sum_{r=-\infty}^{+\infty}C_{2r}e^{2rix}\right]=0$$

因 $e^{\mu x}\neq 0$，且

$$\cos 2x=\frac{1}{2}(e^{2ix}+e^{-2ix})$$

故由上式得

$$\sum_{r=-\infty}^{+\infty}C_{2r}e^{2rix}[a+(\mu+2ri)^2-d(e^{2ix}+e^{-2ix})]=0$$

令上述级数中各 e^{2rix} 前的系数分别等于 0，得到一组代数方程：

$$C_{2r}[a+(\mu+2ri)^2]-d[C_{2(r-1)}+C_{2(r+1)}]=0 \tag{9-20}$$

因此式(9-20)给出了 μ 和 C_{r2} 之间的关系。

不难证明，当 r 增加时，C_{2r} 趋于 0。因为当把上式中 r 用 $(r+1)$ 替换后，有

$$C_{2(r+1)}[a+(\mu+2i+2ri)^2]-d[C_{2r}+C_{2r+4}]=0$$

将上式除以 C_{2r}，并令 $P_{2r}=-\dfrac{C_{2r+2}}{C_{2r}}$，$p_{2r+2}=\dfrac{C_{2r+4}}{C_{2r+2}}$，则有

$$[a+(\mu+2i+2ri)^2]p_{2r}-d(a+p_{2r}p_{2r+2})=0$$

或

$$p_{2r+2}+\frac{1}{p_{2r}}=\frac{a+(\mu+2i+2ri)^2}{d}$$

当 $r\to+\infty$ 时，上式右边部分趋于 $+\infty$，所以只能是 $p_{2r+2}\to+\infty$ 或 $p_{2r}\to 0$。因为我们只研究稳定区域，所以不可能有 $|p_{2r+2}|\to+\infty$。当 $p_{2r}\to 0$，表示 $r\to+\infty$，$\dfrac{C_{2r+2}}{C_{2r}}\to 0$，即后一项系数 C_{2r+2} 比前一项系数 C_{2r} 要小得多。故在 r 足够大时，因 p_{2r}、p_{2r+2} 均为小数，将有 $p_{2r}p_{2r+2}\ll 1$。忽略了 $p_{2r}p_{2r+2}$，且 $\mu=i\beta$，则有

$$|p_{2r}|=\left|\frac{C_{2r+2}}{C_{2r}}\right|\approx\left|\frac{d}{a+(\mu+2i+2ri)^2}\right|=\left|\frac{d}{a-(2r+2+\beta)^2}\right|$$

由此看出，当 d 和 a 均远远小于 1 时，随 r 的增加，C_{2r+2} 和 C_{2r} 的比值的绝对值将很快减小，故可限于计算式(9-17)所示级数的少数几项系数。

3. β 或 μ 值的确定

式(9-20)为对系数 $C_{2r}(r=-\infty\sim+\infty)$ 的齐次线性方程。为使系数 C_{2r} 不同时为 0，则它们前面的系数组成的行列式应为 0。把式(9-20)各项除以 $a-4r^2$ 得

$$C_{2r}\left[\frac{a+(\mu+2ri)^2}{a-4r^2}\right]-\frac{d}{a-4r^2}[C_{2r-2}+C_{2r+2}]=0 \tag{9-21}$$

若 $C_{-2r},\cdots,C_{-2},C_0,C_2,\cdots,C_{2r}$ 不同时为 0，则系数行列式

$$\Delta(\mathrm{i}\mu)=\begin{vmatrix} \cdots & \cdots & \cdots & \cdots & \cdots & \cdots & \cdots & \cdots \\ \cdots & \frac{(\mathrm{i}\mu+4)^2-a}{4^2-a} & \frac{d}{4^2-a} & 0 & 0 & 0 & 0 & \cdots \\ \cdots & \frac{d}{2^2-a} & \frac{(\mathrm{i}\mu+2)^2-a}{2^2-a} & \frac{d}{2^2-a} & 0 & 0 & 0 & \cdots \\ \cdots & 0 & \frac{d}{-a} & \frac{(\mathrm{i}\mu)^2-a}{-a} & \frac{d}{-a} & 0 & 0 & \cdots \\ \cdots & 0 & 0 & \frac{d}{2^2-a} & \frac{(\mathrm{i}\mu-2)^2-a}{2^2-a} & \frac{d}{2^2-a} & 0 & \cdots \\ \cdots & 0 & 0 & 0 & \frac{d}{4^2-a} & \frac{(\mathrm{i}\mu-4)^2-a}{4^2-a} & \frac{d}{4^2-a} & \cdots \\ \cdots & \cdots & \cdots & \cdots & \cdots & \cdots & \cdots & \cdots \end{vmatrix}=0 \tag{9-22}$$

此无穷阶行列式称为希尔(Hill)行列式，它的值可以由下式得到：

$$\Delta(\mathrm{i}\mu)=\Delta(0)-\frac{\sin^2\left(\frac{1}{2}\pi\mathrm{i}\mu\right)}{\sin^2\left(\frac{1}{2}\pi\sqrt{a}\right)} \tag{9-23}$$

式(9-23)的证明如下：把式(9-22)中各对角线元素变为 1，即在第 r 行乘以 $\frac{(2r)^2-a}{(2r+\mathrm{i}\mu)^2-a}$，得到新的行列式 $\Delta_1(\mathrm{i}\mu)$：

$$\Delta_1(\mathrm{i}\mu)=\begin{vmatrix} \cdots & \cdots & \cdots & \cdots & \cdots & \cdots & \cdots & \cdots \\ \cdots & 1 & \frac{d}{(4+\mathrm{i}\mu)^2-a} & 0 & 0 & 0 & 0 & \cdots \\ \cdots & \frac{d}{(2+\mathrm{i}\mu)^2-a} & 1 & \frac{d}{(2+\mathrm{i}\mu)^2-a} & 0 & 0 & 0 & \cdots \\ \cdots & 0 & \frac{d}{(\mathrm{i}\mu)^2-a} & 1 & \frac{d}{(\mathrm{i}\mu)^2-a} & 0 & 0 & \cdots \\ \cdots & 0 & 0 & \frac{d}{(2-\mathrm{i}\mu)^2-a} & 1 & \frac{d}{(2-\mathrm{i}\mu)^2-a} & 0 & \cdots \\ \cdots & 0 & 0 & 0 & \frac{d}{(4-\mathrm{i}\mu)^2-a} & 1 & \frac{d}{(4-\mathrm{i}\mu)^2-a} & \cdots \\ \cdots & \cdots & \cdots & \cdots & \cdots & \cdots & \cdots & \cdots \end{vmatrix} \tag{9-24}$$

$\Delta(\mathrm{i}\mu)$和 $\Delta_1(\mathrm{i}\mu)$的关系显然为

$$\Delta(\mathrm{i}\mu)=\Delta_1(\mathrm{i}\mu)\prod_{r=-\infty}^{+\infty}\left[\frac{(2r+\mathrm{i}\mu)^2-a}{(2r)^2-a}\right] \tag{9-25}$$

式(9-25)右边的连乘积可写成

$$
\begin{aligned}
&\prod_{r=-\infty}^{+\infty}\left[\frac{(2r+\mathrm{i}\mu)^2-a}{4r^2-a}\right]\\
&=\prod_{r=1}^{\infty}\left\{\frac{[(2r+\mathrm{i}\mu)+\sqrt{a}][(2r+\mathrm{i}\mu)-\sqrt{a}]}{(2r+\sqrt{a})(2r-\sqrt{a})}\times\right.\\
&\quad\left.\prod_{r=-1}^{\infty}\frac{[(\mathrm{i}\mu+2r)+\sqrt{a}][(\mathrm{i}\mu+2r)-\sqrt{a}]}{(2r+\sqrt{a})(2r-\sqrt{a})}\right\}\times\frac{(\mathrm{i}\mu)^2-a}{(-a)}\\
&=\frac{(\mathrm{i}\mu)^2-a}{(-a)}\prod_{r=1}^{\infty}\frac{[(2r+\mathrm{i}\mu)+\sqrt{a}][(2r+\mathrm{i}\mu)-\sqrt{a}][(\mathrm{i}\mu-2r)+\sqrt{a}][(\mathrm{i}\mu-2r)-\sqrt{a}]}{(2r+\sqrt{a})^2(2r-\sqrt{a})^2}\\
&=\frac{(\mathrm{i}\mu)^2-a}{(-a)}\prod_{r=1}^{\infty}\frac{\left[1-\dfrac{\mathrm{i}\mu+\sqrt{a}}{2r}\right]\left[1+\dfrac{\mathrm{i}\mu+\sqrt{a}}{2r}\right]\left[1-\dfrac{\mathrm{i}\mu-\sqrt{a}}{2r}\right]\left[1+\dfrac{\mathrm{i}\mu-\sqrt{a}}{2r}\right]}{\left(1-\dfrac{\sqrt{a}}{2r}\right)^2\left(1+\dfrac{\sqrt{a}}{2r}\right)^2}
\end{aligned}
\tag{9-26}
$$

按函数的级数展开式有

$$
\frac{\sin z}{z}=\prod_{r=1}^{\infty}\left[\left(1-\frac{z}{r\pi}\right)\mathrm{e}^{\frac{z}{r\pi}}\right]\left[\left(1+\frac{z}{r\pi}\right)\mathrm{e}^{-\frac{z}{r\pi}}\right]
\tag{9-27}
$$

若令 $z_1=(\mathrm{i}\mu+\sqrt{a})\dfrac{\pi}{2}$，$z_2=(\mathrm{i}\mu-\sqrt{a})\dfrac{\pi}{2}$，则式(9-26)可写为

$$
\begin{aligned}
\prod_{r=-\infty}^{+\infty}\left[\frac{(2r+\mathrm{i}\mu)^2-a}{4r^2-a}\right]&=\frac{(\mathrm{i}\mu)^2-a}{(-a)}\prod_{r=1}^{\infty}\frac{\left(1-\dfrac{z_1}{r\pi}\right)\mathrm{e}^{\frac{z_1}{r\pi}}\left(1+\dfrac{z_1}{r\pi}\right)\mathrm{e}^{-\frac{z_1}{r\pi}}\left(1-\dfrac{z_2}{r\pi}\right)\mathrm{e}^{\frac{z_2}{r\pi}}\left(1+\dfrac{z_2}{r\pi}\right)\mathrm{e}^{-\frac{z_2}{r\pi}}}{\left(1-\dfrac{\sqrt{a}\ \frac{\pi}{2}}{r\pi}\right)^2[\mathrm{e}^{\frac{\sqrt{a}\frac{\pi}{2}}{r\pi}}]^2\left(1+\dfrac{\sqrt{a}\ \frac{\pi}{2}}{r\pi}\right)^2[\mathrm{e}^{-\frac{\sqrt{a}\frac{\pi}{2}}{r\pi}}]^2}\\
&=\frac{(\mathrm{i}\mu)^2-a}{(-a)}\frac{\dfrac{\sin z_1}{z_1}\dfrac{\sin z_2}{z_2}}{\dfrac{\sin^2\left(\sqrt{a}\ \frac{\pi}{2}\right)}{\left(\sqrt{a}\ \frac{\pi}{2}\right)^2}}\\
&=\frac{(\mathrm{i}\mu)^2-a}{(-a)}\frac{\sin\dfrac{\pi}{2}(\mathrm{i}\mu+\sqrt{a})\sin\dfrac{\pi}{2}(\mathrm{i}\mu-\sqrt{a})\left(\dfrac{\pi}{2}\right)^2a}{\sin^2\left(\dfrac{\pi}{2}\sqrt{a}\right)\left[\dfrac{\pi}{2}(\mathrm{i}\mu+\sqrt{a})\right]\left[\dfrac{\pi}{2}(\mathrm{i}\mu-\sqrt{a})\right]}\\
&=-\frac{\sin\dfrac{\pi}{2}(\mathrm{i}\mu+\sqrt{a})\sin\dfrac{\pi}{2}(\mathrm{i}\mu-\sqrt{a})}{\sin^2\left(\dfrac{\pi}{2}\sqrt{a}\right)}
\end{aligned}
$$

代入式(9-25)得

$$
\Delta(\mathrm{i}\mu)=-\Delta_1(\mathrm{i}\mu)\frac{\sin\dfrac{\pi}{2}(\mathrm{i}\mu+\sqrt{a})\sin\dfrac{\pi}{2}(\mathrm{i}\mu-\sqrt{a})}{\sin^2\left(\dfrac{\pi}{2}\sqrt{a}\right)}
\tag{9-28}
$$

从式(9-24)可以看出$\Delta_1(\mathrm{i}\mu)$有以下特点：

(1) $\Delta_1(\mathrm{i}\mu)$为偶函数。因为若以$-\mathrm{i}\mu$替代$\mathrm{i}\mu$，行列式值不变。

(2) $\Delta_1(\mathrm{i}\mu)$为周期函数，周期为$\mu=2\mathrm{i}$。因为若以$\mu+2\mathrm{i}$替代μ，则$(2r+\mathrm{i}\mu)^2-a$变为$(2r-2+\mathrm{i}\mu)^2-a$，相当于把式(9-24)中各行相应地向上移动一行，对于无穷阶行列式来讲，其值不变。

(3) 当$\mu\to\pm\infty$时，$\Delta_1(\mathrm{i}\mu)=1$。因为当$\mu\to\pm\infty$时，除对角线元素仍保持为1外，其他各元素均趋向于0，故行列式值等于1。

(4) $\mu=\pm\mathrm{i}\sqrt{a}$为$\Delta_1(\mathrm{i}\mu)$的一阶极点。因为当$\mu=\pm\mathrm{i}\sqrt{a}$时，行列式中有一行的分母将为0。

我们可以找到另一个函数$f_1(\mathrm{i}\mu)$也有一阶极点$\mu=\pm\mathrm{i}\sqrt{a}$：

$$f_1(\mathrm{i}\mu)=\cot\frac{1}{2}\pi(\mathrm{i}\mu+\sqrt{a})-\cot\frac{1}{2}\pi(\mathrm{i}\mu-\sqrt{a})$$

通过两个具有相同的一阶极点的函数可以构造新函数$D(\mathrm{i}\mu)$，在该处无极点。

$$\begin{aligned}D(\mathrm{i}\mu)&=\Delta_1(\mathrm{i}\mu)-Kf_1(\mathrm{i}\mu)\\&=\Delta_1(\mathrm{i}\mu)-K\left[\cot\frac{1}{2}\pi(\mathrm{i}\mu+\sqrt{a})-\cot\frac{1}{2}\pi(\mathrm{i}\mu-\sqrt{a})\right]\end{aligned}\tag{9-29}$$

式中，K为常数。显然，只要$\Delta_1(\mathrm{i}\mu)$在$\mu=\pm\mathrm{i}\sqrt{a}$点的留数和$K$乘$f_1(\mathrm{i}\mu)$在该处的留数相等，则$D(\mathrm{i}\mu)$在该点处的留数为0，表明它在该点将无极点。

函数$D(\mathrm{i}\mu)$有以下特点：

(1) 在点$\mu=\pm\mathrm{i}\sqrt{a}$处无极点。

(2) $D(\mathrm{i}\mu)$为μ的偶函数。因为$\Delta_1(\mathrm{i}\mu)$和$f_1(\mathrm{i}\mu)$均为偶函数，如以$-\mu$代替μ，则$D(\mathrm{i}\mu)$值不变。

(3) $D(\mathrm{i}\mu)$的周期为2i。因为如以$\mu+2\mathrm{i}$替代μ，函数值不变。如前边分析$\Delta_1[\mathrm{i}(\mu+2\mathrm{i})]=\Delta_1(\mathrm{i}\mu)$，而

$$\begin{aligned}f_1[\mathrm{i}(\mu+2\mathrm{i})]&=\cot\frac{1}{2}\pi[\mu\mathrm{i}-2+\sqrt{a}]-\cot\frac{1}{2}\pi[\mu\mathrm{i}-2-\sqrt{a}]\\&=\cot\frac{1}{2}\pi(\mu\mathrm{i}+\sqrt{a})-\cot\frac{1}{2}\pi(\mu\mathrm{i}-\sqrt{a})=f_1(\mathrm{i}\mu)\end{aligned}$$

所以$D(\mathrm{i}\mu)$的周期为2i。

(4) $D(\mathrm{i}\mu)$是有界的。因为当$\mu\to+\infty$时，$\Delta_1(\mathrm{i}\mu)=1$，而$f_1(\mathrm{i}\mu)$也是有界的。

$$\begin{aligned}f_1(\mathrm{i}\mu)&=\cot\frac{1}{2}\pi(\mu\mathrm{i}+\sqrt{a})-\cot\frac{1}{2}\pi(\mu\mathrm{i}-\sqrt{a})\\&=\frac{-2\sin\pi\sqrt{a}}{\cos\pi\sqrt{a}-\cos\pi\mathrm{i}\mu}\end{aligned}$$

当$\mu\to+\infty$时，$\cos\pi\mathrm{i}\mu=\frac{1}{2}(\mathrm{e}^{\pi\mu}+\mathrm{e}^{-\pi\mu})$将趋向于$+\infty$，所以$f_1(\mathrm{i}\mu)\to0$。

根据刘维尔定理(Liouville's theorem)，设$f(z)$为对任何z值的解析函数，且在任何z值时$|f(z)|<c$(c为一常数)，即当$z\to+\infty$时$|f(z)|$为有界的，则$f(z)$为一常量。现在$D(\mathrm{i}\mu)$符合刘维尔定理的条件，所以可知$D(\mathrm{i}\mu)=$常数，此常数可由μ等于某一任意数来决

定。令 $\mu\to+\infty$，则 $D(\mathrm{i}\mu)=1$，故知此常数为 1。因此有

$$1=\Delta_1(\mathrm{i}\mu)-K\left[\cot\frac{\pi}{2}(\mathrm{i}\mu+\sqrt{a})-\cot\frac{\pi}{2}(\mathrm{i}\mu-\sqrt{a})\right]$$

或

$$\Delta_1(\mathrm{i}\mu)=1+K\left[\cot\frac{\pi}{2}(\mathrm{i}\mu+\sqrt{a})-\cot\frac{\pi}{2}(\mathrm{i}\mu-\sqrt{a})\right] \tag{9-30}$$

令 $\mu=0$，可求出常数 K。

$$\Delta_1(0)=1+K\left[\cot\frac{\pi}{2}\sqrt{a}-\cot\frac{\pi}{2}(-\sqrt{a})\right]$$

故

$$K=\frac{1}{2}[\Delta_1(0)-1]\tan\frac{\pi}{2}\sqrt{a} \tag{9-31}$$

把式(9-30)及式(9-31)代入式(9-28)，且考虑到

$$\cot\frac{\pi}{2}(\mathrm{i}\mu+\sqrt{a})-\cot\frac{\pi}{2}(\mathrm{i}\mu-\sqrt{a})=\frac{\sin\frac{\pi}{2}[(\mathrm{i}\mu-\sqrt{a})-(\mathrm{i}\mu+\sqrt{a})]}{\sin\frac{\pi}{2}(\mathrm{i}\mu+\sqrt{a})\sin\frac{\pi}{2}(\mathrm{i}\mu-\sqrt{a})}$$

$$=\frac{-\sin\pi\sqrt{a}}{\sin\frac{\pi}{2}(\mathrm{i}\mu+\sqrt{a})\sin\frac{\pi}{2}(\mathrm{i}\mu-\sqrt{a})}$$

故得

$$\Delta(\mathrm{i}\mu)=-\frac{\sin\frac{\pi}{2}(\mathrm{i}\mu+\sqrt{a})\sin\frac{\pi}{2}(\mathrm{i}\mu-\sqrt{a})}{\sin^2\left(\frac{\pi}{2}\sqrt{a}\right)}\left\{1+\frac{1}{2}[\Delta_1(0)-1]\tan\frac{\pi}{2}\sqrt{a}\times\right.$$

$$\left.\left[\frac{-\sin\pi\sqrt{a}}{\sin\frac{\pi}{2}(\mathrm{i}\mu+\sqrt{a})\sin\frac{\pi}{2}(\mathrm{i}\mu-\sqrt{a})}\right]\right\}$$

$$=\frac{\sin\frac{\pi}{2}(\mathrm{i}\mu+\sqrt{a})\sin\frac{\pi}{2}(\mathrm{i}\mu-\sqrt{a})}{\sin^2\left(\frac{\pi}{2}\sqrt{a}\right)}+[\Delta_1(0)-1]$$

故

$$\Delta(\mathrm{i}\mu)=\Delta_1(0)=\frac{\sin^2\left(\frac{\pi}{2}\sqrt{a}\right)+\sin\frac{\pi}{2}(\mathrm{i}\mu+\sqrt{a})\sin\frac{\pi}{2}(\mathrm{i}\mu-\sqrt{a})}{\sin^2\frac{\pi}{2}\sqrt{a}}$$

整理后得

$$\Delta(\mathrm{i}\mu)=\Delta_1(0)-\frac{\sin^2\left(\frac{1}{2}\pi\mathrm{i}\mu\right)}{\sin^2\frac{\pi}{2}\sqrt{a}}$$

而

$$\mu=0,\quad \Delta(0)=\Delta_1(0)$$

故最后得式(9-23)为

$$\Delta(\mathrm{i}\mu)=\Delta(0)-\frac{\sin^2\left(\frac{1}{2}\pi\mathrm{i}\mu\right)}{\sin^2\frac{\pi}{2}\sqrt{a}}$$

根据式(9-22)，$\Delta(\mathrm{i}\mu)=0$，由此求出它的根 μ。

$$\Delta(\mathrm{i}\mu)=0=\Delta(0)-\frac{\sin^2\left(\frac{1}{2}\pi\mathrm{i}\mu\right)}{\sin^2\frac{\pi}{2}\sqrt{a}}$$

故

$$\sin^2\left(\frac{1}{2}\pi\mathrm{i}\mu\right)=\Delta(0)\sin^2\left(\frac{1}{2}\pi\sqrt{a}\right)$$

或

$$\sin^2\left(\frac{1}{2}\pi\mathrm{i}\mu\right)=\Delta_1(0)\sin^2\left(\frac{1}{2}\pi\sqrt{a}\right) \tag{9-32}$$

其中

$$\Delta_1(0)=\begin{vmatrix} \cdots & \cdots & \cdots & \cdots & \cdots & \cdots & \cdots \\ \cdots & \frac{d}{4-a} & 1 & \frac{d}{4-a} & 0 & 0 & \cdots \\ \cdots & 0 & \frac{d}{-a} & 1 & \frac{d}{-a} & 0 & \cdots \\ \cdots & 0 & 0 & \frac{d}{4-a} & 1 & \frac{d}{4-a} & \cdots \\ \cdots & \cdots & \cdots & \cdots & \cdots & \cdots & \cdots \end{vmatrix} \tag{9-33}$$

当 $d\ll 1$ 时，这个无穷阶的行列式值可限于计算有限项，如果只限于计算到 d^2 项，则有

$$\Delta_1(0)\approx 1-\frac{\pi d^2\cot\left(\frac{\pi}{2}\sqrt{a}\right)}{4\sqrt{a}\,(a-1)} \tag{9-34}$$

现考虑稳定解，这时有式(9-19)关系，即

$$\sin^2\left(\frac{1}{2}\pi\beta\right)=\Delta_1(0)\sin^2\left(\frac{1}{2}\pi\sqrt{a}\right) \tag{9-35}$$

或

$$(1-\cos\pi\beta)\approx 1-\cos\pi\sqrt{a}-\frac{\pi d^2\cot\left(\frac{\pi}{2}\sqrt{a}\right)}{4\sqrt{a}\,(a-1)}2\sin^2\left(\frac{\pi}{2}\sqrt{a}\right)$$

$$\cos\pi\beta\approx\cos\pi\sqrt{a}+\frac{\pi d^2\sin(\pi\sqrt{a})}{4\sqrt{a}\,(a-1)} \tag{9-36}$$

当 $a\ll 1$ 时，上式右边第二项 $\approx-\frac{\pi d^2(\pi\sqrt{a})}{4\sqrt{a}}=-\frac{\pi^2}{4}d^2$，如果忽略 d^2，则可近似得

$$\beta\approx\sqrt{a} \tag{9-37}$$

4. 系数 C_{2r} 的确定

求出 μ 或 β 后，可代入式(9-20)，求出各系数的比例关系，例如各系数均以 C_0 的比例关系表示。把它们代入式(9-17)及式(9-18)，得到式(9-6)的通解。系数 C_0 将归并到积分常数 A、B 中，由初始条件决定。

方程式(9-6)的通解最终将为

$$y = A\mathrm{e}^{\mathrm{i}\beta x}\sum_{r=-\infty}^{+\infty} C_{2r}\mathrm{e}^{2r\mathrm{i}x} + B\mathrm{e}^{-\mathrm{i}\beta x}\sum_{r=-\infty}^{+\infty} C_{2r}\mathrm{e}^{-2r\mathrm{i}x} \tag{9-38}$$

其中 β 由式(9-35)和式(9-36)求得，C_{2r} 等系数由式(9-20)求得。

9.2.2 非齐次方程的解

我们主要研究强迫振动，即研究非齐次方程(9-5)的特解。方程(9-5)的解为通解式(9-38)和特解 y^* 之和，即

$$y = Ay_1 + By_2 + y^* \tag{9-39}$$

根据线性微分方程，特解将为

$$y^* = y_2(x)\int\frac{y_1(x)f(x)}{\delta}\mathrm{d}x - y_1(x)\int\frac{y_2(x)f(x)}{\delta}\mathrm{d}x \tag{9-40}$$

式中，$y_1(x)$、$y_2(x)$ 为齐次方程的两个解：

$$\delta = y_1(x)y_2'(x) - y_1'(x)y_2(x) \tag{9-41}$$

容易看出 δ 将为常数，因为

$$\frac{\mathrm{d}\delta}{\mathrm{d}x} = y_1'y_2' + y_1y_2'' - y_2'y_1' - y_2y_1'' = y_1y_2'' - y_2y_1''$$

但 y_1，y_2 为齐次方程(9-7)的解，故

$$y_2'' = -py_2,\quad y_1'' = -py_1$$

代入 $\frac{\mathrm{d}\delta}{\mathrm{d}x}$ 中得

$$\frac{\mathrm{d}\delta}{\mathrm{d}x} = -py_1y_2 + py_2y_1 \equiv 0$$

故 δ 为常数。为决定它的大小，可令 x 为任一数值，代入式(9-41)求得 δ 值。例如可令 $x=0$，由式(9-17)得

$$y_1 = \sum_{r=-\infty}^{+\infty} C_{2r}\mathrm{e}^{(2r+\beta)\mathrm{i}x}$$

$$y_2 = \sum_{r=-\infty}^{+\infty} C_{2r}\mathrm{e}^{-(2r+\beta)\mathrm{i}x}$$

$$y_1' = \sum_{r=-\infty}^{+\infty} (2r+\beta)\mathrm{i}C_{2r}\mathrm{e}^{(2r+\beta)\mathrm{i}x}$$

$$y_2' = \sum_{r=-\infty}^{+\infty} -(2r+\beta)\mathrm{i}C_{2r}\mathrm{e}^{-(2r+\beta)\mathrm{i}x}$$

由式(9-41)得

$$\delta = y_1(0)y_2'(0) - y_1'(0)y_2(0)$$

$$= -2\mathrm{i}\sum_{r=-\infty}^{+\infty} C_{2r} - \sum_{r=-\infty}^{+\infty}(2r+\beta)C_{2r} \tag{9-42}$$

式(9-40)的推导可参阅一般的微分方程书籍或数学手册，这里不再讨论。为了说明它的正确，可把式(9-40)代入原方程式(9-5)，如满足，则证明它确实为式(9-5)的解。

$$\frac{\mathrm{d}y^*}{\mathrm{d}x} = y'_2\int\frac{y_1 f}{\delta}\mathrm{d}x + y_2\frac{y_1 f}{\delta} - y'_1\int\frac{y_2 f}{\delta}\mathrm{d}x - y_1\frac{y_2 f}{\delta}$$

$$= y'_2\int\frac{y_1 f}{\delta}\mathrm{d}x - y'_1\int\frac{y_2 f}{\delta}\mathrm{d}x$$

$$\frac{\mathrm{d}^2 y^*}{\mathrm{d}x^2} = y_2^*\int\frac{y_1 f}{\delta}\mathrm{d}x + y'_2\frac{y_1 f}{\delta} - y''_1\int\frac{y_2 f}{\delta}\mathrm{d}x - y'_1\frac{y_2 f}{\delta}$$

如前所述 $y''_2=-py_2$，$y''_1=-py_1$，$y'_2y_1-y_2y'_1=\delta$，故

$$\frac{\mathrm{d}^2 y^*}{\mathrm{d}x^2} = -p\left[y_2\int\frac{y_1 f}{\delta}\mathrm{d}x - y_1\int\frac{y_2 f}{\delta}\mathrm{d}x\right] + f$$

代入式(9-5)得

$$-p\left[y_2\int\frac{y_1 f}{\delta}\mathrm{d}x - y_1\int\frac{y_2 f}{\delta}\mathrm{d}x\right] + f + p\left[y_2\int\frac{y_1 f}{\delta}\mathrm{d}x - y_1\int\frac{y_2 f}{\delta}\mathrm{d}x\right] = f$$

上式满足式(9-5)，说明式(9-40)确实为式(9-5)之解。

现把式(9-17)的 y_1，y_2 代入式(9-40)，可得

$$y^* = \frac{\mathrm{e}^{-\mathrm{i}\beta x}}{\delta}\sum_{r=-\infty}^{+\infty}C_{2r}\mathrm{e}^{-2r\mathrm{i}x}\int^x \mathrm{e}^{\mathrm{i}\beta x}\sum_{r=-\infty}^{+\infty}C_{2r}\mathrm{e}^{2r\mathrm{i}x}f(x)\mathrm{d}x -$$

$$\frac{\mathrm{e}^{\mathrm{i}\beta x}}{\delta}\sum_{r=-\infty}^{+\infty}C_{2r}\mathrm{e}^{2r\mathrm{i}x}\int^x \mathrm{e}^{-\mathrm{i}\beta x}\sum_{r=-\infty}^{+\infty}C_{2r}\mathrm{e}^{-2r\mathrm{i}x}f(x)\mathrm{d}x$$

下面讨论一种常见的简单情况，设

$$f = Q_0 + Q_1\cos 2x = Q_0 + Q_1\left(\frac{\mathrm{e}^{2\mathrm{i}x}+\mathrm{e}^{-2\mathrm{i}x}}{2}\right)$$

若 $f(x)$ 为一般周期函数，则可以分解为傅里叶级数形式，逐项求解，方法是一样的。这时式(9-5)可写为

$$\frac{\mathrm{d}^2 y}{\mathrm{d}x^2} + (a - 2d\cos 2x)y = Q_0 + Q_1\cos 2x \tag{9-43}$$

其特解 y^* 为

$$y^* = \frac{Q_0}{\delta}\left[\sum_{r=-\infty}^{+\infty}C_{2r}\mathrm{e}^{-2r\mathrm{i}x}\sum_{r=-\infty}^{+\infty}\frac{C_{2r}}{2r\mathrm{i}+\beta\mathrm{i}}\mathrm{e}^{2r\mathrm{i}x} - \sum_{r=-\infty}^{+\infty}C_{2r}\mathrm{e}^{2r\mathrm{i}x}\sum_{r=-\infty}^{+\infty}\frac{C_{2r}}{-2r\mathrm{i}-\beta\mathrm{i}}\mathrm{e}^{-2r\mathrm{i}x}\right] +$$

$$\frac{Q_1}{2\delta}\left[\sum_{r=-\infty}^{+\infty}C_{2r}\mathrm{e}^{-2r\mathrm{i}x}\left(\sum_{r=-\infty}^{+\infty}\frac{C_{2r}}{2(r+1)\mathrm{i}+\beta\mathrm{i}}\mathrm{e}^{2(r+1)\mathrm{i}x} + \sum_{r=-\infty}^{+\infty}\frac{C_{2r}}{2(r-1)\mathrm{i}+\beta\mathrm{i}}\mathrm{e}^{2(r-1)\mathrm{i}x}\right) -\right.$$

$$\left.\sum_{r=-\infty}^{+\infty}C_{2r}\mathrm{e}^{2r\mathrm{i}x}\left(\sum_{r=-\infty}^{+\infty}\frac{C_{2r}}{-2(r-1)\mathrm{i}-\beta\mathrm{i}}\mathrm{e}^{-2(r-1)\mathrm{i}x} + \sum_{r=-\infty}^{+\infty}\frac{C_{2r}}{-2(r+1)\mathrm{i}-\beta\mathrm{i}}\mathrm{e}^{-2(r+1)\mathrm{i}x}\right)\right]$$

把 e 的同幂项系数合并，经整理后得

$$y^* = \sum_{h=-\infty}^{+\infty}\left[\frac{Q_0}{\delta}H_{2n}^{Q_0} + \frac{Q_1}{\delta}H_{2n}^{Q_1}\right]\mathrm{e}^{2n\mathrm{i}x} \tag{9-44}$$

其中

$$\begin{cases} H_{2n}^{Q_0} = \sum_{r=-\infty}^{+\infty} C_{2r} \left[\dfrac{C_{2(r+n)} + C_{2(r-n)}}{2r\mathrm{i} + \beta\mathrm{i}} \right] \\ H_{2n}^{Q_1} = \dfrac{1}{2} \sum_{r=-\infty}^{+\infty} C_{2r} \left[\dfrac{C_{2(r-1-n)} + C_{2(r-1+n)}}{2(r-1)\mathrm{i} + \beta\mathrm{i}} + \dfrac{C_{2(r+1+n)} + C_{2(r+1-n)}}{2(r+1)\mathrm{i} + \beta\mathrm{i}} \right] \end{cases} \tag{9-45}$$

当 $n=0$，即 y^* 为常数项时，有关系数为

$$\begin{cases} H_0^{Q_0} = \sum_{r=-\infty}^{+\infty} \dfrac{2C_{2r}^2}{(2r+\beta)\mathrm{i}} \\ H_0^{Q_1} = \sum_{r=-\infty}^{+\infty} C_{2r} \left[\dfrac{C_{2(r-1)}}{2(r-1)\mathrm{i} + \beta\mathrm{i}} + \dfrac{C_{2(r+1)}}{2(r+1)\mathrm{i} + \beta\mathrm{i}} \right] \end{cases} \tag{9-46}$$

式(9-43)的解应为

$$y = A\mathrm{e}^{\mathrm{i}\beta x} \sum_{r=-\infty}^{+\infty} C_{2r} \mathrm{e}^{2r\mathrm{i}x} + B\mathrm{e}^{-\mathrm{i}\beta x} \sum_{r=-\infty}^{+\infty} C_{2r} \mathrm{e}^{-2r\mathrm{i}x} + \sum_{n=-\infty}^{+\infty} \left[\frac{Q_0}{\delta} H_{2n}^{Q_0} + \frac{Q_1}{\delta} H_{2n}^{Q_1} \right] \mathrm{e}^{2n\mathrm{i}x} \tag{9-47}$$

9.3　机械振动问题的数值求解

分析机械系统振动问题，求解主振型、特征值、固有频率等，利用矩阵迭代法可运用计算软件（如 MATLAB 等）进行计算机数值求解。

设方程为

$$\begin{cases} \boldsymbol{M}\boldsymbol{\phi} = \lambda \boldsymbol{K}\boldsymbol{\phi} \\ \boldsymbol{D}\boldsymbol{\phi} = \lambda \boldsymbol{\phi} \end{cases} \tag{9-48}$$

式中，$\boldsymbol{D}$ 为 $n\times n$ 方阵，$\boldsymbol{D}=\boldsymbol{K}^{-1}\boldsymbol{M}$；$\lambda=\dfrac{1}{\omega^2}$；$\boldsymbol{\phi}$ 为 n 元列向量。

现用矩阵迭代法来求一阶、二阶、…、n 阶的主振型 $\boldsymbol{\phi}_1,\boldsymbol{\phi}_2,\cdots,\boldsymbol{\phi}_n$ 以及相应的特征值 $\lambda_1,\lambda_2,\cdots,\lambda_n$，或固有角频率 $\omega_1,\omega_2,\cdots,\omega_n$。

矩阵迭代法是从假定的主振型出发，进行矩阵迭代运算，依次由最低阶主振型和固有频率开始，求得全部或一部分主振型和相应的固有频率的方法。

最初任意假设一阶主振型为

$$\boldsymbol{\phi}_1 = \boldsymbol{A}^{(1)} \tag{9-49}$$

为方便起见，其第 n 个元素 $A_n^{(1)}$ 取为 1。如果它刚好是一阶主振型，则应满足式(9-48)：

$$\boldsymbol{D}\boldsymbol{A}^{(1)} = \lambda_1 \boldsymbol{A}^{(1)} \tag{9-50}$$

令

$$\boldsymbol{B}^{(1)} = \boldsymbol{D}\boldsymbol{A}^{(1)}$$

则

$$\boldsymbol{B}^{(1)} = \lambda_1 \boldsymbol{A}^{(1)} \tag{9-51}$$

表示 $\boldsymbol{B}^{(1)}$ 中各元素为 $\boldsymbol{A}^{(1)}$ 中各元素的 λ_1 倍。因为 $A_n^{(1)}=1$，故知 $B_n^{(1)}=\lambda_1$。或

$$\frac{1}{B_n^{(1)}}\boldsymbol{B}^{(1)}=\boldsymbol{A}^{(1)}$$

但显然所设的$\boldsymbol{A}^{(1)}$不会刚好是第一阶主振型，所以需要进行迭代计算：

$$\begin{cases}\boldsymbol{B}^{(1)}=\boldsymbol{D}\boldsymbol{A}^{(1)}\\ \boldsymbol{A}^{(2)}=\dfrac{1}{B_n^{(1)}}\boldsymbol{B}^{(1)}\\ \boldsymbol{B}^{(2)}=\boldsymbol{D}\boldsymbol{A}^{(2)}\\ \boldsymbol{A}^{(3)}=\dfrac{1}{B_n^{(2)}}\boldsymbol{B}^{(2)}\\ \quad\vdots\\ \boldsymbol{B}^{(k)}=\boldsymbol{D}\boldsymbol{A}^{(k)}\\ \boldsymbol{A}^{(k+1)}=\dfrac{1}{B_n^{(k)}}\boldsymbol{B}^{(k)}\end{cases}\tag{9-52}$$

当k足够大时，$\boldsymbol{A}^{(k+1)}\approx\boldsymbol{A}^{k}$，可以认为$\boldsymbol{A}^{k}$即为第一阶主振型，而$B_n^{(k)}\approx\lambda_1=\dfrac{1}{\omega_1^2}$。这可证明如下：

当$\boldsymbol{A}^{(1)}$不是第一阶主振型时，可以把它写成n阶主振型的线性组合，即

$$\boldsymbol{A}^{(1)}=C_1\boldsymbol{\phi}_1+C_2\boldsymbol{\phi}_2+\cdots+C_n\boldsymbol{\phi}_n\tag{9-53}$$

其中，$C_1,C_2,\cdots,C_n$为常数。

把式(9-53)代入式(9-52)第一式：

$$\begin{aligned}\boldsymbol{B}^{(1)}&=\boldsymbol{D}\boldsymbol{A}^{(1)}=C_1\boldsymbol{D}\boldsymbol{\phi}_1+C_2\boldsymbol{D}\boldsymbol{\phi}_2+\cdots+C_n\boldsymbol{D}\boldsymbol{\phi}_n\\&=C_1\lambda_1\boldsymbol{\phi}_1+C_2\lambda_2\boldsymbol{\phi}_2+\cdots+C_n\lambda_n\boldsymbol{\phi}_n\\&=\frac{1}{\omega_1^2}\left(C_1\boldsymbol{\phi}_1+C_2\frac{\omega_1^2}{\omega_2^2}\boldsymbol{\phi}_2+\cdots+C_n\frac{\omega_1^2}{\omega_n^2}\boldsymbol{\phi}_n\right)\end{aligned}$$

因为$\omega_1<\omega_2<\cdots<\omega_n$，故$\boldsymbol{B}^{(1)}$中$\boldsymbol{\phi}_1$的成分增加，相应地压低了其他成分。

由式(9-52)第二式得

$$\boldsymbol{A}^{(2)}=\frac{1}{B_n^{(1)}}\boldsymbol{B}^{(1)}=\frac{1}{B_n^{(1)}\omega_1^2}\left(C_1\boldsymbol{\phi}_1+C_2\frac{\omega_1^2}{\omega_2^2}\boldsymbol{\phi}_2+\cdots+C_n\frac{\omega_1^2}{\omega_n^2}\boldsymbol{\phi}_n\right)$$

由式(9-52)第三式得

$$\boldsymbol{B}^{(2)}=\boldsymbol{D}\boldsymbol{A}^{(2)}=\frac{1}{B_n^{(1)}\omega_1^4}\left(C_1\boldsymbol{\phi}_1+C_2\frac{\omega_1^4}{\omega_2^4}\boldsymbol{\phi}_2+\cdots+C_n\frac{\omega_1^4}{\omega_n^4}\boldsymbol{\phi}_n\right)$$

这表示在$\boldsymbol{B}^{(2)}$中$\boldsymbol{\phi}_1$的成分更多，也即$\boldsymbol{B}^{(2)}$更接近于$\boldsymbol{\phi}_1$。

依次类推得

$$\boldsymbol{A}^{(3)}=\frac{1}{B_n^{(1)}B_n^{(2)}\omega_1^4}\left(C_1\boldsymbol{\phi}_1+C_2\frac{\omega_1^4}{\omega_2^4}\boldsymbol{\phi}_2+\cdots+C_n\frac{\omega_1^4}{\omega_n^4}\boldsymbol{\phi}_n\right)$$

$$\vdots$$

$$\boldsymbol{A}^{(k)}=\frac{1}{B_n^{(1)}B_n^{(2)}\cdots B_n^{(k-1)}\omega_1^{2(k-1)}}\left[C_1\boldsymbol{\phi}_1+C_2\left(\frac{\omega_1^2}{\omega_2^2}\right)^{(k-1)}\boldsymbol{\phi}_2+\cdots+C_n\left(\frac{\omega_1^2}{\omega_n^2}\right)^{(k-1)}\boldsymbol{\phi}_n\right]$$

$$\boldsymbol{B}^{(k)}=\boldsymbol{D}\boldsymbol{A}^{(k)}=\frac{1}{B_n^{(1)}B_n^{(2)}\cdots B_n^{(k-1)}\omega_1^{2k}}\left[C_1\boldsymbol{\phi}_1+C_2\left(\frac{\omega_1^2}{\omega_2^2}\right)^k\boldsymbol{\phi}_2+\cdots+C_n\left(\frac{\omega_1^2}{\omega_n^2}\right)^k\boldsymbol{\phi}_n\right]$$

当 k 相当大时，$\left(\frac{\omega_1^2}{\omega_2^2}\right)^k,\cdots,\left(\frac{\omega_1^2}{\omega_n^2}\right)^k$ 均远远小于 1，略去这些小量，可得

$$\boldsymbol{A}^{(k)}\approx\frac{1}{B_n^{(1)}B_n^{(2)}\cdots B_n^{(k-1)}\omega_1^{2(k-1)}}C_1\boldsymbol{\phi}_1$$

$$\boldsymbol{B}^{(k)}\approx\frac{1}{B_n^{(1)}B_n^{(2)}\cdots B_n^{(k-1)}\omega_1^{2k}}C_1\boldsymbol{\phi}_1$$

$$\frac{\boldsymbol{B}^{(k)}}{\boldsymbol{A}^{(k)}}\approx\frac{1}{\omega_1^2}=\lambda_1 \tag{9-54}$$

而 $\boldsymbol{A}^{(k)}$、$\boldsymbol{B}^{(k)}$ 与 $\boldsymbol{\phi}_1$ 接近于成正比，因此可以取 $\boldsymbol{A}^{(k)}$ 或 $\boldsymbol{B}^{(k)}$ 作为第一阶主振型。

由式(9-54)知

$$\boldsymbol{B}^{(k)}=\lambda_1\boldsymbol{A}^{(k)}$$

$\boldsymbol{B}^{(k)}$ 中各元素与 $\boldsymbol{A}^{(k)}$ 中各对应元素的比值均接近于 λ_1。因 $\boldsymbol{A}^k$ 中第 n 个元素 $A_n^{(k)}=1$，故

$$B_n^{(k)}=\lambda_1=\frac{1}{\omega_1^2} \tag{9-55}$$

求出第一阶主振型后，可以进一步用矩阵迭代法来求第二阶主振型。令

$$M_1=\boldsymbol{\phi}_1^{\mathrm{T}}\boldsymbol{M}\boldsymbol{\phi}_1 \tag{9-56}$$

$$\boldsymbol{D}^*=\boldsymbol{D}-\frac{1}{M_1\omega_1^2}\boldsymbol{\phi}_1\boldsymbol{\phi}_1^{\mathrm{T}}\boldsymbol{M} \tag{9-57}$$

把 $\boldsymbol{D}^*$ 代替式(9-52)中的 $\boldsymbol{D}$，进行迭代计算，最后可得

$$\begin{cases}\boldsymbol{A}^{(k)}\approx\boldsymbol{\phi}_2\\ B_n^{(k)}=\dfrac{1}{\omega_2^2}\end{cases} \tag{9-58}$$

这可证明如下：

设 $\boldsymbol{A}^{(1)}$ 为任选的向量，作为二阶主振型，它并不和 $\boldsymbol{\phi}_2$ 成正比，但可以写成 $\boldsymbol{\phi}_1,\cdots,\boldsymbol{\phi}_n$ 的线性组合式(9-53)。把 $\boldsymbol{A}^{(1)}$ 前乘以 $\boldsymbol{\phi}_1^{\mathrm{T}}\boldsymbol{M}$，有

$$\boldsymbol{\phi}_1^{\mathrm{T}}\boldsymbol{M}\boldsymbol{A}^{(1)}=C_1\boldsymbol{\phi}_1^{\mathrm{T}}\boldsymbol{M}\boldsymbol{\phi}_1+\cdots+C_n\boldsymbol{\phi}_1^{\mathrm{T}}\boldsymbol{M}\boldsymbol{\phi}_n$$

利用振型的正交原理，$\boldsymbol{\phi}_1^{\mathrm{T}}\boldsymbol{M}\boldsymbol{\phi}_2,\cdots,\boldsymbol{\phi}_1^{\mathrm{T}}\boldsymbol{M}\boldsymbol{\phi}_n$ 均等于 0，而 $\boldsymbol{\phi}_1^{\mathrm{T}}\boldsymbol{M}\boldsymbol{\phi}_1=M_1$。所以有

$$\boldsymbol{\phi}_1^{\mathrm{T}}\boldsymbol{M}\boldsymbol{A}^{(1)}=C_1M_1$$

或

$$C_1=\frac{\boldsymbol{\phi}_1^{\mathrm{T}}\boldsymbol{M}\boldsymbol{A}^{(1)}}{M_1} \tag{9-59}$$

设

$$\boldsymbol{B}_0^{(1)}=\boldsymbol{D}\boldsymbol{A}^{(1)}=C_1\lambda_1\boldsymbol{\phi}_1+C_2\lambda_2\boldsymbol{\phi}_2+\cdots+C_n\lambda_n\boldsymbol{\phi}_n$$

令

$$\boldsymbol{B}^{(1)}=\boldsymbol{B}_0^{(1)}-C_1\lambda_1\boldsymbol{\phi}_1$$

而

$$\boldsymbol{B}_0^{(1)} - C_1\lambda_1\boldsymbol{\phi}_1 = C_2\lambda_2\boldsymbol{\phi}_2 + \cdots + C_n\lambda_n\boldsymbol{\phi}_n$$

即在 $\boldsymbol{B}^{(1)}$ 中将不包含有第一阶主振型。如用它来进行迭代计算，则可得最低阶——二阶的主振型。

把式(9-59)的 C_1 代入上式得

$$\boldsymbol{B}^{(1)} = \boldsymbol{B}_0^{(1)} - \frac{\boldsymbol{\phi}_1^{\mathrm{T}}\boldsymbol{M}\boldsymbol{A}^{(1)}}{M_1\omega_1^2}\boldsymbol{\phi}_1 = \boldsymbol{D}\boldsymbol{A}^{(1)} - \frac{\boldsymbol{\phi}_1^{\mathrm{T}}\boldsymbol{M}\boldsymbol{A}^{(1)}\ \boldsymbol{\phi}_1}{M_1\omega_1^2}$$

因为 $\boldsymbol{\phi}_1^{\mathrm{T}}\boldsymbol{M}\boldsymbol{A}^{(1)}$ 为一数值，所以放在 $\boldsymbol{\phi}_1$ 前和放在 $\boldsymbol{\phi}_1$ 后都一样，故上式可写成

$$\begin{aligned}\boldsymbol{B}^{(1)} &= \boldsymbol{B}_0^{(1)} - C_1\lambda_1\boldsymbol{\phi}_1 = \boldsymbol{D}\boldsymbol{A}^{(1)} - \frac{\boldsymbol{\phi}_1\ \boldsymbol{\phi}_1^{\mathrm{T}}\boldsymbol{M}\boldsymbol{A}^{(1)}}{M_1\omega_1^2} \\ &= \left(\boldsymbol{D} - \frac{\boldsymbol{\phi}_1\ \boldsymbol{\phi}_1^{\mathrm{T}}\boldsymbol{M}}{M_1\omega_1^2}\right)\boldsymbol{A}^{(1)} = \boldsymbol{D}^*\boldsymbol{A}^{(1)}\end{aligned} \tag{9-60}$$

其中

$$\boldsymbol{D}^* = \boldsymbol{D} - \frac{1}{M_1\omega_1^2}\boldsymbol{\phi}_1\boldsymbol{\phi}_1^{\mathrm{T}}\boldsymbol{M}$$

应用式(9-60)进行矩阵迭代计算，则因它不包含第一阶主振型，从而可计算出第二阶(其中的最低阶)振型来。为了防止因计算数字精度不够，以致使残余的第一阶主振型成分又逐渐扩大，在迭代过程中始终以 $\boldsymbol{D}$ 来代替 $\boldsymbol{D}^*$，即依下列次序进行计算：

由任选的初始近似值 $\boldsymbol{A}^{(1)}$，求

$$\left\{\begin{aligned}\boldsymbol{B}^{(1)} &= \boldsymbol{D}^*\boldsymbol{A}^{(1)} \\ \boldsymbol{A}^{(2)} &= \frac{1}{B_n^{(1)}}\boldsymbol{B}^{(1)} \\ \boldsymbol{B}^{(2)} &= \boldsymbol{D}^*\boldsymbol{A}^{(2)} \\ &\ \vdots \\ \boldsymbol{A}^{(k)} &= \frac{1}{B_n^{(k-1)}}\boldsymbol{B}^{(k-1)} \\ \boldsymbol{B}^{(k)} &= \boldsymbol{D}^*\boldsymbol{A}^{(k)} \\ \boldsymbol{A}^{(k+1)} &= \frac{1}{B_n^{(k)}}\boldsymbol{B}^{(k)}\end{aligned}\right. \tag{9-61}$$

当 k 足够大时，$\boldsymbol{A}^{(k)} \approx \boldsymbol{A}^{(k+1)}$，与 $\boldsymbol{\phi}_2$ 成比例，而 $B_n^{(k)} = \dfrac{1}{\omega_2^2}$。

在迭代过程中始终使用 $\boldsymbol{D}^*$ 来代替 $\boldsymbol{D}$，可以有效地去掉一阶振型分量，这可以说明如下：

$$\boldsymbol{A}^{(2)} = \frac{1}{B_n^{(1)}}\boldsymbol{B}^{(1)} = \frac{1}{B_n^{(1)}}(C_2\lambda_2\boldsymbol{\phi}_2 + \cdots + C_n\lambda_n\boldsymbol{\phi}_n)$$

它应该不包含一阶振型成分。如果由于计算误差，使其中仍含有一阶振型成分，设

$$\boldsymbol{A}^{(2)} = \frac{1}{B_n^{(1)}}(C_1'\lambda_1\boldsymbol{\phi}_1 + C_2\lambda_2\boldsymbol{\phi}_2 + \cdots + C_n\lambda_n\boldsymbol{\phi}_n)$$

$$\boldsymbol{B}^{(2)}=\boldsymbol{D}^{*}\boldsymbol{A}^{(2)}=\frac{1}{B_n^{(1)}}\left(\boldsymbol{D}-\frac{\boldsymbol{\phi}_1\boldsymbol{\phi}_1^{\mathrm{T}}\boldsymbol{M}}{M_1\omega_1^2}\right)(C'_1\lambda_1\boldsymbol{\phi}_1+C_2\lambda_2\boldsymbol{\phi}_2+\cdots+C_n\lambda_n\boldsymbol{\phi}_n)$$

$$=\frac{1}{B_n^{(1)}}(C_2\lambda_2^2\boldsymbol{\phi}_2+\cdots+C_n\lambda_n^2\boldsymbol{\phi}_n)+C'_1\lambda_1^2\boldsymbol{\phi}_1-\frac{C'_1\lambda_1\boldsymbol{\phi}_1\boldsymbol{\phi}_1^{\mathrm{T}}\boldsymbol{M}\boldsymbol{\phi}_1}{M_1\omega_1^2}$$

$$=\frac{1}{B_n^{(1)}}(C_2\lambda_2^2\boldsymbol{\phi}_2+\cdots+C_n\lambda_n^2\boldsymbol{\phi}_n)+C'_1\lambda_1^2\boldsymbol{\phi}_1-C'_1\lambda_1^2\frac{\boldsymbol{\phi}_1M_1}{M_1}$$

$$=\frac{1}{B_n^{(1)}}(C_2\lambda_2^2\boldsymbol{\phi}_2+\cdots+C_n\lambda_n^2\boldsymbol{\phi}_n)$$

则可把残余的一阶振型分量进一步去掉,从而保证迭代结果得到二阶振型。

同理,在得到二阶主振型后,可进行三阶、…、n 阶主振型计算,只需要修改一下 $\boldsymbol{D}^{*}$。例如对于求第 i 阶振型,则令

$$\boldsymbol{D}^{*}=\boldsymbol{D}-\frac{1}{M_1\omega_1^2}\boldsymbol{\phi}_1\boldsymbol{\phi}_1^{\mathrm{T}}\boldsymbol{M}-\frac{1}{M_2\omega_2^2}\boldsymbol{\phi}_2\boldsymbol{\phi}_2^{\mathrm{T}}\boldsymbol{M}-\cdots-\frac{1}{M_{i-1}\omega_{i-1}^2}\boldsymbol{\phi}_{i-1}\boldsymbol{\phi}_{i-1}^{\mathrm{T}}\boldsymbol{M}\tag{9-62}$$

其中

$$M_j=\boldsymbol{\phi}_j^{\mathrm{T}}\boldsymbol{M}\boldsymbol{\phi}_j,\quad j=1,2,\cdots,i-1$$

然后以 $\boldsymbol{D}^{*}$ 代替 $\boldsymbol{D}$ 进行矩阵迭代计算,即能得到 i 阶主振型及相应的固有角频率。

9.4　动力学建模与仿真

利用计算机求解动力学问题时,有些过程需要反复使用,这些反复使用的过程程序可以编写成通用的子程序,以便于在求解过程中进行调用。例如用龙格-库塔法进行机械系统动力学数字仿真时,具有较好的精度,也很常用,龙格-库塔法求解二阶微分方程时,可采用 MATLAB 与 Fortran 语言的子程序实现过程。

目前,有许多开发的系统动态仿真软件,广泛应用于航空航天、汽车工程、铁路车辆、工业机械、工程机械等领域。用户可以运用软件对虚拟样机进行静力学、运动学和动力学分析。这些软件具有开放性的程序结构和多种接口,可以成为特殊行业用户进行特殊类型机械系统动态仿真分析的二次开发工具平台。例如 ADAMS(automatic dynamic analysis of mechanical system)软件与 CAD 软件 (UG,PRO/E)以及 CAE 软件(ANSYS)可以通过计算机图形交换格式文件相互交换以保持数据的一致性,支持同大多数 CAD、FEA 和控制设计软件包之间的双向通信,具有供用户自定义力和运动发生器的函数库,允许用户集成自己的子程序。

系统动力学问题的复杂性和非线性特点,涉及大量的计算,特别是多柔体系统动力学的动力学方程是强耦合、强非线性方程,这种方程目前要通过计算机用数值方法进行求解,实施有效的数值计算方法,以便通过仿真由计算机产生系统的动力学响应等。

9.4.1　运用软件建模与求解

以 ADAMS 软件仿真为例,整个建模计算过程指从数据的输入到结果的输出,不包括

前、后处理功能模块。

1. 模型的组成及定义

(1) 构件：它是机构内可以相互运动的刚体或刚体固定件。当定义构件时，需要给出构件局部坐标系的原点及方向，构件质心的位置，质量某参考坐标系的转动惯量、惯性积等。在机构中，还要定义一个固定件作为参考系。当定义机构其他要素(如约束点、力、标识点)时，必须给定该要素所对应的构件。

(2) 标识点：它是构件内具有方向矢量点。用标识点可以表明两构件约束的连接点是相对运动方向、作用力的作用及方向等。在定义标识点时，除了定义它所在的构件外，还要定义该标识点的方向。

(3) 约束：它是机构内两构件间的连接关系。

(4) 运动激励(或驱动)：它是机构内一个构件相对于另一构件按约束允许的运动方式，以给定的规律进行的运动。该运动不受机构运动的影响。

(5) 力：它包括机构内部产生的作用力和外界对机构所加的作用力。

(6) 属性文件：属性文件是指例如减振器的速度与力的关系、轮胎的属性或者是各种试验数据等的文件。

2. 计算过程

ADAMS 的整个计算过程可以分成以下几个部分：

(1) 数据的输入；

(2) 数据的检查；

(3) 机构的装配及过约束的消除；

(4) 运动方程的自动形成；

(5) 积分迭代运算过程；

(6) 运算过程中的错误检查和信息输出；

(7) 结果的输出。

在进行建模仿真时应该注意：

(1) 采取渐进的，从简单分析逐步发展到复杂的系统分析的分析策略。

① 在最初的仿真分析建模时，不必过分追求构件几何形体的细节部分同实际构件完全一致，因为这往往需要花费大量的几何建模时间，而此时的关键是能够顺利地进行仿真并获得初步结果。从程序的求解原理来看，只要仿真构件几何形体的质量、质心位置、惯性矩和惯性积同实际构件相同，仿真结果是等价的。在获得满意的仿真分析结果以后，再完善构件几何形体的细节部分和视觉效果。

② 如果样机模型中含有非线性的阻尼，可以先从分析线性阻尼开始，在线性阻尼分析顺利完成后，再对非线性阻尼进行分析。

(2) 在进行较复杂的机械系统仿真时，可以将整个系统分解为若干个子系统，先对这些子系统进行仿真分析和试验，逐个排除建模等仿真过程中隐含的问题，最后进行整个系统的仿真分析试验。

(3) 在设计虚拟样机时，应该尽量减小机械系统的规模，仅考虑影响样机性能的构件。

在完成样机建模和输出设置后(即在开始仿真之前)，对样机进行最后的检验，排除建模过程中隐含的错误，如检查不恰当的连接和约束、没有约束的构件、无质量的构件、样机的自由度等；进行装配分析，检查所有的约束是否被破坏或者被错误定义；进行动力学分析前先进行静态分析，看虚拟样机是否处于静平衡状态等。

9.4.2 软件仿真及后处理

样机检验结束后，就可以对模型进行仿真研究，在后处理程序中通过对响应的快速傅里叶变换(FFT)求得响应的频域特性。快速傅里叶变换是一种常用的信号处理数学运算规则，利用它可以处理样机中任何与时间有关的函数或测量，并可将其转换为频域函数，从中分离出正弦曲线，对获取样机的自然频率非常有用。在ADAMS后处理程序可采用FFTMAG方法、FFTPHASE方法和PSD(power spectral density)方法来表示频域数据。

ADAMS/Solver默认的仿真输出包括两大类：一类是样机各种对象(如构件、力、约束等)基本信息的描述，如构件质心位置等；另一类输出是各种对象的有关分量信息，包括：运动副、原动机、载荷和弹性连接等产生的力和力矩；构件的各种运动状态。此外，还可以利用ADAMS/View提供的测量手段和指定输出方式自定义一些特殊的输出。

ADAMS/View提供了一个直接面向用户的基本操作对话环境和虚拟样机分析的前处理功能，包括样机模型的建立和各种建模工具、样机模型数据的输入和编辑、与求解器和后处理等程序的自动连接、虚拟样机分析参数的设置、各种数据的输入和输出、同其他应用程序的接口、试验设计和最优化设计等。ADAMS/View为用户提供了基本几何体建模工具，有两种方法：在主工具箱上选择几何建模工具图标，或通过菜单栏选择几何建模工具命令。ADAMS/View中约束定义了构件(刚体、柔性体和点质量)间的连接方式和相对运动方式。为用户提供了一个非常丰富的约束库，主要包括四种类型的约束(理想约束、虚约束、运动产生器、接触限制)。ADAMS/View为用户提供了下面四种类型的载荷，如作用力、柔性连接、特殊力、接触(运动模型中相互接触构件间的相互作用关系)。利用ADAMS/View的函数库，输入函数表达式，用户可以为各类型的力输入函数表达式。

ADAMS/View还提供了参数化建模和分析功能，在建模和分析过程中可以使用参数表达式、参数化点坐标、运动参数化、使用设计变量四种参数化方法，通过参数化方法可以进行设计研究、试验设计、优化分析三种参数化分析过程。参数优化是在满足各种设计条件和在指定的变量变化范围内，通过自动选择设计变量，由分析程序求取目标函数的最大值和最小值。它与试验设计互为补充，对有多个影响因素的复杂分析情况，利用试验设计确定影响最大的若干设计参数，然后用这些设计参数进行优化分析，并自动地生成优化样机模型，提高了优化算法的可靠性和运算速度。

9.4.3 动态仿真与工程分析

1. 专业模块的仿真分析设计

各类动态仿真与工程分析软件都设立了一些专业模块，如振动模块。ADAMS/Vibration振动分析模块通过利用激振器的虚拟测试，以代替产品昂贵的物理模型进行振动分析，从而达到更快、更有效的目的。物理模型的振动测试通常是在设计产品的最后阶段进行，而通过ADAMS/Vibration振动分析模块可以在产品的设计初期就得以进行，大大降低了设计时间和成本。利用振动分析模块，可实现分析模型在不同作用点下的频域受迫响应，求解特定频域的系统模态，计算频率响应函数与幅频特性，列表显示系统各阶模态对动态，静态和发散能量的影响；利用振动分析模块，可以把不同的子系统装配起来，进行线性振动分析。对于动力学控制等方面，控制模块可以有多种使用方式，如交互式方式，即在模块中添加控制器输入等，通过运动仿真查看控制系统和模型结构变化的效果；还有批处理方式，通过系统建模、确定输入/输出、建立控制模型，使用批处理式进行仿真与控制分析。另外，对于车辆与发动机模块，如使用 ADAMS/Car，工程师可以建整车的虚拟样机，修改各种参数并快速观察车辆的运转状态、动态显示仿真数据结果。其应用范围涵盖紧凑型或者全尺寸客车、豪华轿车、轻型客车或重型卡车、公共汽车、军用车辆等。使用模板建模，可以分享集体的工程经验和专家意见，减少试验物理样机的数量，节省成本和时间，设计更可靠的发动机以降低风险开支。要建立一个铁道机车车辆的模型，只需按用户所熟悉的格式提供简单、必需的装配数据，ADAMS/Rail 即可自动构造子系统模型和整车装配模型，该模块可以应用到脱轨和翻滚预测、磨耗预测、牵引/制动仿真、动车/传动系设计等。

2. 集成运动模块

Pro/Engineer 是美国 PTC 公司研制的一套由设计到制造一体化的三维设计软件。利用该软件，可以建立零件模型、部件和整机的装配图，还可以对于设计的产品在计算机上预先进行动态仿真、系统动力学分析。Pro/Mechanica Motion 模块为 Pro/Engineer 的集成运动模块，是设计机构运动强有力的工具。该模块可以让机构设计师设定装配件在特定环境中的机构动作并给予评估，能够判断出改变哪些参数能满足工程及性能上的要求，使产品设计达到最佳状态，Pro/Mechanica Motion 模块具有如下功能。

(1) 校验机构运动的正确性，对运动进行仿真，计算机构任意时刻的位置、速度以及加速度。

(2) 可以通过运动分析，得出装配的最佳配置。

(3) 根据给出的力决定运动状态及反作用力。

(4) 根据运动反求所需要的力。

(5) 求出铰接点所受的力及轴承力。

(6) 通过尺寸变量对机构进行优化设计。

(7) 干涉检查。

图 9-2 为采用 Pro/Mechanica Motion 模块进行运动分析的流程。

另外，还有系统运动与有限元法分析。用户在 Pro/Engineer 环境下完成零件的几何建模后，无需退出设计环境就能进行有限元分析，其 Pro/Mechanica 还可以进行模型的灵敏度分析和优化设计。Pro/Mechanica 软件包括三个重要模块：

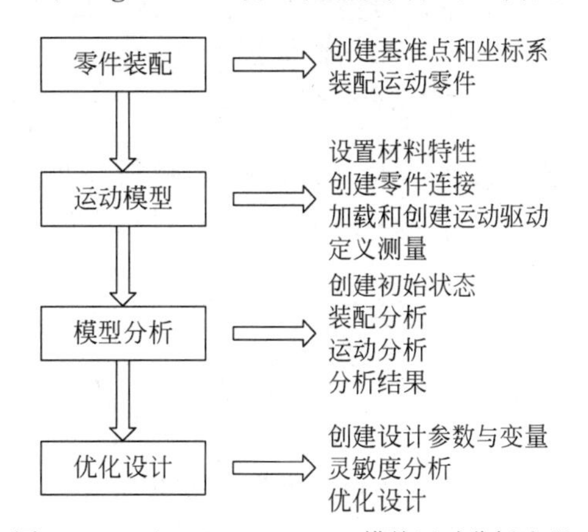

图 9-2 Pro/Mechanica Motion 模块运动分析流程

(1) 结构分析模块(structure)。可进行机械零件、汽车结构、桥梁、航空结构等结构优化设计，完成静力分析、模态分析、屈曲分析、疲劳分析、非线性大变形分析。

(2) 温度分析模块。可进行零件的稳态和瞬态温度场分析，其分析数据可返回结构分析模块。

(3) 运动分析模块。可进行机构的运动学分析、动力学分析、三维静态分析和干涉检查。

对于动力学分析，Pro/Engineer 的 Mechanica 模块进行机构动力学仿真分析，可实现对机构的定义，建立零件之间的连接方式及装配自由度、对输入轴添加相应驱动，产生设计要求的运动，将机构设计拓展到凸轮、导槽和齿轮机构。在机构运动分析时，可以记录分析位置、速度、加速度、力等，还可以建立零部件运动轨迹和运动包络线。

9.5 算法程序与应用实例

9.5.1 算法程序

用龙格-库塔法进行系统动力学数值仿真计算时，具有较好的精度，也很常用。本节介绍运用龙格-库塔法求解二阶微分方程时，采用 MATLAB 语言的程序实现过程。如图 9-3 所示的三自由度弹簧质量系统，编写 MATLAB 程序进行振动响应的仿真计算。设各质量为 2kg，$c=1.5\text{N}\cdot\text{s/m}$，$k=50\text{N/m}$，$f_1=2.0\sin(3.754t)$，$f_2=-2.0\cos(2.2t)$，$f_3=1.0\sin(2.8t)$。

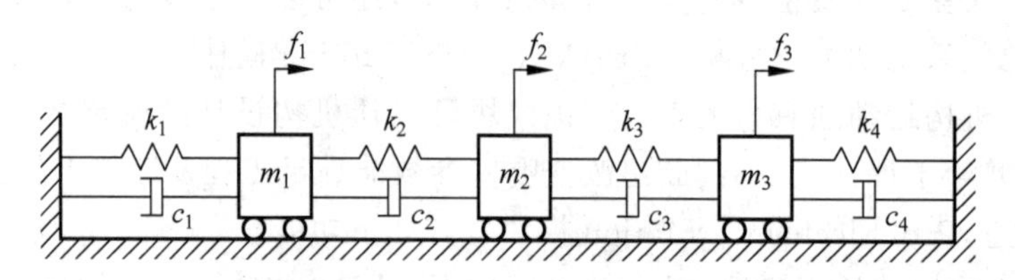

图 9-3 三自由度弹簧质量系统

解 已知 $m_1=m_2=m_3=2\text{kg}$，$c_1=c_2=c_3=c_4=1.5\text{N}\cdot\text{s/m}$，$k_1=k_2=k_3=k_4=50\text{N/m}$，$f_1=2.0\sin(3.754t)$，$f_2=-2.0\cos(2.2t)$，$f_3=1.0\sin(2.8t)$。

首先建立运动微分方程 $\boldsymbol{M}\ddot{\boldsymbol{X}}+\boldsymbol{C}\dot{\boldsymbol{X}}+\boldsymbol{K}\boldsymbol{X}=\boldsymbol{F}$，其中：

$$\boldsymbol{M}=2\begin{bmatrix}1&0&0\\0&1&0\\0&0&1\end{bmatrix},\quad \boldsymbol{C}=1.5\begin{bmatrix}2&-1&0\\-1&2&-1\\0&-1&2\end{bmatrix},\quad \boldsymbol{K}=50\begin{bmatrix}2&-1&0\\-1&2&-1\\0&-1&2\end{bmatrix}$$

$$\boldsymbol{F}=[2.0\sin(3.754t),\quad -2.0\cos(2.2t),\quad 1.0\sin(2.8t)]^{\mathrm{T}}$$

这里仅给出龙格-库塔法的简要的计算步骤。

对于 n 自由度振动系统，有

$$\boldsymbol{M}\ddot{\boldsymbol{X}}+\boldsymbol{C}\dot{\boldsymbol{X}}+\boldsymbol{K}\boldsymbol{X}=\boldsymbol{F} \tag{9-63}$$

采用龙格-库塔法，既可以求解线性问题，也可以求解非线性问题。

式(9-63)中的每个方程可以表达为

$$\begin{cases}\dfrac{\mathrm{d}^2x_i}{\mathrm{d}t^2}=f\left(t,x_i,\dfrac{\mathrm{d}x_i}{\mathrm{d}t}\right)\\ x_i(0)=x_{i0},\quad \dot{x}_i(0)=\dot{x}_{i0}\\ i=1,2,\cdots,n\end{cases} \tag{9-64}$$

将式(9-64)转化为一阶方程组：

$$\begin{cases}\dfrac{\mathrm{d}z_i}{\mathrm{d}t}=f(t,x_i,z_i)\\ \dfrac{\mathrm{d}x_i}{\mathrm{d}t}=z_i\\ x_i(0)=x_{i0},z_i(0)=\dot{x}_{i0}\\ i=1,2,\cdots,n\end{cases} \tag{9-65}$$

那么，式(9-65)即可转化为 $2\times n$ 维一阶方程组。这时，四阶龙格-库塔公式的形式为

$$\begin{cases}i=1,2,\cdots,n\\ z_{i+1}=z_i+\dfrac{h}{6}(K_1+2K_2+2K_3+K_4)\\ x_{i+1}=x_i+\dfrac{h}{6}(L_1+2L_2+2L_3+L_4)\\ \qquad h\ \text{为步长}\\ K_1=f(t_i,x_i,z_i),L_1=z_i\\ K_2=f\left(t_i+\dfrac{h}{2},x_i+\dfrac{h}{2}L_1,z_i+\dfrac{h}{2}K_1\right),L_2=z_i+\dfrac{h}{2}K_1\\ K_3=f\left(t_i+\dfrac{h}{2},x_i+\dfrac{h}{2}L_i,z_i+\dfrac{h}{2}K_2\right),L_3=z_i+\dfrac{h}{2}K_2\\ K_4=f(t_i+h,x_i+hL_3,z_i+hK_3),L_4=z_i+hK_3\end{cases} \tag{9-66}$$

式中，x_{i+1} 为位移；z_{i+1} 为速度。具体微分方程为

$$\begin{cases}2\ddot{x}_1+3\dot{x}_1-1.5\dot{x}_2+100x_1-50x_2=2.0\sin(3.754t)\\ 2\ddot{x}_2-1.5\dot{x}_1+3\dot{x}_2-1.5\dot{x}_3-50x_1+100x_2-50x_3=-2.0\cos(2.2t)\\ 2\ddot{x}_3+1.5\dot{x}_2+3\dot{x}_3-50x_2+100x_3=1.0\sin(2.8t)\end{cases}$$

初始位移为 $x_{10}=x_{20}=x_{30}=1$，初始速度为 $\dot{x}_{10}=\dot{x}_{20}=\dot{x}_{30}=1$。将运动微分方程化为一阶微分方程组：

$$\begin{cases}2\dot{z}_1=2.0\sin(3.754t)-3\dot{x}_1+1.5\dot{x}_2-100x_1+50x_2\\ \dot{x}_1=z_1\\ 2\dot{z}_2=1.5\dot{x}_1-3\dot{x}_2+1.5\dot{x}_3+50x_1-100x_2+50x_3-2.0\cos(2.2t)\\ \dot{x}_2=z_2\\ 2\dot{z}_3=-1.5\dot{x}_2-3\dot{x}_3+50x_2-100x_3+1.0\sin(2.8t)\\ \dot{x}_3=z_3\end{cases}$$

初始条件为 $x_{10}=x_{20}=x_{30}=1,z_{10}=z_{20}=z_{30}=1$。

程序为：

```
function vtb8(tf,deltah)
%用龙格-库塔法计算三自由度系统谐迫振动响应,tf为仿真时间,deltah为仿真时间步长,h,x为位移,z为速度,zd为加速度
close all; clc
x0 = [1; 1; 1];                        %初始位移
```

```
z0 = [1; 1; 1];                    % 初始速度
x = x0;
z = z0;
fid1 = fopen('rk1','wt')           % 打开(建立)rk1 数据文件
fid2 = fopen('rk2','wt')           % 打开(建立)rk2 数据文件
fid3 = fopen('rk3','wt')           % 打开(建立)rk3 数据文件
for t0 = 0; deltah; tf
t = t0
%K1 为 3×1 的列阵,L1 为 3×1 的列阵
K1 = [1/2 * (2 * sin(3.754 * t) - 3 * z(1) + 1.5 * z(2) - 100 * x(1) + 50 * x(2))
    1/2 * ( - 2 * cos(2.2 * t) + 1.5 * z(1) - 3 * z(2) + 1.5 * z(3) + 50 * x(1) - 100 * x(2) + 50 *
    x(3))1/2 * (1 * sin(2.8 * t) - 1.5 * z(2) - 3 * z(3) + 50 * x(2) - 100 * x(3))];
L1 = z;
%K2 为 3×1 的列阵,L2 为 3×1 的列阵
t = t0 + deltah/2;
x = x0 + deltah/2 * L1;
z = z0 + deltah/2 * K1;
K2 = [1/2 * (2 * sin(3.754 * t) - 3 * z(1) + 1.5 * z(2) - 100 * x(1) + 50 * x(2))
    1/2 * ( - 2 * cos(2.2 * t) + 1.5 * z(1) - 3 * z(2) + 1.5 * z(3) + 50 * x(1) - 100 * x
    (2) + 50 * x(3))1/2 * (1 * sin(2.8 * t) - 1.5 * z(2) - 3 * z(3) + 50 * x(2) - 100 * x(3))];

L2 = z;
%K3 为 3×1 的列阵,L3 为 3×1 的列阵
x = x0 + deltah/2 * L2;
z = z0 + deltah/2 * K2;
K3 = [1/2 * (2 * sin(3.754 * t) - 3 * z(1) + 1.5 * z(2) - 100 * x(1) + 50 * x(2))
    1/2 * ( - 2 * cos(2.2 * t) + 1.5 * z(1) - 3 * z(2) + 1.5 * z(3) + 50 * x(1) - 100 * x(2) + 50 * x(3))
    1/2 * (1 * sin(2.8 * t) - 1.5 * z(2) - 3 * z(3) + 50 * x(2) - 100 * x(3))];
L3 = z;
%K4 为 3×1 的列阵,L4 为 3×1 的列阵
t = t0 + deltah;
x = x0 + deltah * L3;

z = z0 + deltah * K3;
K4 = [1/2 * (2 * sin(3.754 * t) - 3 * z(1) + 1.5 * z(2) - 100 * x(1) + 50 * x(2))
    1/2 * ( - 2 * cos(2.2 * t) + 1.5 * z(1) - 3 * z(2) + 1.5 * z(3) + 50 * x(1) - 100 * x(2) + 50 * x(3))
    1/2 * (1 * sin(2.8 * t) - 1.5 * z(2) - 3 * z(3) + 50 * x(2) - 100 * x(3))];
L4 = z;
%计算 z,x
z = z0 + (K1 + 2 * K2 + 2 * K3 + K4) * deltah/6;      %计算速度
x = x0 + (L1 + 2 * L2 + 2 * L3 + L4) * deltah/6;      %计算位移
z0 = z;
x0 = x;
zd = K1;                           %计算加速度
fprintf (fid1,'%10.8f',z);         %将某一步计算的结果 z 存储在 rk1 的数据文件中
fprintf(fid2,'%10.8f',x);          %将某一步计算的结果 x 存储在 rk2 的数据文件中
fprintf (fid3,'%10.8f',zd);        %将某一步计算的结果 zd 存储在 rk3 的数据文件中
end
```

9.5.2 多自由度机械臂动力学仿真

图 9-4 为四自由度的机械臂系统，由三个转动副和一个移动副组成。在进行实现工作端点 D 特定轨迹的运动规划时，由于系统存在冗余自由度，其解不是唯一的，即可以有不同的机构构型使 D 到达同一位置。因此可以以提高系统的刚度为目标，寻找最优的构型，以降低由于关节弹性产生的运动误差。在此可采用 ADAMS 和 MATLAB 软件来进行优化构型的仿真研究。

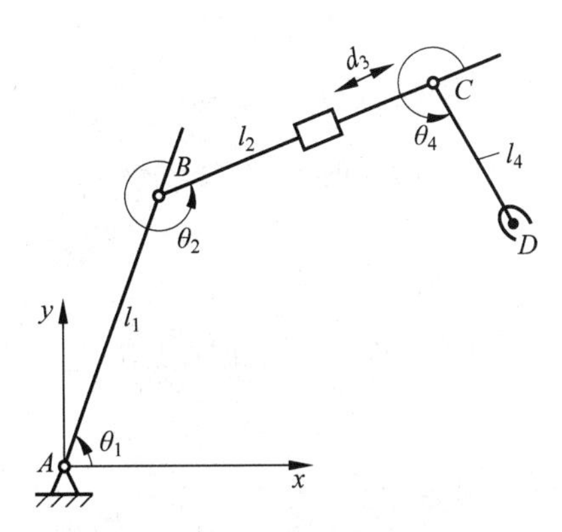

图 9-4　机械臂运动简图

1. 运动学分析

选择 $\theta_1,\theta_2,\theta_4$ 和移动副位移 d_3 为广义坐标，工作端点 D 的位置坐标为

$$x=l_1c_1+(l_2+d_3)c_{12}+l_4c_{124} \tag{9-67}$$

$$y=l_1s_1+(l_2+d_3)s_{12}+l_4s_{124} \tag{9-68}$$

这里 $c_i=\cos\theta_i, s_i=\sin\theta_i, c_{ijk}=\cos(\theta_i+\theta_j+\theta_k), s_{ijk}=\sin(\theta_i+\theta_j+\theta_k)$。

D 点的速度为

$$\boldsymbol{v}=\begin{bmatrix} v_x \\ v_y \end{bmatrix}=\boldsymbol{J}(\theta_1,\theta_2,d_3,\theta_4)\begin{bmatrix} \dot{\theta}_1 \\ \dot{\theta}_2 \\ \dot{d}_3 \\ \dot{\theta}_4 \end{bmatrix} \tag{9-69}$$

此处 $\boldsymbol{J}$ 为系统的雅可比(Jacobian)矩阵，即

$$\boldsymbol{J}(\theta_1,\theta_2,d_3,\theta_4)=[a_{ij}],\quad i=1,2;\ j=1,2,3,4 \tag{9-70}$$

$$a_{ij}=\frac{\partial f_i}{\partial \theta_j},\quad f_1=x,\quad f_2=y$$

2. 关节弹性产生的机械臂端点 D 的位移

用 $\Delta\boldsymbol{p}$ 表示由关节弹性产生的工作端点 D 的位移量，即

$$\Delta\boldsymbol{p}=\boldsymbol{CF} \tag{9-71}$$

式中，$\boldsymbol{C}$ 为柔度矩阵；$\boldsymbol{F}$ 为作用于 D 点的力。柔度矩阵可以由刚度矩阵求逆得到，柔度矩阵为

$$\boldsymbol{C}=\boldsymbol{J}\boldsymbol{K}^{-1}\boldsymbol{J}^{\mathrm{T}} \tag{9-72}$$

刚度矩阵 $\boldsymbol{K}$ 是 4×4 对角阵：

$$\boldsymbol{K}=\begin{bmatrix} k_1 & & 0 \\ & \ddots & \\ 0 & & k_4 \end{bmatrix} \tag{9-73}$$

其中，$k_i(i=1,2,3,4)$代表各个关节的刚度。

由式(9-72)和式(9-73)可以得到 2×2 的柔度矩阵 $\boldsymbol{C}$：

$$\boldsymbol{C}=\begin{bmatrix}\sum_{j=1}^{4}\frac{a_{1j}^{2}}{k_j} & \sum_{j=1}^{4}\frac{a_{1j}a_{2j}}{k_j}\\ \sum_{j=1}^{4}\frac{a_{1j}a_{2j}}{k_j} & \sum_{j=1}^{4}\frac{a_{2j}^{2}}{k_j}\end{bmatrix} \tag{9-74}$$

D 点所受的力为 $\boldsymbol{F}$：

$$\boldsymbol{F}=\begin{bmatrix}f_x\\ f_y\end{bmatrix} \tag{9-75}$$

由关节弹性产生的端点位移 $\boldsymbol{\Delta p}$ 为

$$\boldsymbol{\Delta p}=\begin{bmatrix}\Delta p_x\\ \Delta p_y\end{bmatrix}$$

由式(9-71)、式(9-74)和式(9-75)可得端点位移的幅值的模为

$$\|\Delta p\|_2=\sqrt{(c_{11}+c_{21})^2 f_x^2+(c_{12}+c_{22})^2 f_y^2} \tag{9-76}$$

3. 构型优化

构型优化的目的是使工作端点 D 的位移精度受关节弹性影响最小，所以目标函数为

$$\min\|\Delta p\|_2=f(\theta_1,\theta_2,d_3,\theta_4) \tag{9-77}$$

约束条件为

$$\begin{cases}f_1(\theta_1,\theta_2,d_3,\theta_4)-x_0=0\\ f_2(\theta_1,\theta_2,d_3,\theta_4)-y_0=0\end{cases} \tag{9-78}$$

4. 仿真计算

对图 9-4 所示机械臂，由于移动副的刚度很大，在仿真过程中将其固定，故设 $l_2+d_3=l_3$，在给定参数下进行优化构型的仿真研究。所用参数为

$$l_1=10.2\text{cm},l_3=8.9\text{cm},\quad l_4=5.0\text{cm},$$
$$k_1=3000.0\text{N}\cdot\text{cm}/(°),\quad k_2=2550\text{N}\cdot\text{cm}/(°),$$
$$k_4=1800.0\text{N}\cdot\text{cm}/(°),$$
$$f_y=10.0\text{N},\quad f_x=0.00\text{N}$$

(1) 用 MATLAB 软件对机械臂初始位置进行优化。

初始位置为 $x_0=13.0\text{cm}$，$y_0=9.0\text{cm}$，$\theta_1=78.69°$，$\theta_2=307.87°$，$\theta_4=274.40°$，由式(9-76)得

$$\|\Delta p\|_2=f_y(c_{12}+c_{22})$$

优化问题为

$$\min\|\Delta p\|_2=f(\theta_1,\theta_2,\theta_4)$$

约束条件为

$$f_1(\theta_1,\theta_2,\theta_4)-x_0=0$$
$$f_2(\theta_1,\theta_2,\theta_4)-y_0=0$$

通过构型优化过程迭代计算，代化结果为

$$\boldsymbol{\theta}_0=[78.69°,307.87°,274.40]^{\text{T}}$$

$$\boldsymbol{\theta}_{\text{opt}}=[35.3987°,397.5194°,217.7691°]^{\text{T}}$$

优化后端点位移为

$$\min \| \Delta p \|_2 = 0.5925$$

这比未优化值 1.00668 下降 41%。

(2) 构型函数优化。由于系统存在冗余自由度，利用 ADAMS 软件可以比较方便地进行逆运动学问题求解。仿真结果表明，对特定的端点轨迹存在一系列向量$\boldsymbol{\theta}$组成的构型函数。为了得到最小端点变形的最优解，可运用已有解为初值，导入 MATLAB 软件进行优化。优化得到最优构型量、端点最小弹性位移。可绘出实现预定直线轨迹时最优构型的关节角度值，它表示实现直线轨迹时，存在连续的系统的最优构型数值函数。

随着工业自动化水平的日益提高，机械臂在自动化生产中正发挥越来越重要的作用，应用机械臂可以代替人在高温、高腐蚀性等恶劣环境中完成指定任务，还可以在精度要求较高及重复性较大的生产过程中完成抓取、搬运、装配、喷涂、焊接等动作。为了更好地分析和研究工业机械臂的性能及操作，建立一个多自由度机械臂的模拟样机，通过仿真分析得出机械臂的动力学特性，然后优化控制。

为了减少计算量，需要对建立好的多自由度机械臂模型进行一定简化，并导入相应动力学分析软件中，然后对机械臂模型添加约束，将各部分装配成一个整体，根据设计要求，若机械臂各关节采用电机驱动，故需要对各个关节分别添加旋转副，对基座添加固定副。

约束添加好之后，需对机械臂的材料进行定义，考虑到实际应用环境，如机械臂采用钛合金等制造，其密度、弹性模量、泊松比等明确，根据实际使用工况，需对机械臂各关节添加阻尼并考虑是否忽略重力加速度等影响。

仿真参数设置是重要的环节。建立机械臂样机完整的动力学仿真模型，要选择运行时间，通过仿真运算等得到每个关节转动所需力矩。

9.5.3　工程机械动力学仿真分析

如图 9-5 所示为轮胎驱动振动压路机模型。上车质量 $m_2 = 1814\text{kg}$，下车质量 $m_1 = 2903\text{kg}$，减振器阻尼 $c_2 = 52.5\text{N} \cdot \text{s/cm}$，土的阻尼 $c_1 = 700.5\text{N} \cdot \text{s/cm}$，减振器刚度 $k_2 = 52.5\text{kN/cm}$，土的刚度 $k_1 = 140.1\text{kN/cm}$，$M_e = 510\text{kg} \cdot \text{cm}$，$\omega = 150\text{rad/s}$。分析、计算系统的响应和振动压路机振动轮(下车)对地面的作用力 $F_s = \sqrt{(k_2 x_2)^2 + (c_2 \dot{x}_2)^2}$。

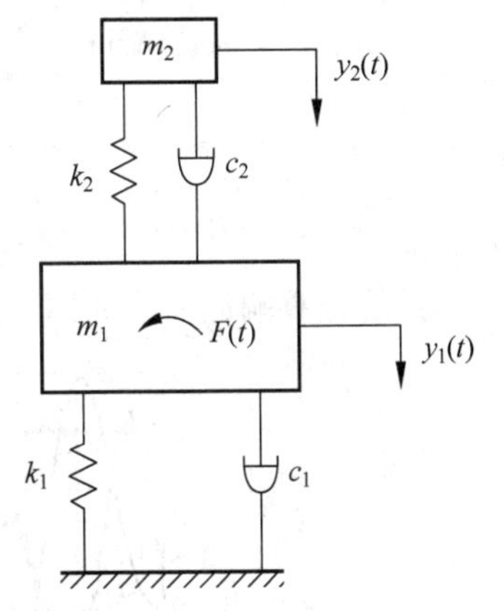

图 9-5　工程机械动力学模型

首先推导系统的动力学数学模型，建立运动微分方程

$$m_1 \ddot{y}_1 + k_1 y_1 - k_2 (y_2 - y_1) = F(t) - c_1 \dot{y}_1 - c_2 (\dot{y}_1 - \dot{y}_2)$$

$$m_2 \ddot{y} + k_2 (y_2 - y_1) = -c_2 (\dot{y}_2 - \dot{y}_1)$$

$$F(t) = F_0 \sin\omega t = Me\omega^2 \sin\omega t$$

经整理，得

$$m_1 \ddot{y}_1 + (c_1 + c_2) \dot{y}_1 + (k_1 + k_2) y_1 - c_2 \dot{y}_2 - k_2 y_2 = Me\omega^2 \sin\omega t$$

$$m_2 \ddot{y}_2 + c_2 \dot{y}_2 + k_2 y_2 - c_2 \dot{y}_1 - k_2 y_1 = 0$$

分别取位移和速度作为状态变量，即

$$\begin{cases} x_1 = y_1 \\ x_2 = \dot{y}_1 \\ x_3 = y_2 \\ x_4 = \dot{y}_2 \end{cases}$$

得状态方程

$$\begin{cases} \dot{x}_1 = x_2 \\ \dot{x}_2 = [Me\omega^2 \sin\omega t - (k_1 + k_2)x_1 - (c_1 + c_2)x_2 + k_2 x_3 + c_2 x_4]/m_1 \\ \dot{x}_3 = x_4 \\ \dot{x}_4 = [k_2 x_1 + c_2 x_2 - k_2 x_3 - c_2 x_4]/m_2 \end{cases}$$

源程序如下：

```
tfinal = 5;                              % 仿真时间
x0 = [0 0 0 0];                          % 零初始条件
[T,Y] = ode45('sdot',[0 tfinal],x0);
plot(T,Y(:,1),T,Y(:,3))                  % 绘制位移响应曲线

function dy = sdot(t,x)
m1 = 2903;
m2 = 1814;
c = 700.5;
c2 = 52.5;
k = 140100;
w = 150;
k2 = 52500;
me = 510;

    dy = zeros(4,1);
    dy(1) = zeros(4,1);
    dy(1) = x(2);
    dy(2) = [Me * w^2 * sin(w * t) - (k1 + k2) * x(1) - (c1 + c2) * x(2) + k2 * x(3) + c2 * x(4)]/m1;
    dy(3) = x(4);
    dy(4) = [k2 * x(1) + c2 * x(2) - k2 * x(3) - c2 * x(4)]/m2;
```

系统位移响应曲线如图 9-6 所示。

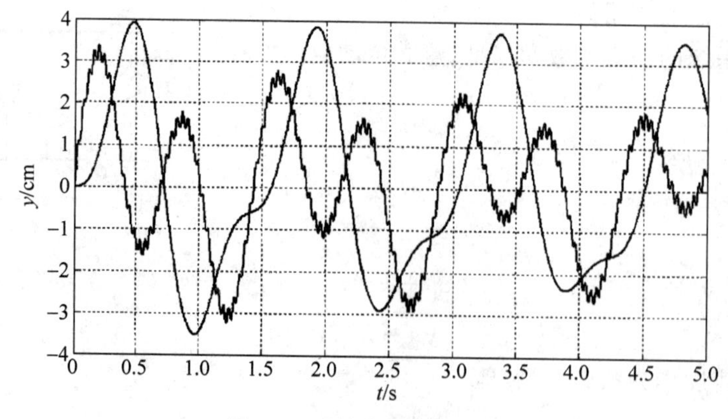

图 9-6　系统位移响应曲线

再求得响应的基础上，可计算出振动压路机振动轮（下车）对地面的作用力随时间的变化曲线，如图 9-7 所示。

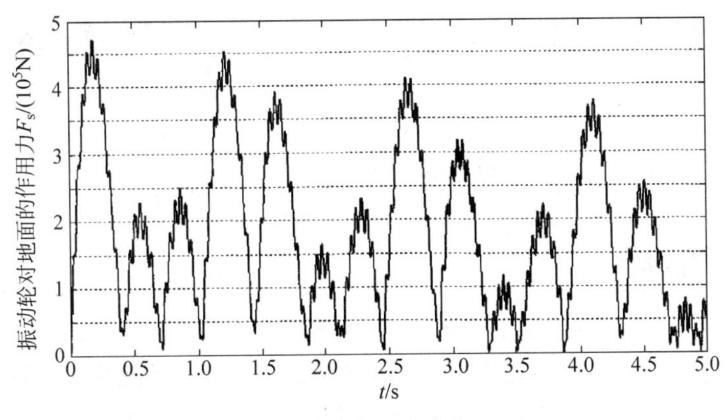

图 9-7　作用力曲线

当前，利用一些工程软件，用户可以快速地创建参数化的系统几何模型。在软件中直接建造的几何模型，也可以是从其他 CAD 软件中导进来。然后，在几何模型上施加与实际相同或者相似的驱动。最后执行一组与实际状况十分接近的运动仿真测试，所得的测试结果与系统工作过程的实际运动情况相同或者相似。动力学可视化充分考虑了各种动载荷进行仿真，直观地了解在工作过程情况下载荷的分布情况，从而可确定结构的薄弱环节，进行强度校核。动力学可视化仿真需要注意以下几个方面：

(1) 根据研究目标，创建动力学模型。研究的最终目标不同，在创建动力学模型时差异性也较大。例如，在求解构件支反力时以及工作过程中零件变形不大的情况下，可将模型简化为刚体。而在求解实际机器工作及特殊情况下的载荷分布时，则必须按柔性体求解。

(2) 注重结果分析。结果分析是动力学研究的一个重要内容，通过结果分析判断所求解的系统最大载荷是否超出许用值、激振频率是否在共振区、动响应是否在规定的范围内等。因此，对应的后处理器要求能够输出仿真计算数据结果及曲线、各种等值线图（应力、变形等）、仿真动画等。

(3) 模型的修改和重新仿真。根据动力学可视化仿真所得到的数据、曲线和等值线图，通常会发现结构中的一些缺陷和错误，要进行动力修改。动力修改包括对结构的外载荷进行修改、对结构物理参数（如质量、阻尼、刚度）进行修改、对结构的几何结构进行修改、对结构的动态特性（固有频率、振型和响应）进行修改等。修改后的模型还要进行动力学可视化仿真，所得的结果与前面获得的结果对比，直到动力学相关的各种特性满足要求为止。

思　考　题

9.1　对于含弹性构件机械系统，如何进行轴扭转变形时传动系统动力学建模？

9.2　如何利用矩阵迭代法与计算软件程序对机械振动问题进行数值求解？

9.3　利用计算机求解动力学问题时，系统动力学建模与仿真的过程、步骤有哪些？

第 10 章　动力学测试与信号处理

10.1　测试参数与特性曲线分析

10.1.1　测试参数

动力学测试过程包含一些基本的环节，首先是激励作用的产生，其次是激振力和系统响应的测量，最后是测试分析或者确定参数。要分析或确定的参数是多种多样的，如系统的自然频率、模态向量、阻尼、刚度和质量等。在工程领域，系统振动或动态测试均具有激励、测量和分析三个基本环节。其测试过程一般认为激振力作用在被测振动系统上，使其产生响应，通过测量激振力和响应，进而确定系统的参数。另外，动力学系统测试的一个重要目的是为了建立准确、实用的理论模型，为动态性能优化设计服务。

以一个具体的系统振动测试来说明，振动测试的基本参数包含幅值、频率和相位。其中幅值是振动的强度、大小，可用峰值、有效值、平均值等表征；频率是单位时间内完成周期性变化的次数，其描述周期运动的频繁程度，频率与周期互为倒数，往往用频谱分析来确定主要频率成分及幅值大小，进一步寻找振源，以及寻求有针对性的措施。另外，还可对一个振动波形进行分析，相位是一个重要的参数，反映特定的时刻，波在循环中的位置，是否在波峰、波谷或它们之间的某点；相位也可描述信号波形变化的度量，常以角度作为单位，也称作相角。在工程实践应用方面，利用相位关系分析可以确定共振点，开展振型测量、旋转件动平衡、有源振动控制、降低噪声等，有些复杂振动的波形分析，可对各个谐波的相位关系加以研究。

以常见的系统周期性运动来分析，按照物理学的方法，周期运动均可用无穷多个不同频率的简谐运动的组合来表示。设简谐运动规律表示为

$$\begin{aligned} y &= A\sin\left(\frac{2\pi}{T}t+\varphi\right) \\ &= A\sin(2\pi f t+\varphi) \\ &= A\sin(\omega t+\varphi) \end{aligned} \tag{10-1}$$

式中，y 为振动位移；f 为振动频率；A 为振幅；ω 为振动角频率；φ 为初始相位角。式(10-1)表示简谐运动位移形式的运动规律，运用微分方法可写出速度、加速度：

$$v=\frac{\mathrm{d}y}{\mathrm{d}t}=\omega A\cos(2\pi f t+\varphi) \tag{10-2}$$

$$a=\frac{\mathrm{d}v}{\mathrm{d}t}=-\omega^2 A\sin(2\pi f t+\varphi)=-\omega^2 y \tag{10-3}$$

上述两式分别为简谐振动的速度和加速度表达式。

振动位移、速度和加速度都是振动测量时需要获得的重要参数。振动位移是研究强度和变形的重要依据；振动速度与能量、功率有关，与动量密切相关，并决定噪声的高低；振

动加速度与作用力或载荷成正比，是研究动力强度和疲劳的关键参数和依据。

10.1.2　幅频和相频曲线

先以图 10-1 所示的质量块受迫振动为例。

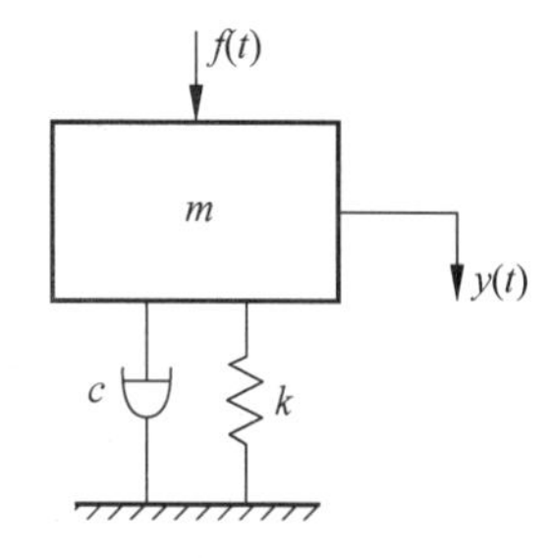

图 10-1　质量块受迫振动模型

在外力 f 的作用下，质量块 m 沿 y 坐标振动。质量块 m 的运动方程为

$$m\frac{\mathrm{d}^2 y(t)}{\mathrm{d}t^2}+c\frac{\mathrm{d}y(t)}{\mathrm{d}t}+ky(t)=f(t) \tag{10-4}$$

式中，c 为阻尼系数；k 为刚度系数。

可见，上式为二阶系统，则系统频率响应函数 $H(\omega)$、幅频特性函数 $A(\omega)$ 和相频特性函数 $\varphi(\omega)$ 分别表示为

$$H(\omega)=\frac{1}{\left[1-\left(\frac{\omega}{\omega_\mathrm{n}}\right)^2\right]+2\mathrm{j}\zeta\left(\frac{\omega}{\omega_\mathrm{n}}\right)} \tag{10-5}$$

$$A(\omega)=\frac{1}{\sqrt{\left[1-\left(\frac{\omega}{\omega_\mathrm{n}}\right)^2\right]^2+\left(2\zeta\frac{\omega}{\omega_\mathrm{n}}\right)^2}} \tag{10-6}$$

$$\varphi(\omega)=-\arctan\left[\frac{2\zeta\omega/\omega_\mathrm{n}}{1-(\omega/\omega_\mathrm{n})^2}\right] \tag{10-7}$$

式中，ω 为基础运动的圆频率；ζ 为振动系统的阻尼比，$\zeta=\frac{c}{2\sqrt{km}}$；$\omega_\mathrm{n}$ 为振动系统的固有频率，$\omega_\mathrm{n}=\sqrt{\frac{k}{m}}$。

作为示例，图 10-2 为系统的幅频、相频特性曲线。幅频特性曲线上的幅值极大的频率称为共振频率。可通过对式(10-5)、式(10-6)分析，得到共振频率表达式如下

$$\omega_\mathrm{r}=\omega_\mathrm{n}\sqrt{1-2\zeta^2} \tag{10-8}$$

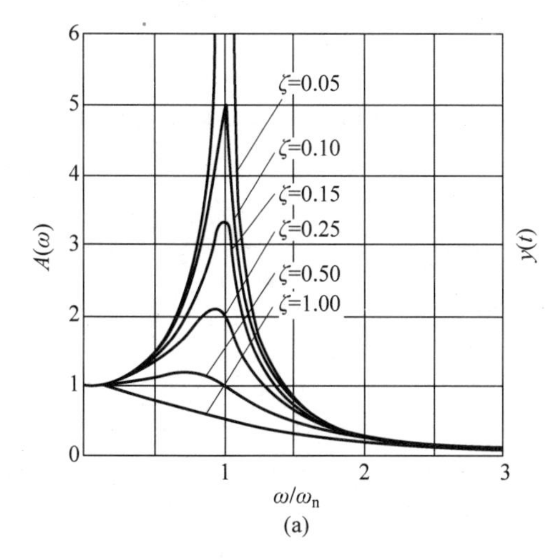

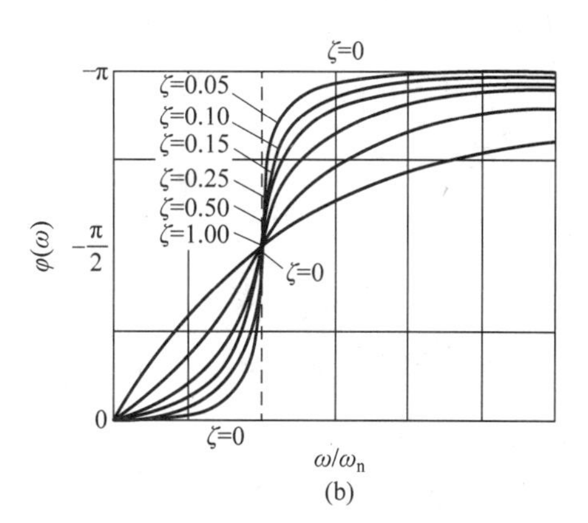

图 10-2　系统的幅频、相频特性曲线

由此可见，对于因为受外力而产生的受迫振动，共振频率总是小于系统的固有频率。两种频率大小的接近程度主要看阻尼值的大小。当系统有一定阻尼后，幅频特性曲线变得较为平坦，在曲线上难以找到最高点（不易测量）。实际上，由于阻尼的影响也难以测准系统的固有频率。从相频曲线看，在固有频率处相位过$-\frac{\pi}{2}$，而且这段曲线比较陡峭，比较容易测定系统的固有频率。

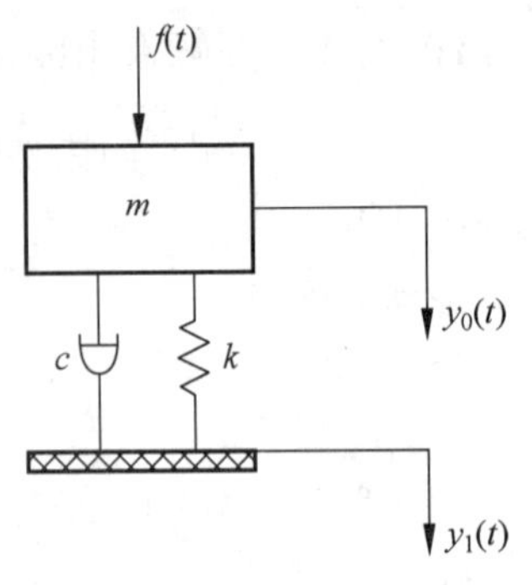

图 10-3 基础引起的系统受迫振动

另外，有的系统会出现基础的振动（位移），设基础的绝对位移为 $y_1(t)$。对于基础引起的系统受迫振动，如图 10-3 所示。

质量块 m 的绝对位移为 $y_0(t)$，质量块的运动方程为

$$m\frac{\mathrm{d}^2y_0(t)}{\mathrm{d}t^2}+c\frac{\mathrm{d}}{\mathrm{d}t}[y_0(t)-y_1(t)]+k[y_0(t)-y_1(t)]=0 \tag{10-9}$$

$$y_{01}(t)=y_0(t)-y_1(t) \tag{10-10}$$

$$m\frac{\mathrm{d}^2y_{01}(t)}{\mathrm{d}t^2}+c\frac{\mathrm{d}y_{01}(t)}{\mathrm{d}t}+ky_{01}(t)=-m\frac{\mathrm{d}^2y_1(t)}{\mathrm{d}t^2} \tag{10-11}$$

则系统频率响应函数、幅频特性函数和相频特性函数分别为

$$H(\omega)=\frac{\dfrac{\omega}{\omega_\mathrm{n}}}{\left[1-\left(\dfrac{\omega}{\omega_\mathrm{n}}\right)^2\right]+2\mathrm{j}\zeta\left(\dfrac{\omega}{\omega_\mathrm{n}}\right)} \tag{10-12}$$

$$A(\omega)=\frac{\dfrac{\omega}{\omega_\mathrm{n}}}{\sqrt{\left[1-\left(\dfrac{\omega}{\omega_\mathrm{n}}\right)^2\right]^2+\left(2\zeta\dfrac{\omega}{\omega_\mathrm{n}}\right)^2}} \tag{10-13}$$

$$\varphi(\omega)=-\arctan\left[\frac{2\zeta\omega/\omega_\mathrm{n}}{1-(\omega/\omega_\mathrm{n})^2}\right] \tag{10-14}$$

同样地，可以绘制出基础运动引起的受迫振动幅频曲线图，并可分析激振频率与系统固有频率的关联和共振问题等。

10.2 动力学测试的激励

10.2.1 激励方式

系统的动态性能或者振动力学参量，往往要在有特定外力作用下显现，对于系统设备或结构的固有频率、阻尼、刚度、响应和模态等，也需要通过施加一定的外力或初始力，使系统为受迫振动或自由振动状态来获得相应的激励及其响应。广义上说，测试过程中施加外力是对系统的激励，激励方式较多，如稳态正弦激振、瞬态激振或随机激振等。

1. 稳态正弦激振

稳态正弦激振需要使用激振设备对被测对象施加一个频率可控的简谐激振力。激振功率大，信噪比高，响应测试精度高。这种激振方式，要求在稳态下测定响应和激振力的幅值比和相位差。为了测得整个频率范围内的频率响应，要用多个频率进行试验以得到系统的响应数据，对于小阻尼系统，在每个测试频率处，只有当系统达到稳定状态才能进行测试，测试时间相对较长。图 10-4 为某个正弦振动测试系统示意图。

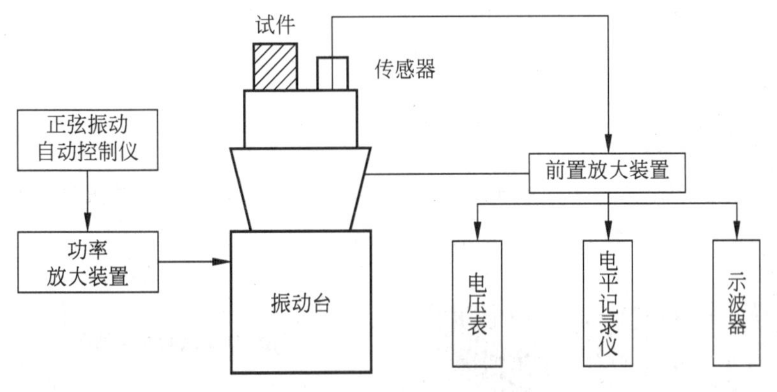

图 10-4　正弦振动测试系统

正弦振动测试可采用定频或扫频方法。如果某个系统是在某个或某几个激振频率下工作，则可在这些相应频率下进行定频试验，考核试件的抗振能力和耐振强度。正弦振动自动控制仪可设定某一个或几个频率，按程序产生定额正弦电信号，经功率放大器放大后驱动振动台对系统进行激振。利用传感器测量振动响应。输出信号经前置放大器放大后输送至相应的测量仪器或记录仪。测量仪器的积分功能，还可得速度、位移导纳或阻抗，其中位移导纳即为系统的频率特性，运用示波器监视信号的波形。

正弦扫描试验。按规定振动量级的正弦波，在试验频率范围内，以某种规律连续改变振动频率来激励被测元器件、部件或整机。具体分为线性扫描、对数扫描。线性扫描的扫描速率为常数，在扫描过程中，频率随时间增长而成比例地增加（正扫描）或减少（逆扫描），它在线性频率刻度上显示出均匀的频率—时间关系。对数扫描是在对数刻度上频率的变化量是均匀的一种扫描方式，即

$$\frac{\mathrm{d}(\ln f)}{\mathrm{d}t}=c \tag{10-15}$$

式中，c 为对数扫描率。

另外，正弦扫描试验还有快速扫描和慢速扫描。快速扫描在很短的时间内扫完全部量程，用于模态分析的激励技术，其频谱为连续谱。慢速扫描则是一般环境试验所采用的方法，多用于寻找共振点。为了得到振动系统在整个频率范围内响应的幅频曲线和相频曲线，要测量记录各频率点的响应幅值与相位。利用特性曲线可以估计振动系统的动态特性，确定固有频率及阻尼率等参数。

在进行正弦激振试验时，要注意保证激振力的幅值恒定。激振力的幅值过小难以激发各主要模态，结构中存在的间隙会在测试结果中引入误差；激振力的幅值过大可能会激发结构中的非线性因素，造成测试误差。为了使激振力的输出为等幅值的，可手动调节或自动

反馈控制来使得输入信号的幅值作相应变化，或者信号发生器换成数字计算机与 D/A 转换器，采用计算机程序控制来满足相关要求。

2. 瞬态激振

瞬态激振是给系统施加一个瞬态变化的力。具体方式有快速正弦扫描激振、脉冲激振、阶跃激振等。

快速正弦扫描激振力信号的函数表达式为

$$\begin{cases} f(t) = A\sin[2\pi(at+b)t], \\ f(t+T) = f(t) \end{cases} \quad 0 < t < T \tag{10-16}$$

式中，T 为信号的周期；$a=\dfrac{f_{\max}-f_{\min}}{T}$；$b=f_{\min}$；$f_{\max}$、$f_{\min}$ 扫描的上下限频率。

扫描频率的上下限频率和周期根据试验要求可以改变，因而可以快速测试出被测对象的频率特性。图 10-5 为扫描信号及频谱。

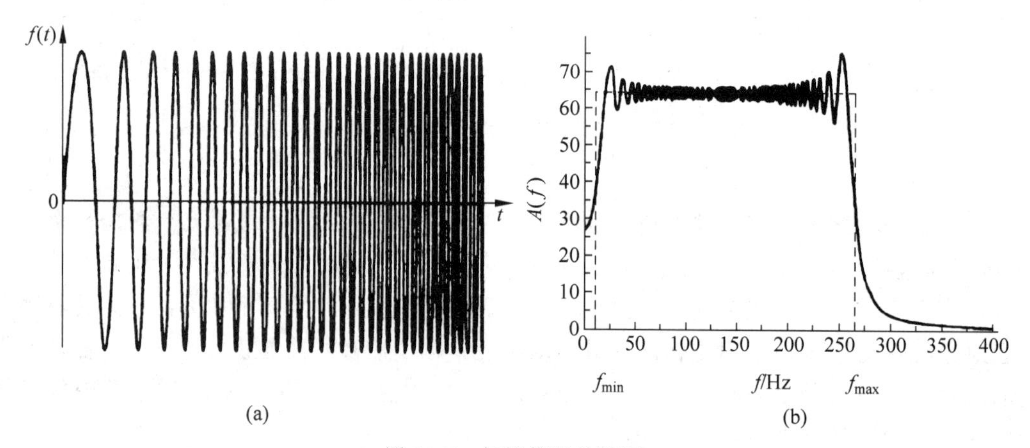

图 10-5　扫描信号及频谱

(a) 扫描信号；(b) 频谱图

脉冲激振是用脉冲锤敲击被测对象，测量激励和被测对象。脉冲的形成及有效频率取决于脉冲的持续时间，时间取决于锤端的材料，材料越硬时间越短，则频率范围越大。脉冲锤激振简便高效，但在着力点位置、力的大小、方向的控制等方面往往会产生很大的随机误差。

阶跃激振是采用一根刚度大、质量轻的弦来产生激振力。试验时，在激振点处，由力传感器将弦的张力施加于被测对象上，使之产生初始变形，然后突然切断张力弦，这相当于对被测对象施加一个负的阶跃激振力。阶跃激振属于宽带激振，可应用于建筑结构振动测试。

3. 随机激振

随机激振一般采用白噪声或伪随机信号作为激励信号，是一种宽带激振。工程上常采用窄带随机扫描试验、宽带随机振动试验的方法。图 10-6 为窄带随机扫描测试系统。其中，随机信号发生器产生频率较窄的随机信号(或由计算机产生一种“伪随机码”)，经 D/A 转换器输出，经功率放大器驱动振动台，对被测试结构进行激励。随机激振法不是针对个别的激励、响应来研究动态特性，它需要利用激励与响应的统计平均参数来分析系统特性。由于测试过程中有噪声渗入，但噪声与施加的激励在统计上是不相关的，在计算统计平均的过程中，就会自动排除噪声的影响。因此，随机激振方法具有在噪声背景中提取有用信号的能力，抗噪声干扰的能力强。

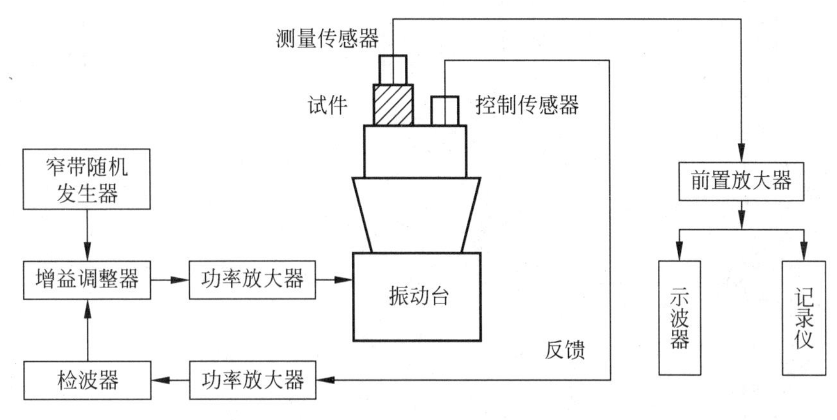

图 10-6　窄带随机扫描测试系统

响应测量可采用加速度计，经前置放大器放大后，由记录仪、示波器绘图、输出。一般来说，随机振动的规律难以用简单函数或它们的组合来表达，只能用概率统计的方法来描述。因而，主要要求测量其均方根值、功率谱密度，同时还要求观察其瞬时加速度峰值的最大值。有时还要求测量其平均值，自相关函数、互相关函数及幅值分布概率密度等。

另外，需要注意的是，运用随机激振方法对系统进行测试，只要所施加的激振信号与系统正常运行中的载荷或扰动信号是不相关的，则系统的运行信号和扰动就不会影响测试的结果。因此，有时可直接以系统的工作载荷或环境中的自然扰动作为随机激振源，可利用分析仪器对正在运行中的被测对象作在线分析，简化测试系统，降低成本。

在工程上，为了能够重复试验，常采用伪随机信号作为测试的输入激励信号。伪随机信号是一种有周期性的随机信号，将白噪声在时间 T(单位为 s)内截断，然后按周期 T 重复，即形成伪随机信号，如图 10-7(a)所示。伪随机信号的自相关函数(见图 10-7(b))与白噪声的自相关函数相似，但是它有一个重复周期 T，即伪随机信号的自相关函数 $R_x(\tau)$ 在 $\tau=0,T,2T,\cdots$ 以及 $-T,-2T$，各点取值 a^2，而在其余各点之值均为零。采用伪随机信号激励的测试方法，既具有纯随机信号的真实性，又因为有一定的周期性，而在数据处理中避免了统计误差。

10.2.2　激振器

在工程上，激振器是附加在机械和设备上用以产生激励力的装置。激振器能使被测系统获得一个可控的、符合预定要求的激振力或振动量，从而对系统进行振动或强度试验，或对振动测试仪器和传感器进行校准。激振器还可作为激励部件组成振动机械，用以实现物料或物件的输送、筛分、密实、成型或土壤砂石捣固等。

按激励型式或结构原理的不同，激振器可分为机械式、电动式、电磁式、电液式、气动式和液压式等。激振器可产生单向的或多向的、简谐的或非简谐的激振力。

1. 偏心块机械式激振器

机械式激振器多用于桥梁、基础、房屋楼板、大型平台等大型结构的激振。图 10-8 所示为一种机械式激振器，主要由相同的两个偏心块组成，中间用齿轮啮合。激振器若用直流电

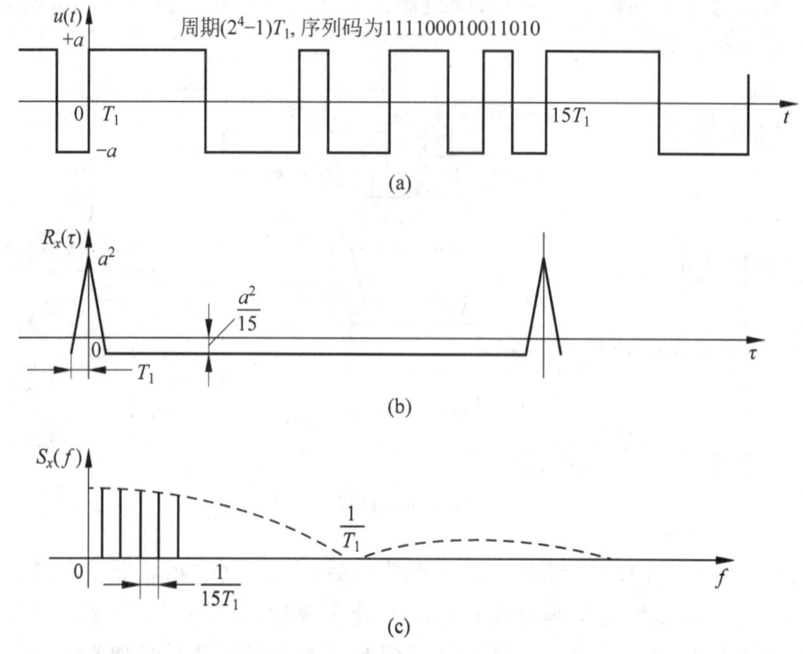

图 10-7　随机信号、自相关函数与功率谱图

(a) 伪随机信号；(b) 伪随机信号的自相关函数；(c) 伪随机信号的功率谱图

机驱动，改变直流电机的转速等参数可以改变激振力的频率及大小。工程中，可用一台直流电机带动偏心块以相同的角速度、相反的方向旋转，偏心块旋转产生的惯性力的合力就是激振力。设偏心质量为 m，偏心矩为 e，转动角速度为 ω，两偏心质量在竖直方向产生的激振力为

$$F = 2m\omega^2 e\cos\omega t \tag{10-17}$$

机械式激振器获得的激振力变化范围较大。由于直流电机转速的限制，工作频率较低(60Hz 以下)，且激振力的大小受转速的影响。惯性激振器质量较大，对被测物体的固有频率有一定影响。

图 10-9 为一款单向激励力惯性式激振器的结构示意图。

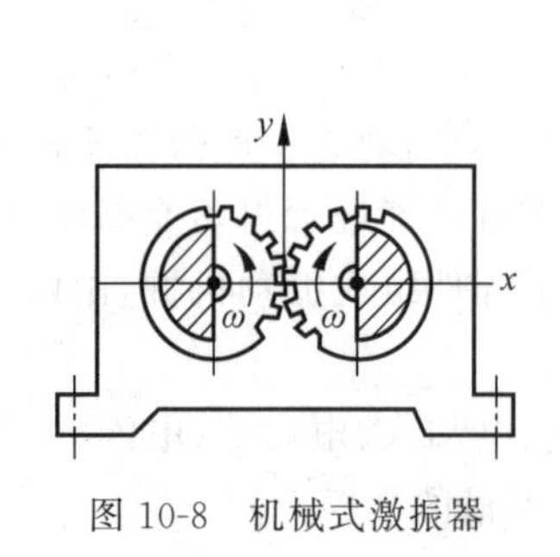

图 10-8　机械式激振器

图 10-9　单向激励力惯性式激振器

利用偏心块回转产生所需的激励力。工作时将激振器固定于被激件上，被激件便获得所需的振动。

另外，在振动系统中还广泛采用一种自同步式惯性式激振器，依靠振动同步原理使两个带偏心块的转轴实现等速反向回转，从而获得单向激励力。各种类型的激振器通过不同的组合模式产生不同的力学效果，不论是轴偏心还是块偏心，所有单轴激振器驱动相应的设备做近似圆周运动，所有双轴激振器或两台同一型号和规格的单轴激振器并列分布，并作反方向运转，驱动相应设备做近似直线振动，从而满足不同的实际需求。

由于激振器在运行过程中承受的力矩和振动较大，会造成传动系统的轴承磨损等。一般地，被测对象（振动体）要按照要求安装、置于振动台上，具体操作时，按照激振器的形式，对振动台进行相应的结构设计。振动台的结构形式如图 10-10 所示。

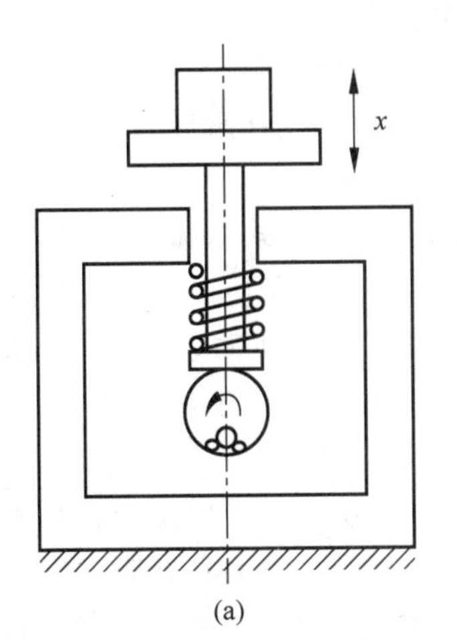

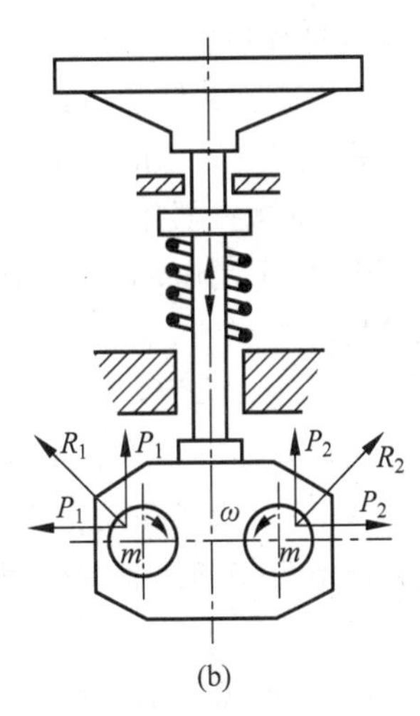

图 10-10　振动台结构形式

(a) 偏心式振动台；(b) 离心式振动台

由于偏心质量对基础产生很大的激振力，振动台需安装在坚固的基础上。

2. 电动式激振器的基本组成

电动式激振器分为永磁式、励磁式两种。对于小型激振器可采用永磁式电动激振器，较大型的激振器采用励磁式。其基本结构如图 10-11 所示。

驱动线圈与顶杆固结，并由弹簧支承在壳体上，可以沿轴向运动，顶杆的另一端与被激振对象相连。磁极板与铁芯、磁钢之间形成高磁通密度的环形气隙，线圈 2 位于磁极与铁芯的气隙中。

当功率放大器把一个正弦交变电流 $i(t)=I\sin\omega t$ 输送到线圈时，线圈将受到与电流 i 成正比的电动力的作用，此力通过顶杆传到被测对象，被测对象受到激振力的作用。线圈在磁场中感应出与电流 i 成正比的电磁力的作用。这个力驱使顶杆上下运动，通过顶杆将力传到被激振对象上。由顶杆施加到被激对象上的激振力等于电磁感应力与运动系统的弹簧力、阻尼力和惯性力的矢量和。

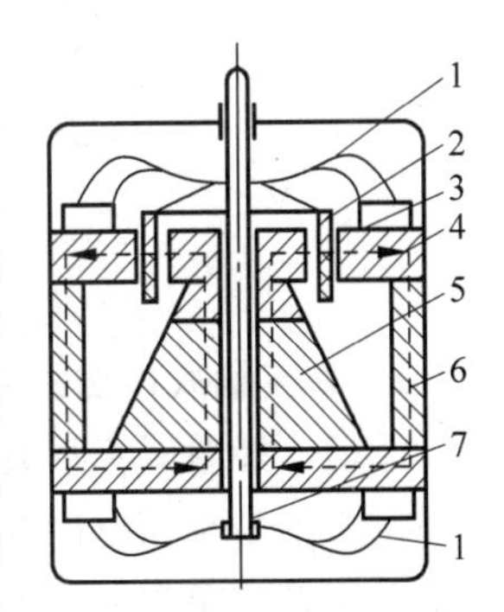

图 10-11　电动式激振器

1—弹簧；2—线圈；3—铁芯；4—磁极板；5—磁钢；6—壳体；7—顶杆

当激振器与被激对象的连接刚度、顶杆系统刚性均很好的情况下，电动力等于激振力。一般情况下，顶杆施加到被激对象上的激振力不等于线圈受到的电动力。电动力与激振力之比的大小,与激振器运动部分和被测对象本身的质量、刚度、阻尼等因素有关,是频率的函数。为了保证激振力的传递、减小对被激对象的附加约束,要在激振器与被激对象之间用一根在激励力方向上刚度很大而横向刚度很小的柔性杆连接,保证做到正确施加激振力。在设计上,一般在柔性杆的一端串联一个力传感器,以便能够同时测量出激振力的幅值和相位角。

另外,电动激振器在激振时要求让激振器壳体在空间保持静止,使激振器的能量尽量用于对被激对象的激励上。激振器安装方式分为三种形式。

(1) 软弹簧悬挂。当做较高频率的激振时,用软弹簧悬挂起来并加上必要的配重,以尽量降低悬挂系统的固有频率,可使它低于激振频率 1/3。

(2) 激振器刚性安装。低频激振时,将激振器刚性地安装在地面或高刚性支架上。

(3) 弹簧支撑。被测对象的质量远远超过激振器质量,且激振频率大于激振器安装固有频率的振动试验,将激振器用弹簧支撑在被激对象上。

在工程实际中,所采用电动式振动台的结构原理与电动式激振器相似。振动台的固定部分是由高导磁材料制成的,上面绕有励磁线圈,当励磁线圈通以直流电流时,磁缸的气隙间形成强大的恒定磁场,驱动线圈悬挂在恒定磁场中。改变驱动电流的大小和频率,改变台面振幅的大小及振动频率。该变化电流为正弦信号,台面将产生正弦振动。该变化电流若为随机信号,台面将产生随机振动。

电动式振动台由台体和控制部分组成,如图 10-12 所示。控制系统含励磁部分(给励磁线圈提供励磁电流产生恒定的磁场)、激励部分(由信号源、功率放大器组成)、测量部分(传感器装在台体内,测量放大器的输出可接各种显示和记录设备,来测量台面的位移、速度和加速度的大小及波形)。整个监控系统组装在控制柜中,振动台还装有微处理器。

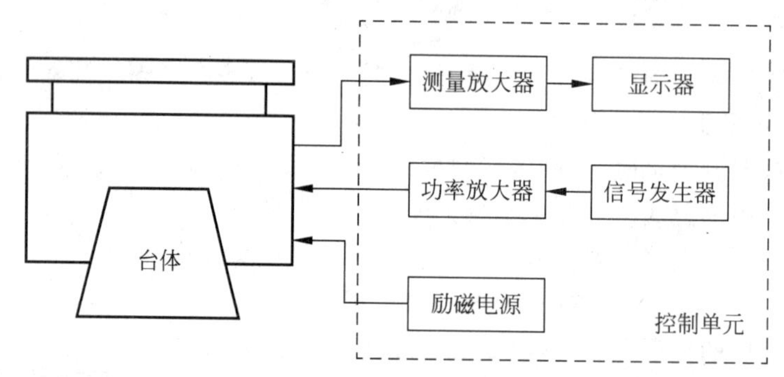

图 10-12　电动式振动台控制系统

3. 非接触式电磁式激振器

采用非接触式测量方式,是为了满足被测系统的特殊要求,如激振器不能直接接触被测对象。由于是利用电磁铁的磁力作为激振力,没有附加质量和刚度的影响,可设计出各种形式的非接触式电磁激振器,其特别适合对回转件的激振。电磁激振器的频率上限为 500～800Hz。图 10-13 所示为一种电磁式激振器结构。

励磁线圈包括一组直流线圈和一组交流线圈,当电流通过励磁线圈便产生相应的磁通,从而在铁芯 2(用 U 形硅钢片制成,安装在非导磁的铝合金底座 1 上)和衔铁 5 之间产生电磁力,实现两者之间无接触的相对激振。

若铁芯和衔铁分别固定在两个被激振对象上，便可实现两者之间无接触的相对激振。衔铁也可以是导磁材料的被激振对象。

激振力用力检测线圈检测。励磁线圈通过电流时，铁芯对衔铁产生电磁力（吸引力）为

$$F(t)=\alpha B^2 \tag{10-18}$$

式中，B 为磁感应强度，T；α 为比例系数，与电磁铁的尺寸、结构、材料有关。

式(10-18)可以表示成如下公式：

$$F=\frac{B^2A}{2\mu_0} \tag{10-19}$$

式中，A 为导磁体截面积；μ_0 为真空磁导率。

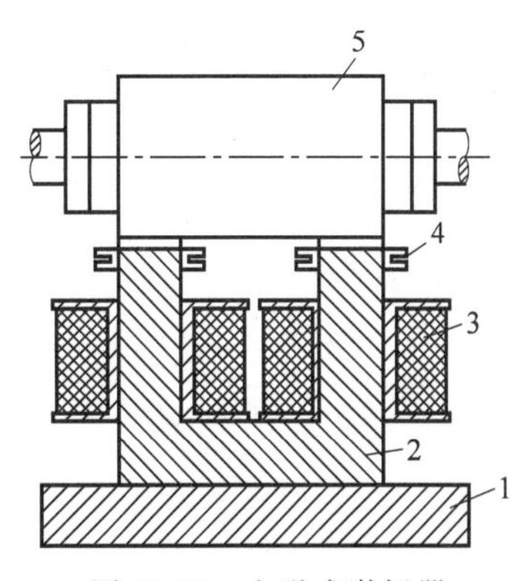

图 10-13　电磁式激振器

1—底座；2—铁芯；3—励磁线圈；4—力检测线圈；5—衔铁(试件)

由于在铁芯与衔铁之间的作用力只会是吸力，而无斥力，为了形成往复的正弦激励，应该在其间施加一恒定的吸力，然后才能叠加上一个交变的激振力。因此通入线圈中的电流由直流与交流两部分组成：

$$I(t)=I_0+I_1\sin\omega(t) \tag{10-20}$$

则铁芯内产生的磁感应强度为

$$B(t)=B_0+B_1\sin\omega t \tag{10-21}$$

式中，B_0 为直流电流 I 产生的不变磁感应强度；B_1 为交流电流 $I_1\sin\omega t$ 产生的交变磁感应强度的幅值。

代入式(10-18)，有

$$F(t)\approx\alpha(B_0^2+B_1^2/2)+2\alpha B_0B_1\sin\omega t \tag{10-22}$$

式中，$\alpha(B_0^2+B_1^2/2)$为静态电磁力，是一个预加力；$2\alpha B_0B_1\sin\omega t$ 为交变电磁力，即所需的交变激振力。

电磁吸力也可以写成

$$F=\frac{A}{2\mu_0}\left(B_0^2+\frac{B_1^2}{2}\right)+\frac{AB_0B_1}{\mu_0}\sin\omega t+\frac{AB_1^2}{4\mu_0}\sin2\omega t \tag{10-23}$$

即电磁力由以下三部分组成：

$$\text{固定分量(静态力)：}F_0=\frac{A}{2\mu_0}\left(B_0^2+\frac{B_1^2}{2}\right) \tag{10-24}$$

$$\text{一次分量(交变分量)：}F_1=\frac{AB_0B_1}{\mu_0}\sin\omega t \tag{10-25}$$

$$\text{二次分量：}F_2=\frac{AB_1^2}{4\mu_0}\sin2\omega t \tag{10-26}$$

图 10-14 为电磁力与磁感应强度关系。

如果直流电流 $I_0=0$，即 $B_0=0$，此时工作点在 $B=0$ 处，则 $F_1=0$，亦即力的一次分量消失。由图可知，由于 B-F 曲线的非线性，且无论 B_1 是正是负，F 总是正的。当加上直流电流后，直流磁感应强度不再为零，将工作点移到 B-F 近似直线的中段 B_0 处，这时产生的电磁交变吸力的波形与交变磁感应波形基本相同。

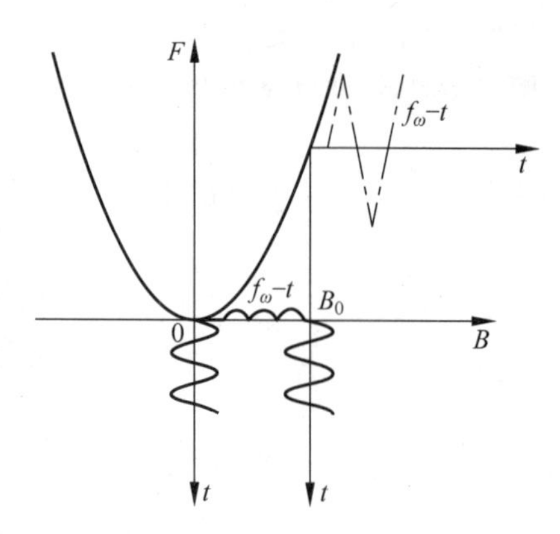

图 10-14　电磁力与磁感应强度关系(B-F 曲线)

4. 其他激振方法

对于轻型结构或质量小、刚度很小的试件进行非接触式激振,可用磁动式激振器,这种激振装置对被激励的对象动态特性影响较小。图 10-15 为磁动式激振器原理图。

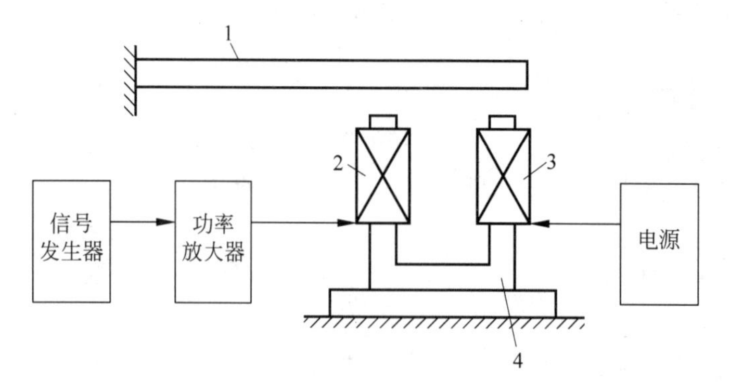

图 10-15　磁动式激振器

1—试件;2—驱动线圈;3—励磁线圈;4—磁缸

磁动式激振器中的励磁线圈通以直流电流,产生恒定的偏置磁场,对试件产生一恒定的作用力,驱动线圈由外部信号源供给激励信号。当驱动线圈通以交变电流时,磁铁对试件就产生交变的吸力,从而激起试件的振动。磁动式激振器结构简单,其频率范围为几十赫兹到几百赫兹。

工程实验中,设计压电晶体片激振方式,其晶体片激振线路如图 10-16 所示。把晶体片用胶粘贴在试件上,利用压电晶体的逆压电效应,在晶体片的两个极面上加一正弦的交变电压,晶体片就会产生正弦交变的伸缩,该伸缩力作用在被测部件上,激励它产生振动。保持晶体片两极面上电压的幅值不变,逐步改变电压的频率,使被激励试件产生共振,从而就能找到共振频率。

常用的压电晶体片结构外形以长方形和圆形最多,也可以根据需要切成不同形状。晶体片激振适用于较小的连续体激振,如汽轮机小型叶片等,由于晶体片比较小,对激振系统带来的附加质量、附加刚度均较小。

对于薄板、薄壳及薄膜等,可用声波激振,其测振方法可采用电阻片测其应变响应,或用非接触式传感器如电容式、电感式、电涡流式传感器来测振。利用现代光学技术或激光干涉

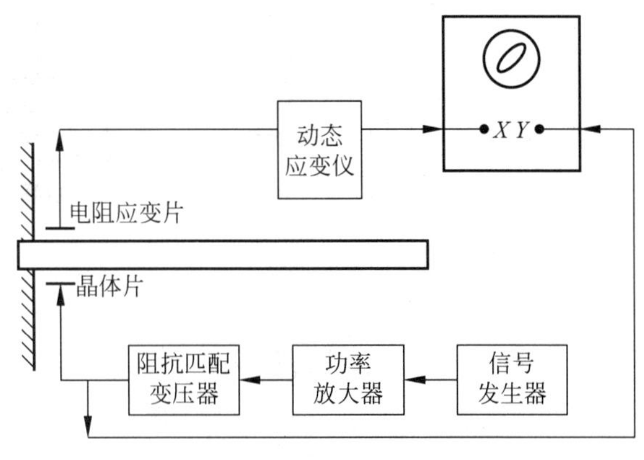

图 10-16　压电晶体片激振线路

法测振时，可根据振型来判断共振。

在试验模态分析中经常采用力锤激励设备，它由锤帽、锤体和力传感器等组成。当用力锤敲击试件时，冲击力的大小与波形由力传感器测得并通过外部放大记录设备记录下来。使用力锤激励结构时，要根据不同的结构和分析频带选用不同的锤帽材料。力锤结构简单、使用方便，广泛地应用于现场及室内的激振试验。

在一些大型结构的测试中，需要激振力大、行程大（较大的响应），单位力的体积小，往往采用电液式激振器。电液式激振器需一套液压系统。图 10-17 为电液式激振器的结构示意图。

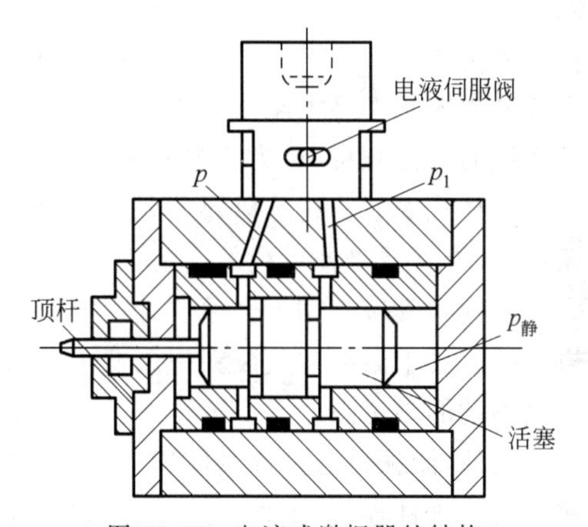

图 10-17　电液式激振器的结构

信号发生器产生信号，经放大后至电动激振器，电液伺服阀（操纵阀和功率阀所组成）控制油路使活塞作往复运动，并以顶杆激励被激对象。活塞端部输入一定油压的油，形成静压力 $p_{静}$，对被激对象施加预载荷。用力传感器测量交变激励力 p_1 和静压力 $p_{静}$。由于油液的可压缩性和调整流动压力油的摩擦，使电液式激振器的高频特性变差，一般只适用于较低的频率范围（零点几赫兹到数百赫兹）。

类似的方法，还有液压振动台，是将高压油液的流动转换成振动台台面的往复运动的设备。其中台体由电动驱动装置、控制阀、功率阀、液压缸、高压油供油管路、低压油回油管路等主要部件组成，由信号发生器、功率放大器供给驱动信号驱动控制阀工作。控制阀控制改变油路可以使台面按控制系统的要求工作。液压振动台就是利用控制阀和功率阀控制高压油流入液压缸的流量和方向来实现台面的振动，台面振动的频率和电动驱动装置的频率相同。实际的液压振动台工作在闭环控制状态下，以保证台面振动的稳定和控制精度。控制方框图如图 10-18 所示。

信号发生器产生的振动信号与各反馈回路传感器测量得到的阀位移、液压脉动及台面位移信号一起在测量控制部分进行处理，最后产生误差信号送到电动驱动装置的驱动线圈中，然后经控制阀和功率阀使振动台产生稳定的振动。

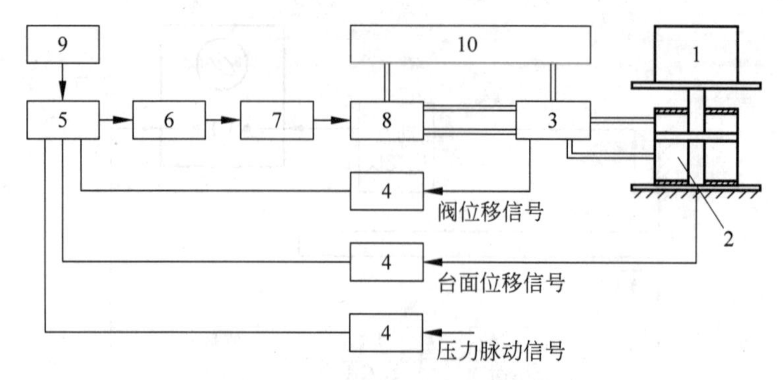

图 10-18　液压振动台控制系统

1—试件；2—台体；3—功率阀；4—前置放大器；5—测量控制部分；6—功放；7—电动式驱动器；8—控制阀；9—信号源；10—液压泵

由于液压振动台台面的振动波形直接受油压及油的性能的影响，因此，压力的脉动、油液受温度的影响都将直接影响台面的振动波形。

5. 激振器的安装与使用

要根据不同测试目的、要求进行激振器的安装。安装方式主要有固定式、悬挂式、弹性式等。

固定式安装。激振器和试件均采用刚性连接固定在不动的支架或地面平台上。低频激振或者激振频率不太高时采用这种方法。这种固定方式要求激振器、支架、夹具等组成的振动系统的共振频率(称为安装共振频率)高于激振器的工作频率的 3～4 倍。

悬挂式安装。在难以得到坚固支架的场合，用弹簧或橡皮绳将激振器悬挂在支架上。激振器、弹簧或悬挂系统的安装频率要远低于激振器的工作频率。

弹性式安装。在无合适位置固定激振器，且在试件质量远大于激振器质量，可采用这种方式。它要求激振器安装频率远低于激振器的工作频率。只有这样，激振器壳体才可以认为是不动的参考点。

另外，激振器与试件具体连接方式也要注意设计合理。如用拉压式连接方式，是用螺钉螺母直接刚性连接，此种方式适合于结构刚度较小的柔性结构。预压式则是顶杆与试件不直接连接，用预压力将顶杆顶紧在试件上。这种方式不损伤试件，不用对试件另外加工，但是，要估计预压力对试件振动的影响。

10.3　振动测试传感器

按照工作原理来分，系统振动测试传感器可分为机械式、光学式和电测式三种。机械式常用于振动频率低、振幅大、精度要求不高的场合；光学式主要用于精密测量和振动传感器的标定；电测式振动测试传感器应用范围较广。按变分原理来看，具有磁电式、压电式、电阻应变式、电感式、电容式、光学式等各种传感器。测试的参数包含位移、速度、加速度等。由于采用的参考坐标不同，可以有相对式传感器、绝对式传感器(又称惯性式传感器)。

在测试系统的整体结构上，传感器与被测物可能接触，也可能不接触，对应的有接触式传感器和非接触式传感器。

10.3.1　压电式加速度传感器

图 10-19 为压电式加速度传感器的结构示意图。

该类传感器的基本原理是利用压电石英晶体或压电陶瓷材料的压电效应,将机械振动信号转换成电信号。压电晶体在受压力作用时,在晶体的上下表面产生大小相同、极性相反的电荷,且电荷量与压力大小成正比。

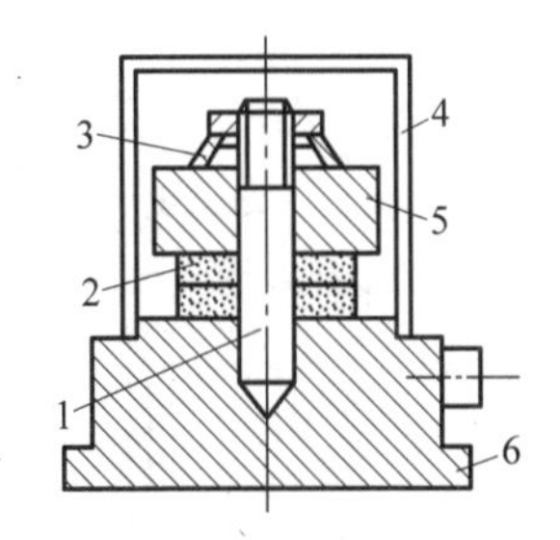

图 10-19　压电式加速度传感器结构
1—螺栓;2—压电晶体或陶瓷;3—预压弹簧;4—外壳;5—质量块;6—基座

可按弹簧-质量振动系统来分析。压电材料的刚度相当于弹簧刚度 k,ω_n 为加速度传感器的固有频率,压电晶体片两表面产生的电荷量为 q,R 为压电常数。若压电晶体片两表面间的电容为 C,可导出压电晶体片两表面间的电荷量和电压与振动体的加速度信号成正比。

加速度传感器在使用时,其压电材料两表面产生的极性相反的电荷,可看成电压源或电荷源,其灵敏度有电压灵敏度和电荷灵敏度两种表示方式。电荷灵敏度 S_q 是输出电荷与待测振动体加速度之比,即

$$S_q = \frac{Rk}{\omega_n^2} \tag{10-27}$$

电压灵敏度 S_u 是加速度传感器输出电压与待测振动体加速度之比,即

$$S_u = \frac{Rk}{C\omega_n^2} = \frac{S_q}{C} \tag{10-28}$$

在振动测量中一般用重力加速度 g 作为加速度的单位。

采用压电式加速度传感器要注意以下问题。

(1) 横向灵敏度的指标。在测试过程中,压电材料会出现不均匀、不规则特性,与金属件也难以精确配合,单纯考虑轴向振动情况还不够,需要注意垂直于加速度传感器轴线方向上振动的敏感程度,即横向灵敏度的指标。

(2) 由加速度传感器测取的加速度信号,可经积分回路得出速度或位移信号。

(3) 影响加速度传感器测试精度原因较多,如安装不牢、高温、强电磁场等导致测量误差。要避免接线电缆打死弯、打扣或严重的拧转,同时,电缆线应避免重压。

(4) 要注意接地回路设计。加速度传感器的安装以及与前置放大器、分析仪等仪表的连接,若形成接地回路,则通地回路压降将影响测量效果,测量信号会混入交流声。要保证整个测量系统只在一点接地(单点接地),避免形成接地回路。

随着电子技术的发展,目前大部分压电式加速度计在壳体内都集成放大器,由它来完成阻抗变换的功能。这类内装集成放大器的加速度计可使用长电缆而无衰减,并可直接与大多数通用的仪表、计算机等连接。一般采用两根电缆给传感器供给恒流电源,而输出信号也由这两根电缆输出,方便现场的接线。近年发展了压电式速度传感器,即在压电式加速度传感器的基础上,增加了积分电路,实现了速度输出。

10.3.2　磁电式速度传感器

磁电式速度传感器为惯性式速度传感器。其工作原理是当有一线圈在穿过其磁通发生

变化时，会产生感应电动式，电动式的输出与线圈的运动速度成正比。

磁电式传感器的结构有两种：一种是绕组与壳体连接，磁钢用弹性元件支承；另一种是磁钢与壳体连接，绕组用弹性元件支承。图 10-20 所示为一种典型结构。

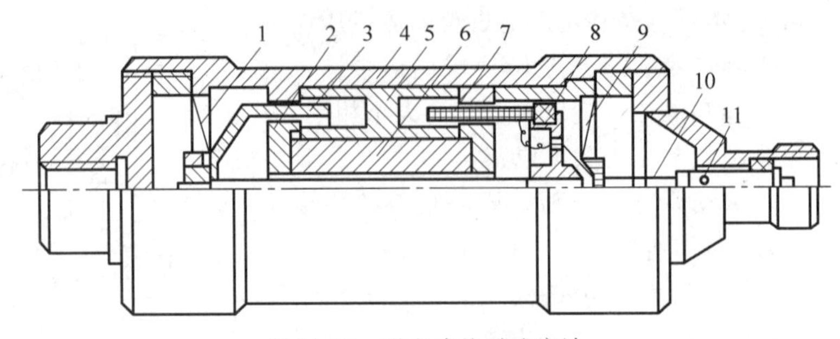

图 10-20　磁电式绝对速度计

1—弹簧片；2—磁靴；3—阻尼环；4—外壳；5—铝架；6—磁钢；7—线圈；8—线圈架；9—弹簧片；10—导线；11—接线座

在测振时，传感器固定或紧压于被测系统，磁钢与壳体一起随被测系统振动，装在心轴上的线圈和阻尼环组成惯性系统的质量块并在磁场中运动。弹簧片径向刚度很大、轴向刚度很小，使惯性系统既得到可靠的径向支承，又保证有很低的轴向固有频率。阻尼环一方面可增加惯性系统质量，降低固有频率，另一方面在磁场中运动产生的阻尼力使振动系统具有合理的阻尼。

因线圈是作为质量块的组成部分，当它在磁场中运动时，其输出电压与线圈切割磁感线的速度成正比。由基础运动所引起的受迫振动，当 $\omega \gg \omega_n$ 时，质量块在绝对空间中接近静止，从而被测物（与壳体固接）与质量块的相对位移、相对速度就分别近似其绝对位移和绝对速度。因此，绝对式速度计是先由惯性系统将被测物体的振动速度转换成质量块一壳体的相对速度，之后，运用磁电变换原理，将速度转换成输出电压的。

磁电式传感器还可以做成相对式的，用来测量振动系统中两部件之间的相对振动速度。

10.3.3　电涡流式传感器

电涡流式传感器是一种相对式非接触传感器，它通过传感器端部与被测物体之间的距离变化来测量物体振动的位移或振幅。图 10-21 是利用电涡流式传感器测量转轴振动的接线图。传感器用支架固定，并与转轴有一定的初始间隙 d_0，当转轴以角速度 ω 旋转时，沿转轴径向振动引起 d_0 的变化，该变化量经电涡流式传感器转换为电信号，然后经前置器输出到各类记录指示仪器上进行测量。

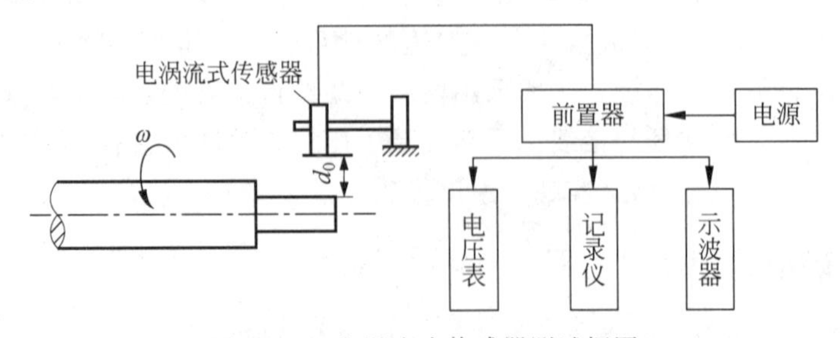

图 10-21　电涡流式传感器测试框图

电涡流式传感器具有频率范围宽、线性工作范围大、灵敏度高、结构简单以及非接触测量等优点。在静位移的测量、振动位移的测量、旋转机械(汽轮机、压缩机、电机等)中监测转轴的振动等得到应用。由于电涡流传感器是靠电涡流效应来完成机电转换的,因此被测物体必须是金属导体。不同的金属导体,它的电导率、磁导率及涡流损耗不同,这些电磁参数直接影响传感器的灵敏度。

电涡流式位移传感器是利用金属体在交变磁场中的涡电流效应。传感器线圈的厚度越小,其灵敏度越高。该类传感器抗干扰能力强、不受油污等介质影响等特点。表面粗糙度对测量几乎没有影响,但表面的微裂缝和被测出料的电导率和磁导率对灵敏度有影响。

图 10-22 为电涡流位移传感器测量轴振动的示意图。作为示例,图 10-23 为其轴心轨迹和两个传感器的时域波形图。

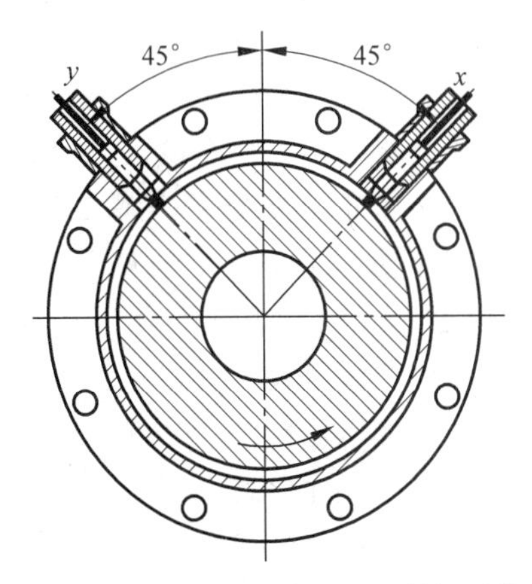

图 10-22　电涡流式位移传感器测量轴振动的示意图

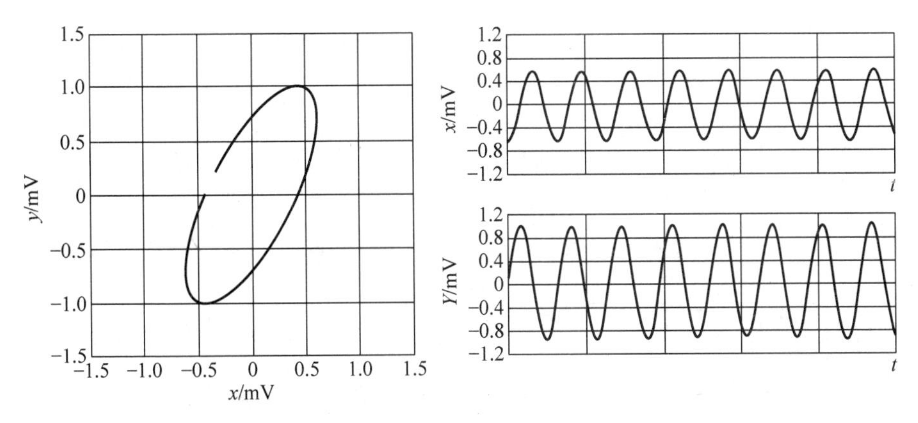

图 10-23　轴心轨迹和传感器时域波形图

除上述的传感器结构外,还有惯性式测振传感器等多种形式,需要在实际的动力学测试中加以分析、选用。

10.3.4　测振传感器的合理选择

在振动测量中,目前广泛应用的是压电式加速计,因为它具有测量频段宽、动态范围大、体积小、重量轻、结构简单、使用方便等诸多优点。另外，加速计与适当的电路网络配合，即可给出相应振动的速度和位移值。从工作方式上测振传感器又可分为接触式和非接触式以及相对测量式和绝对测量式。因此，测振传感器要合理选择。

首先，传感器选择时应使最重要的参数能以最直接、最合理的方式测得。例如考察惯性力可能导致的破坏或故障时，宜做加速度测量；考察振动环境（振动烈度以振动速度的均方值来描述）时，宜做振动速度的测量；要监测机件的位置变化时，宜选用电涡流式或电容式传感器做位移的测量。需要注意传感器等安装的可行性。

其次，要注意传感器的频率范围、量程、灵敏度等指标要求。各种传感器都受其结构的限制而有其自身适用的范围，选用时需要根据被测系统的振动频率范围来选用。

要考虑工况环境要求，在价格、寿命、可靠性、维修、校准等方面做好评估。例如，激光测振有很高的分辨力和测量精确度，但对环境（隔振）要求严、设备昂贵，只适用于实验室做精密测量或校准。

另外，要加强动态应变测量系统的应用。动态应变测量系统将电阻应变片贴在结构的测振点处，或直接制成应变片式位移计或加速度计，安装在测振点处，将应变片接入电桥，电桥由动态应变仪的振荡器供给稳定的载波电压。测振时由于振动位移引起电桥失衡而输出一电压，经放大并转换成电流，由表头指示，或由光学示波器、计算机记录。

为了得到被测系统的频谱，要注意选用频谱分析系统。频谱分析系统可以分成模拟频谱分析系统和数字频谱分析系统。模拟频谱分析仪由跟踪滤波器或一系列窄带带通滤波器构成，随着滤波器中心频率的变化，信号中的相应频率的谐波分量得以通过，从而可以得到不同频率的谐波分量的幅值或功率的值，由仪表显示或记录。数字频谱分析系统，将来自传感器的模拟信号经过 A/D 转换，把模拟信号转换成数字序列信号，然后通过快速傅里叶变换（FFT），获得被测系统的频谱。

为了确定被测结构的固有频率、阻尼比、振型等振动模态参数，要进行振动参数估计。对于单自由度系统固有频率和阻尼比测定，常用自由振动和共振法，这些方法可用来近似估计多自由度系统的这两个参数。可以通过在系统上布置多个固有频率来测定多自由度系统振型。

10.4　信号预处理与装置校准

10.4.1　采样

采样是测试分析的重要环节。首先要做好信号的剪切与编排。信号剪切是去除信号记录过程中的非真实记录样本，如测量时提前开机的记录过程，中间意外的停顿记录过程以及某些不符合试验要求的记录过程。编排还将根据要求将不同的工况进行必要的组合。

结合信号的采样过程看，实际的信号是随时间的连续波形，为模拟量。为了变换为计算机或分析仪器处理的数字量，需将连续信号离散为数字信号。因此，采样过程包括取样和量化两个步骤。取样就是将连续信号 $x(t)$ 按一定的时间间隔 Δt 逐点取得瞬时值，如下：

$$x(t_1),x(t_2),\cdots,x(t_n),\quad t_n=n\Delta t$$

量化是将取样值 $x(t_n)$ 变为数字编码，量化为若干等级，其中最小的单位称为量化单位。量化是在取值上进行离散化。采样的结果是连续信号变成了一个个数字信号。

采样间隔的倒数为采样频率。采样间隔越小，采样频率越高，采样越密集，所得的数字信号越逼近原连续信号，但储存和运算工作量就越大，如采样间隔太大，采样频率太小，采样后得到了虚假的低频信号的现象称为频率混叠。为了保证采样过程中不产生频率混叠现象，采样时必须至少满足两个条件：被分析的信号必须是有限带宽，即存在一个最高频率 f_{max}，采样频率 f_s 必须满足 $f_s \geqslant 2f_{max}$。上述内容也称采样定理。为了满足采样定理，在信号分析时，通常对记录的波形利用低通滤波器滤去信号中频率较高而幅值很低的高频成分或噪声信号，以确保有一个最高的上限频率 f_{max}。实际采样频率一般取

$$f_s \geqslant (2.5 \sim 4) f_{max} \tag{10-29}$$

10.4.2　信号的预检与窗函数

为了剔除信号中的趋势项和奇异项要进行信号预检。趋势项是样本记录中周期大于记录长度的频率成分。仪器的零漂或环境因素引起的变化等都是测量系统中的不稳定因素，会引起线性的或缓慢变化的非测量要求的趋势误差。这种趋势项会使信号分析发生畸变，甚至使低频时的谱估计失去意义，应予以剔除。图10-24(a)所示是含有趋势项的信号波形，图10-24(c)所示是剔除趋势项图10-24(b)后的信号波形。

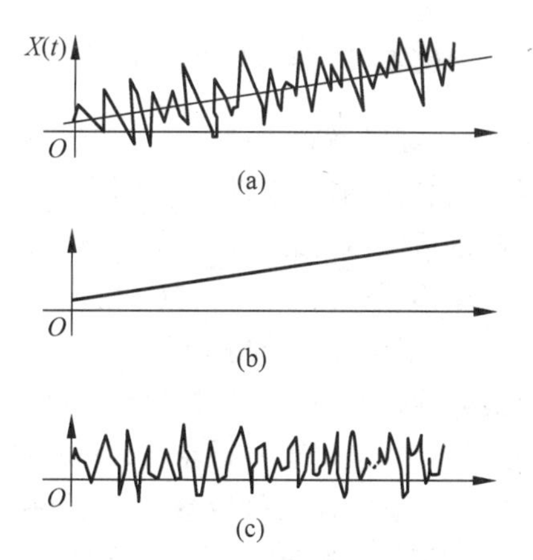

图10-24　趋势项的剔除

(a) 含有趋势项的信号波形；(b) 趋势项；(c) 剔除趋势项后的信号波形

另外，由于操作失误、仪器失灵或环境的突然变化等，在一列试验数据中(或在一个样本数据中)，会混入个别异常数据，这就是奇异项的产生，应予以剔除。在实际工作中，数据列中的异常数据往往难以判别或取舍，首先用目测法观察样本是否存在奇异项，进而分析物理上或工程上可能产生的原因。当无法确定原因时，可根据数统计规律性和异常数据剔除原则进行剔除。这些原则有：

(1) 莱因达准则。也叫拉依达准则或 3σ 准则，在稳定的数据记录中，小概率事件在一次试验中几乎不可能产生。

(2) 正态分布。正态分布的数据，当某列数据中的某一值偏离数据的波动中心大于三倍的标准偏差 3σ 时，可认为该值是奇异项而予以剔除。

窗函数是一个常见的问题。理想的信号是在时域或频域上向两端无限延伸的，但实际分析仪器或计算机能处理的信号只是有限时间，即样本长度 T 上的一段信号，实际分析和处理的信号只是理想的无限延伸的信号中截取的一段。在无限延伸的信号中截取一段信号，就相当于在原信号上加了一个矩形窗。加矩形窗的信号从时域变换到频域时，能量会从原来的频段上泄漏到两边的频带去，这种现象称为泄漏。为了减少泄漏现象，人们寻找了多种窗函数，如矩形窗、海宁窗、汉明窗、钟形窗、余弦窗、指数窗等。

10.4.3 信号发生与功率放大

激振器一般要与信号发生器、功率放大器一起组成激励系统才可使用。信号发生器产生激振器所需要的信号类型有稳态正弦信号、周期信号、随机信号等。信号发生器提供的激励信号可以是模拟信号，也可以是数字信号。数字式信号发生器逐渐成为主流信号源。大多数信号发生器是硬件，也有些信号源由更易于控制和改变的计算机软件实现。无论是数字信号发生器，还是计算机辅助产生的信号源，最终均以模拟电压信号（包含特定频率成分和作用时间）输出。电压信号一般能量很小，无法直接推动激振器，必须经过功率放大器进行功率放大。功率放大器内部都设有深度负反馈电路。根据负反馈类型不同，功率放大器分为定电压功率放大器和定电流功率放大器。定电压功率放大器采用电压负反馈电路，保证输出信号电压恒定，不随负载变动而改变；而定电流功率放大器采用电流负反馈电路，保证输出信号电流恒定。有的功率放大器兼有这两种功能。

10.4.4 测量装置的校准

通过传感器、激振器、放大仪器以及显示或记录仪表来组成测试系统。振动的测量，要配置相应的测量电路等。不同传感器和与其配套的测量放大电路组成不同类型的测试系统，以适应不同的测试目的。选择测量系统要考虑试验要求的频率范围、幅值量级、测量参数（位移、速度、加速度、应变等）及试验环境、测试条件等多种因素。

为了保证振动测试的可靠性和精确度，需要对传感器及其测试系统进行校准。产品（传感器、拾振器）在出厂时进行了检测，并给出其灵敏度等参数和频率响应特性曲线。使用一定时间后，会出现材料老化、灵敏度降低。对于常见的接触式传感器（速度计、加速度计）和非接触式（涡流位移传感器）应采用不同的校准方法。

对于接触式传感器，常用的校准方法有绝对法和相对法。绝对法是将拾振器固定在校准振动台上，由正弦信号发生器经功率放大器推动振动台，用激光干涉振动仪直接测量振动台的振幅，再和被校准拾振器的输出比较，以确定被校准拾振器的灵敏度。相对法是将待校准的传感器和经过国家计量等部门严格校准过的传感器安装在振动试验台上承受相同的振动，将两个传感器的输出进行比较。

非接触式（涡流位移传感器）应采用不同的校准方法。可采用专门的涡流位移传感器的校准仪。它由电动机驱动倾斜的金属板旋转，传感器通过悬臂梁固定在旋转金属板的上方，并可左右移动以产生不同幅值的振动，振动由千分尺测得，并由振动监测器获得振动值，通过与已知振动输入比较进行校准。

有的机构或者机器动作功能要求复杂，如图 10-25 所示的丝杠动态测量仪，不仅要实现测量、记录，还要求定位、调节、信号处理、稳压、减振等功能。丝杠动态测量仪可用来检查精密丝杠的单扣螺距误差、在一定长度及全长上的螺距累积误差以及丝杠的周期误差。该仪器采用圆光栅作为测量转角的角度标准，激光干涉仪作为测量线位移的长度标准。当丝杠转过某一个角度 $\Delta\theta$ 时，与丝杠同步旋转的圆光栅就给出对应 $\Delta\theta$ 的光栅莫尔条纹。同时，激光干涉仪给出与 Δt 相应的轴向位移量、激光干涉条纹数。因为一定的转角对应相应的轴向位移，因此，一定的莫尔条纹数对应相应的干涉条纹数。这两路信号经过各自的光电接收、放大、整形，形成脉冲信号，再经分频，使两者频率相等，而后进行相位比较。如果有误差,根据两路信号相位差的变化便自接描绘出丝杠误差曲线；如果没有误差,两路信号的相位差就不变。仪器的结构设计保证了光栅和激光分别对转角及线位移进行直接测量。

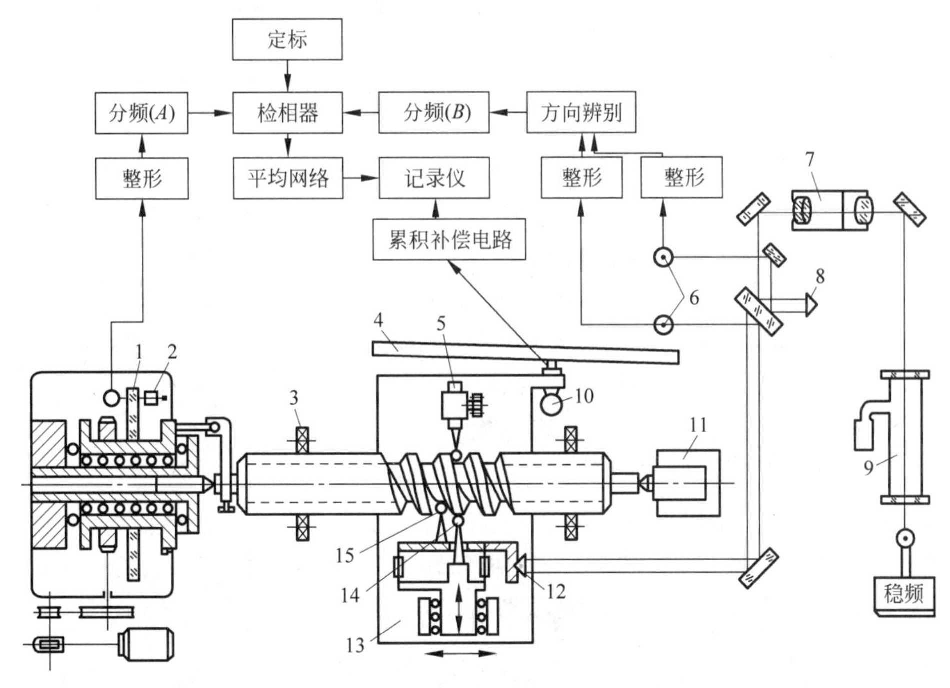

图 10-25　丝杠动态测量仪

1—标尺圆光栅；2—指示光栅；3—支承；4—校正平尺；5—带动杆；6—光电元件；7—平行光管；8—参考角隅棱镜；9—激光管；10—电感传感器；11—尾座；12—测量角隅棱镜；13—工作台；14—外圆定位测头；15—测量头

10.5　振动测试过程分析

10.5.1　电磁激振与频率响应测试

电磁激振是一种非接触式的激振方式,振荡器发出正弦电压,经过功率放大器和电池组而使直流和正弦交变电流流过激振器的励磁线圈,从而产生预加负荷和正弦激振力。电磁铁末端的检测线圈的感应电势经积分之后成为与激振力成正比的电压信号。振动位移用电容式位移传感器检测。

图 10-26 为一种应用于机床的电磁激振与频率响应测试系统。在试验过程中,改变激振频率,通过调节振荡器或功放的输出,保持激振力的幅值不变。位移和激振力信号经过滤波器抑制其他频率后送进分量分解器,将位移信号分解成为与激振力同相、正交的两个分量。所得的结果有仪表显示或者送入 X-Y 记录仪,绘制同相分量-频率曲线、正交分量-频率曲线或奈奎斯特图。

位移和激振力信号可送至相位计,测定两者的相位差,同时由振动计的读数求解各频率对应的位移幅值和激振力幅值之比,从而可以整理出幅频特性和相频特性以及绘制奈奎斯特图。

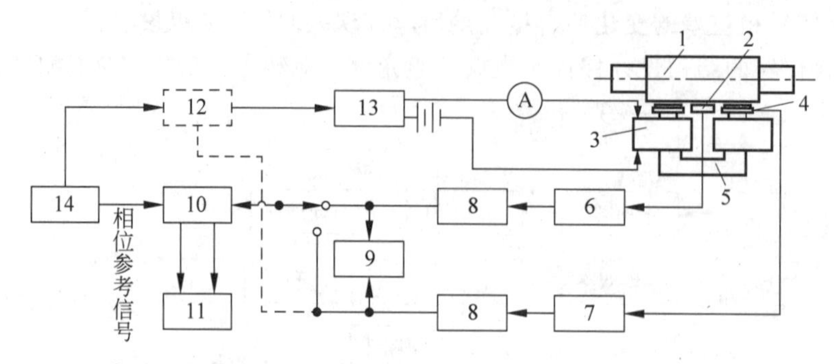

图 10-26　电磁激振与频率响应测试

1—模拟工件；2—位移传感器；3—主线圈；4—检测线圈；5—激振器；6—振动器；7—积分器；8—滤波器；9—示波器；10—分量分解器；11—X-Y 记录仪；12—加法器；13—功率放大器；14—振荡器

10.5.2　机械阻抗测定

机械阻抗法是机械振动分析和测试的一种重要的技术方法。它采用矢量和复数作为解析表达手段，并且把分析振动的微分方程变成代数方程，简化问题。更重要的是它揭示了振动系统中部件(或元件)对整个系统动态特性的影响，便于分析与综合。传递函数分析仪，就是机械阻抗测试系统中的主要组成部分。

传递函数分析系统也称为传递函数分析仪，其功用就是应用正弦激振法测定机械结构的频率响应或机械阻抗数据。

按照动力学理论，激振点阻抗(点阻抗)、传递阻抗、动刚度(位移阻抗)和机械质量(加速度阻抗)统称为机械阻抗；机械导纳(速度导纳)、动柔度(位移导纳)和机械惯性(加速度导纳)统称为机械导纳。其中机械阻抗实际上反映了激振力和振动加速度、速度及位移之间的关系，它们都是频率的函数。

三种阻抗和三种导纳之间有确定性的关系式，由此，对于一个特定的振动系统，只要选择一种阻抗或导纳表示式即可。在测量机械阻抗时，要测量的是外力及由此而产生的速度(或位移、加速度)，并求出振幅比、相位差。按照上述原理，图 10-27 为传递函数分析系统。具体过程如下。

(1) 扫频振荡器给出 5～5000Hz 的正弦电压，经过功率放大后推动激振器，并通过阻抗头来激振试件。

(2) 加速度传感器检测试件的振级，作为反馈信号送入振动控制器。振动控制器将试件的振动控制在一定的振级。

(3) 阻抗头的两个输出(激振力、加速度响应)，经过质量消除电路、放大和滤波(跟踪滤波器的带宽一般为 5～9Hz)，送入相位计和对数变换器。

(4) 运算器运算，获得所有的机械阻抗数据，并用 X-Y 记录仪作出所需的幅频特性、相频特性和奈奎斯特曲线图。

目前，传递函数分析系统的主机用一个数字式 FFT 分析仪来代替。

传递函数分析仪还可用于电路的传递函数分析。由于它在振动、噪声测量分析中具有很多优越性，因此在实验、测试中得到应用。

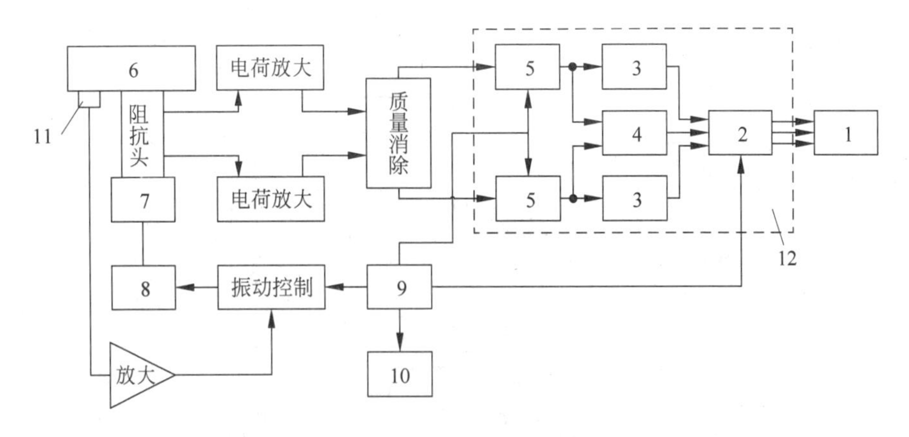

图 10-27　传递函数分析系统

1—*X-Y* 记录仪；2—运算器；3—对数变换器；4—相位记；5—跟踪滤波器；6—试件；7—激振器；8—功率放大器；9—扫频振荡器；10—频率计；11—加速传感器；12—传递函数分析仪

10.5.3　激振测量系统

在工程实际中，有些机械或机器无法在运转状态下测量，需要采用激振测量方法。另外，对于一些静止不动的设备，要测量机械的振动特性，也需要有激振过程，再进行测量。具体的激励方式多种多样，包含脉冲激励、阶跃松弛激励、快速正弦扫描、纯随机激励、伪随机激励、周期随机激励、瞬态随机激励、正弦慢扫描激励等。图 10-28 为脉冲激振系统原理图，图 10-29 为正弦激振系统。这类测振系统要注意激振器的安装方式，要使激振频率与激振器安装系统固有频率相互错开。

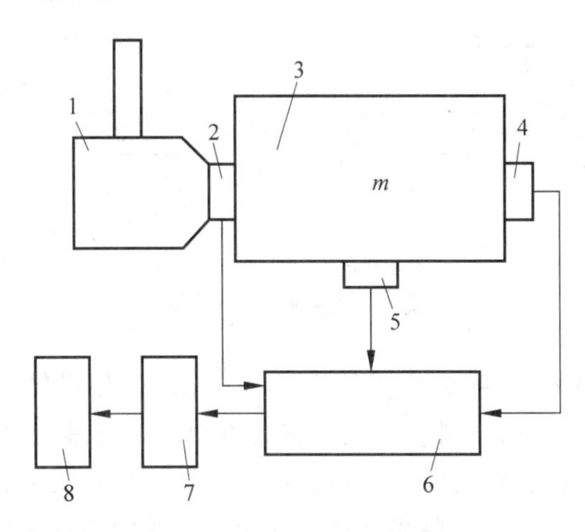

图 10-28　脉冲激振系统

1—脉冲锤；2—力传感器；3—被测物；4—加速度传感器；5—加速度传感器；6—电荷放大器；7—分析设备；8—输出与显示

另外，还有冲击激振系统，即使用脉冲锤的锤击来实现脉冲激振。脉冲锤头上有压电式力传感器，试件的响应由加速度传感器检测，所测信号由电荷放大器放大后输入磁带记录仪，经过 FFT 分析仪处理，可得到频率响应图形及机械阻抗参数。图 10-30 为冲击激振系

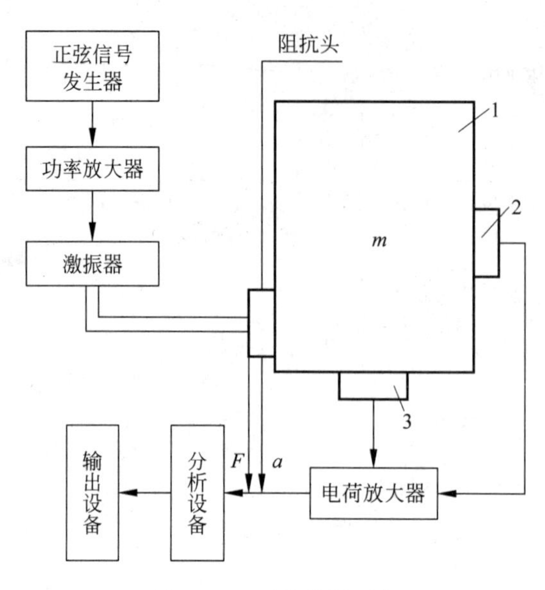

图 10-29　正弦激振系统

统原理图。冲击测量主要是测量冲击波形、冲击峰值、冲击持续时间以及冲击傅里叶谱、冲击响应等。

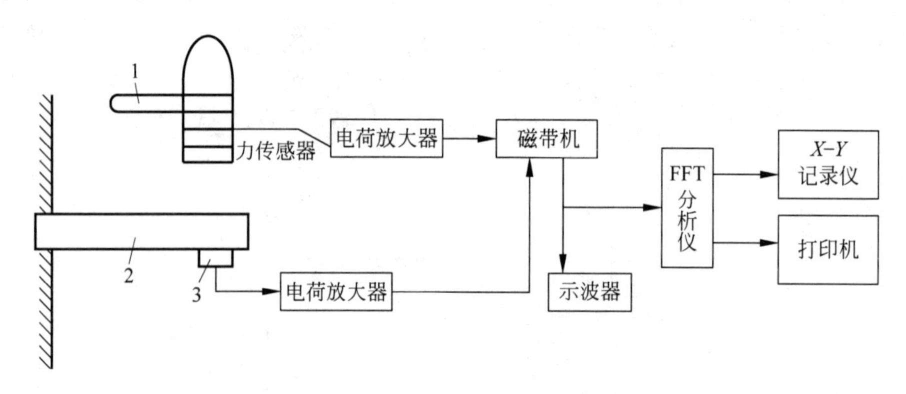

图 10-30　冲击激振系统

1—力锤；2—被测物；3—加速度传感器

需要说明的是，为了研究系统共振等突出问题，系统临界转速的实测十分重要。以图 10-31 所示螺旋送料器结构与测量系统布置为例说明。某螺旋送料器可用于谷物装卸，螺旋式输送机内有绕有螺旋叶片的空芯管轴，结构可按两端有支承点的空芯轴。

若忽略叶片对刚度的影响，其临界转速可理论上按照两端点支承空芯轴设计

$$n_{nk}=120(k/L)^2\left(\frac{i}{l}\right)^2\sqrt{d_i^2+d_o^2}\,(\mathrm{r/min}) \tag{10-30}$$

式中，$k=1,2,3$ 是临界转速序号；L 为支承点间的距离，m；d_i、d_o 分别为芯轴内外径，mm。

按式(10-30)计算得到螺旋送料器第一阶临界转速为 $n_{n1}=845\mathrm{r/m}$。按 $n<n_{n1}$ 设计机械转速，输送机工作转速设计成 $n=0\sim600\mathrm{r/min}$。理论上讲可避免共振。但实际上在正常

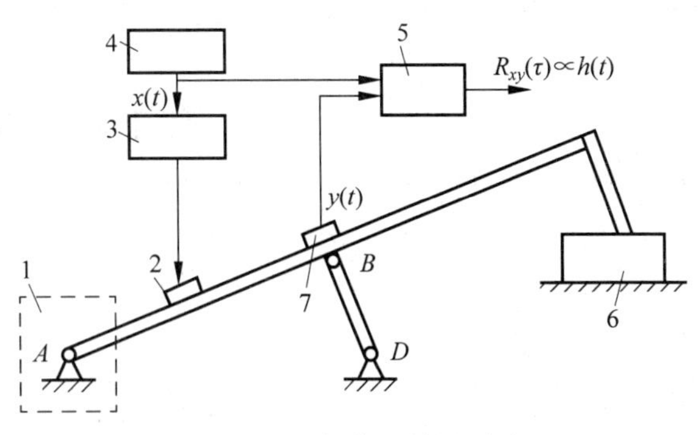

图 10-31　螺旋送料器测量

1—供料斗；2—电/力转换器；3—功率放大器；4—M 序列信号发生器；5—相关器；6—接料斗；7—位移传感器

转速范围内输送机出现了临界转速点，当输送机在这些点附近运行时，强烈的共振作用除了使设备本身受损外，使谷物的损伤率增加。实际上，整个机架的刚度对于螺旋送料器的临界转速有很大的影响，致使计算值比实际值偏高很多，因此，在现场安装和运行条件下采用实测方法测量临界转速以便改进设计。

测量时，由 M 序列信号发生器产生的伪随机信号 $x(t)$ 经过功率放大器、电/力转换器，得到使送料器受到的随机激励的力信号。送料器的振动位移量 $y(t)$，则由安装在中点的位移传感器检测出来，变成电信号后与随机激励力信号一并送入相关器中。最后，由相关器输出 $R_{xy}(\tau)$，便可求出系统特性(单位脉冲函数)$h(\tau)$。因 M 序列信号伪随机信号 $x(t)$ 的自相关函数 $R_{xy}(\tau)$ 是 δ 函数，所以

$$R_{xy}(\tau)=\int_{0}^{+\infty} h(t)R_{xx}(t-\tau)\mathrm{d}t=S_0 h(\tau) \tag{10-31}$$

得

$$h(\tau)=R_{xy}(\tau)/S_0 \tag{10-32}$$

即系统特性 $h(\tau)$ 与互相关函数 $R_{xy}(\tau)$ 成正比。

对于单自由度系统，系统特性(单位脉冲函数)为

$$h(\tau)=\frac{1}{m\omega_{\mathrm{d}}}\mathrm{e}^{-\zeta\omega_{\mathrm{n}}t}\sin\omega_{\mathrm{d}}\tau \tag{10-33}$$

图 10-32 是一个衰减的单自由度系统，对于多自由度，由于各个频率相互间耦合使系统特性 $h_i(\tau)$ 上频率更丰富，因此，从 $h(\tau)$ 图上可直接找出系统固有频率。

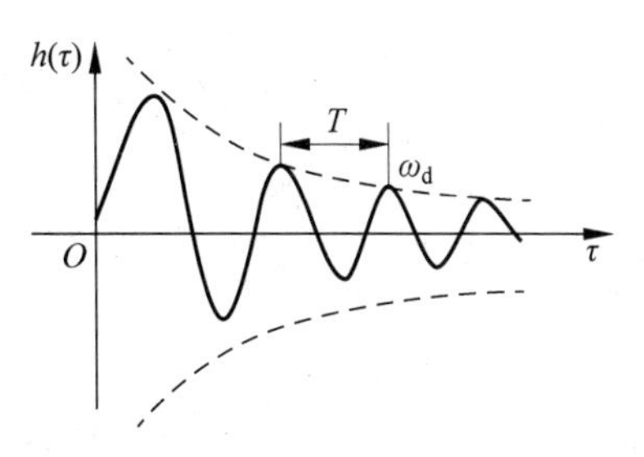

图 10-32　单位脉冲函数

在不开动、特定转速工况采样，如在输送机不开动和开动到 400r/min 两种情况下采用采样点数 $N=255$ 的 M 序列信号得出的响应。在每一种情况下，M 序列都采用两种不同的电平时间 $\Delta=0.1$s 和 $\Delta=0.01$s(对应相关运算所取的延时量为 $\Delta\tau=0.01$s 和 $\Delta\tau=0.033$s)，画出响应曲线。

可得到第一阶临界转速 n_{n1} 为 360～370r/min，第二阶临界转速 n_{n2} 为 1600～1800r/min。尽管输送机在开动到与第一阶临界转速 $n_{n1}=360$～370r/min 很接近的 400r/min 情况下运

行时，强烈的共振作用使位移传感器检测出的螺旋送料器对所加 M 序列的响应 $y(t)$ 中包含有很大的噪声，但第一阶临界转速的测量结果不受影响，即与不动时差不多，这反映相关分析的抗干扰能力。可以通过改变支承结构，研究结构变化对于系统临界转速的影响，如把送料器拆下单独支承于简支座上，分析机架结构的刚度对送料器临界转速的影响。用相关分析法做试验，得到冲击响应曲线，找到第一、二阶临界转速：

$$n_{n1}=845\text{r/min}(T_{n1}=0.071\text{s})$$

$$n_{n2}=3350\text{r/min}(T_{n2}=0.0178\text{s})$$

其结果与相关计算结果吻合。

思　考　题

10.1　以一个具体的系统振动测试来说明，动力学测试包含哪些基本环节、参数？

10.2　动力学测试的激励方式有哪些？需要构建的测试平台有哪几个基本组成部分？

10.3　按照工作原理来分，系统振动测试传感器可分为哪几种？接触式传感器和非接触式传感器的特征和应用场合有哪些不同？

10.4　如何做好采样的信号剪切与编排？采样过程包括哪些重要的步骤？

10.5　以一种应用于机床的电磁激振与频率响应测试系统为例，说明激振与频率响应测试分析过程。

参考文献

[1] 杨义勇,金德闻.机械系统动力学[M].北京：清华大学出版社,2009.

[2] 张梅军,曹勤.工程机械动力学[M].北京：国防工业出版社,2012.

[3] 石端伟.机械动力学[M].北京：中国电力出版社,2007.

[4] 邵忍平.机械系统动力学[M].北京：机械工业出版社,2005.

[5] 袁慧群.复杂转子系统的矩阵分析方法[M].沈阳：辽宁科学技术出版社,2014.

[6] 蔡自兴,谢斌.机器人学[M].3版.北京：清华大学出版社,2015.

[7] 理查德·摩雷,李泽湘,夏恩卡·萨思特里.机器人操作的数学导论[M].北京：机械工业出版社,1998.

[8] 蒋伟.机械系统动力学[M].北京：中国传媒大学出版社,2005.

[9] 韩清凯,于涛,孙伟.机械振动系统的现代动态设计与分析[M].北京：科学出版社,2010.

[10] 韩清凯,罗忠.机械系统动力学分析、控制与仿真[M].北京：科学出版社,2010.

[11] RAJAMANI R.车辆动力学及控制[M].王国业,江发潮,译.北京：机械工业出版社,2011.

[12] 喻凡.车辆动力学及其控制[M].北京：机械工业出版社,2013.

[13] MITSCHKE M,WALLENTOWITZ H.汽车动力学：第4版.[M].陈荫三,余强,译.北京：清华大学出版社,2009.

[14] 闻邦椿,刘树英,陈照波,等.机械振动理论及应用[M].北京：高等教育出版社,2009.

[15] 陈文华,贺青川,张旦闻.ADAMS2007机构设计与分析范例[M].北京：机械工业出版社,2009.

[16] 任明章.机械振动的分析与控制以及计算方法[M].北京：机械工业出版社,2011.

[17] 王德伦,高媛.机械原理[M].北京：机械工业出版社,2011.

[18] 马履中.机械原理与设计[M].北京：机械工业出版社,2009.

[19] 孙桓,陈作模,葛文杰.机械原理[M].7版.北京：高等教育出版社,2006.

[20] R.C.希伯勒.动力学[M].北京：机械工业出版社,2014.

[21] 杨义勇.现代数控技术[M].北京：清华大学出版社,2015.

[22] 徐业宜.机械系统动力学[M].北京：机械工业出版社,1991.

[23] 尚玫.高等动力学[M].北京：机械工业出版社,2013.

[24] 郑凯,胡仁喜,陈鹿民.ADAMS 2005机械设计高级应用实例[M].北京：机械工业出版社,2006.

[25] 杨义勇,郑凯.机械三维设计实用教程[M].北京：清华大学出版社,2013.

[26] 郑凯,杨义勇,胡仁喜.计算机辅助设计应用软件系列：Solid Edge应用教程[M].北京：北京交通大学出版社,2008.

[27] 杨义勇.现代机械设计理论与方法[M].北京：清华大学出版社,2014.

[28] 张策.机械动力学[M].2版.北京：高等教育出版社,2008.

[29] 杨义勇,王人成,王延利,等.含神经控制的下肢肌骨系统正向动力学分析[J].清华大学学报(自然科学版),2006,(46)11：1872-1875.

[30] 杨义勇,王人成,郝智秀,等.自然步态摆动期动力学协调模式的研究[J].生物医学工程学杂志,2006,23(1)：69-74.

[31] 清华大学工程力学系固体力学教研组.机械振动：上册[M].北京：机械工业出版社,1980.

[32] 郑兆昌.机械振动[M].北京：机械工业出版社,1986.

[33] 南京大学数学系计算数学专业.常微分方程数值解法[M].北京：科学出版社,1979.

[34] 唐锡宽,金德闻.机械动力学[M].北京：高等教育出版社,1983.

[35] 方建军,刘仕良.机械动态仿真与工程分析——Pro/ENGINEER Wildfire工程应用[M].北京：化学工业出版社,2004.

[36] 程耀东. 机械振动学[M]. 杭州：浙江大学出版社，1990.
[37] 胡宗武. 工程振动分析基础[M]. 修订版. 上海：上海交通大学出版社，1999.
[38] 赵汝嘉，曹岩. 机械结构有限元分析及应用软件[M]. 西安：西北工业大学出版社，2012.
[39] 胡于进，王璋奇. 有限元分析及应用[M]. 北京：清华大学出版社，2009.
[40] 梁醒培，王辉. 应用有限元分析[M]. 北京：清华大学出版社，2010.
[41] 郑相周，唐国元. 机械系统虚拟样机技术[M]. 北京：高等教育出版社，2010.
[42] 洪嘉振，刘锦阳. 机械系统计算动力学与建模[M]. 北京：高等教育出版社，2011.
[43] 陈予恕，黄文虎，高金吉. 机械装备非线性动力学与控制的关键技术[M]. 北京：机械工业出版社，2011.
[44] 李宏亮，李鸿. 动力学[M]. 哈尔滨：哈尔滨工业大学出版社，2014.
[45] KARNOPP D C，MARGOLIS D L，ROSENBERG R C. 系统动力学：机电系统的建模与仿真：第4版[M]. 刘玉庆，等译. 北京：国防工业出版社，2012.
[46] 李有堂. 机械系统动力学[M]. 北京：国防工业出版社，2010.
[47] 黎明安. MATLAB/Simulink 动力学系统建模与仿真[M]. 北京：国防工业出版社，2012.
[48] 黄靖远，高志，陈祝林. 机械设计学[M]. 北京：机械工业出版社，2011.
[49] 刘初升，彭利平，李珺. 机械动力学[M]. 徐州：中国矿业大学出版社，2013.
[50] THOMSON W T，DAHLEH M D. Theory of Vibration Application[M]. 北京：清华大学出版社，2015.
[51] 张景绘. 动力学系统建模[M]. 北京：国防工业出版社，2000.
[52] 贺利乐. 机械系统动力学[M]. 北京：国防工业出版社，2014.
[53] 刘习军，张素侠. 工程振动测试技术[M]. 北京：机械工业出版社，2016.
[54] 刘习军，贾启芬，张素侠. 振动理论及工程应用[M]. 2版. 北京：机械工业出版社，2017.
[55] 马克 W. 斯庞，赛斯·哈钦森，M. 维德雅萨加. 机器人建模和控制[M]. 贾振中，徐静，付成龙，等译. 北京：机械工业出版社，2016.
[56] 布鲁诺·西西里安诺，洛伦索·夏维科，路易吉·维拉尼，等. 机器人学：建模、规划与控制[M]. 张国良，曾静，陈励华，等译. 西安：西安交通大学出版社，2015.
[57] 李云江. 机器人概论[M]. 北京：机械工业出版社，2011.
[58] 谭民，徐德，侯增广，等. 先进机器人控制[M]. 北京：高等教育出版社，2007.
[59] 郭彤颖，安冬. 机器人学及其智能控制[M]. 北京：人民邮电出版社，2014.
[60] 贾民平，张洪亭. 测试技术[M]. 北京：高等教育出版社，2009.
[61] 刘正士，高荣慧，陈恩伟. 机械动力学基础[M]. 北京：高等教育出版社，2011.
[62] 濮良贵，陈国定，吴立言. 机械设计[M]. 9版. 北京：高等教育出版社，2009.
[63] 刘莹，吴宗泽. 机械设计教程[M]. 2版. 北京：机械工业出版社，2009.
[64] 张春林，赵自强. 仿生机械学[M]. 北京：机械工业出版社，2018.
[65] 杨叔子，杨克冲，吴波，等. 机械工程控制基础[M]. 6版. 武汉：华中科技大学出版社，2015.
[66] 王洋，杨义勇，孙富春. 含饱和问题的模糊奇异摄动系统鲁棒控制器设计[J]. 控制工程，2019，26(4)：34-41.
[67] HAO J S，SUO S F，YANG Y Y，et al. Power Density Analysis and Optimization of SMPMSM Based on FEM，DE Algorithm and Response Surface Methodology[J]. Energies，2019，12(19)：1-9.
[68] YANG Y Y，ZHU Z B，WANG X Y，et al. Optimization Control of Automated Clutch Engagement during Launching Process Based on Driver Intention[J]. International Journal of Automotive Technology，2017，18(3)：417-428.
[69] JIANG J，YANG Y Y，HUANG W F，et al. Numerical and experimental investigation on uniformity of pressure loads in labyrinth seal[J]. Advances in Mechanical Engineering，2017，9(9)：1-8.
[70] GAO X，YANG Y Y，ZHAO X，et al. Non-linear dynamic modelling of a switching valve driven by pulse width modulation in the hydraulic braking system of a vehicle[J]. Journal of Automobile Engineering，2017，231(11)：1511-1529.
[71] HAN C K，YANG Y Y，LIU W F，et al. Experimental Study of SiO_2 Sputter Etching Process in

13.56 MHz rf-Biased Inductively Coupled Plasma[J]. SPIN,2018(2): 1-10.

[72] WANG Y,YANG Y Y,SUN F C. Robust controller design of singularly perturbation systems with actuator saturation via delta operator approach[J]. International Journal of Robotics and Automation, 2018,33(4): 206-219.

[73] MA B,YANG Y Y,LIU Y H,et al. Analysis of vehicle static steering torque based on tire-road contact patch sliding model and variable transmission ratio[J]. Advances in Mechanical Engineering, 2016,8(9) 1-11.

[74] WANG Z J,YANG Y Y,YANG J Z. Coupled Thermal Field of the Rotor of Liquid Floated Gyroscope[J]. Mathematical Problems in Engineering,2015,15(1): 1-16.

[75] DU S Y,YANG Y Y,LI C Z,et al. Multi-objective real-time optimization energy management strategy for plug-in hybrid electric vehicle[J]. Proc IMechE Part D: J Automobile Engineering,2018, 1-14.

[76] LIU W F,YANG Y Y,HAN C K,et al. Measuring System Design and Experimental Research on Electrostatic Attractive Force[J]. IEEE Design & Test,2018,(35): 71-77.

[77] YANG Y Y,LIU Y Y,WANG M,et al. Objective evaluation method of steering comfort based on movement quality evaluation of driver steering maneuver[J]. Chinese Journal of Mechanical Engineering,2014,27(5): 1027-1037.

[78] YANG Y Y,WANG S W,WANG R C. Bionics Design and Dynamic Simulation for Lower Limbs Prosthesis[J]. Journal of Pure & Applied Microbiology,2013,7: 425-431.

[79] 郑殿峰,杨义勇,王家骅. 脉冲爆震发动机旋流式气动阀的设计与实验[J]. 航空动力学报,2010, 25(7): 1471-1477.

[80] 郑殿峰,杨义勇,王家骅. 吸气式汽油/空气脉冲爆震发动机组合气动阀研究[J]. 北京大学学报(自然科学版),2011,47(6): 978-982.

[81] 胡常青. 近海海底管道无人巡检艇多源导航与船只避碰技术研究[D]. 北京: 中国地质大学(北京),2019.

[82] 王洋. 混动直升机电动尾桨高功率密度电机设计及控制算法研究[D]. 北京: 中国地质大学(北京),2019.

[83] 刘伟峰. IC 装备工艺腔室内等离子体发射光谱时空分辨诊断[D]. 北京: 中国地质大学(北京),2017.

[84] 蒋杰. 旋转机械迷宫密封分压机理及变形磨损特性研究[D]. 北京: 中国地质大学(北京),2018.

[85] 马标. 基于转向路感的汽车状态参数识别及稳定性控制研究[D]. 北京: 中国地质大学(北京),2018.

[86] 韩传锟. ICP 刻蚀机等离子体关键参数诊断与仿真分析研究[D]. 北京: 中国地质大学(北京),2018.

[87] 王延利. 乳品体细胞直接镜检方法与关键技术实现[D]. 北京: 中国地质大学(北京),2008.

[88] 赵育善,师鹏. 航天器飞行动力学建模理论与方法[M]. 北京: 北京航空航天大学出版社,2012.

[89] 阿贝尔·多贝玛雅. 实现单线循环式索道最佳运行效率的思考: 基于事故分析的安全监控系统工程[M]. 杨义勇,张宏,译. 北京: 中国林业出版社,2000.

[90] NORTON R L. 机械设计-机器和机构综合与分析[M]. 陈立周,韩建友,李威,等译. 北京: 机械工业出版社,2003.

[91] 郑凯,陈杰,杨义勇. 压电自适应桁架结构智能振动控制[J]. 控制理论与应用,2010,27(7): 943-947.

[92] 杨义勇. 客运索道新型脱挂抱索器的 CAD 系统[J]. 起重运输机械,2000,10: 22-24.

[93] 章俨,杨义勇,李亮,等. 双电机混联构型混动车辆的制动能量回收策略[J]. 中国机械工程,2019, 30(13): 1631-1637.